21世纪物理规划教材

基础课系列

2nd edition

量子力学导论（第二版）

Introduction to Quantum Mechanics

曾谨言 著

北京大学出版社
PEKING UNIVERSITY PRESS

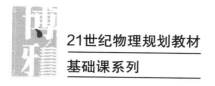

图书在版编目 (CIP) 数据

量子力学导论 / 曾谨言著 . — 2 版 . — 北京 : 北京大学出版社 , 2024.6
ISBN 978-7-301-34989-2

Ⅰ. ①量…　Ⅱ. ①曾…　Ⅲ. ①量子力学 – 高等学校 – 教材
Ⅳ. ① O413.1

中国国家版本馆 CIP 数据核字 (2024) 第 082255 号

书　　名	量子力学导论（第二版） LIANGZI LIXUE DAOLUN（DI–ER BAN）
著作责任者	曾谨言　著
责任编辑	班文静
标准书号	ISBN 978-7-301-34989-2
出版发行	北京大学出版社
地　　址	北京市海淀区成府路 205 号　100871
网　　址	http://www.pup.cn
电子邮箱	zpup@pup.cn
电　　话	邮购部 010-62752015　发行部 010-62750672　编辑部 010-62754271
印 刷 者	北京市科星印刷有限责任公司
经 销 者	新华书店
	730 毫米 ×980 毫米　16 开本　19 印张　410 千字
	1992 年 10 月第 1 版　1998 年 3 月第 2 版
	2024 年 6 月重排　2024 年 6 月第 1 次印刷
定　　价	65.00 元

第二版序言

本书第一版在1992年出版后，作为物理系本科生的量子力学教材，在北京大学试用过几届，并已逐渐为国内很多高校采用，受到广大读者欢迎，先后发行约10000册.我们的教学实践表明，在72学时内可以授完全部内容.学了本书的学生，可以顺利进入现代物理学的其他专业课的学习，也可以与研究生的高等量子力学课衔接.对于有志深造的学生，可以同时选读我撰写的《量子力学》(第二版)卷Ⅰ和卷Ⅱ，以及国内外其他量子力学著作(见本书中的"量子力学参考书"部分).

为迎接北京大学百年校庆和即将到来的21世纪，我对本书进行了改版.我根据近年来量子力学前沿领域研究的新进展和教学实践经验，对本书内容做了一些小的修改和补充.补充部分涉及:(1) 量子相位问题(量子态相位不定性，包括本征态的含时相位不定性和 Berry 绝热相);(2) 束缚态的 Aharonov-Bohm 效应和磁通量量子化;(3) 波包随时间的演化、Ehrenfest 定理、量子力学与经典力学之间关系的讨论;(4) 束缚能级与散射振幅的极点之间的关系;等等.

量子力学建立至今，已经历70多年，作为近代物理学的基础，它是一门比较成熟的学科，但应该认识到，量子力学的发展还远未到达尽头.人们对量子力学的一些基本问题的认识还在不断发展.量子力学的潜在广泛应用前景已逐渐为人们注意到.在这里还有一个很大的必然王国有待开发.这就向本书的年轻读者提出了挑战，但愿在这未知领域的开拓中，出现中国年轻人的足迹.

曾谨言

1998年1月于北京大学

第一版序言

10 年前，我写过一本《量子力学》(上、下册)，它是根据我在北京大学 20 年的教学实践经验写成的.我在撰写过程中，力求贯彻启发式的教学原则，以培养读者思考问题(提出问题、分析问题和解决问题)的能力.该书出版后，受到广大读者欢迎.重印 5 次，仍不能满足读者需求.我先后收到海内外读者近千封热情洋溢的来信，他们都对该书给予较高的评价，认为该书对提高我国高校量子力学教学水平起到了积极的作用①.

10 年来，我国高校量子力学教学水平有了明显提高.各高校普遍招收了研究生，并普遍为物理(及相关)专业研究生设立了高等量子力学课.为适应此新的情况，我对该书做了较大幅度的改动，以两卷形式出版，卷Ⅰ作为本科生教材或参考书，卷Ⅱ则作为研究生教材或参考书.

与此同时，我又听到很多同行和学生反映，希望我出一本适合一般大学多数本科生的教材.考虑到这种呼声具有较大的代表性，我决定编写这本《量子力学导论》.本书在讲法和内容上，都对《量子力学》卷Ⅰ做了较大的变动和改进.全书共分 12 章，约 40 万字.按 72 学时教学计划在北京大学物理系试讲过一次，效果较好.习题的数量和难度适中，多数学生可以在规定学时内完成大部分习题.程度高的学生可选读其他参考书.

我的同事成琍和林纯镇仔细阅读了本书的初稿，为本书提出了很多宝贵的修改意见，我对此表示衷心感谢.我热忱希望同行和使用本书的读者为本书提出进一步的修改意见，使之更切合广大读者的实际需求.

曾谨言

1991 年 12 月于北京大学

---

① 1988 年，中华人民共和国国家教育委员会颁发了新中国成立以来的第一届高等学校优秀教材奖，该书是获奖的 6 种物理书之一.与我的其他几种著作一道，该书又获得了 1989 年的国家高等学校优秀教学成果奖.应中国台湾学者、名流推荐，该书在中国台湾以繁体字形式出版，得到广泛好评，先后重印 5 次，并被中国台湾几所重要大学选为教材或主要参考书.

目　　录

第 1 章　量子力学的诞生[①]

在 19 世纪末，物理学家们普遍存在一种乐观情绪，他们认为对复杂纷纭的物理现象本质的认识已经完成.物理学家们陶醉于 17 世纪建立起来的力学体系，19 世纪建立起来的电动力学，以及热力学和统计物理学（这时期的物理学后来被称为经典（classical）物理学）.的确，经典物理学曾经对众多的物理现象给出了相当漂亮且令人满意的描述.

然而自然科学总是在不断发展的.在充满喜悦的气氛中，一些敏锐的物理学家已逐渐认识到经典物理学理论中潜伏着危机.20 世纪伊始，Kelvin 就指出[②]：经典物理学的上空悬浮着两团乌云.第一团乌云涉及电动力学中的“以太”.当时人们认为电磁场依托于一种固态介质，即“以太”，电磁场量描述的是“以太”的应力.但是为什么天体能无摩擦地穿行于“以太”之中？为什么无法通过实验测出“以太”本身的运动速度[③]？第二团乌云则涉及物体的比热容，即观测到的物体比热容总是低于经典物理学中能量均分定理给出的值.例如固体（固体被看成由许多原子组成，诸原子在各自的平衡位置附近做微小振动），按能量均分定理，其比热容应为 $3R$（R 是普适气体常量，其值为 $(8.314510\pm8.4\times10^{-6})\ \mathrm{J\cdot mol^{-1}\cdot K^{-1}}$）[④]，而观测值总是低于此值（$3R$ 只是高温极限值，即 Dulong-Petit 值）.又如双原子分子（具有三个平动自由度、两个转动自由度，还有一个振动自由度，包含动能项和势能项），按能量均分定理，其比热容应为 $\frac{7}{2}R$.但在常温下，其观测值为 $\frac{5}{2}R$，而当温度 $T\to0$ K 时，则趋于 0.看来这些问题都涉及在温度不是很高的情况下体系的部分自由度被冻结的问题.我们还注意到，Kelvin 的文章中未涉及原子结构的问题，当时人们对此问题还很陌生.

20 世纪物理学取得的两个划时代的进展是相对论和量子理论.相对论的建立从根本上改变了人们原有的空间和时间的概念，并指明了 Newton 力学的适用范围（适用于物体运动速度 $v\ll c$ 的情况，其中，c 是真空中的光速）.量子理论的建立开辟了人们认识微观世界的道路，原子和分子之谜被揭开了.物质的属性，以及在原子水平上的

---

① 较适合初学者的稍详细的介绍可参阅：Hund 撰写的《量子理论的发展》（甄长荫、徐辅新译）；ter Haar 撰写的《量子论的诞生》（林辛未、殷传宗译）.

② Lord Kelvin, *Phil. Mag.*, 1901, 2: 1.

③ 对于前一个问题的回答是：电磁场本身就是物质存在的一种形式.作为实物的（material）“以太”是不存在的.对于后一个问题的阐明，则由 Einstein 的狭义相对论给出.

④ 根据 1986 年国际科技数据委员会推荐的基本物理常数得出.

物质结构这个古老而又基本的问题才原则上得以解决(例如,物体为何有导体、半导体和绝缘体之分?为何有顺磁体、反磁体和铁磁体之分?等等).在量子理论中,人们找到了化学与物理学的紧密联系(搞清楚了元素周期律和化学键的本质).大量事实证明,离开了量子理论,任意一门近代物理学科及相关的边缘学科的发展都是很难的.可以毫不夸张地说,没有量子理论的建立,就没有人类的现代物质文明.

1.1 黑体辐射与 Planck 的量子论

任意重大的科学理论的提出,都有其历史必然性.在时机成熟时(实验技术水平、实验资料的积累、理论的准备等),科学理论就会应运而生.但科学发展的道路又往往是错综复杂的,通向真理的道路往往不是唯一的.究竟通过怎样的道路,以及在什么问题上首先被突破和被谁突破,则往往具有一定的偶然性.

量子理论的突破出现在黑体辐射能量密度随频率的分布规律上.1900 年,Planck 有机会看到黑体辐射能量密度在红外波段的精密测量结果,了解到 Wien 半经验公式在长波段与观测结果有明显偏离,提出了一个两参数公式(后来称为 Planck 公式):

$$E_\nu \mathrm{d}\nu = \frac{c_1 \nu^3 \mathrm{d}\nu}{\mathrm{e}^{c_2\nu/T} - 1}, \tag{1}$$

其中,$E_\nu \mathrm{d}\nu$ 表示在频率范围$(\nu, \nu+\mathrm{d}\nu)$中的黑体辐射能量密度,c_1 与 c_2 是两个参数. Planck 公式在全波段都与观测结果极为符合.在高频区,Planck 公式就化为 Wien 公式:

$$E_\nu \mathrm{d}\nu = c_1 \nu^3 \mathrm{e}^{-c_2\nu/T} \mathrm{d}\nu, \tag{2}$$

两者都与观测结果吻合.但在低频区$(\mathrm{e}^{c_2\nu/T} - 1 \approx c_2\nu/T)$,Planck 公式近似化为

$$E_\nu \mathrm{d}\nu = \frac{c_1}{c_2} T \nu^2 \mathrm{d}\nu, \tag{3}$$

它比 Wien 公式有较大改进.应当提到,Rayleigh 和 Jeans 曾经根据经典电动力学和统计物理学得出一个黑体辐射公式:

$$E_\nu \mathrm{d}\nu = \frac{8\pi k T}{c^3} \nu^2 \mathrm{d}\nu. \tag{4}$$

Einstein 首先注意到 Planck 公式的低频极限(3)即 Rayleigh-Jeans 公式(4)($c_1/c_2 = 8\pi k/c^3$,其中,k 为 Boltzmann 常量),但 Rayleigh-Jeans 公式在高频极限是发散的,与观测结果严重不符.

Planck 提出的如此简单的一个公式,能在全波段都与观测结果符合得如此惊人,很难说是偶然的.人们相信这里必定蕴藏着一个非常重要但尚未被人们揭示出来的科学原理.经过近两个月的探索,Planck 发现①,如做一假定,则可以从理论上导出他的

---

① M. Planck, *Ann. der Physik*, 1901, 4: 553.

黑体辐射公式(1).该假定是:对于一定频率 ν 的辐射,物体只能以 $h\nu$ 为单位吸收或发射它,其中,h 是一个普适常数[①].换言之,物体吸收或发射电磁辐射时,只能以"量子"(quantum)的方式进行,每个"量子"的能量为

$$\varepsilon = h\nu. \tag{5}$$

从经典力学来看,这种能量不连续的概念是完全不容许的.所以尽管从这个量子假设可以导出与观测结果极为符合的 Planck 公式,但是在相当长一段时间中这个假设并未引起人们的重视.

1.2 光电效应与 Einstein 的光量子

首先注意到量子假设有可能解决经典物理学所碰到的其他困难的是年轻的 Einstein.他(1905)试图用量子假设去说明光电效应中碰到的疑难问题,提出了光量子(light quantum)概念[②].他认为辐射场就是由光量子组成的.每个光量子的能量 E 与辐射频率 ν 的关系是

$$E = h\nu. \tag{1}$$

他还根据他同年提出的相对论中给出的光的动量和能量的关系 $p=E/c$,提出了光量子的动量 p 与辐射的波长 $\lambda(\lambda=c/\nu)$ 有如下关系:

$$p = h/\lambda. \tag{2}$$

采用光量子概念之后,光电效应中碰到的疑难问题立即迎刃而解.当光照射到金属表面时,一个光量子的能量可以立刻被金属中的电子吸收[③].但只有当照射光的频率足够大(即每个光量子的能量足够大)时,电子才可能克服逸出功 A 而逸出金属表面.逸出电子的动能为

$$\frac{1}{2}mv^2 = h\nu - A. \tag{3}$$

由此可以看出,当 $\nu<\nu_0=A/h$ 时,电子的能量不足以克服金属表面的吸引力而逸出,因而观测不到光电子.这个 ν_0 即临界频率.由式(3)还可以看出,光电子的动能只依赖于照射光的频率 ν,而不依赖于照射光的强度(它只影响光电流的强度,即光电子的流强).上述两个现象都是光的经典电磁波理论所无法解释的.

Einstein 和 Debye 还进一步把能量不连续的概念应用于固体中原子的振动,成功地解释了当温度 $T\to0$ K 时固体比热容趋于 0 的现象.到此,Planck 提出的能量不连续的概念才普遍引起物理学家的注意.一些人开始用它来思考经典物理学碰到的其他

---

① $h=6.626\times10^{-27}$ erg·s $=6.626\times10^{-34}$ J·s.

② A. Einstein, *Ann. der Physik*, 1905, 17: 132.

③ 两个或多个光量子同时被一个电子吸收的概率是微不足道的,实际上极难观测到.

重大疑难问题，其中最突出的就是原子结构与原子光谱的问题.

1.3 原子结构与 Bohr 的量子论

Thomson(1897)发现电子后，曾经(1904)提出过如下原子模型：正电荷均匀分布于原子中(原子半径$\sim 10^{-8}$ cm)，而电子则以某种规则镶嵌其中.Rutherford(1911)根据α粒子对原子散射中出现的大角度偏转现象(Thomson 模型对此完全无法解释)，提出了原子的"有核模型"：原子的正电荷和几乎全部质量集中在原子中心很小的区域中(半径$<10^{-12}$ cm)，形成原子核，而电子则围绕原子核旋转(类似于行星围绕太阳旋转).此模型可以很好地解释α粒子的大角度偏转，但却遇到了两大难题：(1) 原子的大小问题.19 世纪统计物理学的研究表明，原子的大小约为10^{-8} cm.在 Thomson 模型中，根据电子排列的空间构形的稳定性，可以找到一个合理的特征长度.而在经典物理学的框架中来考虑 Rutherford 模型，却找不到一个合理的特征长度.根据电子的质量m_e和电荷e，在经典电动力学中可以找到一个特征长度，即$r_c = e^2/m_e c^2 \approx 2.8\times 10^{-13}$ cm(经典电子半径).但$r_c \ll 10^{-8}$ cm，完全不适合用于表征原子的大小.何况原子中电子的速度$v \ll c$，光速c不应出现在原子的特征长度中.(2) 原子的稳定性问题.电子围绕原子核旋转的运动是加速运动，按经典电动力学，电子将不断辐射能量而减速，轨道半径会不断缩小，最后将掉到原子核上去，原子随之塌缩.此外，在 Rutherford 模型中，原子对于外界粒子的碰撞也是很不稳定的.但现实世界表明，原子能稳定地存在于自然界.矛盾如此尖锐地摆在人们面前，如何解决呢？

此时，丹麦年轻的物理学家 Bohr 有机会(1912)来到 Rutherford 的实验室，并深深地被此矛盾所吸引.从对上述矛盾的分析中他深刻地认识到，在原子世界中必须背离经典电动力学，必须采用新的概念，他一开始就深信作用量子(quantum of action)h是解决原子结构问题的关键.如把h引进 Rutherford 模型中，按量纲分析，可找到如下特征长度：

$$a = \hbar^2/m_e e^2 \approx 0.53\times 10^{-8}\ \text{cm} \tag{1}$$

(其中，$\hbar = h/2\pi$)，后来人们称之为 Bohr 半径.在解决原子稳定性问题的过程中，Bohr 有机会(1913)了解到原子线状光谱的规律(氢原子光谱的 Balmer 线系，光谱的组合规则等)，找到了原子光谱与原子结构之间的本质联系，终于提出了他的原子的量子论①.该理论包含了如下两个极为重要的概念(假定)，它们是对大量实验事实的深刻概括：

(1) 原子能够，而且只能够稳定地存在于与分立的能量($E_1, E_2, \cdots$)相应的一系列状态中.这些状态称为定态(stationary state).因此原子能量的任意变化，包括吸收或发射电磁辐射，都只能在两个定态之间以跃迁(transition)的方式进行.

① N. Bohr, *Phil. Mag.*, 1913, 26: 1, 471, 857.

(2) 原子在两个定态(分别属于能级 E_n 和 E_m，设 $E_n > E_m$)之间跃迁时，吸收或发射的电磁辐射的频率 ν 由下式给出：

$$h\nu = E_n - E_m \quad (\text{频率条件}). \tag{2}$$

简而言之，Bohr 量子论的核心思想有两条：一是原子的具有分立能量的定态的概念，一是两个定态之间的量子跃迁概念和频率条件.

如果说原子能量量子化概念还可以从 Planck-Einstein 的光量子论中找到某种启示，那么定态和量子跃迁概念，以及频率条件则是 Bohr 很了不起的创见，是他对原子稳定性和原子线状光谱规律做深入分析后概括出来的.按经典电动力学，具有特征频率 ν_c 的荷电体系所发射的电磁辐射的频率应为 $n\nu_c(n=1,2,3,\cdots)$，即总是特征频率的整数倍.Bohr 的重要贡献在于把原子线状光谱与原子在两个定态之间的量子跃迁联系起来，即把原子辐射的频率与两个定态的能量之差联系起来.这就抓住了原子光谱的组合规则的本质.组合规则(波数 $\tilde{\nu} = \nu/c$)

$$\tilde{\nu}_{mn} = T(m) - T(n) \tag{3}$$

正是频率条件(见式(2))的反映.光谱项是与原子的分立能级联系在一起的，即 $T(n) = -E_n/hc$，其物理意义十分清楚.

当然，仅仅根据 Bohr 的两个基本假定还不能把原子的分立能级定量地确定下来.Bohr 解决这个问题的指导思想是对应原理(correspondence principle)，即在大量子数极限下，量子体系的行为将趋于与经典体系相同.他根据对应原理的思想，求出了氢原子的能级公式：

$$E_n = -\frac{2\pi^2 me^4}{h^2 n^2} = -\frac{me^4}{2\hbar^2 n^2}, \quad n = 1,2,3,\cdots, \tag{4}$$

其中，$\hbar = h/2\pi$.因此从 $E_n \to E_m(E_n > E_m)$ 的跃迁发射的光谱线的波数为

$$\tilde{\nu}_{mn} = (E_n - E_m)/hc = R_\infty\left(\frac{1}{m^2} - \frac{1}{n^2}\right), \tag{5}$$

其中，R_∞ 为 Rydberg 常量，满足

$$R_\infty = \frac{2\pi^2 me^4}{h^3 c}. \tag{6}$$

根据当时已测出的 m, e, c, h 的值计算出的 R_∞，与光谱分析中定出的 Rydberg 常量符合得很好.在式(5)中，若取 $m=2$，有

$$\tilde{\nu}_{2n} = R_\infty\left(\frac{1}{2^2} - \frac{1}{n^2}\right), \quad n = 3,4,5,\cdots, \tag{7}$$

则给出氢原子可见光谱中的 Balmer 线系公式.若取 $m=3, n=4,5,6,\cdots$，则给出红外波段的 Paschen 线系公式.按 Bohr 理论，还应该在紫外波段有一个线系，相当于 $m=1, n=2,3,4,\cdots$.此预言被 Lyman(1914)观测所证实(后来人们称之为 Lyman 线系).

这一年，Franck 与 Hertz 在实验上直接证实了原子具有分立的能级.

应该提到，根据对应原理的思想来确定一个体系的分立能级，需要知道该体系的经典轨道运动的频率对能量的依赖关系 $\nu(E)$.这是比较困难的.Bohr 在他的论文中，根据对应原理的思想导出了一个角动量量子化条件，即做圆周运动的粒子的角动量 J 只能是 $\hbar$ 的整数倍，也就是

$$J = n\hbar, \quad n = 1,2,3,\cdots. \tag{8}$$

人们如以此为出发点，往往可以较容易地求出体系的分立能级.后来，Sommerfeld 等人为处理多自由度体系的周期运动的分立能级问题，提出了推广的量子化条件：

$$\oint p_k \mathrm{d}q_k = n_k h, \quad n_k = 1,2,3,\cdots, \tag{9}$$

其中，(q_k, p_k)代表一对共轭的正则坐标和动量，$\oint$ 代表对周期运动积分一个周期.但后来人们发现，表示为相空间积分形式的量子化条件(9)，有时会得出很荒谬的结果.直到量子力学建立后，人们才搞清楚它的适用条件.

Bohr 的量子论首次打开了人们认识原子结构的大门，取得了很大成功.但它的局限性和存在的问题也逐渐为人们认识到.首先，Bohr 理论虽然成功地说明了氢原子光谱的规律性，但是对于更复杂的原子(即使是氦原子)的光谱，就遇到了很大困难.在光谱学中，除了谱线的波长(波数)之外，还有一个重要的观测量，即谱线的(相对)强度，Bohr 理论未能提供处理它的系统方法.其次，Bohr 理论只能处理周期运动，而不能处理非束缚态(如散射)问题.从理论体系来讲，能量量子化等概念与经典力学是不相容的，多少带有人为的性质，它们的物理本质还不清楚.这一切都推动了早期量子论进一步发展.量子力学就是在克服早期量子论的困难和局限性中建立起来的.

1.4　Heisenberg 矩阵力学的提出

量子力学理论本身是在 1923—1927 年这段时间中建立起来的.两个彼此等价的理论——矩阵力学与波动力学，几乎同时被提出.

矩阵力学的提出与 Bohr 的早期量子论有很密切的关系，特别是 Bohr 的对应原理思想对 Heisenberg 有重要影响.Heisenberg 特别强调，任意物理理论中只应出现可以观测的物理量.他一方面继承了早期量子论中合理的内核，例如，原子的分立能级和定态、量子跃迁和频率条件等概念，但同时又摒弃了一些没有实验根据的传统概念，例如，粒子的绝对精确轨道的概念.在 Heisenberg，Born 和 Jordan 的矩阵力学中①，赋予每一个物理

---

① W. Heisenberg, *Zeit. Physik*, 1925, 33: 879.
M. Born, P. Jordan, *Zeit. Physik*, 1925, 34: 858.
M. Born, W. Heisenberg, P. Jordan, *Zeit. Physik*, 1926, 35: 557.

量(例如,粒子的坐标、动量、能量等)以一个矩阵,它们的代数运算规则与经典物理量不同,两个量的乘积一般不满足交换律.量子力学的有经典对应的各力学量(矩阵或算符)之间的关系(矩阵方程或算符方程),在形式上与经典力学相似,但运算规则不同.在这些不对易关系中出现了 Planck 的作用量子 h.从宏观尺度来看,h 是微不足道的.可以证明,当 $h\to 0$ 时,矩阵力学中各力学量之间的关系将回到经典力学中相应的关系.这是对应原理的另一种表述方式(这从 Bohr 的角动量量子化条件 $J=n\hbar$ 就可看出,当角动量给定时,$\hbar\to 0$ 相当于量子数 $n\to\infty$).Heisenberg 的矩阵力学成功地解决了谐振子、转子、氢原子等的分立能级、光谱线频率和强度等问题,引起物理学家的普遍重视.但当时的物理学家对于矩阵代数很陌生,接受矩阵力学是不大容易的.幸好不久 Schrödinger 的波动力学也被提出来了[①],而在波动力学中出现的是大家熟悉的二阶偏微分方程.分立能级的问题表现为在一定的边条件下求解微分方程的本征值问题.对于这一点,物理学家(特别是老一辈物理学家)感到特别欣慰.Schrödinger 随后还证明了波动力学与矩阵力学的等价性[②].下面稍仔细地介绍一下波动力学的建立过程.

1.5　de Broglie 的物质波与 Schrödinger 波动力学的提出

在 Planck-Einstein 的光量子论(光具有波粒二象性,$E=h\nu$,$p=h/\lambda$)和 Bohr 的原子论的启发下,de Broglie 仔细分析了光的微粒说与波动说的发展历史,并注意到几何光学与经典力学的相似性,根据类比的方法,设想物质粒子(静质量 $m\neq 0$)也可能具有波动性,即和光一样,也具有波粒二象性.这两方面必有类似的关系相联系,而 Planck 常数必定出现在其中.他假定[③],与具有一定能量 E 和动量 p 的物质粒子相联系的波(他称其为“物质波”)的频率和波长分别为

$$\nu=E/h,\quad \lambda=h/p. \tag{1}$$

他提出这个假定的动机,一方面是为了把作为物质存在的两种形式($m\neq 0$ 的物质粒子和光)的理论统一起来,另一方面是为了更深刻地去理解微观粒子能量的不连续性,以克服 Bohr 理论带有人为性质的缺陷.de Broglie 把原子定态与驻波联系起来,即把粒子能量量子化的问题与有限空间中驻波的波长(或频率)的分立性联系起来.虽然从之后建立起来的量子力学理论来看,这种联系还有不确切之处,能处理的问题也很有限,但它的物理图像是很有启发性的.例如,氢原子中做稳定的圆周运动的电子相应的驻波的形状如图 1.1 所示.围绕原子核传播一周之后,驻波应光滑地衔接起来,这就要求圆周长是波长的整数倍,即

---

① E. Schrödinger, *Ann. der Physik*, 1926, 79: 361, 489; 1926, 80: 437; 1926, 81: 109.

② E. Schrödinger, *Ann. der Physik*, 1926, 79: 734.

③ L. de Broglie, *Comptes Rendus*, 1923, 177: 507; *Nature*, 1923, 112: 540.

$$2\pi r = n\lambda, \quad n = 1,2,3,\cdots, \tag{2}$$

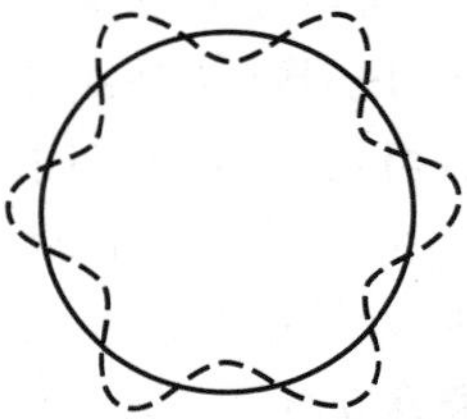
图　1.1

其中，r 是轨道半径.将 $\lambda = 2\pi r/n$ 代入 de Broglie 关系式(1)，可求出粒子动量 $p = nh/2\pi r$，因而角动量

$$J = rp = n\hbar, \quad n = 1,2,3,\cdots, \tag{3}$$

这正是 Bohr 的角动量量子化条件(见 1.3 节中的式(8)).这样，从驻波条件就很自然地得出了角动量量子化条件，从而说明了能级的分立性.

物质波假定提出之后，人们自然会问：物质粒子既然是波，那么，为什么人们在过去长期的实践中把它们看成经典粒子，并没有犯什么错误？为了说明这一点，追溯一下人类对于光的本质的认识的历史是有启发的.在 17 世纪，Newton 的光的微粒说占统治地位.到 19 世纪，由于光的干涉和衍射实验的成功，光的波动性才为人们确认.但只有当光学仪器的特征长度与光波长可比拟的情况下，干涉和衍射现象才会显示出来.例如，对比一下光的针孔成像和圆孔衍射实验的关系是很有趣的.针孔成像可以用光的直线传播来说明，即用几何光学来处理是恰当的.这是由于针孔的半径(如 0.1 mm)比可见光波长(约 4000～7000 Å [①])大得多的缘故.如果把针孔的半径 a 不断缩小，那么，当 a 接近光波长 λ 时，针孔成像将不复存在，而代之以圆孔衍射图像.此时用几何光学来处理就不恰当，而必须代之以波动光学.对于 de Broglie 的物质波，情况也是类似的.由于 h 是一个很小的量，从宏观尺度来看，物质粒子的波长一般是非常短的，因而波动性未显示出来.但到了原子世界中，物质粒子的波动性就会显示出来.此时如仍用经典力学去处理就不恰当，而必须代之以一种新的波动力学.这个任务最终由 Schrödinger 完成.

物质粒子的波动性的直接实验证实是 1927 年才实现的.Davisson 和 Germer 用一束具有一定能量和动量的电子射向金属镍单晶表面，观测到了电子衍射现象，并证实了 de Broglie 关系 $\lambda = h/p$ 是正确的.后来，无数的事实都表明，不仅电子，而且质子、中子、原子等都具有波动性，波动性是物质粒子所普遍具有的.

量子力学提出后，许多悬而未决的问题很快得以解决，并令人心悦诚服.但完全弄清这个理论的物理含义却花了稍长的时间.量子理论的诠释及内部的自洽是在 Born 对波函数的统计诠释[②]提出之后才得以解决的[③].到此，量子力学还是属于非相对论性的.Dirac 的电磁场的量子理论[④]对此做了补充.这样，涉及非相对论性的物质粒子与电磁场作用的问题，原则上都可以解决.

---

① 1 Å$=10^{-10}$ m.

② M. Born, *Zeit. Physik*, 1926, 38: 803.

③ W. Heisenberg, *Zeit. Physik*, 1927, 43: 172.

④ P. A. M. Dirac, *Proc. Roy. Soc.*, 1927, A114: 243, 710.

现今，相对论的创建人 Einstein 的名字已经家喻户晓，他的事迹传奇般地在世人中广泛传颂.但发展量子理论的物理学家的名字，基本上只有科技界人士才知晓，他们的成就对于大多数人来说是陌生的.原因之一也许是量子理论不是主要由一位物理学家所创立，而是经过许多物理学家共同努力的结果.在这征途中闪烁着 Planck，Einstein，Bohr，Heisenberg，Born，Pauli，de Broglie，Schrödinger，Dirac 等光辉的名字.20 世纪量子力学所碰到的问题是如此复杂和困难，以致不可能期望一位物理学家能单独把它发展成一个完整的理论体系.量子力学的建立可以认为是物理学研究工作方式上的转变.如果说它的建立标志着物理学研究工作第一次集体的胜利，那么这一批量子物理学家中公认的领袖就是 Bohr①.

习　　题

1. 设一质量为 m 的粒子在一维无限深势阱

$$V(x)=\begin{cases}\infty, & x\leqslant 0, x\geqslant a,\\ 0, & 0<x<a\end{cases}$$

中运动.试用 de Broglie 的驻波条件，求粒子能量的可能取值.

答：$E=E_n=\dfrac{\pi^2\hbar^2}{2ma^2}n^2, n=1,2,3,\cdots$.

2. 设一质量为 m 的粒子被限制在长、宽、高分别为 a, b, c 的箱内运动.试用量子化条件求粒子能量的可能取值.

答：$E=E_{n_xn_yn_z}=\dfrac{\pi^2\hbar^2}{2m}\left(\dfrac{n_x^2}{a^2}+\dfrac{n_y^2}{b^2}+\dfrac{n_z^2}{c^2}\right)$，$n_x, n_y, n_z=1,2,3,\cdots$.

3. 设一质量为 m 的粒子在谐振子势 $V(x)=\dfrac{1}{2}m\omega^2x^2$ 中运动.试用量子化条件求粒子能量的可能取值.

提示：利用

$$\oint p\,\mathrm{d}x=nh,\quad n=1,2,\cdots,\quad p=\sqrt{2m[E-V(x)]}.$$

答：$E=E_n=n\hbar\omega, n=1,2,3,\cdots$.

量子力学严格解为 $E_n=(n+1/2)\hbar\omega, n=0,1,2,\cdots$.

4. 设一平面转子的转动惯量为 I.求转子能量的可能取值.

答：$E=E_m=\dfrac{m^2\hbar^2}{2I}, m=0,\pm1,\pm2,\cdots$.

*5. 设一质量为 m、荷电 q 的粒子在均匀磁场 B 中运动.取磁场方向为 z 方向，粒子在 xy 平面中运动.求粒子能量的可能取值.

---

① 参阅 Robertson 撰写的 The Early Years：The Niels Bohr Institute 1921—1930.

答：$E_n=\dfrac{\hbar|q|B}{mc}n$，$n=1,2,3,\cdots$.

量子力学严格解为 $E_n=(n+1/2)\hbar\omega_c$（其中，$\omega_c=|q|B/mc$），此即 Landau 能级，参阅7.3 节.

*6.(a) 一质量为 M、荷电 q 的粒子被限制在一半径为 R 的圆环上运动.求粒子能量的可能取值.

答：$E=E_m=m^2\hbar^2/2MR^2$，$m=0,\pm1,\pm2,\cdots$.

(b) 如在圆环中心的垂直环面处放置一无限长细螺管，管内有磁通量 Φ.求粒子能量的可能取值.

提示：圆环切线方向的电磁矢势取为 $A_\varphi=\Phi/2\pi R$.求出正则角动量.

答：$E=E_m=\dfrac{\hbar^2}{2MR^2}\left(m-\dfrac{q\Phi}{2\pi\hbar c}\right)^2$，$m=0,\pm1,\pm2,\cdots$，参阅 7.4 节.

第 2 章　波函数与 Schrödinger 方程

2.1　波函数的统计诠释

2.1.1　波粒二象性矛盾的分析

人们对于物质粒子波动性的理解，曾经经历过一场激烈的争论.包括波动力学创始人 Schrödinger，de Broglie 等在内的一些人，对于物质粒子波动性的见解，都曾经深受经典力学概念的影响.他们曾经把电子波理解为电子的某种实际结构，即把电子看成三维空间中连续分布的某种物质波包[①]，因而呈现出干涉与衍射等现象.波包的大小即电子的大小，波包的群速即电子的运动速度.

但稍加分析，这种看法就碰到了难以克服的困难.例如，在非相对论情况下，自由粒子能量 $E=p^2/2m$，利用 de Broglie 关系，可得

$$\omega=\hbar k^2/2m,\quad k=2\pi/\lambda, \tag{1}$$

所以波包的群速(见数学附录 A1)为

$$v_g=\mathrm{d}\omega/\mathrm{d}k=\hbar k/m=p/m=v, \tag{2}$$

v 即经典粒子的速度.但由于 v_g 依赖于 k，且

$$\frac{\mathrm{d}v_g}{\mathrm{d}k}=\frac{\mathrm{d}^2\omega}{\mathrm{d}k^2}=\frac{\hbar}{m}\neq 0, \tag{3}$$

因此自由粒子的物质波包必然扩散.即使原来的波包很窄，但经历一段时间后，它也会扩散到很大的空间中去.或者更形象地说，随着时间的推移，粒子将愈来愈“胖”.这与实验结果是矛盾的.实验上观测到的一个个电子，总处于空间一个小区域中，例如，在一个原子内，其广延不会超过原子的大小(约 1 Å[②]).

此外，在电子衍射实验中，电子波碰到晶体表面后发生衍射，衍射波将沿不同方向传播开去.如果把一个电子看成三维空间中的物质波包，则在空间不同方向观测到的只能是“电子的一部分”，这与实验结果完全矛盾.实验上测得的(例如，计数器或照相底片上记录到的)总是一个一个的电子，它们都具有一定的质量和电荷等.

物质波包的观点显然夸大了波动性一面，而实际上抹杀了粒子性一面，是带有片

---

① F. Bloch, *Phys. Today*, 1976, 29: 23.

② 1 Å$=10^{-10}$ m.

面性的.

与物质波包相反的另一种看法是:波动性是由于大量电子分布于空间而形成的疏密波.它类似于空气振动形成的纵波,即由于分子密度疏密相间而形成的一种分布.这种看法也与实验结果矛盾.实际上可以做这样的电子衍射实验,让入射电子流极其微弱,电子几乎是一个一个地通过仪器.但只要时间足够长,底片上仍将出现衍射花样.这表明电子的波动性并不是许多电子在空间聚集时才有的现象.单个电子就具有波动性.事实上,正是由于单个电子具有波动性,才能理解氢原子(只含一个电子)中电子运动的稳定性,以及能量量子化等量子现象.

因此把波动性看成大量电子分布于空间而形成的疏密波的看法也是不正确的,它夸大了粒子性一面,而实际上抹杀了波动性一面,也带有片面性.

然而电子究竟是什么?是粒子,还是波?“电子既不是粒子,也不是波.”[①]更确切地说,它既不是经典粒子,也不是经典波.我们也可以说,电子既是粒子,也是波,它是波粒二象性矛盾的统一.但这个波不再是经典概念中的波,粒子也不再是经典概念中的粒子.为了更清楚地理解这一点,下面我们做简要的回顾.

在经典力学中谈到一个“粒子”时,总意味着这样一个客体,它具有一定的质量和电荷等属性,此即物质的“颗粒性”(corpuscularity)或“原子性”(atomicity).但与此同时,按日常生活的经验,还认为它在空间中运动时有一条确切的轨道,即在每时每刻都有一定的位置和速度.物质粒子的“原子性”是实验证实了的(例如,电子具有确定的质量和电荷),但粒子有完全确切的轨道的看法只是经典力学理论体系中的概念.在宏观世界中,轨道的概念是一个很好的近似(例如,炮弹的轨道、卫星围绕地球旋转的轨道等),但无限确切的轨道概念从来也没有被实验所证实.

在经典力学中谈到一个“波”时,总意味着某种实在的物理量(例如,声波中的空气压强)的空间分布做周期性变化,但更本质的是呈现出干涉和衍射等现象.干涉和衍射的本质在于波的相干(coherent)叠加性.

在经典概念中,粒子与波的确是难以统一到一个客体上去.然而究竟应该怎样正确理解波粒二象性呢?

2.1.2 概率波,多粒子系统的波函数

仔细分析一下实验结果可以看出,电子呈现出来的粒子性,只是经典概念中的“原子性”或“颗粒性”,即总是以具有一定的质量和电荷等属性的客体出现在实验中,但并不与“粒子有确切的轨道”的概念有什么联系.而电子呈现出来的波动性,也只不过是波动最本质的东西——波的叠加性,但并不一定与某种实在的物理量在空间的波动联系在一起.

---

① 参阅 Feynman, Leighton, Sands 撰写的 The Feynman Lectures on Physics, Vol. Ⅲ的1.1节.

把粒子性与波动性统一起来,更确切地说,把微观粒子的"原子性"与波的"叠加性"统一起来的是 Born(1926)提出的概率波.这是他在用 Schrödinger 方程来处理散射问题时为解释散射粒子的角分布而提出来的.他认为 de Broglie 提出的"物质波",或 Schrödinger 方程中的波函数所描述的,并不像经典波那样代表什么实在的物理量的波动,只不过是刻画粒子在空间的概率分布的概率波而已.

为了从实际的晶体衍射实验技术的复杂性中摆脱出来,以便较清楚地阐明这个概念,下面分析一个比较简单的双缝衍射实验.但为了更好地理解电子在双缝衍射中呈现出的量子特征,先对比一下用经典粒子(如子弹)与经典波(如声波)来做类似的双缝实验的结果.

图 2.1 中,一挺机枪从远处向靶子进行点射,机枪与靶子之间有一堵子弹不能穿透的墙,墙上有两条缝.当只开缝 1 时,靶子上子弹的密度分布为$\rho_1(x)$.当只开缝 2 时,靶子上子弹的密度分布为$\rho_2(x)$.当双缝齐开时,经过缝 1 的子弹与经过缝 2 的子弹各不相干地一颗一颗地打到靶子上,所以靶子上子弹的密度分布简单地等于上述两个密度分布之和:

$$\rho_{12}(x)=\rho_1(x)+\rho_2(x). \tag{4}$$

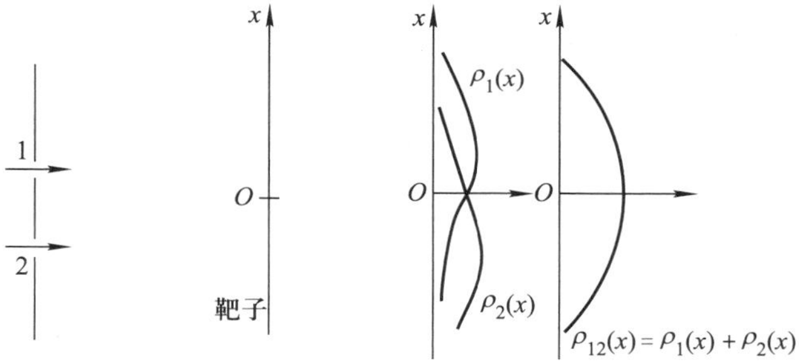

图 2.1

下面分析声波的双缝衍射.图 2.2 中,S 表示一个具有稳定频率ν的声源,声波经过一个具有双缝的隔音板,在它后面有一个吸音板,到达其上的声波将被吸收,并把声

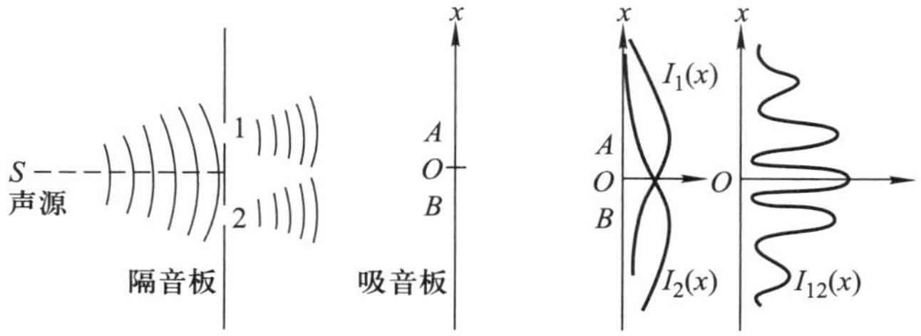

图 2.2

波强度分布显示出来.当只开缝1时,显示出的声波强度分布用 $I_1(x)$ 描述.当只开缝2时,显示出的声波强度分布用 $I_2(x)$ 描述.当双缝齐开时,显示出的声波强度分布用 $I_{12}(x)$ 描述.实验结果表明,$I_{12} \neq I_1 + I_2$.当只开一条缝时声音很强的地方(例如,A 点和 B 点),在双缝齐开时可能变得很弱.原因是出现了声波的干涉现象.

设分别打开缝1和缝2时声波用 $h_1(x)e^{i2\pi\nu t}$ 和 $h_2(x)e^{i2\pi\nu t}$ 描述,双缝齐开时声波则用 $[h_1(x)+h_2(x)]e^{i2\pi\nu t}$ 描述(波的叠加性),因此声波强度分布为

$$\begin{aligned} I_{12}(x) &= |h_1(x)+h_2(x)|^2 \\ &= |h_1(x)|^2 + |h_2(x)|^2 + h_1(x)h_2^*(x) + h_1^*(x)h_2(x) \\ &= I_1(x) + I_2(x) + \text{干涉项} \neq I_1(x) + I_2(x). \end{aligned} \tag{5}$$

由于干涉项的影响,经典波的强度分布与经典粒子的密度分布大不相同.

图2.3给出较为实际的电子衍射实验的图片.

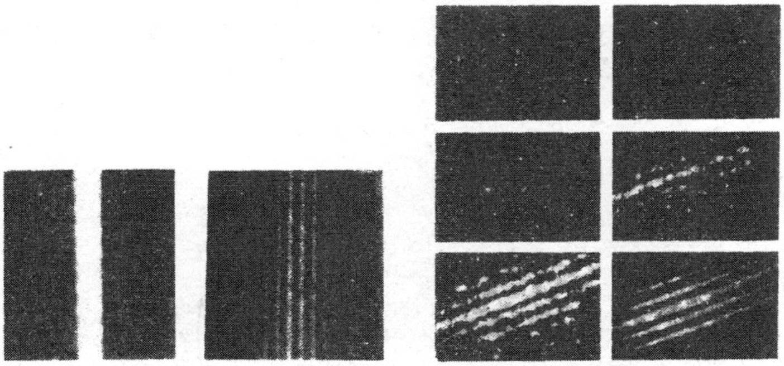

(a)　　　　　　　　(b)

图2.3　电子衍射

(a) 单缝与双缝衍射花样(经过放大).加速电压为 50 kV,电子波长 $\lambda \approx 0.055$ Å,缝宽为 0.3 μm,相邻缝的间距为 1 μm(C. Jönsson, *Zeit. Physik*, 1961, 161: 454; *Am. J. Phys.*, 1974, 42: 4)

(b) 电流密度不同情况下的电子衍射花样.在电子显微镜中装配一个电子光学双棱镜系统,并在电子显微镜的成像系统上安装一个电视加强器,使干涉条纹的间距放大.图中各照片是不同电流密度下拍摄下来的(P. G. Merli, G. F. Missiroli, G. Pozzi, *Am. J. Phys.*, 1976, 44: 306)

现在来分析电子的双缝衍射实验.设入射电子流很微弱,电子几乎是一个一个地通过双缝,然后在感光底片上被记录下来.起初,当感光时间较短时,底片上出现一些感光点子,它们的分布看起来没有什么规律.当感光时间足够长时,底片上的点子愈来愈多,就会发现有些地方点子很密,有些地方则几乎没有点子.最后,底片上点子的密度分布将构成一个有规律的花样,与X射线衍射中出现的衍射花样很相似.就强度分布来讲,与经典波(如声波)是相似的,而与子弹在靶子上的密度分布完全不同.这种现象应怎样理解呢?

原来,在底片上 $\boldsymbol{r}$ 点附近衍射花样的强度

$\propto$在 $\boldsymbol{r}$ 点附近感光点子的数目，

$\propto$在 $\boldsymbol{r}$ 点附近出现的电子的数目，

$\propto$电子出现在 $\boldsymbol{r}$ 点附近的概率.

设衍射波波幅用 $\psi(\boldsymbol{r})$描述，与光学中相似，衍射花样的强度分布则用$|\psi(\boldsymbol{r})|^2$ 描述.但这里的衍射波强度$|\psi(\boldsymbol{r})|^2$ 的意义与经典波不同，它是刻画电子出现在 $\boldsymbol{r}$ 点附近的概率大小的一个量.更确切地说，$|\psi(\boldsymbol{r})|^2\Delta x\Delta y\Delta z$ 表示在 $\boldsymbol{r}$ 点处的体积元 $\Delta x\Delta y\Delta z$ 中找到电子的概率.这就是 Born 提出的波函数的统计诠释.它是量子力学的基本原理之一.它的正确性已被无数次的实验观测（如散射粒子的角分布）所证实.

按这种理解，电子呈现出来的波动性只是反映微观客体运动的一种统计规律性，因此称为概率波.波函数 $\psi(\boldsymbol{r})$也常常称为概率波幅.应该说，在非相对论情况下（没有粒子产生和湮没现象），概率波概念正确地把物质粒子的波动性与粒子性统一了起来.

根据波函数的统计诠释，很自然地要求该粒子（不产生、不湮没）在空间各点的概率之和为 1，即要求波函数 $\psi(\boldsymbol{r})$满足

$$\int_{(\text{全})}|\psi(\boldsymbol{r})|^2\mathrm{d}^3r=1,\quad \mathrm{d}^3r=\mathrm{d}x\,\mathrm{d}y\,\mathrm{d}z,\tag{6}$$

这称为波函数的归一化条件.但应该强调，对于概率分布来说，重要的是**相对概率分布**.不难看出，$\psi(\boldsymbol{r})$与 $C\psi(\boldsymbol{r})$（C 为常数）所描述的相对概率分布是完全相同的.因为在空间任意两点 $\boldsymbol{r}_1$ 和 $\boldsymbol{r}_2$ 处，$C\psi(\boldsymbol{r})$描述的粒子的相对概率为

$$\left|\frac{C\psi(\boldsymbol{r}_1)}{C\psi(\boldsymbol{r}_2)}\right|^2=\left|\frac{\psi(\boldsymbol{r}_1)}{\psi(\boldsymbol{r}_2)}\right|^2,\tag{7}$$

与 $\psi(\boldsymbol{r})$描述的相对概率完全相同.换言之，$C\psi(\boldsymbol{r})$与 $\psi(\boldsymbol{r})$描述的是同一个概率波.所以波函数有一个常数因子不定性.在这一点上，概率波与经典波有本质的差别.一个经典波的波幅若增大为原来的两倍，则相应的波动的能量将增大为原来的四倍，因而代表完全不同的波动状态.正因为如此，**经典波根本谈不上“归一化”**，而概率波则可以进行归一化[①].因为，假设

$$\int_{(\text{全})}|\psi(\boldsymbol{r})|^2\mathrm{d}^3r=A(\text{常数})>0\quad(\text{平方可积}),\tag{8}$$

则显然有

$$\int_{(\text{全})}\left|\frac{1}{\sqrt{A}}\psi(\boldsymbol{r})\right|^2\mathrm{d}^3r=1,\tag{9}$$

但 $\psi(\boldsymbol{r})$与 $A^{-1/2}\psi(\boldsymbol{r})$描述的是同一个概率波.$\psi(\boldsymbol{r})$没有归一化，而 $A^{-1/2}\psi(\boldsymbol{r})$是归一化的.$A^{-1/2}$称为归一化因子.波函数归一化与否，并不影响概率分布.

还应提到，即使加上归一化条件，波函数仍然有一个模为 1 的相因子不定性，或者

① 以后，为处理问题方便，还将引进一些理想的、不能归一化的波函数，例如，平面波、δ 函数等.

说，相位不定性①.因为，假设 $\psi(\boldsymbol{r})$是归一化的波函数，则 $\mathrm{e}^{\mathrm{i}\alpha}\psi(\boldsymbol{r})$（$\alpha$ 为实常数）也是归一化的，而 $\psi(\boldsymbol{r})$与 $\mathrm{e}^{\mathrm{i}\alpha}\psi(\boldsymbol{r})$描述的是同一个概率波.

以上讨论的是一个粒子的波函数.对于一个由若干粒子组成的体系，例如，N 个粒子组成的体系，它的波函数可表示为

$$\psi(\boldsymbol{r}_1,\boldsymbol{r}_2,\cdots,\boldsymbol{r}_N), \tag{10}$$

其中，$\boldsymbol{r}_1(x_1,y_1,z_1),\boldsymbol{r}_2(x_2,y_2,z_2),\cdots,\boldsymbol{r}_N(x_N,y_N,z_N)$分别表示各粒子的空间坐标.此时，

$$|\psi(\boldsymbol{r}_1,\boldsymbol{r}_2,\cdots,\boldsymbol{r}_N)|^2\mathrm{d}^3r_1\mathrm{d}^3r_2\cdots\mathrm{d}^3r_N$$

表示

粒子 1 出现在$(\boldsymbol{r}_1,\boldsymbol{r}_1+\mathrm{d}\boldsymbol{r}_1)$中
同时粒子 2 出现在$(\boldsymbol{r}_2,\boldsymbol{r}_2+\mathrm{d}\boldsymbol{r}_2)$中
……
同时粒子 N 出现在$(\boldsymbol{r}_N,\boldsymbol{r}_N+\mathrm{d}\boldsymbol{r}_N)$中的概率.　　(11)

归一化条件表示为

$$\int_{(全)}|\psi(\boldsymbol{r}_1,\boldsymbol{r}_2,\cdots,\boldsymbol{r}_N)|^2\mathrm{d}^3r_1\mathrm{d}^3r_2\cdots\mathrm{d}^3r_N=1. \tag{12}$$

以后，为表述简便，引进符号

$$(\psi,\psi)\equiv\int\mathrm{d}\tau\psi^*\psi=\int_{(全)}\mathrm{d}\tau\,|\psi|^2, \tag{13}$$

其中，$\int_{(全)}\mathrm{d}\tau$ 代表对体系的全部空间坐标进行积分.例如，

对于一维粒子，　$\int_{(全)}\mathrm{d}\tau=\int_{-\infty}^{+\infty}\mathrm{d}x$；

对于三维粒子，　$\int_{(全)}\mathrm{d}\tau=\iiint_{-\infty}^{+\infty}\mathrm{d}x\,\mathrm{d}y\,\mathrm{d}z$；

对于 N 个粒子组成的体系，

$$\int_{(全)}\mathrm{d}\tau=\int_{-\infty}^{+\infty}\cdots\int_{-\infty}^{+\infty}\mathrm{d}x_1\mathrm{d}y_1\mathrm{d}z_1\cdots\mathrm{d}x_N\mathrm{d}y_N\mathrm{d}z_N.$$

这样，归一化条件就可以简单表示为

$$(\psi,\psi)=1. \tag{14}$$

多粒子组成的体系的波函数的物理意义进一步表明，物质粒子的波动性并不是在三维空间中某种实在的物理量的波动现象，而一般说来，是抽象的多维的位形空间

① P. A. M. Dirac, *Fields and Quanta*, 1972, 3: 139 一文中指出：量子力学的主要特征是什么？现在我倾向于认为，量子力学的主要特征并非不对易代数，而是概率波幅的存在……概率波幅的模方是观测到的某个量的概率，但此外还有相位，它是模为 1 的数，其变化不影响模方.但此相位是极其重要的，它是所有干涉现象的根源，而其物理意义是极其隐晦难懂的.

(configuration space)中的概率波.例如,对于两个粒子组成的体系,波函数 $\psi(\boldsymbol{r}_1,\boldsymbol{r}_2)$ 刻画的是六维空间中的概率波.这个六维空间只是标记一个具有六个自由度的体系的坐标的抽象空间而已.

练习 1 设 $\psi(x)=A\mathrm{e}^{-\alpha^2x^2/2}$,其中,$\alpha$ 为常数.求归一化常数 A.

练习 2 设 $\psi(x)=\mathrm{e}^{ikx}$,求粒子位置的概率分布.并判断此波函数能否归一化.

练习 3 设 $\psi(x)=\delta(x)$,求粒子位置的概率分布.并判断此波函数能否归一化.

练习 4 设粒子的波函数为 $\psi(x,y,z)$,求在 $(x,x+\mathrm{d}x)$ 范围中找到粒子的概率.

练习 5 设粒子的波函数可用球坐标表示为 $\psi(r,\theta,\varphi)$,求

(a) 在球壳 $(r,r+\mathrm{d}r)$ 中找到粒子的概率.

(b) 在 (θ,φ) 方向的立体角 $\mathrm{d}\Omega=\sin\theta\mathrm{d}\theta\mathrm{d}\varphi$ 中找到粒子的概率.

练习 6 N 个粒子组成的体系的波函数为 $\psi(\boldsymbol{r}_1,\boldsymbol{r}_2,\cdots,\boldsymbol{r}_N)$,求在 $(\boldsymbol{r}_1,\boldsymbol{r}_1+\mathrm{d}\boldsymbol{r}_1)$ 范围中找到粒子 1 的概率(其他粒子的位置不限).

2.1.3 动量分布概率

按波函数 $\psi(\boldsymbol{r})$ 的统计诠释,在空间 $\boldsymbol{r}$ 点找到粒子的概率 $\propto|\psi(\boldsymbol{r})|^2$.试问:如测量粒子的其他力学量,那么其概率分布如何?这些力学量中最常碰到的是动量、能量和角动量.下面以动量为例进行讨论.

按已为衍射实验证实了的 de Broglie 关系,若 ψ 为一个平面单色波(波长为 λ、频率为 ν),则相应的粒子动量为 $p=h/\lambda$、能量为 $E=h\nu$.在一般情况下,ψ 是一个波包,由许多平面单色波叠加而成,即含有各种波长(频率)的分波,因此相应的粒子动量(能量)有一个分布.与测量粒子的位置相似,也可以设计某种实验装置来测量粒子的动量,晶体衍射实验就是其中一种.

在分析测量动量的实验之前,不难想到,与 $|\psi(\boldsymbol{r})|^2$ 表示粒子在坐标空间中的概率密度相似,$|\varphi(\boldsymbol{p})|^2$ 表示粒子动量分布的概率密度.这里,$\varphi(\boldsymbol{p})$ 是 $\psi(\boldsymbol{r})$ 按平面波展开(Fourier 展开)的波幅,即

$$\psi(\boldsymbol{r})=\frac{1}{(2\pi\hbar)^{3/2}}\int\varphi(\boldsymbol{p})\mathrm{e}^{\mathrm{i}\boldsymbol{p}\cdot\boldsymbol{r}/\hbar}\mathrm{d}^3p, \tag{15}$$

其逆表示式为

$$\varphi(\boldsymbol{p})=\frac{1}{(2\pi\hbar)^{3/2}}\int\psi(\boldsymbol{r})\mathrm{e}^{-\mathrm{i}\boldsymbol{p}\cdot\boldsymbol{r}/\hbar}\mathrm{d}^3r, \tag{16}$$

$|\varphi(\boldsymbol{p})|^2$ 代表 $\psi(\boldsymbol{r})$ 中含有平面波 $\mathrm{e}^{\mathrm{i}\boldsymbol{p}\cdot\boldsymbol{r}/\hbar}$ 的成分,所以粒子动量为 $\boldsymbol{p}$ 的概率与 $|\varphi(\boldsymbol{p})|^2$ 成比例是自然的.

下面分析电子衍射实验(见图 2.4).设电子(动量为 p)沿垂直方向入射到单晶表面,即入射波为具有一定波长 $\lambda=h/p$ 的平面波,则衍射波将沿一定的角度 θ_n 出射,θ_n 由下式(Bragg 公式)决定:

$$\sin\theta_n = \frac{n\lambda}{a} = \frac{nh}{pa}, \quad n = 1, 2, 3, \cdots. \tag{17}$$

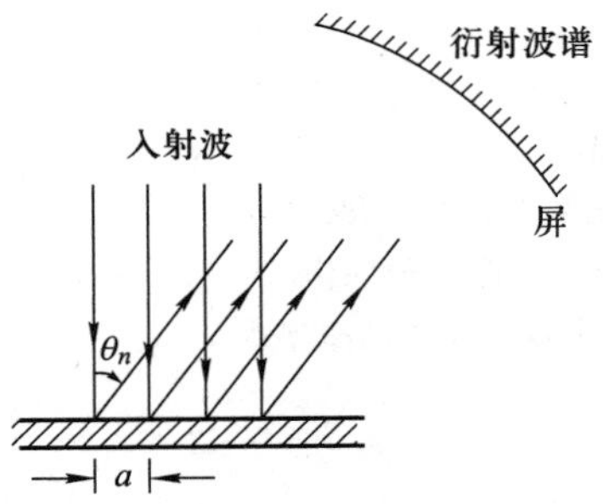

图 2.4

式(17)给出了衍射角 θ_n(特别是 θ_1)与入射粒子动量 p 的确定关系.如果入射波是一个波包,则它的每个 Fourier 分波(平面波)将各自按一定的角分布 θ_n(由式(17)决定)出射,因而衍射波分解成一个波谱(称为谱的分解),在足够远处,它们将在空间中分开,这可用探测仪器在屏上测得.沿 θ_n 方向出射的波的幅度 $f(\theta_n)$ 正比于入射波包中相应的 Fourier 分波的幅度,因而沿 θ_n 方向的衍射波强度 $\propto |f(\theta_n)|^2 \propto |\varphi(\boldsymbol{p})|^2$.在衍射过程中,波长未改变,即粒子动量的大小未改变(虽然方向改变了).因此衍射波谱的分布反映了衍射前粒子动量的概率分布.所以,对于一个粒子,它在 θ_n 方向被测得的概率 $\propto |f(\theta_n)|^2 \propto |\varphi(\boldsymbol{p})|^2$,即粒子动量为 $\boldsymbol{p}$ 的概率 $\propto |\varphi(\boldsymbol{p})|^2$,或者说,粒子动量在 $(\boldsymbol{p}, \boldsymbol{p}+\mathrm{d}\boldsymbol{p})$ 范围中的概率为 $|\varphi(\boldsymbol{p})|^2 \mathrm{d}^3 p$.事实上,不难证明

$$\int_{-\infty}^{+\infty} |\varphi(\boldsymbol{p})|^2 \mathrm{d}^3 p = \int_{-\infty}^{+\infty} |\psi(\boldsymbol{r})|^2 \mathrm{d}^3 r = 1, \tag{18}$$

因为利用式(16)及 Fourier 积分公式,可得

$$\begin{aligned}
\int_{-\infty}^{+\infty} \varphi^*(\boldsymbol{p})\varphi(\boldsymbol{p})\mathrm{d}^3 p &= \iiint_{-\infty}^{+\infty} \mathrm{d}^3 p\, \mathrm{d}^3 r\, \mathrm{d}^3 r' \psi^*(\boldsymbol{r})\psi(\boldsymbol{r}') \frac{1}{(2\pi\hbar)^3} \mathrm{e}^{\mathrm{i}\boldsymbol{p}\cdot(\boldsymbol{r}-\boldsymbol{r}')/\hbar} \\
&= \iint_{-\infty}^{+\infty} \mathrm{d}^3 r\, \mathrm{d}^3 r' \psi^*(\boldsymbol{r})\psi(\boldsymbol{r}')\delta(\boldsymbol{r}-\boldsymbol{r}') \\
&= \int_{-\infty}^{+\infty} \mathrm{d}^3 r\, |\psi(\boldsymbol{r})|^2 = 1.
\end{aligned}$$

2.1.4 测不准关系

Born 对波函数的统计诠释,把波粒二象性统一到概率波的概念中.在此概念中,经典波的概念只是部分地(波的叠加性)被保留下来,而另一部分则被摒弃,例如,概率波并不是什么实在的物理量在三维空间中的波动,而一般说来是多维位形空间中的概率波.同样,经典粒子的概念也只是部分地(原子性,以及力学量之间的某些关系)被保留下来,而另一部分则被摒弃,例如,轨道的概念(粒子在运动过程中的每一时刻都有确定的位置 $\boldsymbol{r}(t)$ 和动量 $\boldsymbol{p}(t)$).所以经典粒子运动的图像和概念对于微观粒子来说不可能全盘适用.试问:由于波粒二象性,经典粒子运动的概念究竟在多大程度上适用于微观世界? Heisenberg 的测不准关系对此做了最集中、最形象的概括.测不准关系是 Heisenberg 于 1927 年根据其对一些理想实验的分析,以及 de Broglie 关系而得出的,后来又根据波函数的统计诠释加以严格证明(见 4.3.1 小节),并使其含义和表述更为确切.下面我们从分析几个简单例子入手,根据波函数的统计诠释来引出测不准关系.

例 1　设一维粒子具有确定的动量 p_0,即动量的不确定度 $\Delta p=0$.相应的波函数为平面波

$$\psi_{p_0}(x)=\mathrm{e}^{\mathrm{i}p_0x/\hbar}, \tag{19}$$

所以 $|\psi_{p_0}(x)|^2=1$,即粒子在空间各点的概率都相同(不依赖于 x).换言之,粒子的位置是完全不确定的,即 $\Delta x\to\infty$.

例 2　设一维粒子具有确定的位置 x_0,即位置的不确定度 $\Delta x=0$.相应的波函数为

$$\psi_{x_0}(x)=\delta(x-x_0), \tag{20}$$

其 Fourier 变换为

$$\varphi_{x_0}(p)=\frac{1}{\sqrt{2\pi\hbar}}\int\psi_{x_0}(x)\mathrm{e}^{-\mathrm{i}px/\hbar}\mathrm{d}x=\frac{1}{\sqrt{2\pi\hbar}}\mathrm{e}^{-\mathrm{i}px_0/\hbar},$$

所以 $|\varphi_{x_0}(p)|^2=1/2\pi\hbar$,即粒子动量取各种值的概率都相同(不依赖于 p).换言之,粒子的动量完全不确定,即 $\Delta p\to\infty$.

思考题　波函数(19)和(20)是否可以归一化?

例 3　考虑用 Gauss 波包(见图 2.5)$\psi(x)=\mathrm{e}^{-\alpha^2x^2/2}$ 描述的粒子,$|\psi(x)|^2=\mathrm{e}^{-\alpha^2x^2}$.可以看出,粒子的位置主要局限在 $|x|\leqslant1/\alpha$ 的区域中,即 $\Delta x\sim1/\alpha$.$\psi(x)$ 的 Fourier 变换为

$$\varphi(k)=\frac{1}{\sqrt{2\pi}}\int\mathrm{e}^{-\alpha^2x^2/2}\mathrm{e}^{-\mathrm{i}kx}\mathrm{d}x=\frac{1}{\alpha}\mathrm{e}^{-k^2/2\alpha^2},$$

所以

$$|\varphi(k)|^2=\frac{1}{\alpha^2}\mathrm{e}^{-k^2/\alpha^2}.$$

可以看出,$\Delta k\sim\alpha$.因此,对于 Gauss 波包,有

$$\Delta x\cdot\Delta k\sim1, \tag{21}$$

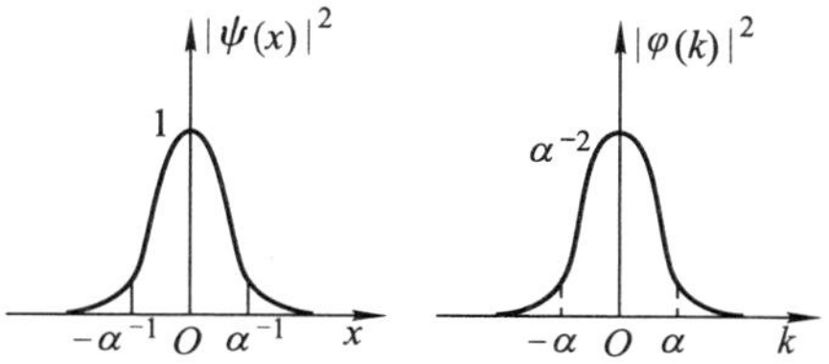

图　2.5

再利用 de Broglie 关系 $p=\hbar k$，可得出

$$\Delta x \cdot \Delta p \sim \hbar, \tag{22}$$

此即 Heisenberg 的测不准关系.在得出此关系时，de Broglie 关系是至关重要的.式(21)对于经典 Gauss 波包也是成立的.但要得出式(22)，则必须利用 $p=\hbar k$.更严格的证明(见 4.3.1 小节)可得出

$$\Delta x \cdot \Delta p \geqslant \hbar/2. \tag{23}$$

测不准关系表明，微观粒子的位置(坐标)和动量不能同时具有完全确定的值，这是波粒二象性的反映.在物理上可如下理解：按 de Broglie 关系 $p=h/\lambda$，由于波长 λ 是描述波在空间变化快慢的量，是与整个波相联系的量，因此，正如“在空间某一点 x 的波长”的提法没有意义一样，“微观粒子在空间某一点 x 的动量”的提法也同样没有意义.这样，微观粒子运动轨道的概念就没有意义.这从日常生活经验或从经典力学中粒子运动的概念来讲，是很难接受的，但却是波粒二象性的必然结果.当然，从宏观尺度来看，由于 h 是一个非常小的量，因此测不准关系与我们日常生活经验并没有什么矛盾.事实上，人们迄今为止做过的精密测量同时得出的 Δx 与 Δp 之积的数量级都远大于 h.所以在一般的宏观现象中人们仍然不妨使用轨道运动等经典力学概念.

概括起来说，测不准关系给人们指出了使用经典粒子运动概念的一个限度，此限度用 Planck 常数 h 表征.当 $h\to 0$ 时，量子力学将回到经典力学，或者说量子效应可以忽略.

2.1.5　力学量的平均值与算符的引进

粒子处于波函数 $\psi(\boldsymbol{r})$ 所描述的状态下时，虽然不是所有力学量都具有确定的值，但它们都有确定的概率分布，因而有确定的平均值.例如位置 x 的平均值为

$$\bar{x}=\int_{-\infty}^{+\infty} |\psi(\boldsymbol{r})|^2 x \mathrm{d}^3 r, \tag{24}$$

这里假定了波函数已归一化①.又如势能 $V(\boldsymbol{r})$ 的平均值为

$$\bar{V}=\int_{-\infty}^{+\infty} |\psi(\boldsymbol{r})|^2 V(\boldsymbol{r}) \mathrm{d}^3 r. \tag{25}$$

但怎样计算动量的平均值？前面已提到，由于波粒二象性，“微观粒子在空间某一点 x 的动量”的提法是没有意义的，因此不能像求势能平均值那样来求动量平均值，即

$$\bar{\boldsymbol{p}} \neq \int_{-\infty}^{+\infty} |\psi(\boldsymbol{r})|^2 \boldsymbol{p}(\boldsymbol{r}) \mathrm{d}^3 r, \tag{26}$$

---

① 有时把平均值记为 $\bar{x}=\langle x\rangle$，$\bar{V}=\langle V\rangle$.如波函数并未归一化，则式(24)和式(25)应改写为

$$\langle x\rangle=\int_{-\infty}^{+\infty}\psi^*(\boldsymbol{r})x\psi(\boldsymbol{r})\mathrm{d}^3 r\bigg/\int_{-\infty}^{+\infty}\psi^*(\boldsymbol{r})\psi(\boldsymbol{r})\mathrm{d}^3 r=(\psi,x\psi)/(\psi,\psi),$$

$$\langle V\rangle=\int_{-\infty}^{+\infty}\psi^*(\boldsymbol{r})V(\boldsymbol{r})\psi(\boldsymbol{r})\mathrm{d}^3 r\bigg/\int_{-\infty}^{+\infty}\psi^*(\boldsymbol{r})\psi(\boldsymbol{r})\mathrm{d}^3 r=(\psi,V\psi)/(\psi,\psi).$$

我们必须换一种方式来解决这个问题.

按前面所述,给定波函数 $\psi(\boldsymbol{r})$之后,测得粒子动量在$(\boldsymbol{p},\boldsymbol{p}+\mathrm{d}\boldsymbol{p})$范围中的概率为 $|\varphi(\boldsymbol{p})|^2\mathrm{d}^3p$,其中,

$$\varphi(\boldsymbol{p})=\frac{1}{(2\pi\hbar)^{3/2}}\int_{-\infty}^{+\infty}\psi(\boldsymbol{r})\mathrm{e}^{-\mathrm{i}\boldsymbol{p}\cdot\boldsymbol{r}/\hbar}\mathrm{d}^3r. \tag{27}$$

因此可以借助 $\varphi(\boldsymbol{p})$来间接计算动量的平均值:

$$\overline{\boldsymbol{p}}=\int_{-\infty}^{+\infty}\mathrm{d}^3p\,|\varphi(\boldsymbol{p})|^2\boldsymbol{p}=\int_{-\infty}^{+\infty}\mathrm{d}^3p\,\varphi^*(\boldsymbol{p})\boldsymbol{p}\varphi(\boldsymbol{p}) \tag{28}$$

$$=\iint_{-\infty}^{+\infty}\mathrm{d}^3p\,\mathrm{d}^3r\,\psi^*(\boldsymbol{r})\frac{1}{(2\pi\hbar)^{3/2}}\mathrm{e}^{\mathrm{i}\boldsymbol{p}\cdot\boldsymbol{r}/\hbar}\boldsymbol{p}\varphi(\boldsymbol{p})$$

$$=\iint_{-\infty}^{+\infty}\mathrm{d}^3r\,\mathrm{d}^3p\,\psi^*(\boldsymbol{r})\frac{1}{(2\pi\hbar)^{3/2}}(-\mathrm{i}\hbar\,\boldsymbol{\nabla})\mathrm{e}^{\mathrm{i}\boldsymbol{p}\cdot\boldsymbol{r}/\hbar}\varphi(\boldsymbol{p})$$

$$=\int_{-\infty}^{+\infty}\mathrm{d}^3r\,\psi^*(\boldsymbol{r})(-\mathrm{i}\hbar\,\boldsymbol{\nabla})\psi(\boldsymbol{r}). \tag{29}$$

这样,我们就找到了用 $\psi(\boldsymbol{r})$来直接计算动量平均值的公式,而不必借助 $\psi(\boldsymbol{r})$的 Fourier 变换 $\varphi(\boldsymbol{p})$来间接计算(见式(27)和式(28)).但这时就出现了一种新的数学工具——算符.令

$$\hat{\boldsymbol{p}}=-\mathrm{i}\hbar\,\boldsymbol{\nabla}, \tag{30}$$

则式(29)可表示为

$$\overline{\boldsymbol{p}}=\int\psi^*(\boldsymbol{r})\hat{\boldsymbol{p}}\psi(\boldsymbol{r})\mathrm{d}^3r, \tag{31}$$

其中,$\hat{\boldsymbol{p}}$ 称为动量算符.式(31)表明,动量平均值与波函数 $\psi(\boldsymbol{r})$的梯度密切相关.这是可以理解的,因为按 de Broglie 关系,动量与波长的倒数(波数)成比例,所以波函数的梯度愈大,即波长愈短(波数愈大),动量平均值也就愈大.

动能 $T=p^2/2m$ 和角动量 $\boldsymbol{l}=\boldsymbol{r}\times\boldsymbol{p}$ 的平均值也可类似求出(留作练习):

$$\overline{T}=\int\psi^*(\boldsymbol{r})\hat{T}\psi(\boldsymbol{r})\mathrm{d}^3r,\quad \hat{T}=-\frac{\hbar^2}{2m}\boldsymbol{\nabla}^2\text{(动能算符)}, \tag{32}$$

$$\bar{\boldsymbol{l}}=\int\psi^*(\boldsymbol{r})\hat{\boldsymbol{l}}\psi(\boldsymbol{r})\mathrm{d}^3r,\quad \hat{\boldsymbol{l}}=\boldsymbol{r}\times\hat{\boldsymbol{p}}\text{(角动量算符)}, \tag{33}$$

其中,$\hat{\boldsymbol{l}}$ 是一个矢量算符,它的三个分量可表示为

$$\begin{aligned}\hat{l}_x&=y\hat{p}_z-z\hat{p}_y=-\mathrm{i}\hbar\left(y\frac{\partial}{\partial z}-z\frac{\partial}{\partial y}\right),\\ \hat{l}_y&=z\hat{p}_x-x\hat{p}_z=-\mathrm{i}\hbar\left(z\frac{\partial}{\partial x}-x\frac{\partial}{\partial z}\right),\\ \hat{l}_z&=x\hat{p}_y-y\hat{p}_x=-\mathrm{i}\hbar\left(x\frac{\partial}{\partial y}-y\frac{\partial}{\partial x}\right).\end{aligned} \tag{34}$$

一般说来，粒子的力学量 A 的平均值可由下式求出：

$$\overline{A}=\int\psi^*(\boldsymbol{r})\hat{A}\psi(\boldsymbol{r})\mathrm{d}^3r=(\psi,\hat{A}\psi),\tag{35}$$

其中，$\hat{A}$ 是与力学量 A 相应的算符.如波函数未归一化，则

$$\overline{A}=(\psi,\hat{A}\psi)/(\psi,\psi).\tag{36}$$

对于有经典对应的力学量所相应的算符的写法，以及力学量与算符之间更深刻的关系，将在第 4 章中讨论.例如，对于在势场 $V(\boldsymbol{r})$中的粒子，与经典 Hamilton 量 $H=T+V$ 相应的算符可表示为

$$\hat{H}=-\frac{\hbar^2}{2m}\nabla^2+V(\boldsymbol{r}).\tag{37}$$

思考题 给定归一化波函数 $\psi(\boldsymbol{r})$后，粒子坐标的平均值可由下式给出：

$$\bar{\boldsymbol{r}}=\int\psi^*(\boldsymbol{r})\boldsymbol{r}\psi(\boldsymbol{r})\mathrm{d}^3r,$$

如用 $\psi(\boldsymbol{r})$的 Fourier 变换 $\varphi(\boldsymbol{p})$（见式(15)和式(16)）来计算 $\bar{\boldsymbol{r}}$，则应如何表示？

2.1.6 统计诠释对波函数提出的要求

统计诠释赋予了波函数确切的物理含义.按统计诠释，究竟应对波函数 $\psi(\boldsymbol{r})$提出哪些要求？

(a) 按统计诠释，要求$|\psi(\boldsymbol{r})|^2$ 取有限值似乎是必要的，即要求 $\psi(\boldsymbol{r})$取有限值.但应注意，$|\psi(\boldsymbol{r})|^2$ 只是表示概率密度，而物理上只要求在空间任意有限体积中找到粒子的概率为有限值即可，因此并不排除在空间某些孤立奇点处$|\psi(\boldsymbol{r})|\to\infty$.例如，设 $\boldsymbol{r}=\boldsymbol{r}_0$是 $\psi(\boldsymbol{r})$的一个孤立奇点，τ_0 是包围 $\boldsymbol{r}_0$ 点在内的任意有限体积，则按统计诠释，只要

$$\int_{\tau_0}|\psi(\boldsymbol{r})|^2\mathrm{d}^3r=\text{有限值},\tag{38}$$

就是物理上可以接受的.如取 $\boldsymbol{r}_0=\boldsymbol{0}$（坐标原点），$\tau_0$ 是半径为 r 的小球，显然，当 $r\to0$ 时，式(38)的积分值应趋于 0，即要求$r^3|\psi(\boldsymbol{r})|^2\to0$.如 $r\to0$ 时，$\psi\sim1/r^s$，则要求[①] $s<3/2$.

(b) 按统计诠释，一个真实的波函数需要满足归一化条件（平方可积）

$$\int_{(\text{全})}|\psi(\boldsymbol{r})|^2\mathrm{d}^3r=1,\tag{39}$$

但概率描述中实质的问题是相对概率.因此，在量子力学中并不排除使用某些不能归一化的理想的波函数.例如，平面波 $\psi(\boldsymbol{r})\sim\mathrm{e}^{\mathrm{i}\boldsymbol{p}\cdot\boldsymbol{r}/\hbar}$，$\delta$ 波包$\psi(\boldsymbol{r})\sim\delta(\boldsymbol{r})$.实际的波函数当

① 对于二维情况，要求 $s<1$；对于一维情况，要求 $s<1/2$.

然不会是一个理想的平面波或 δ 波包，但如果粒子能用一个很大的波包来描述，波包的广延比所处理问题的特征长度大得多，而且在问题所涉及的空间区域中粒子的概率密度可视为常数，则不妨用平面波来对其进行近似描述.例如，在散射理论中，入射粒子态常用平面波来描述.

(c) 按统计诠释，要求 $|\psi(\boldsymbol{r})|^2$ 单值.是否可由此得出要求 $\psi(\boldsymbol{r})$ 单值呢？否.在量子力学中还会有在 $\boldsymbol{r}$ 空间中不单值的波函数(例如，计及自旋后的电子波函数，见第8章).

(d) 波函数 $\psi(\boldsymbol{r})$ 及其各阶微分的连续性.这要根据体系所处势场 $V(\boldsymbol{r})$ 的性质来分析.一般地要求 $\psi(\boldsymbol{r})$ 及其各阶微分连续是不正确的(见 3.2 节的分析).

2.2 态叠加原理

2.2.1 量子态及其表象

按 2.1 节的分析，对于一个粒子，当描述它的波函数 $\psi(\boldsymbol{r})$ 给定后，如测量其位置，则其出现在 $\boldsymbol{r}$ 点的概率密度为 $|\psi(\boldsymbol{r})|^2$.如测量其动量，则测得其动量为 $\boldsymbol{p}$ 的概率密度为 $|\varphi(\boldsymbol{p})|^2$.$\varphi(\boldsymbol{p})$ 是 $\psi(\boldsymbol{r})$ 的 Fourier 变换，由 $\psi(\boldsymbol{r})$ 完全确定，即

$$\varphi(\boldsymbol{p})=\frac{1}{(2\pi\hbar)^{3/2}}\int\psi(\boldsymbol{r})\mathrm{e}^{-\mathrm{i}\boldsymbol{p}\cdot\boldsymbol{r}/\hbar}\mathrm{d}^3r, \tag{1}$$

而

$$\psi(\boldsymbol{r})=\frac{1}{(2\pi\hbar)^{3/2}}\int\varphi(\boldsymbol{p})\mathrm{e}^{\mathrm{i}\boldsymbol{p}\cdot\boldsymbol{r}/\hbar}\mathrm{d}^3p. \tag{2}$$

与此类似，还可以讨论其他力学量的测量值的概率分布.概括起来说，当 $\psi(\boldsymbol{r})$ 给定后，粒子所有力学量的测量值的概率分布就确定了.从这个意义上来讲，$\psi(\boldsymbol{r})$ 完全描述了一个三维空间中粒子的量子态.所以波函数也称为**态函数**，亦称为概率波幅.

同样，我们也可以说 $\varphi(\boldsymbol{p})$ 完全描述了粒子的量子态.因为给定 $\varphi(\boldsymbol{p})$ 后，不仅动量的测量值的概率分布 $\propto|\varphi(\boldsymbol{p})|^2$ 完全确定，而且位置的测量值的概率分布 $\propto|\psi(\boldsymbol{r})|^2$ 也是完全确定的，因为 $\psi(\boldsymbol{r})$ 可以通过式(2)由 $\varphi(\boldsymbol{p})$ 完全确定.其他力学量的测量值的概率分布也可类似给出.

因此粒子的量子态既可以用 $\psi(\boldsymbol{r})$ 描述，也可以用 $\varphi(\boldsymbol{p})$ 描述(还可以有其他描述方式).它们之间有确定的变换关系，彼此完全等价.它们描述的都是同一个量子态，只是**表象**(representation)不同而已，这犹如一个矢量可以采用不同的坐标系来表述一样.我们称 $\psi(\boldsymbol{r})$ 是量子态在**坐标表象**中的表示，而 $\varphi(\boldsymbol{p})$ 则是同一个量子态在**动量表象**中的表示(其他表象及表象变换的系统讲述见 4.5 节).

显然，量子态的描述方式与经典粒子运动状态的描述方式(用每一时刻粒子的坐

标 $\boldsymbol{r}(t)$和动量 $\boldsymbol{p}(t)$来描述)不同.这是由波粒二象性所决定的.

练习1 平面单色波

$$\psi_{p_0}(x)=\frac{1}{\sqrt{2\pi\hbar}}e^{ip_0x/\hbar}$$

所描述的量子态下,粒子具有确定的动量 p_0,称为动量本征态,动量的本征值为 p_0.试在动量表象中写出此量子态.

练习2 $\psi_{x_0}(x)=\delta(x-x_0)$描述的是粒子具有确定位置的量子态,称为位置本征态,位置的本征值为 x_0.试在动量表象中写出此量子态.

2.2.2 态叠加原理

在初步弄清量子态的概念之后,下面来讨论量子力学的另一个基本原理——态叠加原理.

在经典力学中,当谈到一个波由若干子波叠加而成时,只不过表明这个叠加而成的波含有各种成分(具有不同的波长、振幅和相位等)的子波而已.在量子力学中,当我们弄清了波函数是用来描述一个体系的量子态时,波的叠加性就有了更深刻的含义,即态的叠加性.态叠加原理是"波的叠加性"与"波函数完全描述一个体系的量子态"两个概念的综合.

例如,考虑一个用波包 $\psi(\boldsymbol{r})$描述的量子态,它由许多平面波叠加而成,其中,每个平面波($\sim e^{i\boldsymbol{p}\cdot\boldsymbol{r}/\hbar}$)都描述具有确定动量 $\boldsymbol{p}$ 的量子态(动量本征态).对于用波包描述的粒子,如测量其动量,则可能出现各种可能的结果,也许出现 $\boldsymbol{p}_1$,也许出现 $\boldsymbol{p}_2$……(凡是波包中包含的平面波所相应的 $\boldsymbol{p}$ 值,均可出现,而且出现的相对概率是确定的).我们应怎样理解这样的测量结果呢?只能认为原来那个波包所描述的量子态就是粒子的许多动量本征态的某种线性叠加,而粒子部分地处于 $\boldsymbol{p}_1$ 态,部分地处于 $\boldsymbol{p}_2$ 态……从经典物理概念来看,这是无法理解的,但只有这种看法才能解释为什么测量动量时有时出现 $\boldsymbol{p}_1$,有时又出现 $\boldsymbol{p}_2$……

更一般地说,设体系处于 ψ_1 描述的态下,测量力学量 A 时所得结果是一个确切值 a_1(ψ_1 称为 A 的本征态,A 的本征值为 a_1).又假设在 ψ_2 描述的态下,测量力学量 A 时所得结果是另一个确切值 a_2.则在

$$\psi=c_1\psi_1+c_2\psi_2 \tag{3}$$

描述的态下,测量力学量 A 时所得结果既可能为 a_1 也可能为 a_2(但不会是另外的值),而所得结果为 a_1 或 a_2 的相对概率是完全确定的.我们称 ψ 态是 ψ_1 态和 ψ_2 态的线性叠加.在叠加态 ψ 中,ψ_1 与 ψ_2 有确切的相对权重和相对相位.量子力学中这种态的叠加性,导致叠加态下观测结果的不确定性.量子力学中的态叠加原理是与测量密切联系在一起的一个基本原理,它与经典波的叠加概念的物理含义有本质不同.这是

由波粒二象性决定的.

以上讨论都是针对某一时刻 t 的量子态.若涉及态随时间的演化,则波函数还是时间 t 的函数,简称"运动状态".此时态叠加原理还包含下述内容:设 $\psi_1(\boldsymbol{r},t)$ 和 $\psi_2(\boldsymbol{r},t)$ 分别描述粒子的两个可能的运动状态,则它们的线性叠加 $c_1\psi_1(\boldsymbol{r},t)+c_2\psi_2(\boldsymbol{r},t)$ 也可描述粒子的一个可能的运动状态.按此要求,波函数随时间演化的方程(即波动方程)必须是线性方程.

2.2.3 光子的偏振态的叠加

下面以光子的偏振态的叠加为例来更形象地阐明态叠加原理.

考虑一个经典的检偏器.设有一束线偏振光通过理想的电气石(tourmaline)晶片(晶轴沿 x 方向).如入射光为 x 方向线偏振光(指入射光波中电场沿 x 方向),则其将全部通过晶片(见图 2.6(a)).如入射光为 y 方向线偏振光,则其将全部被晶片吸收,在晶片后面观测不到入射光(见图 2.6(b)).如入射光是与 x 轴成 α 角的线偏振光,则其能量将只有一部分($\propto\cos^2\alpha$)通过晶片,而另一部分($\propto\sin^2\alpha$)被晶片吸收(见图 2.6(c)).如 $\alpha=45°$,入射光的电场强度分量 $\mathscr{E}_x=\mathscr{E}_y=\mathscr{E}$,则通过晶片后,$\mathscr{E}_x=\mathscr{E}$,$\mathscr{E}_y=0$,即能量有一半被吸收,晶片只允许 x 方向线偏振光通过.检偏器的作用在于把入射光中的 x 方向线偏振光挑出来,而把其他方向线偏振光全部吸收掉.

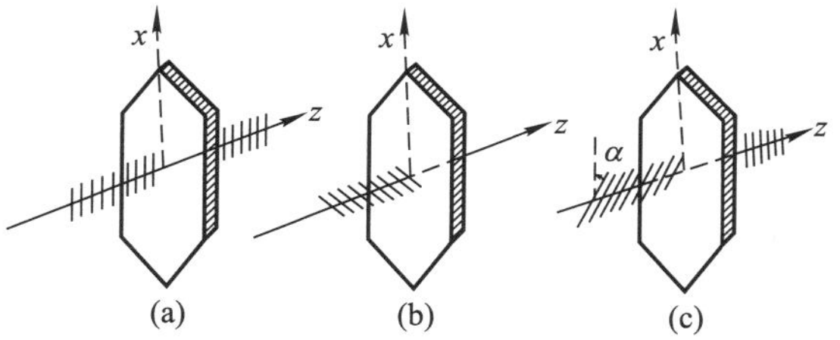

图 2.6

在第 1 章已提到光的量子性,在目前人类实践所及的领域,具有一定频率 ν 的光辐射是不能无限分割的,而是由光量子(能量 $E=h\nu$)组成的.任意测量光强度的装置,测出的只能是一个一个的整光子(绝对不会出现"半个光子"等).实验结果还表明,若用一束线偏振光去激发光电子,则光电子的分布有一个优越的方向(依赖于光偏振方向).光电效应只能用光的量子性去说明.因此只能认为,在一束偏振光中,每一个光子处于一定的偏振态.

试问:从光的量子性观点来看,应如何理解检偏实验的观测结果?

对于平常的宏观观测,这是很容易回答的.因为入射光中含有大量光子(光子数 $N\gg1$),它们都处于同一个偏振态,总能量为 $Nh\nu$.对于 $\alpha=45°$ 的线偏振光,其通过晶片后,半数光子被吸收,半数光子通过晶片,通过晶片的光子都处于 x 方向线偏振态.

但如果只有一个光子入射，会发生怎样的情况？对于图 2.6(a)的情况，光子将通过晶片，能量及偏振态均不改变.对于图 2.6(b)的情况，光子将被吸收，在晶片后面观测不到光子.而对于图 2.6(c)的情况，在晶片后面有时会观测到一个光子(能量与入射光子相同，但偏振态改变，成为 x 方向线偏振光)，有时则什么也没有(从未观测到"半个光子"通过晶片).

怎样才能对有大量光子出现的经典检偏实验和一个光子通过晶片的实验现象给予统一的理解呢？可以设想，$\alpha=45°$的线偏振光的光子有一半概率通过晶片，有一半概率被晶片吸收.这样，我们就可得出一个统一的理解.但从经典力学来看，这是很难理解的，因为所有入射光的光子所处偏振态都相同，所感受到的宏观(实验)条件也都相同，为什么有的光子就得以通过晶片，而有的就被吸收？除了给予统计诠释外，别无选择.所以光量子的观点就迫使人们必须去正视统计诠释的观点，正如物质粒子的波动性迫使人们必须去正视波函数的统计诠释一样.在量子力学中，对于一个光子，其是通过晶片，还是被吸收，只能给予概率性的回答.至于在通过晶片的过程中，一个光子怎样改变了它的偏振态，正统的量子力学观点认为根本不需要回答这个问题，而是应该按态叠加原理来理解，即一个偏振方向与晶轴成 α 角的光子，部分地处于沿晶轴方向偏振的态 ψ_x，部分地处于与晶轴垂直方向偏振的态 ψ_y，即可看成 ψ_x 态与 ψ_y 态的线性叠加：

$$\psi_\alpha=\psi_x\cos\alpha+\psi_y\sin\alpha, \tag{4}$$

两个叠加态之间有确定的相对相位和权重.正是由于它们之间有确定的相对相位，才能理解观测到的干涉现象.

量子力学中态的叠加，虽然在数学形式上与经典波的叠加相同，但物理含义有根本差异.前者是指一个光子的两个量子态的叠加.干涉是概率波与概率波之间的干涉，而不是两个光子之间互相干涉①.量子态的叠加将导致在叠加态下测量结果的不确定性.例如，在光的双缝衍射实验中，相干的入射光经过双缝后，分成两束，然后出现干涉现象.如果认为入射光中的光子平均分配给两束，一束光中的一个光子与另一束光中的另一个光子发生干涉，就会发现，有时两个光子因干涉而湮没，有时又会产生多个光

---

① Dirac 撰写的 The Principles of Quantum Mechanics 中指出，每个光子只与它自己干涉，两个不同的光子之间永远不会互相干涉.有一些人对此持异议，例如，F. Louradour, F. Reynaud, B. Colombeau, et al., *Am. J. Phys.*, 1993, 61: 242 中提到，两个不同的光子之间可以互相干涉.但也有人对此进行批评，正如 R. J. Glauber, *Am. J. Phys.*, 1995, 63: 12 中提到的，Dirac 讲这句话的用意是要让人们不要有如下荒谬的看法，即一个光子可以吃掉另一个光子(而湮没)，或者两个光子合并而加强(形成多个光子).事实上，量子力学中干涉的并非粒子，而只是概率波幅.对于只涉及单光子的事件，人们可以简单地说一个光子自己与自己干涉.而在涉及双光子的干涉时，人们就难以简单地说这个光子与那个光子干涉.事实上，光子本身就是电磁场的量子，光子之间是不可分辨的.简单地说一个光子自己与自己干涉，或者说这个光子与那个光子干涉都没有意义.Glauber 建议，为纪念 Dirac 所做出的伟大贡献，不要再去争论和纠缠他早年讲过的一句过于简单的话，而只需正确理解量子力学中干涉的实质就可以了.

子，这违反能量守恒定律.按量子力学的态叠加原理来理解，则无此困难.波函数给出的是粒子出现在空间某区域中的概率波幅.双缝衍射中是概率波与概率波之间的干涉，有些地方由于干涉而概率消失，有些地方则由于干涉而概率加强.

2.3 Schrödinger 方程

2.3.1 Schrödinger 方程的引进

前已提及，一个微观粒子的量子态用波函数 $\psi(\boldsymbol{r},t)$ 来描述.当 $\psi(\boldsymbol{r},t)$ 确定后，粒子的任意一个力学量的平均值及其测量值的概率分布都完全确定.因此量子力学中最核心的问题就是要解决波函数 $\psi(\boldsymbol{r},t)$ 如何随时间演化，以及在各种具体情况下找出描述体系状态的各种可能的波函数.这个问题由 Schrödinger 方程得以圆满解决.下面用一个简单的办法来引进这个方程.但应该强调，Schrödinger 方程是量子力学中最基本的方程，其地位与 Newton 方程在经典力学中的地位相当.实际上应该认为它是量子力学中的一个基本假定，并不能从什么更根本的假定来证明它.它的正确性，归根结底，只能靠实践来检验.

先讨论自由粒子.其能量与动量的关系是

$$E=p^2/2m, \tag{1}$$

其中，m 是粒子质量.按 de Broglie 关系，与粒子运动相联系的波的角频率 ω 和波矢 $\boldsymbol{k}$（$|\boldsymbol{k}|=2\pi/\lambda$）由下式给出：

$$\omega=E/\hbar, \quad \boldsymbol{k}=\boldsymbol{p}/\hbar, \tag{2}$$

或者说，与具有一定能量 E 和动量 $\boldsymbol{p}$ 的粒子相联系的是平面单色波

$$\psi(\boldsymbol{r},t)\sim e^{i(\boldsymbol{k}\cdot\boldsymbol{r}-\omega t)}=e^{i(\boldsymbol{p}\cdot\boldsymbol{r}-Et)/\hbar}. \tag{3}$$

由式(3)可以看出

$$i\hbar\frac{\partial}{\partial t}\psi=E\psi,$$

$$-i\hbar\nabla\psi=\boldsymbol{p}\psi, \quad -\hbar^2\nabla^2\psi=p^2\psi,$$

利用式(1)，可以得出

$$\left(i\hbar\frac{\partial}{\partial t}+\frac{\hbar^2}{2m}\nabla^2\right)\psi=\left(E-\frac{p^2}{2m}\right)\psi=0,$$

即

$$i\hbar\frac{\partial}{\partial t}\psi(\boldsymbol{r},t)=-\frac{\hbar^2}{2m}\nabla^2\psi(\boldsymbol{r},t). \tag{4}$$

描述自由粒子的一般状态的波函数，具有波包的形式，即为许多平面单色波的叠

加：

$$\psi(\boldsymbol{r},t)=\frac{1}{(2\pi\hbar)^{3/2}}\int\varphi(\boldsymbol{p})\mathrm{e}^{\mathrm{i}(\boldsymbol{p}\cdot\boldsymbol{r}-Et)/\hbar}\mathrm{d}^3p,\tag{5}$$

其中，$E=p^2/2m$.不难证明

$$\mathrm{i}\hbar\frac{\partial}{\partial t}\psi=\frac{1}{(2\pi\hbar)^{3/2}}\int\varphi(\boldsymbol{p})E\mathrm{e}^{\mathrm{i}(\boldsymbol{p}\cdot\boldsymbol{r}-Et)/\hbar}\mathrm{d}^3p,$$

$$-\hbar^2\nabla^2\psi=\frac{1}{(2\pi\hbar)^{3/2}}\int\varphi(\boldsymbol{p})p^2\mathrm{e}^{\mathrm{i}(\boldsymbol{p}\cdot\boldsymbol{r}-Et)/\hbar}\mathrm{d}^3p,$$

所以

$$\left(\mathrm{i}\hbar\frac{\partial}{\partial t}+\frac{\hbar^2}{2m}\nabla^2\right)\psi=\frac{1}{(2\pi\hbar)^{3/2}}\int\varphi(\boldsymbol{p})\left(E-\frac{p^2}{2m}\right)\mathrm{e}^{\mathrm{i}(\boldsymbol{p}\cdot\boldsymbol{r}-Et)/\hbar}\mathrm{d}^3p=0.$$

由此可知，如式(5)所示的波包 $\psi(\boldsymbol{r},t)$ 仍满足方程(4).所以方程(4)是自由粒子波函数满足的方程.

我们可以看出，如在自由粒子的能量与动量的关系式(1)中做如下替换：

$$E\rightarrow\mathrm{i}\hbar\frac{\partial}{\partial t},\quad \boldsymbol{p}\rightarrow\hat{\boldsymbol{p}}=-\mathrm{i}\hbar\nabla,\tag{6}$$

然后作用于波函数 $\psi(\boldsymbol{r},t)$ 上，就可得出方程(4).

进一步考虑在势场 $V(\boldsymbol{r})$ 中运动的粒子.按经典粒子的能量关系式

$$E=\frac{1}{2m}p^2+V(\boldsymbol{r}),\tag{7}$$

并做式(6)的替换，然后作用于 $\psi(\boldsymbol{r},t)$ 上，即得

$$\boxed{\mathrm{i}\hbar\frac{\partial}{\partial t}\psi(\boldsymbol{r},t)=\left[-\frac{\hbar^2}{2m}\nabla^2+V(\boldsymbol{r})\right]\psi(\boldsymbol{r},t),}\tag{8}$$

这就是 Schrödinger 方程.它揭示了微观世界中物质运动的基本规律.

2.3.2 Schrödinger 方程的讨论

1. 定域的概率守恒

Schrödinger 方程是非相对论量子力学中的基本方程.在非相对论(低能)情况下，物质粒子($m\neq0$)没有产生和湮没现象，所以在随时间演化的过程中，粒子数目保持不变.对于一个粒子来说，在全空间中找到它的概率之和应不随时间改变，即

$$\frac{\mathrm{d}}{\mathrm{d}t}\int_{-\infty}^{+\infty}|\psi(\boldsymbol{r},t)|^2\mathrm{d}^3r=0,\tag{9}$$

该结论不难从 Schrödinger 方程加以论证.

对式(8)取复共轭(注意：$V^*=V$)，得

$$-\mathrm{i}\hbar\frac{\partial}{\partial t}\psi^{*}=\left(-\frac{\hbar^{2}}{2m}\nabla^{2}+V\right)\psi^{*}. \tag{10}$$

由 $\psi^{*}\times$式(8)$-\psi\times$式(10),得

$$\mathrm{i}\hbar\frac{\partial}{\partial t}(\psi^{*}\psi)=-\frac{\hbar^{2}}{2m}(\psi^{*}\nabla^{2}\psi-\psi\nabla^{2}\psi^{*})=-\frac{\hbar^{2}}{2m}\nabla\cdot(\psi^{*}\nabla\psi-\psi\nabla\psi^{*}). \tag{11}$$

在空间闭区域 τ 中对式(11)积分,按 Gauss 定理,式(11)右边的积分可化为面积分,即

$$\mathrm{i}\hbar\frac{\partial}{\partial t}\int_{\tau}\psi^{*}\psi\mathrm{d}\tau=-\frac{\hbar^{2}}{2m}\oint_{S}(\psi^{*}\nabla\psi-\psi\nabla\psi^{*})\cdot\mathrm{d}\boldsymbol{S}, \tag{12}$$

其中,$\boldsymbol{S}$ 是 τ 的表面(见图 2.7).

令

$$\rho(\boldsymbol{r},t)=\psi^{*}(\boldsymbol{r},t)\psi(\boldsymbol{r},t), \tag{13}$$

$$\boldsymbol{j}(\boldsymbol{r},t)=-\frac{\mathrm{i}\hbar}{2m}(\psi^{*}\nabla\psi-\psi\nabla\psi^{*})=\frac{1}{2m}(\psi^{*}\hat{\boldsymbol{p}}\psi-\psi\hat{\boldsymbol{p}}\psi^{*}), \tag{14}$$

其中,ρ 表示概率密度,$\boldsymbol{j}$ 的物理意义见下.这样,式(12)可化为

$$\frac{\mathrm{d}}{\mathrm{d}t}\int_{\tau}\rho\mathrm{d}\tau=-\oint_{S}\boldsymbol{j}\cdot\mathrm{d}\boldsymbol{S}. \tag{15}$$

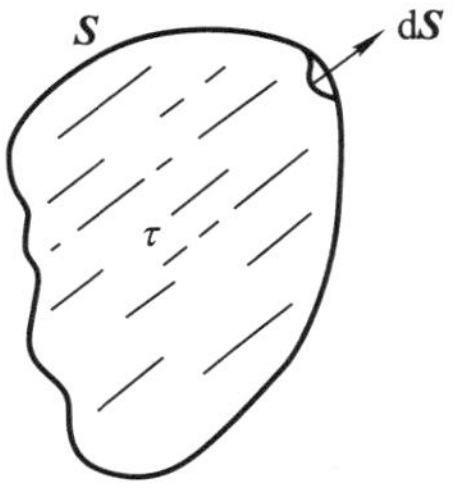

图 2.7

式(15)左边代表在闭区域 τ 中找到粒子的总概率(总粒子数)在单位时间内的增量,而右边(注意负号)则应表示单位时间内通过 τ 的封闭表面 $\boldsymbol{S}$ 而流入 τ 中的概率(粒子数).所以 $\boldsymbol{j}$ 具有概率流(粒子流)密度的意义,是一个矢量.式(12)或式(15)是概率(粒子数)守恒的积分表示式,而式(11)可改写为

$$\frac{\partial}{\partial t}\rho+\nabla\cdot\boldsymbol{j}=0, \tag{16}$$

式(16)是概率(粒子数)守恒的微分表示式.其形式与流体力学中的连续性方程相同.

练习　对于以动量 p 沿 x 方向运动的自由粒子($E=p^{2}/2m$),按 de Broglie 假定,用一个平面波 $\psi(x,t)=\mathrm{e}^{\mathrm{i}(kx-\omega t)}$ 对其进行描述,其中,$k=p/\hbar$,$\omega=E/\hbar$.按式(14),

$$j_{x}=\frac{1}{2m}\left[\psi^{*}\left(-\mathrm{i}\hbar\frac{\partial}{\partial x}\right)\psi-\psi\left(-\mathrm{i}\hbar\frac{\partial}{\partial x}\right)\psi^{*}\right]=\frac{\hbar k}{m}=\frac{p}{m}=v,$$

其中,v 是经典粒子的速度,正是粒子流密度.

在式(12)中,让 $\tau\to\infty$(全空间).由于任意真实的波函数都应满足平方可积条件,可以证明式(12)右边的积分趋于零①,因此

① 对于平方可积的波函数,当 $r\to\infty$ 时,$\psi\sim r^{-(3/2+s)}$,其中,$s>0$.将之代入式(12),可知其右边的面积分的确趋于零.

$$\frac{\mathrm{d}}{\mathrm{d}t}\int_{(全)}\rho(\boldsymbol{r},t)\mathrm{d}\tau=0, \tag{17}$$

即归一化不随时间改变.此即式(9)的证明.在物理上这表示粒子既未产生也未湮没.

应该强调,这里的概率守恒具有定域的性质.当粒子在空间某些地方的概率减小了,必然在另外一些地方的概率增大了(使总概率不变),并且伴随着什么东西在流动来实现这种变化.连续性就意味着某种流的存在.设想在空间中加上一堵墙,概率分布就会很不同.仅仅概率守恒本身还未能概括此守恒定律的全部内容.定域的概率守恒概念有更深刻的含义,它蕴含着概率流(粒子流)的概念.

2. 初值问题,传播子

由于 Schrödinger 方程只含时间的一次微分,因此只要在初始时刻($t=0$)体系的状态 $\psi(\boldsymbol{r},0)$ 给定,则以后任何时刻 t 的状态 $\psi(\boldsymbol{r},t)$ 原则上就完全确定了.换言之,Schrödinger 方程给出了波函数(量子态)随时间演化的因果关系.

在一般情况下,这个初值问题的求解是不容易的,往往要采用近似方法.但对于自由粒子,容易严格求解.

前面已经证明,如下形式的解(见式(5)):

$$\psi(\boldsymbol{r},t)=\frac{1}{(2\pi\hbar)^{3/2}}\int\varphi(\boldsymbol{p})\mathrm{e}^{\mathrm{i}(\boldsymbol{p}\cdot\boldsymbol{r}-Et)/\hbar}\mathrm{d}^3p,$$

其中,$E=p^2/2m$,满足自由粒子的 Schrödinger 方程.体系的初态为

$$\psi(\boldsymbol{r},0)=\frac{1}{(2\pi\hbar)^{3/2}}\int\varphi(\boldsymbol{p})\mathrm{e}^{\mathrm{i}\boldsymbol{p}\cdot\boldsymbol{r}/\hbar}\mathrm{d}^3p, \tag{18}$$

$\varphi(\boldsymbol{p})$正是 $\psi(\boldsymbol{r},0)$的 Fourier 展开的波幅,它并不依赖于 t.式(18)之逆变换为

$$\varphi(\boldsymbol{p})=\frac{1}{(2\pi\hbar)^{3/2}}\int\psi(\boldsymbol{r},0)\mathrm{e}^{-\mathrm{i}\boldsymbol{p}\cdot\boldsymbol{r}/\hbar}\mathrm{d}^3r. \tag{19}$$

把式(19)代入式(5),得

$$\psi(\boldsymbol{r},t)=\frac{1}{(2\pi\hbar)^3}\int\mathrm{d}^3r'\int\mathrm{d}^3p\,\mathrm{e}^{\mathrm{i}\boldsymbol{p}\cdot(\boldsymbol{r}-\boldsymbol{r}')/\hbar-\mathrm{i}Et/\hbar}\psi(\boldsymbol{r}',0), \tag{20}$$

其中,$E=p^2/2m$(自由粒子).这样,体系的初态 $\psi(\boldsymbol{r},0)$就完全决定了以后任何时刻 t 的状态 $\psi(\boldsymbol{r},t)$.

更一般地,取初始时刻为 t',则

$$\begin{aligned}\psi(\boldsymbol{r},t)&=\frac{1}{(2\pi\hbar)^3}\int\mathrm{d}^3r'\int\mathrm{d}^3p\,\mathrm{e}^{\mathrm{i}\boldsymbol{p}\cdot(\boldsymbol{r}-\boldsymbol{r}')/\hbar-\mathrm{i}E(t-t')/\hbar}\psi(\boldsymbol{r}',t')\\&=\int\mathrm{d}^3r'G(\boldsymbol{r},t;\boldsymbol{r}',t')\psi(\boldsymbol{r}',t'),\quad t\geqslant t',\end{aligned} \tag{21}$$

其中,

$$G(\boldsymbol{r},t;\boldsymbol{r}',t')=\frac{1}{(2\pi\hbar)^3}\int\mathrm{d}^3p\exp\left[\mathrm{i}\boldsymbol{p}\cdot(\boldsymbol{r}-\boldsymbol{r}')/\hbar-\mathrm{i}\frac{p^2}{2m\hbar}(t-t')\right]$$

$$= \left[\frac{m}{2\pi i\hbar(t-t')} \right]^{3/2} \exp\left[i\frac{m}{2\hbar} \frac{(\boldsymbol{r}-\boldsymbol{r}')^2}{t-t'} \right], \tag{22}$$

$G(\boldsymbol{r},t;\boldsymbol{r}',t')$称为传播子(propagator).借助传播子 $G(\boldsymbol{r},t;\boldsymbol{r}',t')$，体系在时刻 t 的状态 $\psi(\boldsymbol{r},t)$可由时刻 $t'(t'\leqslant t)$的状态$\psi(\boldsymbol{r}',t')$给出(见式(21)).对于自由粒子($E=p^2/2m$)，这个传播子由式(22)显式给出.可以证明

$$\lim_{t\to t'} G(\boldsymbol{r},t;\boldsymbol{r}',t') = \delta(\boldsymbol{r}-\boldsymbol{r}'). \tag{23}$$

$G(\boldsymbol{r},t;\boldsymbol{r}',t')$的物理意义如下：设初始时刻 t'粒子处于空间 $\boldsymbol{r}'_0$点，$\psi(\boldsymbol{r}',t')=\delta(\boldsymbol{r}'-\boldsymbol{r}'_0)$，按式(21)，$\psi(\boldsymbol{r},t)=G(\boldsymbol{r},t;\boldsymbol{r}'_0,t')$.所以 $G(\boldsymbol{r},t;\boldsymbol{r}'_0,t')$即 t 时刻在 $\boldsymbol{r}$ 点找到粒子的概率波幅.因此可以一般地说，如 t'时刻粒子处于 $\boldsymbol{r}'$点，则 t 时刻在 $\boldsymbol{r}$ 点找到由$(\boldsymbol{r}',t')$传来的粒子的概率波幅就是 $G(\boldsymbol{r},t;\boldsymbol{r}',t')$，即粒子从$(\boldsymbol{r}',t')$传播到了$(\boldsymbol{r},t)$，见图 2.8. 式(21)则表示：$t$ 时刻在空间 $\boldsymbol{r}$ 点找到粒子的概率波幅 $\psi(\boldsymbol{r},t)$是 $t'(t'\leqslant t)$时刻粒子在空间各 $\boldsymbol{r}'$点的概率波幅传播到 $\boldsymbol{r}$ 点后的相干叠加.

图 2.8

2.3.3 不含时间的 Schrödinger 方程，定态

一般情况下，从初态 $\psi(\boldsymbol{r},0)$去求解末态 $\psi(\boldsymbol{r},t)$并不容易.以下讨论一个极为重要的特殊情况——假设势能 V 不显含 t(经典力学中，在这种势场中运动的粒子的机械能是守恒量).此时，Schrödinger 方程(8)可以用分离变量法求特解.令其特解表示为

$$\psi(\boldsymbol{r},t) = \psi(\boldsymbol{r})f(t), \tag{24}$$

将之代入方程(8)，得

$$\frac{i\hbar}{f(t)} \frac{df(t)}{dt} = \frac{1}{\psi(\boldsymbol{r})} \left[-\frac{\hbar^2}{2m} \nabla^2 + V(\boldsymbol{r}) \right] \psi(\boldsymbol{r}) = E, \tag{25}$$

E 是既不依赖于 t，也不依赖于 $\boldsymbol{r}$ 的常数.这样，

$$\frac{d}{dt} \ln f(t) = -\frac{iE}{\hbar}, \tag{26}$$

所以

$$f(t) \sim e^{-iEt/\hbar}. \tag{27}$$

因此特解(24)可表示为

$$\psi(\boldsymbol{r},t) = \psi_E(\boldsymbol{r}) e^{-iEt/\hbar}, \tag{28}$$

其中，$\psi_E(\boldsymbol{r})$是满足方程

$$\boxed{\left[-\frac{\hbar^2}{2m} \nabla^2 + V(\boldsymbol{r}) \right] \psi(\boldsymbol{r}) = E\psi(\boldsymbol{r})} \tag{29}$$

的解.方程(29)称为不含时(time-independent) Schrödinger 方程.

Schrödinger 方程的更普遍的表示是

$$\mathrm{i}\hbar\frac{\partial}{\partial t}\psi=\hat{H}\psi, \tag{30}$$

其中,$\hat{H}$ 是体系的 Hamilton 算符.当 $\hat{H}$ 不显含 t 时,方程(30)可以分离变量.此时,不含时 Schrödinger 方程可表示为

$$\hat{H}\psi=E\psi. \tag{31}$$

对于一个粒子在势场 $V(\boldsymbol{r})$中运动的特殊情况,

$$\hat{H}=-\frac{\hbar^2}{2m}\nabla^2+V(\boldsymbol{r}), \tag{32}$$

此时方程(30)和方程(31)就化为方程(8)和方程(29).对于更复杂的体系的 Schrödinger 方程的具体表示式,关键在于如何写出其 Hamilton 算符.有经典对应的情况,如何写出 Hamilton 算符的讨论,见第4章及之后各章.

从数学上讲,对于任何 E 值,不含时 Schrödinger 方程(29)都有解.但并非对于一切 E 值所得出的解 $\psi(\boldsymbol{r})$都满足物理上的要求.这些要求中,有的是根据波函数的统计诠释而提出的(见 2.1.6 小节),有的是根据具体物理情况而提出的.例如,束缚态边条件、周期性边条件、散射态边条件等.在有的条件下,特别是束缚态边条件下,只有某些 E 值所对应的解才是物理上可以接受的.这些 E 值称为体系的能量本征值(energy eigenvalue),而相应的解 $\psi_E(\boldsymbol{r})$称为能量本征函数(energy eigenfunction).**不含时 Schrödinger 方程(29),实际上就是势场 $V(\boldsymbol{r})$中粒子的能量本征方程.**

可以证明,若初始时刻($t=0$)体系处于某一个能量本征态 $\psi(\boldsymbol{r},0)=\psi_E(\boldsymbol{r})$,则

$$\psi(\boldsymbol{r},t)=\psi_E(\boldsymbol{r})\mathrm{e}^{-\mathrm{i}Et/\hbar}. \tag{33}$$

形如式(33)的波函数所描述的态,称为**定态**.处于定态下的粒子具有如下特征:

(a) 粒子在空间的**概率密度** $\rho(\boldsymbol{r})=|\psi_E(\boldsymbol{r})|^2$ 和**概率流密度** $\boldsymbol{j}$ 显然**不随时间改变**.

(b) **任何(不显含 t 的)力学量的平均值不随时间改变**.因为在定态(33)下,不显含 t 的力学量 A 的平均值为

$$\overline{A}=\int\psi^*(\boldsymbol{r},t)\hat{A}\psi(\boldsymbol{r},t)\mathrm{d}^3r=\int\psi_E^*(\boldsymbol{r})\hat{A}\psi_E(\boldsymbol{r})\mathrm{d}^3r,$$

显然不依赖于 t.

(c) **任何(不显含 t 的)力学量的测量值的概率分布也不随时间改变**(详见第5章).

设体系的初态不是能量本征态,而是若干个能量本征态的叠加,即

$$\psi(\boldsymbol{r},0)=\sum_E C_E\psi_E(\boldsymbol{r}), \tag{34}$$

不难证明

$$\psi(\boldsymbol{r},t)=\sum_E C_E\psi_E(\boldsymbol{r})\mathrm{e}^{-\mathrm{i}Et/\hbar} \tag{35}$$

满足含时 Schrödinger 方程,因为

$$i\hbar\frac{\partial}{\partial t}\psi(\boldsymbol{r},t)=\sum_E C_E\psi_E(\boldsymbol{r})E\mathrm{e}^{-\mathrm{i}Et/\hbar}=\sum_E C_E\hat{H}\psi_E(\boldsymbol{r})\mathrm{e}^{-\mathrm{i}Et/\hbar}$$
$$=\hat{H}\sum_E C_E\psi_E(\boldsymbol{r})\mathrm{e}^{-\mathrm{i}Et/\hbar}=\hat{H}\psi(\boldsymbol{r},t).$$

这种状态是非定态(详见第 5 章).

2.3.4 多粒子系统的 Schrödinger 方程

设体系由 N 个粒子组成,粒子质量分别为 $m_i(i=1,2,3,\cdots,N)$.体系的波函数表示为 $\psi(\boldsymbol{r}_1,\cdots,\boldsymbol{r}_N,t)$.设第 i 个粒子受到的外势场为 $U_i(\boldsymbol{r}_i)$,粒子之间的相互作用为 $V(\boldsymbol{r}_1,\cdots,\boldsymbol{r}_N)$,则 Schrödinger 方程表示为

$$i\hbar\frac{\partial}{\partial t}\psi(\boldsymbol{r}_1,\cdots,\boldsymbol{r}_N,t)$$
$$=\left\{\sum_{i=1}^{N}\left[-\frac{\hbar^2}{2m_i}\boldsymbol{\nabla}_i^2+U_i(\boldsymbol{r}_i)\right]+V(\boldsymbol{r}_1,\cdots,\boldsymbol{r}_N)\right\}\psi(\boldsymbol{r}_1,\cdots,\boldsymbol{r}_N,t), \tag{36}$$
$$\boldsymbol{\nabla}_i^2=\frac{\partial^2}{\partial x_i^2}+\frac{\partial^2}{\partial y_i^2}+\frac{\partial^2}{\partial z_i^2},$$

而不含时 Schrödinger 方程表示为

$$\left\{\sum_{i=1}^{N}\left[-\frac{\hbar^2}{2m_i}\boldsymbol{\nabla}_i^2+U_i(\boldsymbol{r}_i)\right]+V(\boldsymbol{r}_1,\cdots,\boldsymbol{r}_N)\right\}\psi(\boldsymbol{r}_1,\cdots,\boldsymbol{r}_N)=E\psi(\boldsymbol{r}_1,\cdots,\boldsymbol{r}_N), \tag{37}$$

其中,E 为多粒子系统的能量.

例如,对于有 Z 个电子的原子,电子系统的相互作用为 Coulomb 排斥作用,即

$$V(\boldsymbol{r}_1,\cdots,\boldsymbol{r}_Z)=\sum_{i<j}\frac{e^2}{|\boldsymbol{r}_i-\boldsymbol{r}_j|}, \tag{38}$$

而原子核对第 i 个电子的 Coulomb 吸引能为

$$U_i(\boldsymbol{r}_i)=-\frac{Ze^2}{r_i} \tag{39}$$

(取原子核位置为坐标原点,无穷远处为势能零点).

习　　题

1. 设质量为 m 的粒子在势场 $V(\boldsymbol{r})$ 中运动.

(a) 证明粒子的能量平均值为 $E=\int \mathrm{d}^3r w$, 其中,

$$w=\frac{\hbar^2}{2m}\boldsymbol{\nabla}\psi^*\cdot\boldsymbol{\nabla}\psi+\psi^*V\psi \quad (\text{能量密度}).$$

(b) 证明能量守恒公式 $\frac{\partial w}{\partial t}+\nabla\cdot\boldsymbol{s}=0$,其中,

$$\boldsymbol{s}=-\frac{\hbar^2}{2m}\left(\frac{\partial\psi^*}{\partial t}\nabla\psi+\frac{\partial\psi}{\partial t}\nabla\psi^*\right)\quad(\text{能流密度}).$$

2. 考虑单粒子的 Schrödinger 方程

$$\mathrm{i}\hbar\frac{\partial}{\partial t}\psi(\boldsymbol{r},t)=-\frac{\hbar^2}{2m}\nabla^2\psi(\boldsymbol{r},t)+[V_1(\boldsymbol{r})+\mathrm{i}V_2(\boldsymbol{r})]\psi(\boldsymbol{r},t),$$

其中,V_1 与 V_2 为实函数.

(a) 证明粒子的概率(粒子数)不守恒.

(b) 证明粒子在空间闭区域 τ 中的概率随时间的变化为

$$\frac{\mathrm{d}}{\mathrm{d}t}\iiint_\tau \mathrm{d}^3r\psi^*\psi=-\frac{\hbar}{2\mathrm{i}m}\iint_S(\psi^*\nabla\psi-\psi\nabla\psi^*)\cdot\mathrm{d}\boldsymbol{s}+\frac{2}{\hbar}\iiint_\tau V_2(\boldsymbol{r})\mathrm{d}^3r\psi^*\psi.$$

3. 设 ψ_1 和 ψ_2 是 Schrödinger 方程的两个解,证明

$$\frac{\mathrm{d}}{\mathrm{d}t}\int\mathrm{d}^3r\psi_1^*(\boldsymbol{r},t)\psi_2(\boldsymbol{r},t)=0.$$

4. 设一维自由粒子的初态为 $\psi(x,0)=\mathrm{e}^{\mathrm{i}p_0x/\hbar}$,求 $\psi(x,t)$.

5. 设一维自由粒子的初态为 $\psi(x,0)=\delta(x)$,求 $|\psi(x,t)|^2$.

提示:利用积分公式

$$\int_{-\infty}^{+\infty}\cos\xi^2\mathrm{d}\xi=\int_{-\infty}^{+\infty}\sin\xi^2\mathrm{d}\xi=\sqrt{\pi/2}$$

或

$$\int_{-\infty}^{+\infty}\exp(\mathrm{i}\xi^2)\mathrm{d}\xi=\sqrt{\pi}\exp(\mathrm{i}\pi/4).$$

6. 设一维自由粒子的初态为 $\psi(x,0)$.证明在足够长时间后,

$$\psi(x,t)=\sqrt{\frac{m}{\hbar t}}\exp(-\mathrm{i}\pi/4)\cdot\exp\left(\frac{\mathrm{i}mx^2}{2\hbar t}\right)\cdot\varphi\left(\frac{mx}{\hbar t}\right),$$

其中,

$$\varphi(k)=\frac{1}{\sqrt{2\pi}}\int_{-\infty}^{+\infty}\psi(x,0)\mathrm{e}^{-\mathrm{i}kx}\mathrm{d}x$$

是 $\psi(x,0)$的 Fourier 变换.

提示:利用

$$\lim_{\alpha\to\infty}\sqrt{\frac{\alpha}{\pi}}\mathrm{e}^{\mathrm{i}\pi/4}\mathrm{e}^{-\mathrm{i}\alpha x^2}=\delta(x).$$

7. 设一维自由粒子的初态为一个 Gauss 波包,即

$$\psi(x,0)=\mathrm{e}^{\mathrm{i}p_0x/\hbar}\frac{1}{(\pi\alpha^2)^{1/4}}\mathrm{e}^{-x^2/2\alpha^2}.$$

(a) 证明初始时刻 $\bar{x}=0, \bar{p}=p_0$，且

$$\Delta x=[\overline{(x-\bar{x})^2}]^{1/2}=\alpha/\sqrt{2},$$

$$\Delta p=[\overline{(p-\bar{p})^2}]^{1/2}=\hbar/\sqrt{2}\alpha,$$

$$\Delta x\cdot\Delta p=\hbar/2.$$

(b) 证明

$$\psi(x,t)=\left[\sqrt{\pi}\left(\alpha+\frac{\mathrm{i}\hbar t}{m\alpha}\right)\right]^{-1/2}\cdot\exp\left[\frac{\mathrm{i}p_0}{\hbar}\left(x-\frac{p_0 t}{m}\right)\right]\cdot\exp\left[-\frac{(x-p_0 t/m)^2}{2\alpha^2\left(1+\frac{\mathrm{i}\hbar t}{m\alpha^2}\right)}\right],$$

$$|\psi(x,t)|^2=\frac{1}{\sqrt{\pi}\left(\alpha^2+\frac{\hbar^2 t^2}{m^2\alpha^2}\right)^{1/2}}\cdot\exp\left[-\frac{(x-p_0 t/m)^2}{\alpha^2+\hbar^2 t^2/m^2\alpha^2}\right],$$

$$\overline{x(t)}=\frac{p_0 t}{m}\text{，与经典粒子一致，}$$

$$\overline{\Delta x(t)}=\frac{\alpha}{\sqrt{2}}\left(1+\frac{\hbar^2 t^2}{m^2\alpha^2}\right)^{1/2}\approx\frac{\hbar t}{\sqrt{2}m\alpha}\quad(\text{当 } t\to\infty \text{ 时}).$$

考虑一个宏观粒子，$m=1$ g，其初始时刻的位置准确到 1 fm$=10^{-13}$ cm，即 $\Delta x(t=0)=\alpha/\sqrt{2}=10^{-13}$ cm，计算 $t=300000$ 年时的 $\Delta x(t)$. 由此你可以得出什么印象？

第 3 章　一维定态问题

3.1　一维定态的一般性质

在继续阐述量子力学基本原理之前，先用 Schrödinger 方程来处理一类简单的问题——一维定态.这不仅有助于具体理解已学过的基本原理，也有助于进一步阐述其他基本原理.一维问题在数学上处理起来比较简单，从而能对结果进行细致的讨论.量子力学的许多特征，都可以在这些一维问题中展示出来.此外，一维问题还是处理各种复杂问题的基础.下面先讨论一维定态问题的一些共同特点.

设质量为 m 的粒子沿 x 方向运动，势能为 $V(x)$，则 Schrödinger 方程表示为

$$i\hbar \frac{\partial}{\partial t}\psi(x,t)=\left[-\frac{\hbar^2}{2m}\frac{\partial^2}{\partial x^2}+V(x)\right]\psi(x,t), \tag{1}$$

对于定态，即具有一定能量 E 的状态，其波函数形式为

$$\psi(x,t)=\psi(x)e^{-iEt/\hbar}. \tag{2}$$

将式(2)代入方程(1)，可得 $\psi(x)$ 满足的方程：

$$\left[-\frac{\hbar^2}{2m}\frac{d^2}{dx^2}+V(x)\right]\psi(x)=E\psi(x), \tag{3}$$

此即一维粒子的能量本征方程.在量子力学中，如不做特别声明，都认为 $V(x)$ 取实数值[①]，即

$$V^*(x)=V(x). \tag{4}$$

在求解微分方程(3)时，要根据具体物理问题的边条件来定解.例如，束缚态边条件、散射态边条件等.下面先对能量本征方程(3)的解的一般性质进行讨论.下述定理 1—4，不仅对于一维问题成立，对于三维问题也同样适用.

定理 1　设 $\psi(x)$ 是方程(3)的一个解，对应的能量本征值为 E，则 $\psi^*(x)$ 也是方程(3)的一个解，对应的能量本征值也为 E.

证明　对方程(3)取复共轭，注意 E 取实数值，即 $V^*(x)=V(x)$，得

$$\left[-\frac{\hbar^2}{2m}\frac{d^2}{dx^2}+V(x)\right]\psi^*(x)=E\psi^*(x), \tag{5}$$

即 $\psi^*(x)$ 也是方程(3)的一个解，并且对应的能量本征值也为 E.(证毕)

---

① 这样可保证 Hamilton 量为 Hermite 算符，从而保证概率守恒，并且能量本征值为实数.详细讨论见第 4 章.

按定理1,假设对应于某个能量本征值 E,方程(3)的解无简并(即只有一个独立的解),则可取为实解(除了一个无关紧要的常数因子之外).因为假设 $\psi(x)$是能量本征值 E 对应的一个解,则 $\psi^*(x)$也是能量本征值 E 对应的一个解.如果能级无简并,则 $\psi^*(x)$与$\psi(x)$描述的是同一个量子态,所以 $\psi^*(x)=C\psi(x)$(C 为常数),对其取复共轭得 $\psi(x)=C^*\psi^*(x)=|C|^2\psi(x)$,因此$|C|=1$,而 $C=e^{i\alpha}$(α 为实数).取相位$\alpha=0$,则得 $\psi^*(x)=\psi(x)$,即 $\psi(x)$为实解.

当能级为有简并的情况,则有定理2.

定理2 对应于某个能量本征值 E,总可以找到方程(3)的一组实解,凡是对应于 E 的任何解,均可表示为这一组实解的线性叠加,这一组实解是完备的.

证明 假设 $\psi(x)$是方程(3)的一个解,如它是实解,则把它归入实解的集合中去.如它是复解,则按定理1,$\psi^*(x)$也必是方程(3)的解,并且与 $\psi(x)$一样,同对应于能量本征值 E.再根据线性微分方程解的叠加性定理,

$$\varphi(x)=\psi(x)+\psi^*(x),\quad \chi(x)=-i[\psi(x)-\psi^*(x)]$$

也是方程(3)的解,同对应于能量本征值 E,并彼此独立.注意:$\varphi(x)$与 $\chi(x)$均为实解,而$\psi(x)$与 $\psi^*(x)$(同对应于 E)均可表示为 $\varphi(x)$与 $\chi(x)$的线性叠加,即

$$\psi=\frac{1}{2}(\varphi+i\chi),\quad \psi^*=\frac{1}{2}(\varphi-i\chi).$$ (证毕)

定理3 设 $V(x)$具有空间反射不变性,即 $V(-x)=V(x)$.如$\psi(x)$是方程(3)的对应于能量本征值 E 的解,则 $\psi(-x)$也是方程(3)的对应于能量本征值 E 的解.

证明 当 $x\to -x$ 时,$\frac{d^2}{dx^2}\to\frac{d^2}{d(-x)^2}=\frac{d^2}{dx^2}$,按假定,$V(-x)=V(x)$,所以方程(3)化为

$$-\frac{\hbar^2}{2m}\frac{d^2}{dx^2}\psi(-x)+V(x)\psi(-x)=E\psi(-x),\tag{6}$$

可见 $\psi(-x)$也满足方程(3),并且与 $\psi(x)$一样,同对应于能量本征值 E.(证毕)

按定理3,设 $V(-x)=V(x)$,而且对应于某个能量本征值 E,方程(3)的解无简并,则解必有确定的宇称. 因为此时 $\psi(-x)$与 $\psi(x)$代表同一个解,所以 $P\psi(x)\equiv\psi(-x)$与 $\psi(x)$代表同一个量子态,它们最多可以差一个常数因子 c.因此

$$P\psi(x)=c\psi(x),$$

因而

$$P^2\psi(x)=cP\psi(x)=c^2\psi(x).$$

但 $P^2\psi(x)=\psi(x)$,所以 $c^2=1$,即 $c=\pm1$.$c=1$ 的解

$$P\psi(x)=\psi(-x)=\psi(x)\tag{7}$$

称为偶宇称解.$c=-1$ 的解

$$P\psi(x)=\psi(-x)=-\psi(x)\tag{8}$$

称为奇宇称解.一维谐振子和一维对称方势阱都属于这种情况.当能级为有简并的情况,则有定理 4.

定理 4　设 $V(-x)=V(x)$,则对应于任何一个能量本征值 E,总可以找到方程(3)的一组完备的解,它们之中的每一个解都有确定的宇称.

证明　设 $\psi(x)$是方程(3)的一个解,如其无确定的宇称,则按定理 3,$\psi(-x)$也是方程(3)的一个解,但不同于 $\psi(x)$(尽管它们同对应于 E).因此可以造

$$f(x)=\psi(x)+\psi(-x),\quad g(x)=\psi(x)-\psi(-x),\tag{9}$$

$f(x)$与 $g(x)$均为方程(3)的解,同对应于 E,且具有确定的宇称($f(-x)=f(x)$,$g(-x)=-g(x)$),而 $\psi(x)$与 $\psi(-x)$均可表示为 $f(x)$与 $g(x)$的线性叠加,即

$$\psi(x)=\frac{1}{2}[f(x)+g(x)],\quad \psi(-x)=\frac{1}{2}[f(x)-g(x)].$$ (证毕)

波函数的统计诠释对波函数的性质提出的要求已在 2.1 节中做了初步讨论.在坐标表象中,涉及波函数 $\psi(x)$及其各阶导数的连续性问题.这应从定态方程(3)出发,根据 $V(x)$的性质进行讨论.如 $V(x)$是 x 的连续函数,则按方程(3),$\psi''(x)$是存在的,因此 $\psi(x)$与 $\psi'(x)$必为 x 的连续函数.但如 $V(x)$不连续,或者有某种奇异性,则 $\psi(x)$及其各阶导数的连续性问题需要具体分析,上述结论不一定成立.对于一维阶梯形方势场,可证明定理 5.

定理 5　对于一维阶梯形方势场

$$V(x)=\begin{cases}V_1, & x\leqslant a,\\ V_2, & x>a,\end{cases}\tag{10}$$

且 V_2-V_1 有限,则定态波函数 $\psi(x)$及其导数 $\psi'(x)$必定是连续的(但如$|V_2-V_1|\to\infty$,则定理 5 不成立).

证明　按方程(3),

$$\frac{\mathrm{d}^2}{\mathrm{d}x^2}\psi(x)=-\frac{2m}{\hbar^2}[E-V(x)]\psi(x),\tag{11}$$

在 $V(x)$连续的区域,$\psi(x)$与 $\psi'(x)$显然是连续的.在 $V(x)$发生阶梯形跳跃处,$V(x)\psi(x)$发生跃变,但变化是有限的.在 $x\sim a$ 邻域对方程(11)积分,即做 $\lim\limits_{\varepsilon\to 0^+}\int_{a-\varepsilon}^{a+\varepsilon}\mathrm{d}x$,得

$$\psi'(a+0^+)-\psi'(a-0^+)=-\frac{2m}{\hbar^2}\lim_{\varepsilon\to 0^+}\int_{a-\varepsilon}^{a+\varepsilon}\mathrm{d}x[E-V(x)]\psi(x).$$

由于$[E-V(x)]\psi(x)$是有限的,当 $\varepsilon\to 0^+$ 时,上式右边积分趋于零,因此

$$\psi'(a+0^+)=\psi'(a-0^+),\tag{12}$$

即 $\psi'(x)$在 $V(x)$的跳跃点 $x=a$ 处是连续的,因而 $\psi(x)$也是连续的.(证毕)

定理 6　对于一维粒子,设 $\psi_1(x)$与 $\psi_2(x)$均为方程(3)的对应于同一能量本征值 E 的解,则

$$\psi_1\psi_2' - \psi_2\psi_1' = 常数 \quad (与\ x\ 无关). \tag{13}$$

证明 按假设

$$\psi_1'' + \frac{2m}{\hbar^2}[E - V(x)]\psi_1 = 0, \tag{14}$$

$$\psi_2'' + \frac{2m}{\hbar^2}[E - V(x)]\psi_2 = 0, \tag{15}$$

由 $\psi_1 \times (15) - \psi_2 \times (14)$，得

$$\psi_1\psi_2'' - \psi_2\psi_1'' = 0,$$

即

$$(\psi_1\psi_2' - \psi_2\psi_1')' = 0,$$

对上式积分，得

$$\psi_1\psi_2' - \psi_2\psi_1' = 常数 \quad (与\ x\ 无关). \qquad (证毕)$$

对于束缚态，当 $|x|\to\infty$ 时，$\psi\to 0$，所以上式中的常数必为零.因此对于对应于同一能量本征值 E 的任何两个束缚态波函数 ψ_1 与 ψ_2，有

$$\psi_1\psi_2' = \psi_2\psi_1'. \tag{16}$$

定理 7 设粒子在规则(regular)势场 $V(x)$($V(x)$无奇点)中运动，如存在束缚态，则能级必定是无简并的.

证明 设 ψ_1 与 ψ_2 是方程(3)的对应于能量本征值 E 的两个束缚态解，按式(16)，有

$$\psi_1\psi_2' = \psi_2\psi_1',$$

在不包含 ψ_1 和 ψ_2 的节点的区域中，可用 $\psi_1\psi_2$ 除上式，得

$$\psi_1'/\psi_1 = \psi_2'/\psi_2, \tag{17}$$

即$[\ln(\psi_1/\psi_2)]' = 0$，积分得 $\ln(\psi_1/\psi_2) = $ 常数(与 x 无关，可取为 $\ln C$)，因此

$$\psi_1(x) = C\psi_2(x), \tag{18}$$

所以 $\psi_1(x)$ 与 $\psi_2(x)$ 代表同一个量子态，即能级无简并.(证毕)

对于常见的不规则势阱(例如，无限深方势阱、δ 势阱等)，在多数情况下，定理 7 也成立.但对于某些不规则势阱(例如，一维氢原子($V(x)\propto -1/|x|$))，除基态外，所有束缚态均为二重简并(即对应于同一能级，有两个不同的本征函数).其特征是波函数的节点($\psi(x)=0$ 的点)出现在 $V(x)$ 的奇点处，两个简并态具有不同的宇称[①].

3.2 方 势 阱

3.2.1 无限深方势阱，分立谱

先考虑一个理想情况——无限深方势阱中的粒子.势阱可表示为

---

① 更详细的讨论可见曾谨言撰写的《量子力学》(第一版)卷Ⅱ的第 6 章.

$$V(x)=\begin{cases}0, & 0<x<a,\\ \infty, & x\leqslant 0, x\geqslant a.\end{cases} \tag{1}$$

在阱内($0<x<a$)，定态波动方程表示为

$$\frac{\mathrm{d}^2}{\mathrm{d}x^2}\psi+\frac{2mE}{\hbar^2}\psi=0, \tag{2}$$

其中，m 为粒子质量，$E>0$.令

$$k=\sqrt{2mE}/\hbar, \tag{3}$$

则方程(2)的解可表示为

$$\psi(x)=A\sin(kx+\delta), \tag{4}$$

其中，A 与 δ 是待定常数.因为阱壁无限高，从物理上考虑，粒子不能透过阱壁.按波函数的统计诠释，要求波函数在阱壁上及阱外都为零.特别是

$$\psi(0)=0,\quad \psi(a)=0. \tag{5}$$

按边条件 $\psi(0)=0$，要求 $\delta=0$.而按边条件 $\psi(a)=0$，得 $\sin ka=0$，即

$$ka=n\pi,\quad n=1,2,3,\cdots \tag{6}$$

(注意：$n=0$ 给出的波函数 $\psi\equiv 0$，无物理意义，而 n 取负值给不出新的波函数).联合式(6)和式(3)，得

$$E=E_n=\frac{\hbar^2\pi^2n^2}{2ma^2},\quad n=1,2,3,\cdots. \tag{7}$$

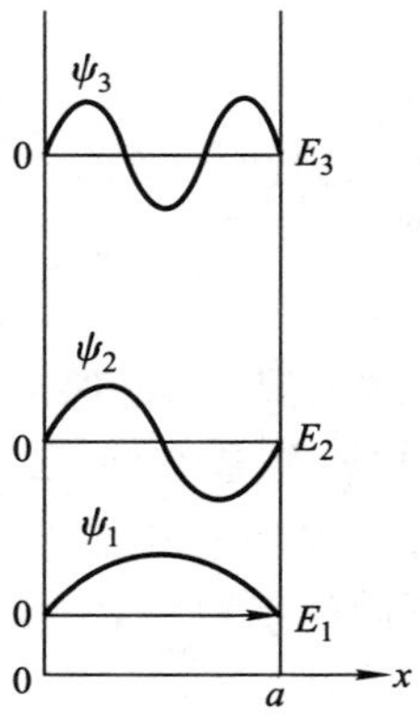

图　3.1

这说明：并非任何 E 值所对应的波函数都满足本问题所要求的边条件，而只有当能量取式(7)给出的那些分立值 E_n 时，对应的波函数才满足边条件，因而是物理上可接受的.这样，我们就得出：**体系的能量是量子化的**，即构成的能谱是分立的.E_n 称为体系的能量本征值.与 E_n 对应的波函数记为 $\psi_n(x)$，称为能量本征函数：

$$\psi_n(x)=A\sin(n\pi x/a),\quad 0<x<a, \tag{8}$$

利用归一化条件

$$\int_0^a|\psi_n(x)|^2\mathrm{d}x=1, \tag{9}$$

可求出 $|A|=\sqrt{2/a}$.不妨取 A 为实数，则归一化波函数表示为(见图 3.1)

$$\psi_n(x)=\begin{cases}\sqrt{\dfrac{2}{a}}\sin\dfrac{n\pi x}{a}, & 0<x<a,\\ 0, & x\leqslant 0, x\geqslant a.\end{cases} \tag{10}$$

讨论：

(a) 粒子的最低能级 $E_1=\hbar^2\pi^2/2ma^2\neq 0$，这与经典粒子不同，是微观粒子波动性的表现，因为“静止的波”是没有意义的.从测不准关系也可得出此定性结论.因为粒

子被限制在无限深势阱中，位置不确定度 $\Delta x \sim a$，按测不准关系，$\Delta p \sim \hbar/\Delta x \sim \hbar/a$，所以粒子能量 $E \sim p^2/2m \sim (\Delta p)^2/2m \sim \hbar^2/2ma^2 \neq 0$.

(b) 从图 3.1 可看出，除端点($x=0,a$)外，基态(能量最低态，$n=1$)波函数无节点，第一激发态($n=2$)波函数有一个节点，第 k 激发态($n=k+1$)波函数有 k 个节点.

(c) 不难验证，波函数(10)在全空间连续，但其微分 $\psi_n'(x)$ 在 $x=0,a$ 处不连续.

练习 试取无限深方势阱的中心为坐标原点，即

$$V(x)=\begin{cases}0, & |x|<a/2,\\ \infty, & |x|\geqslant a/2.\end{cases} \tag{11}$$

证明粒子的能级仍如式(7)所示，但波函数表示为

$$\psi_n(x)=\begin{cases}\left.\begin{array}{ll}\sqrt{\dfrac{2}{a}}\cos\dfrac{n\pi x}{a}, & n=1,3,5,\cdots,\\[2ex] \sqrt{\dfrac{2}{a}}\sin\dfrac{n\pi x}{a}, & n=2,4,6,\cdots,\end{array}\right\} & |x|<a/2,\\[4ex] 0, & |x|\geqslant a/2.\end{cases} \tag{12}$$

3.2.2 有限深对称方势阱

设

$$V(x)=\begin{cases}0, & |x|<a/2,\\ V_0, & |x|\geqslant a/2,\end{cases} \tag{13}$$

其中，a 为阱宽，V_0 为势阱高度(见图 3.2).以下讨论束缚态($0<E<V_0$)的情况.

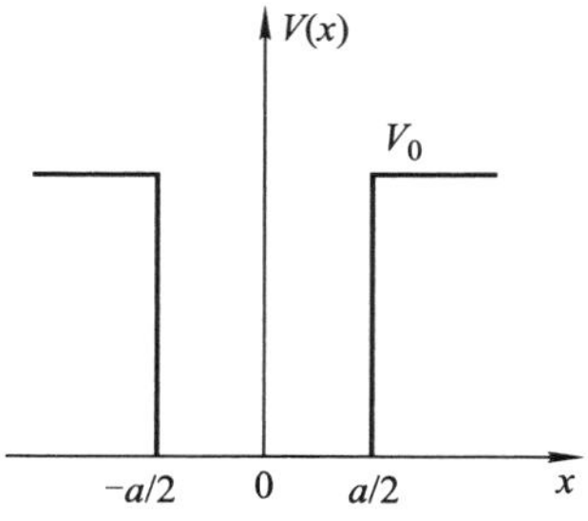

图 3.2

在阱外($|x|\geqslant a/2$，经典禁区)，定态波动方程表示为

$$\frac{\mathrm{d}^2}{\mathrm{d}x^2}\psi-\frac{2m}{\hbar^2}(V_0-E)\psi=0. \tag{14}$$

令

$$\beta=\sqrt{2m(V_0-E)}/\hbar, \tag{15}$$

则方程(14)的解具有如下指数函数形式：

$$\psi \sim \mathrm{e}^{\pm\beta x}.$$

但考虑到束缚态边条件($|x|\to\infty$时，$\psi(x)\to 0$)，波函数应取如下形式：

$$\psi(x)=\begin{cases}A\mathrm{e}^{-\beta x}, & x\geqslant a/2,\\ B\mathrm{e}^{\beta x}, & x\leqslant -a/2,\end{cases} \tag{16}$$

其中，常数 A 与 B 待定.当 $V_0\to\infty$(无限深势阱)，即 $\beta\to\infty$时，式(16)中的 $\psi=0$，当

$|x|\geqslant a/2$ 时，正是边条件(5)的根据.

在阱内($|x|<a/2$，经典允许区)，定态波动方程表示为

$$\frac{\mathrm{d}^2}{\mathrm{d}x^2}\psi+\frac{2mE}{\hbar^2}\psi=0. \tag{17}$$

令

$$k=\sqrt{2mE}/\hbar, \tag{18}$$

则方程(17)的解可表示为如下振荡函数形式：

$$\sin kx,\cos kx \text{ 或 } \mathrm{e}^{\pm ikx}.$$

但考虑到势阱具有空间反射不变性，即 $V(-x)=V(x)$，按 3.1 节中的定理 4，束缚态能量本征函数(不简并)必具有确定的宇称.因此只能取 $\sin kx$ 或 $\cos kx$ 的形式.以下分别讨论之.

(a) 偶宇称态

$$\psi(x)\sim\cos kx,\quad |x|<a/2, \tag{19}$$

按 3.1 节中的定理 5，波函数 $\psi(x)$ 及其微分 $\psi'(x)$ 在 $|x|=a/2$ 处是连续的，由此可确定粒子的能量本征值.若只对能量本征值有兴趣，更方便的办法是利用 ψ'/ψ 或 $(\ln\psi)'$ 的连续性来确定能量本征值.此做法的优点是可以撇开波函数的归一化问题.这样，按式(16)与式(19)，有

$$(\ln\cos kx)'\Big|_{x=a/2}=(\ln \mathrm{e}^{-\beta x})'\Big|_{x=a/2},$$

由此得出

$$k\tan(ka/2)=\beta \tag{20}$$

(根据 $x=-a/2$ 处的连续条件得出的结果与此相同).引进无量纲参数

$$\xi=ka/2,\quad \eta=\beta a/2, \tag{21}$$

则式(20)化为

$$\xi\tan\xi=\eta. \tag{22}$$

此外，按式(15)、式(18)与式(21)，有

$$\xi^2+\eta^2=mV_0a^2/2\hbar^2, \tag{23}$$

式(22)与式(23)是 ξ 与 η 满足的超越代数方程组，可用数值计算求解，或者用图解法近似求解(见图 3.3(a)).

(b) 奇宇称态

$$\psi(x)\sim\sin kx,\quad |x|<a/2, \tag{24}$$

与偶宇称态类似，利用 $(\ln\psi)'$ 的连续条件可求出

$$-k\cot(ka/2)=\beta. \tag{25}$$

将式(21)代入式(25)，得

$$-\xi\cot\xi=\eta. \tag{26}$$

将式(26)与式(23)联立,可确定参数 ξ 与 η,从而确定能量本征值.

由图 3.3(a)可以看出,在对称方势阱情况下,无论 V_0a^2 的值多小,式(22)与式(23)组成的方程组都至少有一个根.换言之,至少存在一个束缚态(基态),其宇称为偶.当 V_0a^2 增大,使 $\xi^2+\eta^2=mV_0a^2/2\hbar^2\geqslant\pi^2$ 时,将出现偶宇称第一激发态.当 V_0a^2 继续增大时,还将依次出现更高的激发态.

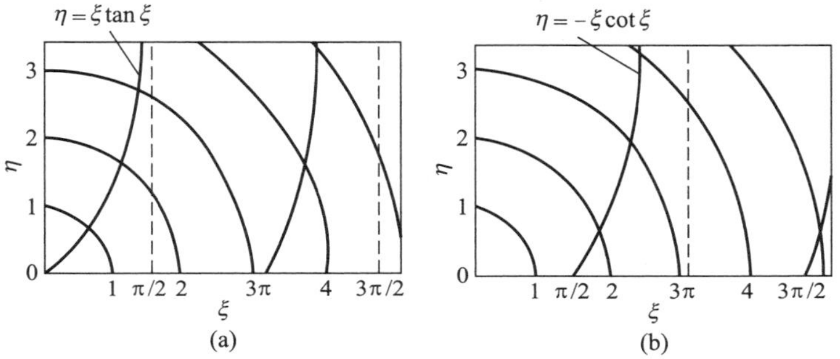

图 3.3

奇宇称态与此不同.图 3.3(b)表明,只有当

$$\xi^2+\eta^2=mV_0a^2/2\hbar^2\geqslant\pi^2/4,$$

即

$$V_0a^2\geqslant\pi^2\hbar^2/2m \tag{27}$$

时,才可能出现最低的奇宇称态.

思考题 设对称方势阱的阱宽 $a\to0$,高度 $V_0\to\infty$,但保持 $V_0a=\gamma$(γ 为常数),此时势阱成为 δ 势阱,即 $V(x)=-\gamma\delta(x)$.此时,条件(27)是否满足?由此论证 δ 势阱不存在奇宇称束缚态.

3.2.3 束缚态与分立谱的讨论

由以上分析可以看出,束缚定态($E<V_0$)的能量是分立的,它是束缚态边条件下求解定态波动方程的必然结果.为更形象地理解这一现象,可以从波函数形状的变化规律来定性讨论.按定态 Schrödinger 方程

$$\psi''(x)=-\frac{2m}{\hbar^2}[E-V(x)]\psi(x), \tag{28}$$

在经典允许区($V(x)<E$),波函数是 x 的振荡函数($\sin kx$,$\cos kx$),而且在 $E-V(x)$ 愈大的地方,振荡愈快.此外,由于 ψ'' 与 ψ 的正负号相反,因此 $\psi(x)$ 曲线总是向 x 轴弯曲(见图 3.4(a)),即

在 $\psi(x)>0$ 区域,$\psi''(x)<0$,$\psi(x)$ 曲线向下弯曲;

在 $\psi(x)<0$ 区域,$\psi''(x)>0$,$\psi(x)$ 曲线向上弯曲.

与此不同,在经典禁区($V(x)>E$),波函数是 x 的指数上升或下降函数($e^{\pm\beta x}$),无振

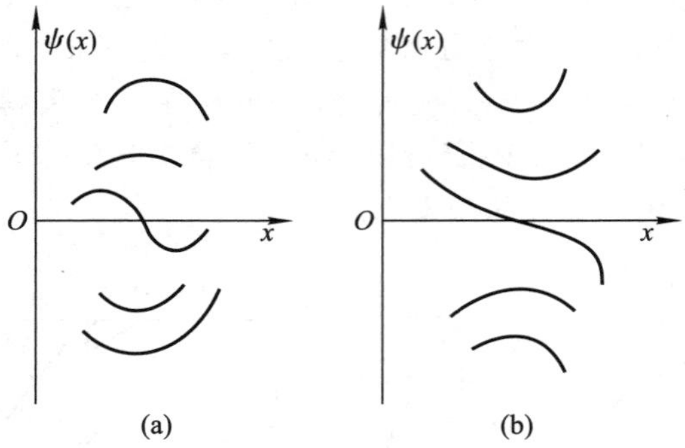

图　3.4

荡现象.由于 ψ''与 ψ 的正负号相同,因此 $\psi(x)$曲线总是背离 x 轴弯曲(见图 3.4(b)),即

在 $\psi(x)>0$ 区域,$\psi''(x)>0$,$\psi(x)$曲线向上弯曲;

在 $\psi(x)<0$ 区域,$\psi''(x)<0$,$\psi(x)$曲线向下弯曲.

根据上述特点,可以定性讨论粒子能量的可能取值,以及波函数的节点数.

先讨论基态.在 $x<-a/2$ 区域(经典禁区),由于 $E<V_0$,当$x\to-\infty$时,$\psi\to0$.当 x 增大时,$\psi(x)$呈指数上升(曲线向上弯曲)(见图 3.5).当 x 增大到$-a/2$ 后(经典允许区),由于 $E>0$,曲线开始向下弯曲,一直延续到 $x=a/2$ 处.在 $x>a/2$ 区域(经典禁区),由于 $E<V_0$,曲线又开始向上弯曲.在保证 $x=\pm a/2$ 处波函数光滑连接的条件下,当 $x\to+\infty$时,一般情况下波函数将趋于$+\infty$,不满足束缚态边条件.在$V(x)$给定的情况下,$\psi(x)$的弯曲情况取决于粒子能量 E.只有当 E 取某适当值时,在 $x\to+\infty$处 $\psi(x)$才可能趋于 0.这个适当的 E 值,即粒子最低的能量本征值.只要能量稍微偏离此值,$\psi(x)$都不会满足束缚态边条件.可以看出,除$x\to\pm\infty$之外,在 x 有限的地方基态波函数都无节点.

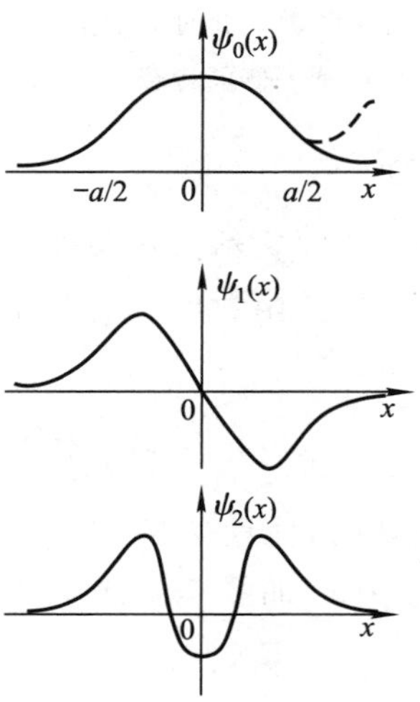

图　3.5

当粒子能量继续增大时,在$|x|>a/2$区域,$\psi(x)$的曲率将减小,但在$|x|<a/2$ 区域,$\psi(x)$的振荡将加快.因此有可能当 E 取某适当值时,$\psi(x)$在$|x|<a/2$ 区域中经历一次振荡(出现一个节点),并且能够在 $x=-a/2$ 处与波函数 $e^{\beta x}$,在 $x=a/2$ 处与波函数 $e^{-\beta x}$,光滑地衔接上.此时就出现第二个束缚定态(奇宇称态),它有一个节点,此即第一激发态,相应的能量即第一激发能级.

如此继续下去,可以得出:只有当粒子能量取某些分立值 $E_1,E_2,E_3,\cdots$时,相应

的定态波函数 $\psi_1(x),\psi_2(x),\psi_3(x),\cdots$ 才能满足束缚态边条件:在 $x\to\pm\infty$ 处,$\psi(x)\to 0$.这些能量值即能量本征值,相应的波函数即能量本征函数.基态波函数无节点,激发态波函数的节点数依次增加一个.越高的激发态,波函数振荡越厉害.

3.3 一维散射问题

3.3.1 方势垒的穿透

设具有一定能量 E 的粒子沿 x 轴正方向射向方势垒

$$V(x)=\begin{cases}V_0, & 0<x<a,\\ 0, & x\leqslant 0, x\geqslant a.\end{cases} \tag{1}$$

按经典力学观点,若 $E<V_0$,则粒子不能穿透势垒,将被反弹回去;若 $E>V_0$,则粒子将穿透势垒.但从量子力学观点来看,考虑到粒子的波动性,此问题与波碰到一层厚度为 a 的介质相似,有一部分波透过,另一部分波被反弹回去.因此按波函数的统计诠释,无论粒子能量 $E>V_0$,还是 $E<V_0$,它都有一定概率穿透势垒,也有一定概率被反弹回去.

先考虑 $E<V_0$ 的情况.在势垒外($x<0,x>a$,经典允许区),Schrödinger 方程表示为

$$\frac{\mathrm{d}^2}{\mathrm{d}x^2}\psi+\frac{2mE}{\hbar^2}\psi=0, \tag{2}$$

它的两个线性无关解可取为 $\psi(x)\sim \mathrm{e}^{\pm \mathrm{i}kx}$,其中,$k=\sqrt{2mE}/\hbar$(能级为二重简并),我们可以根据入射边条件来定解.以下假设粒子是从左入射的.由于势垒的存在,在 $x<0$ 区域中,既有入射波($\mathrm{e}^{\mathrm{i}kx}$),也有反射波($\mathrm{e}^{-\mathrm{i}kx}$),而在 $x>a$ 区域中则只有透射波($\mathrm{e}^{\mathrm{i}kx}$),因此

$$\psi(x)=\begin{cases}\mathrm{e}^{\mathrm{i}kx}+R\mathrm{e}^{-\mathrm{i}kx}, & x<0,\\ S\mathrm{e}^{\mathrm{i}kx}, & x>a,\end{cases} \tag{3}$$

其中,入射波的波幅任意地取为 1,只是为了方便(这对反射和透射系数无影响),相当于取入射粒子流密度为

$$j_{\mathrm{i}}=\frac{\hbar}{\mathrm{i}2m}\left(\mathrm{e}^{-\mathrm{i}kx}\frac{\partial}{\partial x}\mathrm{e}^{\mathrm{i}kx}-\mathrm{c.c.}\right)=\frac{\hbar k}{m}=v. \tag{4}$$

式(3)中,$R\mathrm{e}^{-\mathrm{i}kx}$ 和 $S\mathrm{e}^{\mathrm{i}kx}$ 分别代表反射波和透射波,相应的反射粒子流密度和透射粒子流密度(见 2.3 节中的式(14))分别为

$$j_{\mathrm{r}}=|R|^2 v,\quad j_{\mathrm{t}}=|S|^2 v, \tag{5}$$

所以

$$\text{反射系数}=j_{\mathrm{r}}/j_{\mathrm{i}}=|R|^2, \tag{6}$$

$$\text{透射系数}=j_{\mathrm{t}}/j_{\mathrm{i}}=|S|^2. \tag{7}$$

根据方势垒边界上波函数及其导数的连续条件,可确定 R 与 S,从而求出反射系数与

透射系数.

在势垒内($0<x<a$,经典禁区),Schrödinger 方程为

$$\frac{\mathrm{d}^2}{\mathrm{d}x^2}\psi-\frac{2m}{\hbar^2}(V_0-E)\psi=0, \tag{8}$$

其通解可取为

$$\psi(x)=A\mathrm{e}^{\kappa x}+B\mathrm{e}^{-\kappa x},\quad 0<x<a, \tag{9}$$

$$\kappa=\sqrt{2m(V_0-E)}/\hbar. \tag{10}$$

按式(3)与式(9),在 $x=0$ 处 ψ 与 ψ' 的连续条件导致

$$1+R=A+B,$$

$$\frac{\mathrm{i}k}{\kappa}(1-R)=A-B.$$

将上两式相加、减,分别得

$$\begin{cases}A=\dfrac{1}{2}\left[\left(1+\dfrac{\mathrm{i}k}{\kappa}\right)+R\left(1-\dfrac{\mathrm{i}k}{\kappa}\right)\right],\\ B=\dfrac{1}{2}\left[\left(1-\dfrac{\mathrm{i}k}{\kappa}\right)+R\left(1+\dfrac{\mathrm{i}k}{\kappa}\right)\right].\end{cases} \tag{11}$$

类似地,在 $x=a$ 处 ψ 与 ψ' 的连续条件导致

$$A\mathrm{e}^{\kappa a}+B\mathrm{e}^{-\kappa a}=S\mathrm{e}^{\mathrm{i}ka},$$

$$A\mathrm{e}^{\kappa a}-B\mathrm{e}^{-\kappa a}=\frac{\mathrm{i}k}{\kappa}S\mathrm{e}^{\mathrm{i}ka}.$$

将上两式相加、减,分别得

$$\begin{cases}A=\dfrac{S}{2}\left(1+\dfrac{\mathrm{i}k}{\kappa}\right)\mathrm{e}^{\mathrm{i}ka-\kappa a},\\ B=\dfrac{S}{2}\left(1-\dfrac{\mathrm{i}k}{\kappa}\right)\mathrm{e}^{\mathrm{i}ka+\kappa a}.\end{cases} \tag{12}$$

从方程组(11)与方程组(12)中消去 A,B,得

$$\begin{cases}\left(1+\dfrac{\mathrm{i}k}{\kappa}\right)+R\left(1-\dfrac{\mathrm{i}k}{\kappa}\right)=S\left(1+\dfrac{\mathrm{i}k}{\kappa}\right)\mathrm{e}^{\mathrm{i}ka-\kappa a},\\ \left(1-\dfrac{\mathrm{i}k}{\kappa}\right)+R\left(1+\dfrac{\mathrm{i}k}{\kappa}\right)=S\left(1-\dfrac{\mathrm{i}k}{\kappa}\right)\mathrm{e}^{\mathrm{i}ka+\kappa a}.\end{cases} \tag{13}$$

从方程组(13)中消去 R,得

$$\frac{S\mathrm{e}^{\mathrm{i}ka-\kappa a}-1}{S\mathrm{e}^{\mathrm{i}ka+\kappa a}-1}=\left(\frac{1-\mathrm{i}k/\kappa}{1+\mathrm{i}k/\kappa}\right)^2, \tag{14}$$

求解得

$$S\mathrm{e}^{\mathrm{i}ka}=\frac{-2\mathrm{i}k/\kappa}{[1-(k/\kappa)^2]\,\mathrm{sh}\kappa a-2\mathrm{i}\dfrac{k}{\kappa}\mathrm{ch}\kappa a}. \tag{15}$$

因此透射系数为

$$
\begin{aligned}
T=|S|^2&=\frac{4k^2\kappa^2}{(k^2-\kappa^2)^2\mathrm{sh}^2\kappa a+4k^2\kappa^2\mathrm{ch}^2\kappa a}\\
&=\frac{4k^2\kappa^2}{(k^2+\kappa^2)^2\mathrm{sh}^2\kappa a+4k^2\kappa^2}\\
&=\left[1+\frac{(k^2+\kappa^2)^2}{4k^2\kappa^2}\mathrm{sh}^2\kappa a\right]^{-1}\\
&=\left[1+\frac{1}{\dfrac{E}{V_0}\left(1-\dfrac{E}{V_0}\right)}\mathrm{sh}^2\kappa a\right]^{-1}.
\end{aligned}
\tag{16}
$$

类似地，从方程组(13)中消去 S，得出 R，可知反射系数为

$$
|R|^2=\frac{(k^2+\kappa^2)^2\mathrm{sh}^2\kappa a}{(k^2+\kappa^2)^2\mathrm{sh}^2\kappa a+4k^2\kappa^2}.
\tag{17}
$$

可以看出

$$
|R|^2+|S|^2=1,
\tag{18}
$$

其中，$|R|^2$ 表示粒子被势垒反弹回去的概率，$|S|^2$ 表示粒子穿透势垒的概率.式(18)正是概率守恒的表现.可以看出，即使 $E<V_0$，在一般情况下，透射系数 T 也并不为零，粒子能穿透比它的能量更高的势垒的现象，称为**隧穿效应**(tunneling effect)，它是粒子具有波动性的表现.当然，这种现象只在一定条件下才比较显著.图 3.6 给出了势垒穿透的波动图像.

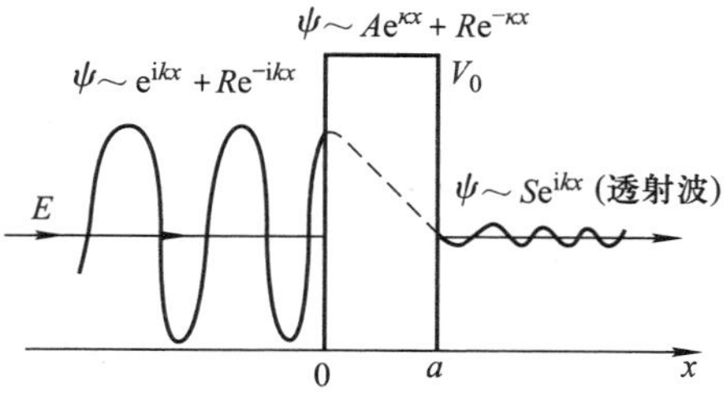

图 3.6

设 $\kappa a\gg1$，利用 $\mathrm{sh}\kappa a\approx\frac{1}{2}\mathrm{e}^{\kappa a}\gg1$，式(16)可近似表示为

$$
\begin{aligned}
T&\approx\frac{16k^2\kappa^2}{(k^2+\kappa^2)^2}\mathrm{e}^{-2\kappa a}\\
&=\frac{16E(V_0-E)}{V_0^2}\exp\left[-\frac{2a}{\hbar}\sqrt{2m(V_0-E)}\right].
\end{aligned}
\tag{19}
$$

可以看出，T 灵敏地依赖于粒子质量 m、势垒宽度 a 和 V_0-E.在一般的宏观条件下，

T 值非常微小,不容易观测到势垒穿透现象.在波动力学提出后,Gamow 首先用势垒穿透成功地说明了放射性元素的 α 衰变现象.

对于 $E>V_0$ 的情况,从式(10)可以看出,只需在式(16)中把 $\kappa\to \mathrm{i}k'$,其中,

$$k' = \sqrt{2m(E-V_0)}/\hbar, \tag{20}$$

再利用 $\mathrm{sh}\,\mathrm{i}k'a = \mathrm{i}\sin k'a$,则式(16)可改写成

$$\begin{aligned} T &= \frac{4k^2k'^2}{(k^2-k'^2)^2\sin^2 k'a + 4k^2k'^2} \\ &= \left[1+\frac{1}{4}\left(\frac{k}{k'}-\frac{k'}{k}\right)^2\sin^2 k'a\right]^{-1}. \end{aligned} \tag{21}$$

3.3.2 方势阱的穿透与共振

对于方势阱(见图 3.7)的穿透,上述理论仍然适用,透射系数 T 仍由式(21)给出,但应把 $V_0\to -V_0\ (V_0>0)$,即 κ 应换为

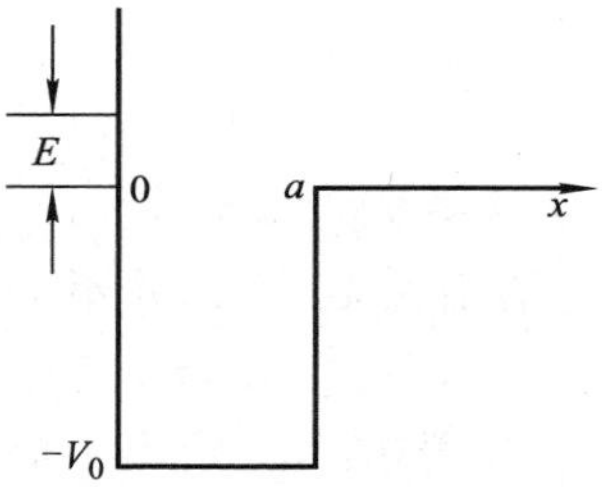

图 3.7

$$k' = \sqrt{2m(E+V_0)}/\hbar \geqslant k = \sqrt{2mE}/\hbar, \tag{22}$$

此时

$$\begin{aligned} T &= \left[1+\frac{1}{4}\left(\frac{k}{k'}-\frac{k'}{k}\right)^2\sin^2 k'a\right]^{-1} \\ &= \left[1+\frac{\sin^2 k'a}{4\dfrac{E}{V_0}\left(1+\dfrac{E}{V_0}\right)}\right]^{-1}. \end{aligned} \tag{23}$$

可以看出,如 $V_0=0$(即 $\kappa=k$),则 $T=1$,这是意料之中的事,因为此时无势阱.但一般情况下,$V_0\neq 0$,则 $T<1$,$|R|^2\neq 0$,即粒子有一定概率被势阱反弹回去.这完全是一种量子效应,是经典力学完全不能解释的.

对于给定势阱,透射系数依赖于入射粒子的能量 E.$T(E)$随 E 的变化见定性示意图 3.8.

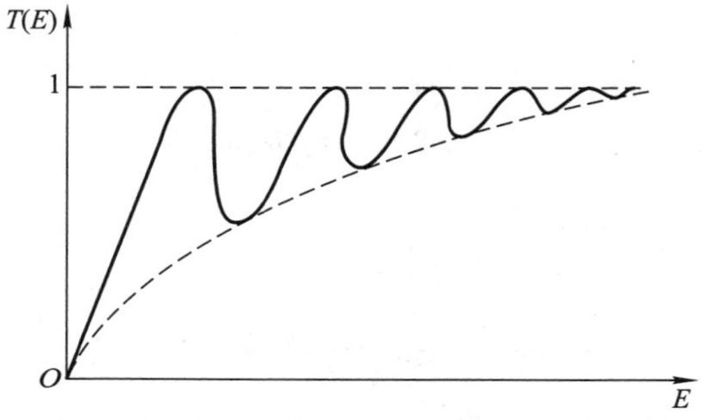

图 3.8

由式(23)可以看出,如 $E \ll V_0$,则一般说来,T 值很小,除非入射粒子能量 E 合适,使 $\sin k'a=0$,此时,$T=1$(反射系数 $|R|^2=0$),该现象称为共振透射. 它出现的条件是

$$k'a = n\pi, \quad n=1,2,3,\cdots, \tag{24}$$

或者改写成($\lambda'=2\pi/k'$)

$$2a = n\lambda', \quad n=1,2,3,\cdots. \tag{25}$$

此结果的物理意义如下:入射粒子进入势阱后,碰到两侧阱壁时将发生反射与透射.如粒子能量合适,使得它在阱内的波长 λ' 满足 $n\lambda'=2a$,则经过各次反射而透射出去的波的相位相同,因而彼此相干叠加,使透射波波幅大增,从而出现共振透射.与此相反,当 $k'a=(n+1/2)\pi(n=0,1,\cdots)$ 时,反射最强,相应有 $\lambda'(n+1/2)=2a$.

由式(24)和式(22)可求出共振透射时的能量为

$$E = E_n = -V_0 + \frac{n^2\pi^2\hbar^2}{2ma^2}, \quad n=1,2,3,\cdots. \tag{26}$$

可以看出,除了常数项 $-V_0$ 之外,式(26)与无限深方势阱(宽度 a)中的粒子能级公式相同(见 3.2 节中的式(7)).对于图 3.7 所示的方势阱,如粒子能量很小,按 3.2.2 小节的讨论可知,是可能形成束缚态的.这相当于式(26)中的量子数 n 较小的情况.如 n 较大,使 $E>0$,则不能形成束缚态.但如能量 E 合适,满足式(26),则出现共振透射.式(26)所确定的 E_n 称为共振能级.

3.4 δ 势

3.4.1 δ 势垒的穿透

设质量为 m 的粒子(能量 $E>0$)从左入射,碰到 δ 势垒(见图 3.9)

$$V(x) = \gamma\delta(x), \quad \text{常数 } \gamma > 0, \tag{1}$$

定态 Schrödinger 方程表示为

$$-\frac{\hbar^2}{2m}\frac{d^2}{dx^2}\psi = [E - \gamma\delta(x)]\psi(x). \tag{2}$$

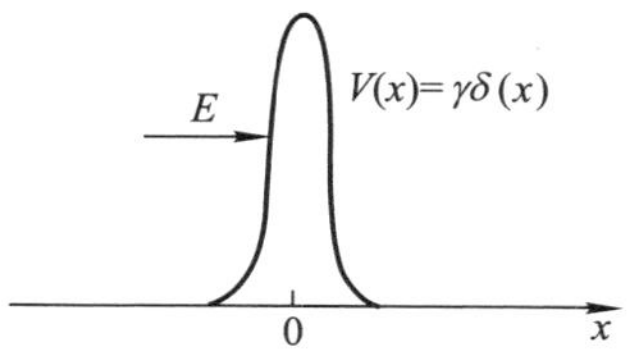

图 3.9

$x=0$ 是方程(2)的奇点,在该点处 ψ'' 不存在,表现为在 $x=0$ 处 ψ' 不连续.对方程(2)求积分 $\lim\limits_{\varepsilon\to 0^+}\int_{-\varepsilon}^{+\varepsilon} dx$,可得

$$\psi'(0^+) - \psi'(0^-) = \frac{2m\gamma}{\hbar^2}\psi(0), \tag{3}$$

所以在 $x=0$ 处 $\psi'(x)$ 一般是不连续的(除非 $\psi(0)=0$).式(3)称为 δ 势垒中 ψ' 的跃变条件.

在 $x\neq0$ 处方程(2)化为

$$\psi''(x)+k^2\psi(x)=0,\quad k=\sqrt{2mE}/\hbar,\tag{4}$$

它的两个线性无关解的形式为 $e^{\pm ikx}$.考虑到从左入射的假定,与方势垒的穿透相似,此处的解仍可表示为

$$\psi(x)=\begin{cases}e^{ikx}+Re^{-ikx}, & x<0,\\ Se^{ikx}, & x>0,\end{cases}\tag{5}$$

但边条件有所不同.根据 $x=0$ 处 ψ 连续,以及 ψ' 的跃变条件(3),有

$$1+R=S,\tag{6}$$

$$1-R=S-\frac{2m\gamma S}{i\hbar^2k},\tag{7}$$

从式(6)和式(7)中消去 R,得

$$S=1\bigg/\left(1+\frac{im\gamma}{\hbar^2k}\right),\tag{8}$$

而

$$R=S-1=-\frac{im\gamma}{\hbar^2k}\bigg/\left(1+\frac{im\gamma}{\hbar^2k}\right).\tag{9}$$

由于入射波 e^{ikx} 的波幅已取为1(参见3.3节中的式(4)—(7)),因此

$$\text{透射系数}=|S|^2=1\bigg/\left(1+\frac{m^2\gamma^2}{\hbar^4k^2}\right)=1\bigg/\left(1+\frac{m\gamma^2}{2\hbar^2E}\right),\tag{10}$$

$$\text{反射系数}=|R|^2=\frac{m\gamma^2}{2\hbar^2E}\bigg/\left(1+\frac{m\gamma^2}{2\hbar^2E}\right),\tag{11}$$

显然

$$|R|^2+|S|^2=1.\tag{12}$$

讨论:

(a) 如 δ 势垒换为 δ 势阱($\gamma\to-\gamma$),则透射系数及反射系数的值不变,仍如式(10)和式(11)所示.

(b) δ 势垒的特征长度为 $L=\hbar^2/m\gamma$,特征能量为 $m\gamma^2/\hbar^2$.透射波的波幅 S(见式(8))只依赖于 $m\gamma/\hbar^2k=\left(\frac{1}{k}\right)\bigg/\frac{\hbar^2}{m\gamma}$,即入射粒子波长与 δ 势垒的特征长度之比.而透射系数只依赖于 $m\gamma^2/\hbar^2E$,即特征能量与入射粒子能量之比.当 $E\gg m\gamma^2/\hbar^2$ 时,$|S|^2\approx1$,即高能极限下粒子将完全穿透势垒.

(c) 根据式(5)—(7),可以看出

$$\psi(0^+)=S,\quad \psi(0^-)=1+R=S,$$
$$\psi'(0^+)=ikS,\tag{13}$$

$$\psi'(0^-)=ik(1-R)=ikS-\frac{2m\gamma}{\hbar^2}S.\tag{14}$$

显然，在 $x=0$ 处 $\psi'(x)$不连续.但粒子流密度

$$j_x=-\frac{\mathrm{i}\hbar}{2m}\left(\psi^*\frac{\partial}{\partial x}\psi-\psi\frac{\partial}{\partial x}\psi^*\right)$$

却是连续的.事实上，

$$j_x(0^+)=\frac{\hbar k}{m}|S|^2, \tag{15}$$

$$j_x(0^-)=-\frac{\mathrm{i}\hbar}{2m}\left[S^*\left(\mathrm{i}kS-\frac{2m\gamma}{\hbar^2}S\right)-\mathrm{c.c.}\right]=\frac{\hbar k}{m}|S|^2. \tag{16}$$

可以看出，从粒子流密度的连续性并不能得出 ψ'的连续性[①].问题在于：粒子流密度公式中含有互为复共轭的两项，尽管 ψ'不连续(更确切地说，ψ'的实部不连续，见式(13)与式(14))，但两项相减后就抵消了.

3.4.2 δ 势阱中的束缚态

考虑粒子在 δ 势阱(见图 3.10)

$$V(x)=-\gamma\delta(x),\quad 常数\ \gamma>0 \tag{17}$$

中运动.在 $x\neq0$ 处 $V(x)=0$.所以 $E>0$ 时为游离态，此时 E 可以取一切实数值，是连续变化的，$E<0$ 时则可能存在束缚定态，此时 E 只能取分立值.以下讨论 $E<0$ 的情况.

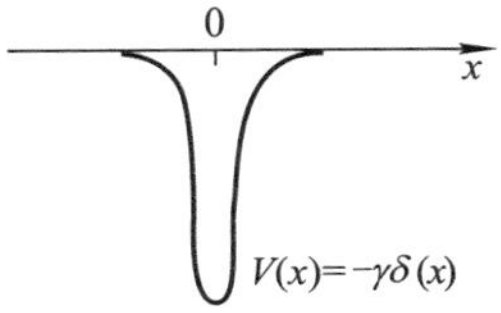

图 3.10

定态 Schrödinger 方程可表示为

$$\frac{\mathrm{d}^2}{\mathrm{d}x^2}\psi+\frac{2m}{\hbar^2}[E+\gamma\delta(x)]\psi(x)=0. \tag{18}$$

对方程(18)求积分 $\lim\limits_{\varepsilon\to0^+}\int_{-\varepsilon}^{+\varepsilon}\mathrm{d}x$，可得出 ψ'的跃变条件：

$$\psi'(0^+)-\psi'(0^-)=-\frac{2m\gamma}{\hbar^2}\psi(0). \tag{19}$$

在 $x\neq0$ 处方程(18)可化为

$$\psi''(x)-\beta^2\psi(x)=0, \tag{20}$$

$$\beta=\sqrt{-2mE}/\hbar,\quad E<0, \tag{21}$$

方程(20)的解的形式为 $\mathrm{e}^{\pm\beta x}$.考虑到 $V(-x)=V(x)$，要求束缚定态(不简并)具有确定的宇称.以下分别讨论.

(a) 偶宇称态.考虑到束缚态边条件，偶宇称波函数应表示为

$$\psi(x)=\begin{cases}C\mathrm{e}^{-\beta x}, & x>0,\\ C\mathrm{e}^{\beta x}, & x<0,\end{cases} \tag{22}$$

其中，C 为归一化常数.按 ψ'的跃变条件(19)，可得出

① 有些书中对此有错误的论述，例如，Блохинцев 撰写的《量子力学原理》(叶蕴理、金星南译)的附录Ⅷ.

$$\beta = m\gamma/\hbar^2. \tag{23}$$

按式(21),可得出粒子的能量本征值

$$E = E_0 = -\frac{\hbar^2\beta^2}{2m} = -\frac{m\gamma^2}{2\hbar^2}. \tag{24}$$

由归一化条件

$$\int_{-\infty}^{+\infty} |\psi(x)|^2 \mathrm{d}x = |C|^2/\beta = 1, \tag{25}$$

可得出 $|C| = \sqrt{\beta} = 1/\sqrt{L}$,其中,$L = \hbar^2/m\gamma$ 是 δ 势阱的特征长度.这样,归一化的束缚定态波函数可表示为(取 C 为实数)

$$\psi(x) = \frac{1}{\sqrt{L}}\mathrm{e}^{-|x|/L}, \tag{26}$$

见图 3.11.不难算出,在 $|x| \geqslant L$ 区域中找到粒子的概率为

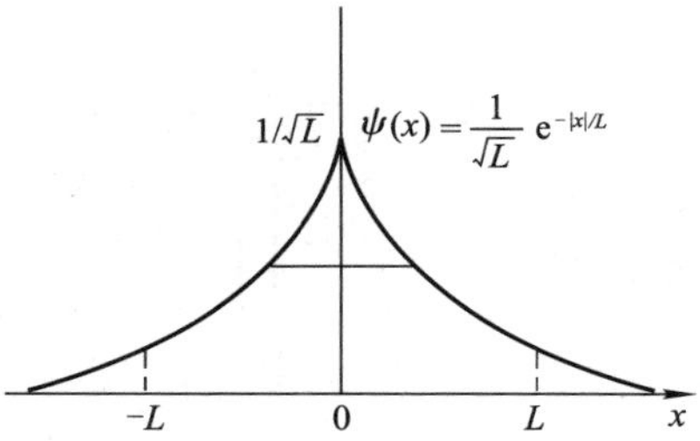

图　3.11

$$2\int_{L}^{\infty} |\psi(x)|^2 \mathrm{d}x = \mathrm{e}^{-2} = 0.1353.$$

思考题　根据 3.2.2 小节最后思考题的讨论,证明在 δ 势阱中只存在一条束缚能级,不简并,为偶宇称.

(b) 奇宇称态.波函数应表示为

$$\psi(x) = \begin{cases} A\mathrm{e}^{-\beta x}, & x > 0, \\ -A\mathrm{e}^{\beta x}, & x < 0, \end{cases} \tag{27}$$

由波函数的连续条件($x=0$ 处),可得 $A=0$,所以不可能存在奇宇称束缚定态.从物理上考虑,奇宇称波函数在 $x=0$ 处必为零,而 δ 势阱又恰好只在 $x=0$ 处起作用,所以 δ 势阱对奇宇称态没有影响,因而不可能形成束缚态.

3.4.3　δ 势与方势的关系,ψ' 的跃变条件

在微观物理学中,δ 势常作为一种理想的短程作用来讨论问题.δ 势可以看成方势的一种极限情况.事实上,所有涉及 δ 势的问题,原则上均可以从方势情况下的解取极限而得以解决.但直接采用 δ 势来求解,往往要简单得多.在 δ 势情况下,粒子波函数的导数是不连续的,尽管粒子流密度仍然是连续的.下面仅就 ψ' 的跃变条件做简单讨论.

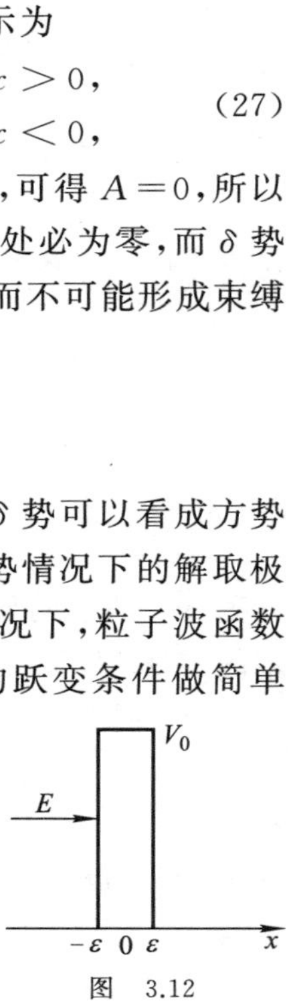

图　3.12

考虑粒子对方势垒(见图 3.12)

$$V(x) = \begin{cases} V_0, & |x| < \varepsilon, \\ 0, & |x| \geqslant \varepsilon \end{cases} \tag{28}$$

的散射.考虑粒子能量 $E < V_0$ 的情况.在方势垒内($|x| < \varepsilon$),波函数表示为

$$\psi(x)=A\mathrm{e}^{\kappa x}+B\mathrm{e}^{-\kappa x},\tag{29}$$

其中，

$$\kappa=\sqrt{2m(V_0-E)}/\hbar,\tag{30}$$

而

$$\psi'(x)=\kappa(A\mathrm{e}^{\kappa x}-B\mathrm{e}^{-\kappa x}).\tag{31}$$

现在令 $V_0\to\infty$，$\varepsilon\to0$，但保持 $2\varepsilon V_0=\gamma$（γ 为常数），则方势垒(28)将趋于 δ 势垒 $\gamma\delta(x)$. 利用

$$\psi'(\varepsilon)=\kappa(A\mathrm{e}^{\kappa\varepsilon}-B\mathrm{e}^{-\kappa\varepsilon}),$$
$$\psi'(-\varepsilon)=\kappa(A\mathrm{e}^{-\kappa\varepsilon}-B\mathrm{e}^{\kappa\varepsilon}),$$

将上两式相减，得

$$\psi'(\varepsilon)-\psi'(-\varepsilon)=\kappa A(\mathrm{e}^{\kappa\varepsilon}-\mathrm{e}^{-\kappa\varepsilon})-\kappa B(\mathrm{e}^{-\kappa\varepsilon}-\mathrm{e}^{\kappa\varepsilon}),\tag{32}$$

当 $\varepsilon\to0^+$，$V_0\to\infty$，保持 $2\varepsilon V_0=\gamma$ 时，$\kappa\varepsilon\to\varepsilon\sqrt{2mV_0}/\hbar\to0$，但 $\kappa^2\varepsilon\to2mV_0\varepsilon/\hbar^2=m\gamma/\hbar^2$，由此不难证明

$$\lim_{\varepsilon\to0^+}[\psi'(\varepsilon)-\psi'(-\varepsilon)]=\frac{2m\gamma}{\hbar^2}\psi(0),\tag{33}$$

即

$$\psi'(0^+)-\psi'(0^-)=\frac{2m\gamma}{\hbar^2}\psi(0),\tag{34}$$

这正是 ψ' 的跃变条件(3).

3.4.4 束缚能级与透射振幅的极点的关系

在通常的教材中，束缚能级问题和散射问题分别按不同边条件在不同章节中处理，但实际上两者有极密切的联系.下面以一维势阱为例进行分析.取无穷远点为势能零点，在散射问题中，$E>0$，而在束缚能级问题中，$E<0$.分析表明，如把透射振幅解析延拓到 $E<0$（或 $k=\sqrt{2mE}/\hbar$ 为复数）能域，就会发现束缚能级所在处正好是透射振幅的极点.

先讨论 δ 势阱 $V(x)=-\gamma\delta(x)$，其中，$\gamma>0$.按式(8)，透射振幅为

$$S=\left(1-\frac{\mathrm{i}m\gamma}{\hbar^2k}\right)^{-1},\tag{35}$$

其中，$k=\sqrt{2mE}/\hbar$，$E>0$.如把透射振幅解析延拓到 $E<0$（k 为复数）能域，就会发现 S 有简单极点(simple pole)，位于 $k=\mathrm{i}m\gamma/\hbar^2$ 处.此时

$$E=\frac{\hbar^2k^2}{2m}=-\frac{m\gamma^2}{2\hbar^2}\tag{36}$$

正是 δ 势阱的唯一的束缚能级（见式(24)）.

对于方势阱

$$V(x)=\begin{cases}-V_0, & 0<x<a,\\ 0, & x\leqslant 0, x\geqslant a.\end{cases} \tag{37}$$

按3.3节中的式(15)(注意:$V_0\to -V_0$,$\kappa=\sqrt{2m(V_0-E)}/\hbar\to \mathrm{i}k'$,$k'=\sqrt{2m(V_0+E)}/\hbar$,$\mathrm{sh}\,\mathrm{i}k'a=\mathrm{i}\sin k'a$,$\mathrm{ch}\,\mathrm{i}k'a=\cos k'a$),透射振幅为

$$S\mathrm{e}^{\mathrm{i}ka}=\left[\cos k'a-\frac{\mathrm{i}}{2}\left(\frac{k'}{k}+\frac{k}{k'}\right)\sin k'a\right]^{-1}. \tag{38}$$

如把透射振幅解析延拓到$E<0$($k=\sqrt{2mE}/\hbar\to\mathrm{i}\beta$,$\beta=\sqrt{-2mE}/\hbar$($\beta$为实数))能域,就会发现$S$有极点,其位置由下式给出:

$$\cos k'a-\frac{1}{2}\left(\frac{k'}{\beta}-\frac{\beta}{k'}\right)\sin k'a=0, \tag{39}$$

即

$$\tan k'a=2\bigg/\left(\frac{k'}{\beta}-\frac{\beta}{k'}\right). \tag{40}$$

利用三角恒等式$\tan x=2\bigg/\left(\cot\dfrac{x}{2}-\tan\dfrac{x}{2}\right)$,式(40)可化为

$$\cot\frac{k'a}{2}-\tan\frac{k'a}{2}=\frac{k'}{\beta}-\frac{\beta}{k'}, \tag{41}$$

式(41)有两组解,即

$$\tan\frac{k'a}{2}=\frac{\beta}{k'}\quad\left(\text{此时 }\cot\frac{k'a}{2}=\frac{k'}{\beta}\right), \tag{42}$$

$$\cot\frac{k'a}{2}=-\frac{\beta}{k'}\quad\left(\text{此时 }\tan\frac{k'a}{2}=-\frac{k'}{\beta}\right), \tag{43}$$

与3.2节中的式(20)和式(25)相当(只不过由于势能零点选择略异,见图3.13,式(20)和式(25)中的$k=\sqrt{2mE}/\hbar$换成这里的$k'=\sqrt{2m(V_0+E)}/\hbar$).

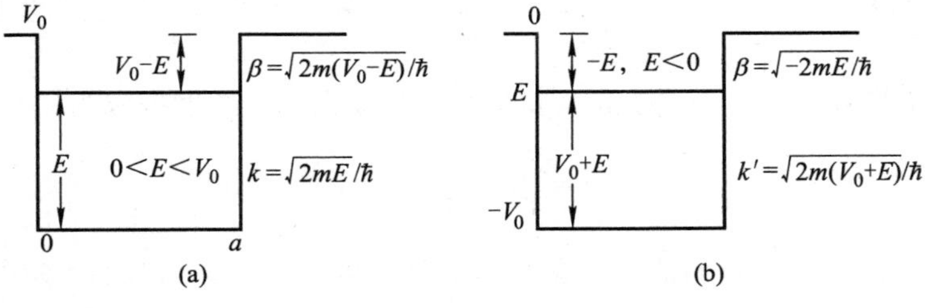

图3.13 (a) 3.2节中所取势能零点(阱外势能为V_0),
(b) 3.3节中所取势能零点(阱外,即无穷远点,势能为零)

3.5 一维谐振子

自然界中经常碰到简谐振动.任何体系在平衡位置附近的小振动,例如,分子的振动、晶格的振动、原子核表面的振动,以及辐射场的振动等,在选择适当的坐标之后,往往可以分解成若干彼此独立的一维简谐振动.简谐振动往往还作为复杂运动的初步近似.所以谐振子的研究,无论在理论上还是应用上,都很重要.谐振子的能量本征值问题,在历史上 Heisenberg 和 Schrödinger 分别用矩阵力学和波动力学圆满解决,所得结果相同.后来 Schrödinger 和 Dirac 分别用因式分解法和升降算符的技巧给出了极漂亮的解(见 9.1 节).本节将讲述用 Schrödinger 的定态波动方程来求出谐振子的能量本征值和本征函数的方法.

取谐振子的平衡位置为坐标原点,并选原点为势能零点,则一维谐振子的势能可表示为

$$V(x)=\frac{1}{2}Kx^2, \tag{1}$$

其中,K 是刻画简谐作用力强度的参数,谐振子受力 $F=-\mathrm{d}V/\mathrm{d}x=-Kx$,此即 Hooke 定律.设谐振子的质量为 m,令

$$\omega=\sqrt{K/m}, \tag{2}$$

它是经典谐振子的自然频率.这样,一维谐振子的定态 Schrödinger 方程可表示为

$$\left(-\frac{\hbar^2}{2m}\frac{\mathrm{d}^2}{\mathrm{d}x^2}+\frac{1}{2}m\omega^2x^2\right)\psi(x)=E\psi(x). \tag{3}$$

理想的谐振子势是一个无限深势阱,只存在束缚态,即

$$\text{在 } |x|\to\infty \text{ 处}, \quad \psi(x)\to 0. \tag{4}$$

为简洁起见,引进无量纲参量

$$\xi=\alpha x, \quad \alpha=\sqrt{m\omega/\hbar}, \quad \lambda=E\bigg/\frac{1}{2}\hbar\omega, \tag{5}$$

则方程(3)化为

$$\frac{\mathrm{d}^2}{\mathrm{d}\xi^2}\psi+(\lambda-\xi^2)\psi=0, \tag{6}$$

ξ(或 x)有限的点是方程的常点,而 $\xi=\pm\infty$ 则是方程的非正则奇点.下面先讨论方程的解在 $\xi\to\pm\infty$ 时的渐近行为.当 $\xi\to\pm\infty$ 时,方程(6)可近似表示为

$$\frac{\mathrm{d}^2}{\mathrm{d}\xi^2}\psi-\xi^2\psi=0, \tag{7}$$

不难证明[①]

$$\xi \to \pm\infty \text{ 时}, \quad \psi \sim e^{\pm\xi^2/2}, \tag{8}$$

但 $\psi \sim e^{\xi^2/2}$ 不满足束缚态边条件(4),弃之.因此不妨令方程(7)的解表示为

$$\psi = e^{-\xi^2/2} u(\xi), \tag{9}$$

将之代入方程(7),可求得 $u(\xi)$ 满足的方程:

$$\frac{d^2}{d\xi^2}u - 2\xi \frac{d}{d\xi}u + (\lambda - 1)u = 0, \tag{10}$$

此即 Hermite 方程,$\xi=0$ 为方程的常点,可在 $\xi=0$ 的邻域($|\xi|<\infty$)用幂级数展开来求解.计算表明(见数学附录 A3),在一般情况下,其解是一个无穷级数,而当 $|\xi|\to\infty$ 时,无穷级数解的渐近行为是 $u(\xi)\sim e^{\xi^2}$,将之代入式(9)所得出的 ψ 不能满足束缚态边条件.因此,为满足束缚态边条件,必须要求 $u(\xi)$ 中断为一个多项式.可以证明,只有当方程(10)中的参数满足

$$\lambda - 1 = 2n, \quad n = 0,1,2,\cdots \tag{11}$$

时,才有一个多项式解,记为 $\mathrm{H}_n(\xi)$(Hermite 多项式).按式(5),上述要求就是对谐振子的能量 E 有一定限制,即

$$E = E_n = (n + 1/2)\hbar\omega, \quad n = 0,1,2,\cdots, \tag{12}$$

此即谐振子的能量本征值.可以看出,谐振子的能级是均匀分布的,相邻两条能级的间距为 $\hbar\omega$.

最简单的几个 Hermite 多项式为

$$\begin{cases} \mathrm{H}_0(\xi) = 1, \\ \mathrm{H}_1(\xi) = 2\xi, \\ \mathrm{H}_2(\xi) = 4\xi^2 - 2, \\ \cdots. \end{cases} \tag{13}$$

利用正交性公式(见数学附录 A3)

$$\int_{-\infty}^{+\infty} \mathrm{H}_m(\xi)\mathrm{H}_n(\xi)e^{-\xi^2} d\xi = \sqrt{\pi}\,2^n \cdot n!\ \delta_{mn}, \tag{14}$$

可以证明,正交归一的谐振子波函数(实函数)为

$$\psi_n(x) = A_n e^{-\alpha^2 x^2/2} \mathrm{H}_n(\alpha x), \quad A_n = \left(\alpha/\sqrt{\pi}\,2^n \cdot n!\right)^{1/2} \quad (\text{归一化常数}), \tag{15}$$

$$\int_{-\infty}^{+\infty} \psi_m(x)\psi_n(x) dx = \delta_{mn}. \tag{16}$$

最低的三条能级上的谐振子波函数为

---

① $\psi \sim e^{\pm\xi^2/2}$, $\psi' \sim \pm\xi e^{\pm\xi^2/2}$, $\psi'' \sim (\xi^2 \pm 1)e^{\pm\xi^2/2} \approx \xi^2 e^{\pm\xi^2/2}$ $(\xi \to \pm\infty)$.

$$\begin{cases} \psi_0(x)=\dfrac{\sqrt{\alpha}}{\pi^{1/4}}e^{-\alpha^2x^2/2}, \\ \psi_1(x)=\dfrac{\sqrt{2\alpha}}{\pi^{1/4}}\alpha x e^{-\alpha^2x^2/2}, \\ \psi_2(x)=\dfrac{1}{\pi^{1/4}}\sqrt{\dfrac{\alpha}{2}}(2\alpha^2x^2-1)e^{-\alpha^2x^2/2}. \end{cases} \tag{17}$$

$\psi_n(x)$是与能量本征值E_n对应的本征函数,是不简并的.由于谐振子的势能(1)具有空间反射不变性,按3.1节中的定理3,$\psi_n(x)$必有确定的宇称.事实上,可以证明

$$\psi_n(-x)=(-1)^n\psi_n(x). \tag{18}$$

下面着重讨论一下基态.首先,基态能量

$$E_0=\hbar\omega/2, \tag{19}$$

它并不为零,但是称为**零点能**.这与无限深方势阱中粒子的基态能量并不为零是相似的,是微观粒子的波粒二象性的表现.同样,也可以用测不准关系来定性说明这个问题(见第4章中的习题10).

其次,处于基态的谐振子在空间的概率分布为(见图3.14)

$$|\psi_0(x)|^2=\frac{\alpha}{\sqrt{\pi}}e^{-\alpha^2x^2}, \tag{20}$$

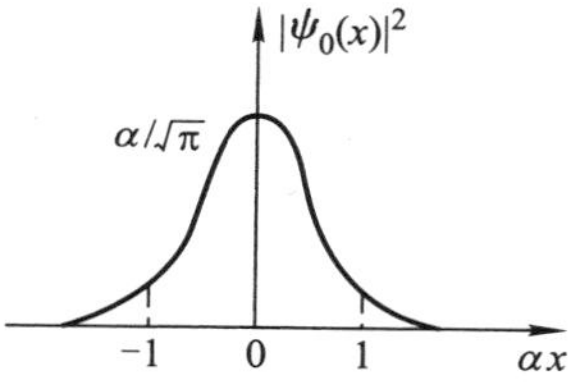

图 3.14

这是一个Gauss型分布,在原点($x=0$)处找到粒子的概率最大.由于基态能量$E_0=\hbar\omega/2$,不难证明,在

$$x=\alpha^{-1}=\sqrt{m\hbar/\omega}$$

处,$V(x)|_{x=\alpha^{-1}}=E_0$,其中,$\alpha^{-1}$是谐振子的特征长度.按经典力学的观点,基态谐振子只允许在$|x|\leqslant\alpha^{-1}$(即$|\xi|\leqslant 1$)的区域中运动,而$|x|>\alpha^{-1}$属于经典禁区.但按量子力学中波函数的统计诠释,粒子有一定概率处于经典禁区(见图3.14).不难计算出此概率为

$$\int_1^{\infty}e^{-\xi^2}d\xi\Big/\int_0^{\infty}e^{-\xi^2}d\xi\approx 16\%, \tag{21}$$

这是一种量子效应.

习　　题

1. 设粒子处于二维无限深势阱中,即

$$V(x,y)=\begin{cases}0, & 0<x<a,0<y<b, \\ \infty, & 其余区域.\end{cases}$$

求粒子的能量本征值和本征函数.如$a=b$,则能级的简并度如何?

2. 设粒子被限制在矩形匣子中运动,即

$$V(x,y,z)=\begin{cases}0, & 0<x<a,0<y<b,0<z<c,\\ \infty, & \text{其余区域}.\end{cases}$$

求粒子的能量本征值和本征函数.如 $a=b=c$,则能级的简并度如何?

3. 设粒子处于一维无限深方势阱中,即

$$V(x)=\begin{cases}0, & 0<x<a,\\ \infty, & x\leqslant 0,x\geqslant a.\end{cases}$$

证明对于处于定态 $\psi_n(x)$ 的粒子,$\bar{x}=\dfrac{a}{2}$,$\overline{(x-\bar{x})^2}=\dfrac{a^2}{12}\left(1-\dfrac{6}{n^2\pi^2}\right)$.讨论 $n\to\infty$ 的情况,并与经典力学的计算结果比较.

4. 设粒子处于一维无限深方势阱中,即

$$V(x)=\begin{cases}0, & |x|<a/2,\\ \infty, & |x|\geqslant a/2,\end{cases}$$

且处于基态($n=1$,见3.2节中的式(12)).求粒子的动量分布.

5. 设粒子(能量 $E>0$)从左入射,碰到如图3.15所示的势阱,求阱壁处的反射系数.

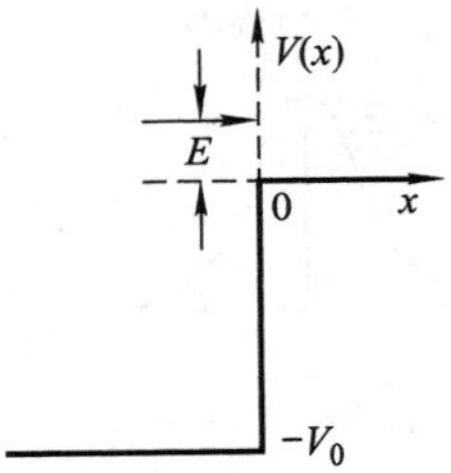

图　3.15

6. 利用 Hermite 多项式的递推关系(见数学附录 A3 中的式(11)),证明谐振子波函数满足下列关系:

$$x\psi_n(x)=\frac{1}{\alpha}\left[\sqrt{\frac{n}{2}}\psi_{n-1}(x)+\sqrt{\frac{n+1}{2}}\psi_{n+1}(x)\right],$$

$$x^2\psi_n(x)=\frac{1}{2\alpha^2}\left[\sqrt{n(n-1)}\psi_{n-2}(x)+(2n+1)\psi_n(x)\right.$$
$$\left.+\sqrt{(n+1)(n+2)}\psi_{n+2}(x)\right].$$

并由此证明,在 ψ_n 态下,$\bar{x}=0$,$\bar{V}=E_n/2$.

7. 同习题6,利用 Hermite 多项式的求导公式(见数学附录 A3 中的式(12)),证明

$$\frac{\mathrm{d}}{\mathrm{d}x}\psi_n(x)=\alpha\left(\sqrt{\frac{n}{2}}\psi_{n-1}-\sqrt{\frac{n+1}{2}}\psi_{n+1}\right),$$

$$\frac{\mathrm{d}^2}{\mathrm{d}x^2}\psi_n(x)=\frac{\alpha^2}{2}\left[\sqrt{n(n-1)}\psi_{n-2}-(2n+1)\psi_n+\sqrt{(n+1)(n+2)}\psi_{n+2}\right].$$

并由此证明,在 ψ_n 态下,$\bar{p}=0$,$\bar{T}=\overline{p^2}/2m=E_n/2$.

8. 谐振子处于 ψ_n 态下,$\Delta x=\left[\overline{(x-\bar{x})^2}\right]^{1/2}$,$\Delta p=\left[\overline{(p-\bar{p})^2}\right]^{1/2}$,计算 $\Delta x\cdot\Delta p$.

9. 荷电 q 的谐振子,受到外电场 $\mathscr{E}$ 的作用,即

$$V(x)=\frac{1}{2}m\omega^2x^2-q\mathscr{E}x,$$

求谐振子的能量本征值和本征函数.

10. 求不对称势阱(见图 3.16)中粒子的能量本征值.

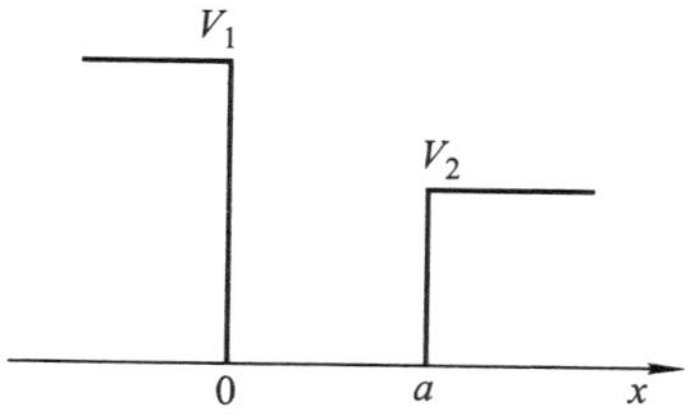

图 3.16

11. 设粒子在势阱

$$V(x)=\begin{cases}\infty, & x<0,\\ \dfrac{1}{2}m\omega^2x^2, & x\geqslant 0\end{cases}$$

中运动,求粒子的能级.

12. 设粒子处于半壁无限高的势场中,即

$$V(x)=\begin{cases}\infty, & x<0,\\ -V_0, & 0\leqslant x\leqslant a,\\ 0, & x>a.\end{cases}$$

求粒子的能量本征值,以及至少存在一条束缚能级的条件.

*13. 设粒子在势阱

$$V(x)=\begin{cases}\infty, & x>0,\\ -\gamma\delta(x-a), & x\leqslant 0(\gamma,a>0)\end{cases}$$

中运动时,是否存在束缚定态?求存在束缚定态的条件并确定束缚能级的公式.

*14. 同习题 13 中给出的势阱,设粒子从左($x<a$)入射,粒子能量 $E>0$.求反射振幅,并将其解析延拓到 $E<0$ 能域,分析其极点位置.与习题 13 的结果进行比较[①].

*15. 设一维谐振子初态处于基态,即 $\psi(x,0)=\psi_0(x)$,它是中心在坐标原点 $x=0$ 处的一个 Gauss 波包.求 $\psi(x,t)$.

设初态 $\psi(x,0)=\psi_0(x)\cos\dfrac{\theta}{2}+\psi_1(x)\sin\dfrac{\theta}{2}$,即基态与第一激发态的叠加,其中,$\theta$ 为实数(例如,$\theta=0,\psi(x,0)=\psi_0(x)$,即基态;$\theta=\dfrac{\pi}{2},\psi(x,0)=\dfrac{1}{\sqrt{2}}[\psi_0(x)+\psi_1(x)]$,是基态与第一激发态的等权重同相位叠加).

(1) 计算 $\psi(x,t)$.

(2) 证明经历一周期 $\tau=2\pi/\omega$ 后,$\psi(x,\tau)=e^{i\phi}\psi(x,0)=-\psi(x,0)$,即波函数有一个相位变化 $\phi=\pi$.

(3) 计算能量平均值 $\overline{H}=\int\psi^*(x,t)\hat{H}\psi(x,t)dx$,定义

$$\alpha=-\frac{1}{\hbar}\int_0^\tau\overline{H}\,dt,\quad \beta=\phi-\alpha,$$

其中,α 称为“动力学相”,β 称为“几何相”.讨论 β 与 θ 的关系[②](在定态下 $\beta=0$,只有在非定态下 β 才可能不为 0).

---

① 参阅曾谨言撰写的《量子力学专题分析》(下)的第 9 章.

② Y. Aharonov, J. Anandan, *Phys. Rev. Lett.*, 1987, 58: 1593; J. Y. Zeng, Y. A. Lei, *Phys. Rev. A*, 1995, 51: 4415.

*16. 设谐振子的初态为与基态相同的 Gauss 波包，但波包中心不在 $x=0$ 处，而在 $x=x_0$ 处，即

$$\psi(x,0)=\psi_0(x-x_0)=\frac{\sqrt{\alpha}}{\pi^{1/4}}\mathrm{e}^{-\alpha^2(x-x_0)^2/2}.$$

(1) 计算 $\psi(x,t)$.

提示：利用 Hermite 多项式的生成函数公式 $\mathrm{e}^{-s^2+2s\xi}=\sum\limits_{n=0}^{\infty}\mathrm{H}_n(\xi)s^n/n!$，令 $\psi(x,0)=\sum\limits_{n=0}^{\infty}C_n\psi_n(x)$，证明

$$C_n=\int_{-\infty}^{+\infty}\mathrm{d}x\psi_n(x)\psi(x,0)=\frac{\xi_0^n}{\sqrt{2^n\cdot n!}}\mathrm{e}^{-\xi_0^2/4},\quad \xi_0=\alpha x_0,$$

$$\psi(x,t)=\sum_{n=0}^{\infty}C_n\psi_n(x)\mathrm{e}^{-\mathrm{i}E_nt/\hbar}=\sum_{n=0}^{\infty}\frac{\mathrm{e}^{-\xi_0^2/4}\xi_0^n}{\sqrt{2^n\cdot n!}}\psi_n(x)\mathrm{e}^{-\mathrm{i}(n+1/2)\omega t}$$

$$=\frac{\sqrt{\alpha}}{\pi^{1/4}}\exp\left[-\frac{1}{2}(\xi-\xi_0\cos\omega t)^2-\mathrm{i}\left(\frac{1}{2}\omega t+\xi_0\xi\sin\omega t-\frac{1}{4}\xi_0^2\sin 2\omega t\right)\right],$$

$$\xi=\alpha x.$$

(2) 讨论波包中心的运动规律，并与经典谐振子比较.

提示：$|\psi(x,t)|^2=\dfrac{\alpha}{\sqrt{\pi}}\mathrm{e}^{-\alpha^2(x-x_0\cos\omega t)^2}$.

考虑波包形状(波包宽度 Δx)是否随时间改变？试与自由粒子的 Gauss 波包随时间的演化(见第 2 章中的习题 7)比较①.

① 参阅 Schiff 撰写的 Quantum Mechanics(第三版)的 75 页.

第 4 章　力学量用算符表达与表象变换

4.1　算符的运算规则

在 2.1 节中已提到，要直接用坐标表象中的波函数来计算动量平均值时，就需要引进动量算符 $\hat{\boldsymbol{p}}=-\mathrm{i}\hbar\boldsymbol{\nabla}$.在 Schrödinger 方程中也出现了 Laplace 算符.量子力学中的算符[①]，代表对波函数(量子态)的一种运算.例如，$\frac{\mathrm{d}}{\mathrm{d}x}\psi$，$V(\boldsymbol{r})\psi$，$\psi^*$，$\sqrt{\psi}$ 等分别代表对波函数取导数、乘以 $V(\boldsymbol{r})$、取复共轭及开平方根等运算.以下讨论量子力学中算符的一般性质.为避免数学上过分抽象，我们将尽可能结合常见的算符(例如，位置、动量、角动量、动能、势能、Hamilton 量等)来阐述.

(a) 线性算符.凡满足如下运算规则的算符 $\hat{A}$，称为线性算符：

$$\hat{A}(c_1\psi_1+c_2\psi_2)=c_1\hat{A}\psi_1+c_2\hat{A}\psi_2, \tag{1}$$

其中，ψ_1 与 ψ_2 是任意两个波函数，c_1 与 c_2 是任意两个常数(一般为复数).例如，$\hat{\boldsymbol{p}}=-\mathrm{i}\hbar\boldsymbol{\nabla}$ 就是线性算符.量子力学中碰到的算符并不都是线性算符，例如，取复共轭就不是线性算符.但刻画可观测量的算符都是线性算符，这是态叠加原理的反映.

单位算符 I 是指保持波函数不变的运算，即

$$I\psi=\psi, \tag{2}$$

其中，ψ 是任意一个波函数.

设两个算符 $\hat{A}$ 和 $\hat{B}$ 对体系的任意一个波函数 ψ 的运算所得结果都相同，即

$$\hat{A}\psi=\hat{B}\psi, \tag{3}$$

则称这两个算符相等，记为 $\hat{A}=\hat{B}$.

(b) 算符之和.算符 $\hat{A}$ 与 $\hat{B}$ 之和，记为 $\hat{A}+\hat{B}$，定义如下：对于任意一个波函数 ψ，有

$$(\hat{A}+\hat{B})\psi=\hat{A}\psi+\hat{B}\psi. \tag{4}$$

例如，一个粒子的 Hamilton 算符 $\hat{H}=\hat{T}+\hat{V}$，其中，$\hat{T}$ 和 $\hat{V}$ 分别为动能和势能算符.显然，算符的求和满足交换律和结合律：

$$\hat{A}+\hat{B}=\hat{B}+\hat{A},$$

$$\hat{A}+(\hat{B}+\hat{C})=(\hat{A}+\hat{B})+\hat{C}.$$

根据式(1)与式(4)，可证明两个线性算符之和仍为线性算符.

---

① 为强调算符的特点，常常在算符的符号上方加一个“^”号.但在不会引起误解的地方，也常把“^”号略去.

(c) 算符之积.算符 $\hat{A}$ 与 $\hat{B}$ 之积,记为 $\hat{A}\hat{B}$,定义为

$$(\hat{A}\hat{B})\psi = \hat{A}(\hat{B}\psi), \tag{5}$$

其中,ψ 是任意一个波函数.即 $\hat{A}\hat{B}$ 对 ψ 的运算结果等于先用 $\hat{B}$ 对 ψ 运算(得 $\hat{B}\psi$),然后再用 $\hat{A}$ 对($\hat{B}\psi$)运算得到的结果.一般说来,算符之积不满足交换律,即 $\hat{A}\hat{B} \neq \hat{B}\hat{A}$.这是算符与通常数的运算规则的唯一不同之处.以下分别以坐标、动量和角动量等算符为例来说明这个问题.

量子力学的基本对易式

考虑到

$$x\hat{p}_x\psi = -\mathrm{i}\hbar x\frac{\partial}{\partial x}\psi,$$

但

$$\hat{p}_x x\psi = -\mathrm{i}\hbar\frac{\partial}{\partial x}(x\psi) = -\mathrm{i}\hbar\psi - \mathrm{i}\hbar x\frac{\partial}{\partial x}\psi,$$

所以

$$(x\hat{p}_x - \hat{p}_x x)\psi = \mathrm{i}\hbar\psi,$$

其中,ψ 是体系的任意一个波函数,因此

$$x\hat{p}_x - \hat{p}_x x = \mathrm{i}\hbar.$$

类似还可证明

$$y\hat{p}_y - \hat{p}_y y = \mathrm{i}\hbar, \quad z\hat{p}_z - \hat{p}_z z = \mathrm{i}\hbar,$$

但

$$x\hat{p}_y - \hat{p}_y x = 0, \quad x\hat{p}_z - \hat{p}_z x = 0, \quad \cdots.$$

概括起来,就是

$$\boxed{x_\alpha\hat{p}_\beta - \hat{p}_\beta x_\alpha = \mathrm{i}\hbar\delta_{\alpha\beta}, \quad \alpha,\beta = x,y,z \text{ 或 } 1,2,3.} \tag{6}$$

此即量子力学中最基本的对易关系.凡有经典对应的力学量之间的对易关系均可由式(6)导出.为了表述简洁和便于运算,也为了研究量子力学和经典力学的关系,定义对易式(commutator)

$$[\hat{A},\hat{B}] \equiv \hat{A}\hat{B} - \hat{B}\hat{A}, \tag{7}$$

则式(6)可改写成

$$\boxed{[x_\alpha,\hat{p}_\beta] = \mathrm{i}\hbar\delta_{\alpha\beta}, \quad \alpha,\beta = x,y,z \text{ 或 } 1,2,3.} \tag{8}$$

不难证明,对易式满足下列代数恒等式:

$$\begin{cases} [\hat{A},\hat{B}] = -[\hat{B},\hat{A}], \\ [\hat{A},\hat{B}+\hat{C}] = [\hat{A},\hat{B}] + [\hat{A},\hat{C}], \\ [\hat{A},\hat{B}\hat{C}] = \hat{B}[\hat{A},\hat{C}] + [\hat{A},\hat{B}]\hat{C}, \\ [\hat{A}\hat{B},\hat{C}] = \hat{A}[\hat{B},\hat{C}] + [\hat{A},\hat{C}]\hat{B}, \\ [\hat{A},[\hat{B},\hat{C}]] + [\hat{B},[\hat{C},\hat{A}]] + [\hat{C},[\hat{A},\hat{B}]] = 0 \quad (\text{Jacobi 恒等式}). \end{cases} \tag{9}$$

练习 1 证明

$$[\hat{p}_x, \psi(x)] = -\mathrm{i}\hbar \frac{\partial \psi}{\partial x},$$

$$[\hat{p}_x^2, \psi(x)] = -\hbar^2 \frac{\partial^2 \psi}{\partial x^2} - 2\mathrm{i}\hbar \frac{\partial \psi}{\partial x}\hat{p}_x.$$

角动量的基本对易式

角动量算符定义为(见 2.1 节)

$$\hat{\boldsymbol{l}} = \boldsymbol{r} \times \hat{\boldsymbol{p}}, \tag{10}$$

各分量表示为

$$\hat{l}_x = y\hat{p}_z - z\hat{p}_y = -\mathrm{i}\hbar\left(y\frac{\partial}{\partial z} - z\frac{\partial}{\partial y}\right),$$

$$\hat{l}_y = z\hat{p}_x - x\hat{p}_z = -\mathrm{i}\hbar\left(z\frac{\partial}{\partial x} - x\frac{\partial}{\partial z}\right),$$

$$\hat{l}_z = x\hat{p}_y - y\hat{p}_x = -\mathrm{i}\hbar\left(x\frac{\partial}{\partial y} - y\frac{\partial}{\partial x}\right).$$

利用式(8)与式(9),不难证明

$$[\hat{l}_x, x] = 0, \quad [\hat{l}_x, y] = \mathrm{i}\hbar z, \quad [\hat{l}_x, z] = -\mathrm{i}\hbar y,$$

$$[\hat{l}_y, x] = -\mathrm{i}\hbar z, \quad [\hat{l}_y, y] = 0, \quad [\hat{l}_y, z] = \mathrm{i}\hbar x,$$

$$[\hat{l}_z, x] = \mathrm{i}\hbar y, \quad [\hat{l}_z, y] = -\mathrm{i}\hbar x, \quad [\hat{l}_z, z] = 0,$$

可概括成

$$[\hat{l}_\alpha, x_\beta] = \varepsilon_{\alpha\beta\gamma}\mathrm{i}\hbar x_\gamma, \tag{11}$$

其中,$\varepsilon_{\alpha\beta\gamma}$ 称为 Levi-Civita 符号,是一个三阶反对称张量,定义如下:

$$\begin{cases} \varepsilon_{\alpha\beta\gamma} = -\varepsilon_{\beta\alpha\gamma} = -\varepsilon_{\alpha\gamma\beta}, \\ \varepsilon_{123} = 1, \end{cases} \tag{12}$$

这里,$\alpha, \beta, \gamma = x, y, z$ 或 1,2,3.由于任何两个指标互换时,$\varepsilon_{\alpha\beta\gamma}$ 改变正负号,因此当两个指标相同时,则为 0,例如,$\varepsilon_{112} = \varepsilon_{121} = 0$.

类似可以证明

$$[\hat{l}_\alpha, \hat{p}_\beta] = \varepsilon_{\alpha\beta\gamma}\mathrm{i}\hbar p_\gamma. \tag{13}$$

利用角动量算符的定义,以及式(11)和式(13),还可以证明

$$\boxed{[\hat{l}_\alpha, \hat{l}_\beta] = \varepsilon_{\alpha\beta\gamma}\mathrm{i}\hbar\hat{l}_\gamma, \quad \alpha, \beta = x, y, z \text{ 或 } 1,2,3.} \tag{14}$$

分开写出,即

$$[\hat{l}_x, \hat{l}_x] = 0, \quad [\hat{l}_y, \hat{l}_y] = 0, \quad [\hat{l}_z, \hat{l}_z] = 0,$$

$$[\hat{l}_x, \hat{l}_y] = \mathrm{i}\hbar\hat{l}_z, \quad [\hat{l}_y, \hat{l}_z] = \mathrm{i}\hbar\hat{l}_x, \quad [\hat{l}_z, \hat{l}_x] = \mathrm{i}\hbar l_y,$$

这就是角动量算符各分量的基本对易式，是很重要的，必须牢记.上述六个式子中不为零的三个式子还常常简写成

$$\hat{\boldsymbol{l}} \times \hat{\boldsymbol{l}} = \mathrm{i}\hbar \hat{\boldsymbol{l}}. \tag{15}$$

定义

$$\hat{\boldsymbol{l}}^2 = \hat{l}_x^2 + \hat{l}_y^2 + \hat{l}_z^2, \tag{16}$$

利用式(14)容易证明

$$[\hat{\boldsymbol{l}}^2, \hat{l}_\alpha] = 0, \quad \alpha = x, y, z. \tag{17}$$

练习 2 令

$$\hat{l}_\pm = \hat{l}_x \pm \mathrm{i}\hat{l}_y, \tag{18}$$

证明

$$\hat{l}_z \hat{l}_\pm = \hat{l}_\pm (\hat{l}_z \pm \hbar) \quad 即 \quad [\hat{l}_z, \hat{l}_\pm] = \pm \hbar \hat{l}_\pm, \tag{19}$$

$$\hat{l}_\pm \hat{l}_\mp = \hat{l}^2 - \hat{l}_z^2 \pm \hbar \hat{l}_z, \tag{20}$$

$$[\hat{l}_+, \hat{l}_-] = 2\hbar \hat{l}_z. \tag{21}$$

在球坐标系中，利用坐标变换关系，即

$$\begin{cases} x = r\sin\theta\cos\varphi, \\ y = r\sin\theta\sin\varphi, \\ z = r\cos\theta, \end{cases} \quad \begin{cases} r = \sqrt{x^2 + y^2 + z^2}, \\ \theta = \tan^{-1}(\sqrt{x^2 + y^2}/z), \\ \varphi = \tan^{-1}(y/x), \end{cases} \tag{22}$$

可以把 $\hat{\boldsymbol{l}}$ 的各分量表示为

$$\begin{cases} \hat{l}_x = \mathrm{i}\hbar \left(\sin\varphi \dfrac{\partial}{\partial\theta} + \cot\theta\cos\varphi \dfrac{\partial}{\partial\varphi} \right), \\ \hat{l}_y = \mathrm{i}\hbar \left(-\cos\varphi \dfrac{\partial}{\partial\theta} + \cot\theta\sin\varphi \dfrac{\partial}{\partial\varphi} \right), \\ \hat{l}_z = -\mathrm{i}\hbar \dfrac{\partial}{\partial\varphi}, \end{cases} \tag{23}$$

$$\hat{\boldsymbol{l}}^2 = -\hbar^2 \left(\frac{1}{\sin\theta} \frac{\partial}{\partial\theta} \sin\theta \frac{\partial}{\partial\theta} + \frac{1}{\sin^2\theta} \frac{\partial^2}{\partial\varphi^2} \right). \tag{24}$$

练习 3 证明

$$\begin{cases} [\hat{\boldsymbol{l}}, \boldsymbol{r}^2] = 0, \\ [\hat{\boldsymbol{l}}, \hat{\boldsymbol{p}}^2] = 0, \\ [\hat{\boldsymbol{l}}, \boldsymbol{r} \cdot \hat{\boldsymbol{p}}] = 0, \\ [\hat{\boldsymbol{l}}, V(r)] = 0. \end{cases} \tag{25}$$

练习 4 证明动能算符 $\hat{T} = \hat{p}^2/2m$ 可表示为

$$\hat{T} = -\frac{\hbar^2}{2m}\frac{1}{r^2}\frac{\partial}{\partial r}r^2\frac{\partial}{\partial r} + \frac{\hat{\boldsymbol{l}}^2}{2mr^2}$$
$$= -\frac{\hbar^2}{2m}\frac{1}{r}\frac{\partial^2}{\partial r^2}r + \frac{\hat{\boldsymbol{l}}^2}{2mr^2} = \frac{\hat{p}_r^2}{2m} + \frac{\hat{\boldsymbol{l}}^2}{2mr^2}, \tag{26}$$

其中,

$$\hat{p}_r = -\mathrm{i}\hbar\left(\frac{\partial}{\partial r} + \frac{1}{r}\right) \tag{27}$$

是径向动量算符.

(d) 逆算符.设

$$\hat{A}\psi = \phi \tag{28}$$

能够唯一地解出 ψ,则可以定义算符 $\hat{A}$ 之逆 $\hat{A}^{-1}$满足

$$\hat{A}^{-1}\phi = \psi. \tag{29}$$

并非所有算符都有逆算符,例如,投影算符就不存在逆.若算符 $\hat{A}$ 之逆存在,不难证明

$$\hat{A}\hat{A}^{-1} = \hat{A}^{-1}\hat{A} = I, \quad [\hat{A}, \hat{A}^{-1}] = 0. \tag{30}$$

设算符 $\hat{A}$ 与 $\hat{B}$ 之逆均存在,可以证明(留作练习)

$$(\hat{A}\hat{B})^{-1} = \hat{B}^{-1}\hat{A}^{-1}. \tag{31}$$

(e) 算符的函数.设给定一函数 $F(x)$,其各阶导数均存在,幂级数展开收敛,即

$$F(x) = \sum_{n=0}^{\infty}\frac{F^{(n)}(0)}{n!}x^n, \tag{32}$$

则可定义算符 $\hat{A}$ 的函数 $F(\hat{A})$为

$$F(\hat{A}) = \sum_{n=0}^{\infty}\frac{F^{(n)}(0)}{n!}\hat{A}^n. \tag{33}$$

例如,$F(x)=\mathrm{e}^{ax}$,可定义

$$F\left(\frac{\mathrm{d}}{\mathrm{d}x}\right) = \mathrm{e}^{a\frac{\mathrm{d}}{\mathrm{d}x}} = \sum_{n=0}^{\infty}\frac{a^n}{n!}\frac{\mathrm{d}^n}{\mathrm{d}x^n}.$$

不难看出

$$\mathrm{e}^{a\frac{\mathrm{d}}{\mathrm{d}x}}f(x) = f(x+a). \tag{34}$$

两个(或多个)算符的函数也可类似定义.例如,令

$$F^{(n,m)}(x,y) = \frac{\partial^n}{\partial x^n}\frac{\partial^m}{\partial y^m}F(x,y),$$

则[①]

$$F(\hat{A}, \hat{B}) = \sum_{n,m=0}^{\infty}\frac{F^{(n,m)}(0,0)}{n!\,m!}\hat{A}^n\hat{B}^m. \tag{35}$$

---

① 除$[\hat{A},\hat{B}]=0$之外,定义(35)还有不确切之处,因涉及$\hat{A}^n\hat{B}^m$中各因子乘积的次序问题.例如,一般说来,$\hat{A}^2\hat{B} \neq \hat{A}\hat{B}\hat{A} \neq \hat{B}\hat{A}^2$.有的情况下,可用 Hermite 性来确定其形式,例如,$\hat{A}\hat{B} \longrightarrow \frac{1}{2}(\hat{A}\hat{B}+\hat{B}\hat{A})$,但有时仍不足以完全确定.

下面介绍算符的复共轭、转置和 Hermite 共轭.为表述方便,定义一个量子体系的任意两个波函数(量子态)ψ 与 φ 的"标积"

$$(\psi,\varphi)=\int \mathrm{d}\tau\psi^{*}\varphi, \tag{36}$$

其中,$\int \mathrm{d}\tau$ 是指对体系的全部空间坐标进行积分,$\mathrm{d}\tau$ 是坐标空间的体积元.例如,

对于一维粒子:$\int \mathrm{d}\tau=\int_{-\infty}^{+\infty}\mathrm{d}x$,

对于三维粒子:$\int \mathrm{d}\tau=\iiint_{-\infty}^{+\infty}\mathrm{d}x\,\mathrm{d}y\,\mathrm{d}z$,

……

当然,也可以在其他表象空间中来计算标积.若变量取分立值,则积分换为求和.可以证明

$$\begin{cases}(\psi,\psi)\geqslant 0,\\ (\psi,\varphi)^{*}=(\varphi,\psi),\\ (\psi,C_1\varphi_1+C_2\varphi_2)=C_1(\psi,\varphi_1)+C_2(\psi,\varphi_2),\\ (C_1\psi_1+C_2\psi_2,\varphi)=C_1^{*}(\psi_1,\varphi)+C_2^{*}(\psi_2,\varphi),\end{cases} \tag{37}$$

其中,C_1 与 C_2 为任意常数.

(f) 复共轭算符.算符 $\hat{A}$ 的复共轭算符 $\hat{A}^{*}$ 是把 $\hat{A}$ 的表示式中的所有量都换成其复共轭而构成的.例如,在坐标表象中,

$$\hat{\boldsymbol{p}}^{*}=(-\mathrm{i}\hbar\,\nabla)^{*}=\mathrm{i}\hbar\,\nabla=-\hat{\boldsymbol{p}}.$$

(g) 转置算符.算符 $\hat{A}$ 的转置算符 $\tilde{\hat{A}}$ 定义为

$$\int \mathrm{d}\tau\psi^{*}\tilde{\hat{A}}\varphi=\int \mathrm{d}\tau\varphi\hat{A}\psi^{*}, \tag{38}$$

即

$$(\psi,\tilde{\hat{A}}\varphi)=(\varphi^{*},\hat{A}\psi^{*}), \tag{38'}$$

其中,ψ 与 φ 是任意两个波函数.例如,

$$\widetilde{\frac{\partial}{\partial x}}=-\frac{\partial}{\partial x}, \tag{39}$$

因为

$$\begin{aligned}\int_{-\infty}^{+\infty}\mathrm{d}x\varphi\frac{\partial}{\partial x}\psi^{*}&=\varphi\,\psi^{*}\Big|_{-\infty}^{+\infty}-\int_{-\infty}^{+\infty}\mathrm{d}x\psi^{*}\frac{\partial}{\partial x}\varphi\\ &=-\int_{-\infty}^{+\infty}\mathrm{d}x\psi^{*}\frac{\partial}{\partial x}\varphi,\end{aligned}$$

这里利用了 $|x|\to\infty$ 时，$\psi\to 0$ 的条件.按定义式(38)，上式左边 $=\int_{-\infty}^{+\infty}\mathrm{d}x\psi^*\ \widetilde{\frac{\partial}{\partial x}}\varphi$，因此可得

$$\int_{-\infty}^{+\infty}\mathrm{d}x\psi^*\left(\widetilde{\frac{\partial}{\partial x}}+\frac{\partial}{\partial x}\right)\varphi=0.$$

由于 ψ^* 和 φ 是任意的，因此 $\widetilde{\frac{\partial}{\partial x}}+\frac{\partial}{\partial x}=0$，此即式(39).由此还可以证明，在坐标表象中，$\widetilde{\hat{p}}_x=-\hat{p}_x$.也可以证明

$$\widetilde{\hat{A}\hat{B}}=\widetilde{\hat{B}}\widetilde{\hat{A}}. \tag{40}$$

(h) Hermite 共轭算符.算符 $\hat{A}$ 之 Hermite 共轭算符 $\hat{A}^+$ 定义为

$$(\psi,\hat{A}^+\varphi)=(\hat{A}\psi,\varphi), \tag{41}$$

由此可得

$$(\psi,\hat{A}^+\varphi)=(\varphi,\hat{A}\psi)^*=(\varphi^*,\hat{A}^*\psi^*)=(\psi,\widetilde{\hat{A}}^*\varphi).$$

所以

$$\hat{A}^+=\widetilde{\hat{A}}^*. \tag{41$'$}$$

可以证明

$$(\hat{A}\hat{B}\hat{C}\cdots)^+=\cdots\hat{C}^+\hat{B}^+\hat{A}^+. \tag{42}$$

(i) Hermite 算符.满足

$$(\psi,\hat{A}\varphi)=(\hat{A}\psi,\varphi)\quad 或\quad \hat{A}^+=\hat{A} \tag{43}$$

的算符称为 Hermite 算符.可以证明，$x,\hat{p}_x,\hat{\boldsymbol{l}},V(x)$(实函数)等都是 Hermite 算符.不难证明，两个 Hermite 算符之和仍为 Hermite 算符，但它们之积一般不是 Hermite 算符，除非$[\hat{A},\hat{B}]=0$(可对易)，因为

$$(\hat{A}\hat{B})^+=\hat{B}^+\hat{A}^+=\hat{B}\hat{A},$$

只有当$[\hat{A},\hat{B}]=0$ 时，上式才等于 $\hat{A}\hat{B}$，即 $\hat{A}\hat{B}$ 为 Hermite 算符.

定理 在体系的任何状态下，其 Hermite 算符的平均值必为实数.

证明 按 Hermite 算符的定义式(41)，在 ψ 态下 Hermite 算符 $\hat{A}$ 的平均值为

$$\overline{A}=(\psi,\hat{A}\psi)=(\hat{A}\psi,\psi)=(\psi,\hat{A}\psi)^*=\overline{A}^*. \qquad (证毕)$$

逆定理 在体系的任何状态下，平均值均为实数的算符必为 Hermite 算符.

证明 按假定，在任意态 ψ 下，$\overline{A}=\overline{A}^*$，即

$$(\psi,\hat{A}\psi)=(\psi,\hat{A}\psi)^*=(\hat{A}\psi,\psi).$$

取 $\psi=\psi_1+c\psi_2$，其中，ψ_1 与 ψ_2 也是任意波函数，c 是任意常数.将之代入上式，得

$$(\psi_1,\hat{A}\psi_1)+c^*(\psi_2,\hat{A}\psi_1)+c(\psi_1,\hat{A}\psi_2)+|c|^2(\psi_2,\hat{A}\psi_2)$$
$$=(\hat{A}\psi_1,\psi_1)+c^*(\hat{A}\psi_2,\psi_1)+c(\hat{A}\psi_1,\psi_2)+|c|^2(\hat{A}\psi_2,\psi_2).$$

按假定,在任意态 ψ 下,$\overline{A}$ 都为实数,所以 $(\psi_1,\hat{A}\psi_1)=(\hat{A}\psi_1,\psi_1)$,$(\psi_2,\hat{A}\psi_2)=(\hat{A}\psi_2,\psi_2)$. 于是得

$$c^*(\psi_2,\hat{A}\psi_1)+c(\psi_1,\hat{A}\psi_2)=c^*(\hat{A}\psi_2,\psi_1)+c(\hat{A}\psi_1,\psi_2),$$

即

$$c[(\psi_1,\hat{A}\psi_2)-(\hat{A}\psi_1,\psi_2)]=c^*[(\hat{A}\psi_2,\psi_1)-(\psi_2,\hat{A}\psi_1)].$$

分别令 $c=1$ 和 $c=\mathrm{i}$,可得

$$(\psi_1,\hat{A}\psi_2)-(\hat{A}\psi_1,\psi_2)=(\hat{A}\psi_2,\psi_1)-(\psi_2,\hat{A}\psi_1),$$
$$(\psi_1,\hat{A}\psi_2)-(\hat{A}\psi_1,\psi_2)=-(\hat{A}\psi_2,\psi_1)+(\psi_2,\hat{A}\psi_1),$$

将上两式分别相加、减,即得

$$(\psi_1,\hat{A}\psi_2)=(\hat{A}\psi_1,\psi_2),\quad (\psi_2,\hat{A}\psi_1)=(\hat{A}\psi_2,\psi_1),$$

此即 Hermite 算符定义的要求.(证毕)

实验上的可观测量,当然要求在任何状态下的平均值都是实数,因此相应的算符必须是 Hermite 算符.

显然,设 $\hat{A}$ 为 Hermite 算符,则在任意态 ψ 下,

$$\overline{A^2}=(\psi,\hat{A}^2\psi)=(\hat{A}\psi,\hat{A}\psi)\geqslant 0. \tag{44}$$

练习 5 设 Hermite 算符 $\hat{A}$ 在任意态 ψ 下的平均值都为零,则 $\hat{A}$ 为零算符,即 $\hat{A}\psi=0$(ψ 为任意波函数).

4.2 Hermite 算符的本征值与本征函数

假设一体系处于任意态 ψ.当人们去测量力学量 A 时,一般说来,可能出现各种不同的结果,各有一定的概率.对于都用 ψ 来描述其状态的大量完全相同的体系,如进行多次测量,那么所得结果的平均值将趋于一个确定值,而每次测量的结果则围绕平均值有一个涨落.涨落定义为

$$\overline{(\Delta A)^2}=\overline{(\hat{A}-\overline{A})^2}=\int\psi^*(\hat{A}-\overline{A})^2\psi\mathrm{d}\tau, \tag{1}$$

因为 $\hat{A}$ 为 Hermite 算符,所以 $\overline{A}$ 必为实数,因而 $\hat{A}-\overline{A}$ 仍为 Hermite 算符.按 4.1 节中的式(44),有

$$\overline{(\Delta A)^2}=\int|(\hat{A}-\overline{A})\psi|^2\mathrm{d}\tau\geqslant 0. \tag{2}$$

然而,如果体系处于一种特殊的状态下,测量 A 时所得结果是唯一确定的,即涨落 $\overline{(\Delta A)^2}=0$,则称这种状态为力学量 A 的本征态.在这种状态下,由式(2)可以看出,

被积函数必须为零，即 ψ 必须满足

$$(\hat{A}-\overline{A})\psi=0,$$

或者 $\hat{A}\psi=$常数·ψ.为方便，常把此常数记为 A_n，并把此特殊状态记为 ψ_n，于是

$$\hat{A}\psi_n=A_n\psi_n, \tag{3}$$

其中，A_n 称为 $\hat{A}$ 的一个本征值，ψ_n 为相应的本征态. 式(3)即算符 $\hat{A}$ 的本征方程.求解该方程时，如 ψ_n 作为力学量的本征态，还要满足物理上的一些要求. 量子力学中的一个基本假定是：测量力学量 A 时所有可能出现的值，都是相应的线性 Hermite 算符 $\hat{A}$ 的本征值. 当体系处于 $\hat{A}$ 的本征态 ψ_n 时，每次测量所得结果都是 A_n.而由式(3)可看出，在 ψ_n 态下(设 ψ_n 已归一化)，

$$\overline{A}=(\psi_n,\hat{A}\psi_n)=A_n(\psi_n,\psi_n)=A_n, \tag{4}$$

按 4.1 节中已证明的定理，$\overline{A}$ 必为实数，由此可得出定理 1.

定理 1 Hermite 算符的本征值必为实数.

下面我们来证明 Hermite 算符的本征函数的一个基本性质：

定理 2 Hermite 算符的属于不同本征值的本征函数彼此正交.

证明 设

$$\hat{A}\psi_n=A_n\psi_n, \tag{5}$$

$$\hat{A}\psi_m=A_m\psi_m, \tag{6}$$

并设(ψ_m,ψ_n)存在.对式(6)取复共轭，注意 A_m 为实数，有

$$\hat{A}^*\psi_m^*=A_m\psi_m^*.$$

将上式右乘 ψ_n 并积分，得

$$(\hat{A}\psi_m,\psi_n)=A_m(\psi_m,\psi_n).$$

由于 $\hat{A}^+=\hat{A}$，上式左边$=(\psi_m,\hat{A}\psi_n)=A_n(\psi_m,\psi_n)$，因此可得

$$(A_m-A_n)(\psi_m,\psi_n)=0. \tag{7}$$

如 $A_m\neq A_n$，则必有$(\psi_m,\psi_n)=0$.(证毕)

例 1 角动量算符的 z 分量 $\hat{l}_z=-\mathrm{i}\hbar\dfrac{\partial}{\partial\varphi}$的本征值与本征函数.

本征方程表示为

$$-\mathrm{i}\hbar\frac{\partial}{\partial\varphi}\psi=l_z'\psi, \tag{8}$$

其中，l_z'为本征值.式(8)可改写为

$$\frac{\partial\ln\psi}{\partial\varphi}=\mathrm{i}l_z'/\hbar,$$

其解为

$$\psi(\varphi)=C\exp(\mathrm{i}l_z'\varphi/\hbar), \tag{9}$$

其中，C 为归一化常数．当 $\varphi\to\varphi+2\pi$（绕 z 轴旋转一周）时，体系将回到空间原来位置．作为一个力学量所对应的算符，$\hat{l}_z=-\mathrm{i}\hbar\dfrac{\partial}{\partial\varphi}$ 必须为 Hermite 算符．为保证其 Hermite 性，要求波函数满足周期性边条件[①]，即

$$\psi(\varphi+2\pi)=\psi(\varphi), \tag{10}$$

因此要求

$$l_z'=m\hbar,\quad m=0,\pm 1,\pm 2,\cdots, \tag{11}$$

此即 $\hat{l}_z$ 的本征值，是量子化的．相应的本征函数表示为

$$\psi_m(\varphi)=C\mathrm{e}^{\mathrm{i}m\varphi},$$

按归一化条件

$$\int_0^{2\pi}|\psi_m(\varphi)|^2\mathrm{d}\varphi=2\pi|C|^2=1,$$

可知 $|C|^2=1/2\pi$．通常取 $C=1/\sqrt{2\pi}$（正实数），于是归一化本征函数表示为

$$\psi_m(\varphi)=\frac{1}{\sqrt{2\pi}}\mathrm{e}^{\mathrm{i}m\varphi},\quad m=0,\pm 1,\pm 2,\cdots, \tag{12}$$

容易证明它们满足正交归一条件

$$(\psi_m,\psi_n)=\delta_{mn}. \tag{13}$$

例 2　平面转子的能量本征值与本征态．

考虑绕 z 轴旋转的平面转子，其 Hamilton 量表示为

$$\hat{H}=\frac{\hat{l}_z^2}{2I}=-\frac{\hbar^2}{2I}\frac{\partial^2}{\partial\varphi^2}, \tag{14}$$

其中，I 为转动惯量．能量本征方程表示为

$$-\frac{\hbar^2}{2I}\frac{\partial^2}{\partial\varphi^2}\psi=E\psi, \tag{15}$$

这里，E 为能量本征值．根据例 1，不难验证，$\hat{H}$ 的本征函数可取为 $\hat{l}_z$ 的本征函数，即

$$\psi_m(\varphi)=\frac{1}{\sqrt{2\pi}}\mathrm{e}^{\mathrm{i}m\varphi},\quad m=0,\pm 1,\pm 2,\cdots, \tag{16}$$

相应的能量本征值为

$$E_m=m^2\hbar^2/2I\geqslant 0. \tag{17}$$

但应注意，E_m 只依赖于 m^2，对应于一个能量本征值 E_m，有两个本征态（$m=0$ 除外），即 $\mathrm{e}^{\pm\mathrm{i}|m|\varphi}$，也就是说，能级是二重简并的．

思考题 1　平面转子的能量本征函数（即方程（15）的解）可否取为实函数 $\psi\sim\sin m\varphi\cos m\varphi$？此

---

① 参阅曾谨言撰写的《量子力学》（第一版）卷 I 的 161 页．

时它们是不是 $\hat{l}_z$ 的本征函数？在有简并的情况下，给定能量本征值，本征函数是否唯一确定？如何确定？

例 3 动量算符的 x 分量 $\hat{p}_x = -\mathrm{i}\hbar \dfrac{\partial}{\partial x}$ 的本征态.

本征方程表示为

$$-\mathrm{i}\hbar \frac{\partial}{\partial x}\psi = p_x'\psi, \tag{18}$$

其中，p_x' 是本征值.与例 1 类似，ψ 的解表示为

$$\psi_{p_x'}(x) = C\mathrm{e}^{\mathrm{i}p_x'x/\hbar}, \tag{19}$$

其中，C 为常数.若粒子位置不受限制，则 p_x' 可以取一切实数值（$-\infty < p_x' < +\infty$），它是连续变化的（注意：p_x' 不能取复数，为什么？）.式(19)即平面波，是不能归一化的.关于连续谱本征函数的“归一化”困难，将于 4.4 节中讨论.但习惯上取

$$\psi_{p_x'}(x) = \frac{1}{\sqrt{2\pi\hbar}}\mathrm{e}^{\mathrm{i}p_x'x/\hbar}, \tag{20}$$

满足

$$\int_{-\infty}^{+\infty} \psi_{p_x'}^*(x)\psi_{p_x''}(x)\mathrm{d}x = \delta(p_x' - p_x''). \tag{21}$$

例 4 一维自由粒子的能量本征态.

一维自由粒子的 Hamilton 量 $\hat{H} = \hat{p}_x^2/2m = -\dfrac{\hbar^2}{2m}\dfrac{\partial^2}{\partial x^2}$，本征方程表示为

$$-\frac{\hbar^2}{2m}\frac{\partial^2}{\partial x^2}\psi = E\psi, \tag{22}$$

其本征函数可以取为 $\hat{p}_x$ 的本征态，即

$$\psi_E(x) \sim \mathrm{e}^{\pm \mathrm{i}kx}, \quad k = \sqrt{2mE}/\hbar \geqslant 0, \tag{23}$$

相应的能量本征值为

$$E = \hbar^2 k^2/2m \geqslant 0, \tag{24}$$

由此可见，E 可以取一切非负实数值.与例 2 相似，这里也出现二重简并态.

思考题 2 自由粒子的能量本征函数可否取为 $\sin kx$ 与 $\cos kx$？此时它们是不是 $\hat{p}_x = -\mathrm{i}\hbar \dfrac{\partial}{\partial x}$ 的本征函数？它们是否具有确定的宇称？相应的粒子流密度 j_x 是多少？

下面介绍简并问题.在处理力学量的本征值问题，特别是能量的本征值问题时，常常出现本征态简并，这与体系的对称性有密切关系.在能级简并的情况下，仅根据能量的本征值并不能把各简并态确定下来.

设力学量 A 的本征方程为

$$\hat{A}\psi_{n\alpha}=A_n\psi_{n\alpha},\quad \alpha=1,2,\cdots,f_n, \tag{25}$$

即属于本征值 A_n 的本征态有 f_n 个,则称本征值 A_n 为 f_n 重简并.在出现简并时,简并态的选择是不唯一的,而且一般说来,这些简并态并不一定彼此正交.但可以证明,总可以把它们适当地线性叠加之后,使之彼此正交,即令

$$\phi_{n\beta}=\sum_{\alpha=1}^{f_n}a_{\beta\alpha}\psi_{n\alpha},\quad \beta=1,2,\cdots,f_n, \tag{26}$$

容易证明 $\phi_{n\beta}$仍为 $\hat{A}$ 的本征态,相应的本征值为 A_n,因为

$$\hat{A}\phi_{n\beta}=\sum_{\alpha=1}^{f_n}a_{\beta\alpha}\hat{A}\psi_{n\alpha}=A_n\sum_{\alpha=1}^{f_n}a_{\beta\alpha}\psi_{n\alpha}=A_n\phi_{n\beta},$$

选择 $a_{\beta\alpha}$时,要使 $\phi_{n\beta}$满足正交性条件,即

$$(\phi_{n\beta},\phi_{n\beta'})=\delta_{\beta\beta'}, \tag{27}$$

这相当于提出了$\frac{1}{2}f_n(f_n-1)+f_n=\frac{1}{2}f_n(f_n+1)$个条件.这是否过分?否.因为系数 $a_{\beta\alpha}$共有 f_n^2 个.可以证明 $f_n^2\geqslant\frac{1}{2}f_n(f_n+1)$($f_n$ 为正整数).因此总可以找到一组 $a_{\beta\alpha}$,使正交性条件(27)得到满足.

在一些常见的问题中,当出现简并时,为把 $\hat{A}$ 的简并态确定下来,往往是用(除 $\hat{A}$ 之外的)其他某些力学量的本征值来对简并态进行分类,此时正交性问题将自动解决.这就涉及两个或多个力学量的共同本征态的问题.这里我们将碰到经典力学中不曾出现过的新问题,即两个力学量是否可以有共同本征态,或者说是否可以同时测定?这是测不准关系要讨论的问题.

4.3 共同本征函数

4.3.1 测不准关系的严格证明

当体系处于力学量 A 的本征态时,若在这个本征态下去测量 A,则可得到一个确定的值,即相应的本征值,而不会出现涨落.若在这个本征态下去测量另一个力学量 B,是否也能得到一个确定的值?不一定.例如,在 2.1.4 小节中已分析过,考虑到波粒二象性,粒子的位置与动量不能同时完全确定,而它们的不确定度 Δx 与 Δp_x 必须满足

$$\Delta x\cdot\Delta p_x\geqslant\hbar/2. \tag{1}$$

下面普遍地来分析此问题.设有任意两个力学量 A 和 B.考虑如下积分不等式:

$$I(\xi)=\int|\xi\hat{A}\psi+\mathrm{i}\hat{B}\psi|^2\mathrm{d}\tau\geqslant 0, \tag{2}$$

其中，ψ 为体系的任意一个波函数，ξ 为任意一个实参数.注意：$\hat{A}$ 与 $\hat{B}$ 为 Hermite 算符，式(2)可化为

$$\begin{aligned} I(\xi) &= (\xi\hat{A}\psi + \mathrm{i}\hat{B}\psi, \xi\hat{A}\psi + \mathrm{i}\hat{B}\psi) \\ &= \xi^2(\hat{A}\psi, \hat{A}\psi) + \mathrm{i}\xi(\hat{A}\psi, \hat{B}\psi) - \mathrm{i}\xi(\hat{B}\psi, \hat{A}\psi) + (\hat{B}\psi, \hat{B}\psi) \\ &= \xi^2(\psi, \hat{A}^2\psi) + \mathrm{i}\xi(\psi, [\hat{A}, \hat{B}]\psi) + (\psi, \hat{B}^2\psi). \end{aligned} \tag{3}$$

为方便，引入 Hermite 算符 $\hat{C} = [\hat{A}, \hat{B}]/\mathrm{i} = \hat{C}^+$，则

$$\begin{aligned} I(\xi) &= \xi^2\,\overline{A^2} - \xi\overline{C} + \overline{B^2} \\ &= \overline{A^2}(\xi - \overline{C}/2\,\overline{A^2})^2 + (\overline{B^2} - \overline{C}^2/4\,\overline{A^2}) \geqslant 0, \end{aligned} \tag{4}$$

注意 $\overline{C}$ 为实数，不妨令 $\xi = \overline{C}/2\,\overline{A^2}$，则得

$$\overline{B^2} - \overline{C}^2/4\,\overline{A^2} \geqslant 0, \tag{5}$$

即$\overline{A^2} \cdot \overline{B^2} \geqslant \frac{1}{4}\overline{C}^2$，或者表示为

$$\sqrt{\overline{A^2} \cdot \overline{B^2}} \geqslant \frac{1}{2} \mid \overline{C} \mid = \frac{1}{2} |\overline{[\hat{A}, \hat{B}]}|. \tag{6}$$

式(6)对于任意两个 Hermite 算符 $\hat{A}$，$\hat{B}$ 均成立.但我们注意到 $\overline{A}$，$\overline{B}$ 均为实数，因而 $\Delta\hat{A} = \hat{A} - \overline{A}$ 与 $\Delta\hat{B} = \hat{B} - \overline{B}$ 也是 Hermite 算符，所以把 $\hat{A} \to \Delta\hat{A}$，$\hat{B} \to \Delta\hat{B}$，式(6)仍然成立.再考虑到$[\Delta\hat{A}, \Delta\hat{B}] = [\hat{A}, \hat{B}]$，就可得出

$$\sqrt{\overline{(\Delta A)^2} \cdot \overline{(\Delta B)^2}} \geqslant \frac{1}{2} |\overline{[\hat{A}, \hat{B}]}|, \tag{7}$$

或者简记为

$$\Delta A \cdot \Delta B \geqslant \frac{1}{2} |\overline{[A, B]}|. \tag{8}$$

这就是任意两个力学量 A 与 B 在任意量子态下的涨落必须满足的关系式，即测不准关系.

特例 对于 $\hat{A} = x$，$\hat{B} = \hat{p}_x$，利用$[x, \hat{p}_x] = \mathrm{i}\hbar$，则有

$$\Delta x \cdot \Delta p_x \geqslant \hbar/2. \tag{9}$$

由式(8)可以看出，若两个力学量 A 与 B 不对易，则一般说来 ΔA 与 ΔB 不能同时为零，即 A 与 B 不能同时测定（但注意$\overline{[A, B]} = 0$ 的特殊态可能是例外），或者说它们不能有共同本征态. 反之，若两个 Hermite 算符 $\hat{A}$ 与 $\hat{B}$ 对易，则可以找出这样的态，使 $\Delta A = 0$ 与 $\Delta B = 0$ 同时满足，即可以找出它们的共同本征态.

思考题 1 若两个 Hermite 算符有共同本征态，它们是否就彼此对易？

思考题 2 若两个 Hermite 算符不对易，它们是否一定就没有共同本征态？

思考题 3 若两个 Hermite 算符对易，它们是否在所有态下都同时具有确定的值？

思考题 4　若$[\hat{A},\hat{B}]=$常数，则 $\hat{A}$ 与 $\hat{B}$ 能否有共同本征态？

思考题 5　角动量分量满足$[\hat{l}_x,\hat{l}_y]=\mathrm{i}\hbar\hat{l}_z$，$\hat{l}_x$ 与 $\hat{l}_y$ 能否有共同本征态？

例 1　动量 $\hat{\boldsymbol{p}}(\hat{p}_x,\hat{p}_y,\hat{p}_z)$的共同本征态.

由于$[\hat{p}_\alpha,\hat{p}_\beta]=0(\alpha,\beta=x,y,z)$，因此$(\hat{p}_x,\hat{p}_y,\hat{p}_z)$可以有共同本征态，即平面波

$$\psi_{\boldsymbol{p}}(\boldsymbol{r})=\psi_{p_x}(x)\psi_{p_y}(y)\psi_{p_z}(z)=\frac{1}{(2\pi\hbar)^{3/2}}\mathrm{e}^{\mathrm{i}(xp_x+yp_y+zp_z)/\hbar}$$

$$=\frac{1}{(2\pi\hbar)^{3/2}}\mathrm{e}^{\mathrm{i}\boldsymbol{p}\cdot\boldsymbol{r}/\hbar},\tag{10}$$

相应本征值为 $\boldsymbol{p}(p_x,p_y,p_z)$.

例 2　坐标 $\boldsymbol{r}(x,y,z)$的共同本征态，即 δ 函数

$$\psi_{x_0y_0z_0}(\boldsymbol{r})=\delta(\boldsymbol{r}-\boldsymbol{r}_0)=\delta(x-x_0)\delta(y-y_0)\delta(z-z_0),$$

相应本征值为 $\boldsymbol{r}_0(x_0,y_0,z_0)$.

思考题 6　$\hat{p}_x$ 和 y 能否有共同本征态？

在讲述求两个力学量的共同本征态的一般原则之前，先讨论一下角动量的本征态.由于它的三个分量不对易，因此它们一般无共同本征态.但由于$[\boldsymbol{l}^2,l_\alpha]=0$ $(\alpha=x,y,z)$，因此我们可以找出 $\boldsymbol{l}^2$ 与任意一个分量(如 l_z)的共同本征态.

4.3.2　$(\boldsymbol{l}^2,l_z)$的共同本征态，球谐函数

采用球坐标，$\boldsymbol{l}^2$ 可表示为

$$\boldsymbol{l}^2=-\hbar^2\left(\frac{1}{\sin\theta}\frac{\partial}{\partial\theta}\sin\theta\frac{\partial}{\partial\theta}+\frac{1}{\sin^2\theta}\frac{\partial^2}{\partial\varphi^2}\right)$$

$$=-\frac{\hbar^2}{\sin\theta}\frac{\partial}{\partial\theta}\sin\theta\frac{\partial}{\partial\theta}+\frac{1}{\sin^2\theta}l_z^2,\tag{11}$$

考虑到$[\boldsymbol{l}^2,l_z]=0$，$\boldsymbol{l}^2$ 的本征态可以同时也取为 l_z 的本征态，即

$$\psi_m(\varphi)=\frac{1}{\sqrt{2\pi}}\mathrm{e}^{\mathrm{i}m\varphi},\quad m=0,\pm1,\pm2,\cdots,\tag{12}$$

此时 $\boldsymbol{l}^2$ 的本征态已分离变量，即令

$$\mathrm{Y}(\theta,\varphi)=\Theta(\theta)\psi_m(\varphi),\tag{13}$$

将之代入本征方程

$$\boldsymbol{l}^2\mathrm{Y}(\theta,\varphi)=\lambda\hbar^2\mathrm{Y}(\theta,\varphi),\tag{14}$$

其中，$\lambda\hbar^2$ 是 $\boldsymbol{l}^2$ 的本征值(λ 无量纲)，待定.利用式(11)，得

$$\frac{1}{\sin\theta}\frac{\mathrm{d}}{\mathrm{d}\theta}\left(\sin\theta\frac{\mathrm{d}}{\mathrm{d}\theta}\Theta\right)+\left(\lambda-\frac{m^2}{\sin^2\theta}\right)\Theta=0,\quad 0\leqslant\theta\leqslant\pi. \tag{15}$$

令 $\xi=\cos\theta$ $(|\xi|\leqslant 1)$，则式(15)可改写为

$$\frac{\mathrm{d}}{\mathrm{d}\xi}\left[(1-\xi^2)\frac{\mathrm{d}}{\mathrm{d}\xi}\Theta\right]+\left(\lambda-\frac{m^2}{1-\xi^2}\right)\Theta=0$$

或

$$(1-\xi^2)\frac{\mathrm{d}^2}{\mathrm{d}\xi^2}\Theta-2\xi\frac{\mathrm{d}}{\mathrm{d}\xi}\Theta+\left(\lambda-\frac{m^2}{1-\xi^2}\right)\Theta=0, \tag{16}$$

这就是连带 Legendre 方程.在 $|\xi|\leqslant 1$ 区域中，方程(16)有两个正则奇点，$\xi=\pm 1$，其余各点均为常点.可以证明，只有当

$$\lambda=l(l+1),\quad l=0,1,2,\cdots \tag{17}$$

时，方程(16)有一个多项式解(另一个解为无穷级数)，即连带 Legendre 多项式

$$\mathrm{P}_l^m(\xi),\quad |m|\leqslant l, \tag{18}$$

它在 $|\xi|\leqslant 1$ 区域中是有界的，是物理上可接受的解.利用正交归一性公式

$$\int_{-1}^{+1}\mathrm{P}_l^m(\xi)\mathrm{P}_{l'}^m(\xi)\mathrm{d}\xi=\frac{2}{2l+1}\frac{(l+m)!}{(l-m)!}\delta_{ll'}, \tag{19}$$

可以定义一个归一化的 θ 部分的波函数(实函数)

$$\Theta_{lm}(\theta)=(-1)^m\sqrt{\frac{2l+1}{2}\frac{(l-m)!}{(l+m)!}}\mathrm{P}_l^m(\cos\theta),$$
$$m=l,l-1,\cdots,-l+1,-l, \tag{20}$$

使之满足

$$\int_0^\pi\Theta_{lm}(\theta)\Theta_{l'm}(\theta)\sin\theta\mathrm{d}\theta=\delta_{ll'}, \tag{21}$$

这样，$(\boldsymbol{l}^2,l_z)$的正交归一的共同本征态可表示为

$$\mathrm{Y}_{lm}(\theta,\varphi)=(-1)^m\sqrt{\frac{2l+1}{4\pi}\frac{(l-m)!}{(l+m)!}}\mathrm{P}_l^m(\cos\theta)\mathrm{e}^{\mathrm{i}m\varphi}, \tag{22}$$

Y_{lm} 称为球谐函数，满足

$$\begin{cases}\boldsymbol{l}^2\mathrm{Y}_{lm}=l(l+1)\hbar^2\mathrm{Y}_{lm},\\ l_z\mathrm{Y}_{lm}=m\hbar\mathrm{Y}_{lm},\end{cases}$$
$$l=0,1,2,\cdots,\quad m=l,l-1,\cdots,-l+1,-l, \tag{23}$$

$$\int_0^{2\pi}\mathrm{d}\varphi\int_0^\pi\sin\theta\mathrm{d}\theta\mathrm{Y}_{lm}^*(\theta,\varphi)\mathrm{Y}_{l'm'}(\theta,\varphi)=\delta_{ll'}\delta_{mm'}, \tag{24}$$

由此可知，$\boldsymbol{l}^2$ 和 l_z 的本征值都是量子化的.l 称为轨道角动量量子数，m 称为磁量子数.对于给定的 l，$\boldsymbol{l}^2$ 的本征函数是不确定的，因为 $m=l,l-1,\cdots,-l$，即共有 $2l+1$ 个简并态.Y_{lm} 就是用 l_z 的本征值来区分这些简并态的.

思考题　对于给定的 l，用 l_z 的本征值 $m(\hbar)$ 来区分各简并态，这种做法是否唯一？能否找出其他办法来区分(或标记)各简并态？

4.3.3　求共同本征态的一般原则

设$[\hat{A},\hat{B}]=0$.下面讨论求 $\hat{A}$ 与 $\hat{B}$ 的共同本征态的一般原则.设

$$\hat{A}\psi_n = A_n\psi_n, \tag{25}$$

其中，ψ_n 是 $\hat{A}$ 的一个本征态，相应的本征值为 A_n.

(a) 设 A_n 不简并.利用$[\hat{A},\hat{B}]=0$，可知

$$\hat{A}(\hat{B}\psi_n) = \hat{B}\hat{A}\psi_n = A_n(\hat{B}\psi_n),$$

即 $\hat{B}\psi_n$ 也是 $\hat{A}$ 的一个本征态，属于本征值 A_n.但按假设，A_n 不简并，所以 $\hat{B}\psi_n$ 与 ψ_n 代表同一个态，因而其相应的本征值最多可以差一个常数因子.将 $\hat{B}\psi_n$ 相应的本征值记为 B_n，即

$$\hat{B}\psi_n = B_n\psi_n, \tag{26}$$

因此 ψ_n 就是 $\hat{A}$ 与 $\hat{B}$ 的共同本征态，本征值分别为 A_n 与 B_n.

例 1　一维谐振子的能量本征态 ψ_n(满足 $H\psi_n=E_n\psi_n$)是不简并的.设 P 表示空间反射算符，由于$[P,H]=0$，按上述分析，$\psi_n(x)$必为 P 的本征态.事实上，$P_n\psi_n(x)=\psi_n(-x)=(-1)^n\psi_n(x)$，即 $\psi_n(x)$具有确定的宇称$(-1)^n$.

例 2　$l=0$ 的 $\boldsymbol{l}^2$ 的本征态是不简并的，而$[l_\alpha,\boldsymbol{l}^2]=0(\alpha=x,y,z)$，所以 $l=0$ 的态必为 l_α 的本征态.不难证明，它们的本征值都为零.

(b) 设 A_n 有简并.满足

$$\hat{A}\psi_{n\alpha} = A_n\psi_{n\alpha}, \quad \alpha = 1,2,\cdots,f_n, \tag{27}$$

即 f_n 重简并.设 $\psi_{n\alpha}$已正交归一化，即$(\psi_{n\alpha'},\psi_{n\alpha})=\delta_{\alpha'\alpha}$.一般说来，$\psi_{n\alpha}$并不一定就是 $\hat{B}$ 的本征态.但考虑到

$$\hat{A}(\hat{B}\psi_{n\alpha}) = \hat{B}\hat{A}\psi_{n\alpha} = A_n(\hat{B}\psi_{n\alpha}),$$

即 $\hat{B}\psi_{n\alpha}$也是 $\hat{A}$ 的一个本征态，属于本征值 A_n.因此 $\hat{B}\psi_{n\alpha}$的普遍表示式应为

$$\hat{B}\psi_{n\alpha} = \sum_{\alpha'} B_{\alpha'\alpha}\psi_{n\alpha'}. \tag{28}$$

从 $\psi_{n\alpha}$的正交归一性不难看出

$$B_{\alpha'\alpha} = (\psi_{n\alpha'},\hat{B}\psi_{n\alpha}). \tag{29}$$

式(28)告诉我们，一般说来，$\psi_{n\alpha}$并非 $\hat{B}$ 的本征态.但我们可以把 $\psi_{n\alpha}$做如下线性叠加：

$$\phi = \sum_{\alpha} C_\alpha\psi_{n\alpha}, \tag{30}$$

它也是 $\hat{A}$ 的一个本征态，属于本征值 A_n，因为

$$\hat{A}\phi = \sum_{\alpha} C_{\alpha}\hat{A}\psi_{n\alpha} = \sum_{\alpha} C_{\alpha}A_{n}\psi_{n\alpha} = A_{n}\phi.$$

但 ϕ 可否是 $\hat{B}$ 的本征态？即能否满足

$$\hat{B}\phi = B'\phi. \tag{31}$$

下面证明，这是能满足的. 因为

$$\hat{B}\phi = \sum_{\alpha} C_{\alpha}\hat{B}\psi_{n\alpha} = \sum_{\alpha\alpha'} C_{\alpha}B_{\alpha'\alpha}\psi_{n\alpha'},$$

$$B'\phi = B'\sum_{\alpha'} C_{\alpha'}\psi_{n\alpha'}.$$

所以，若 C_{α} 满足

$$\sum_{\alpha} B_{\alpha'\alpha}C_{\alpha} = B'C_{\alpha'}, \tag{32}$$

则我们的目的就达到了.式(32)可改写成

$$\sum_{\alpha}(B_{\alpha'\alpha} - B'\delta_{\alpha'\alpha})C_{\alpha} = 0, \tag{33}$$

这是 C_{α} 的线性齐次方程组，有非平庸解的充要条件为

$$\det|B_{\alpha'\alpha} - B'\delta_{\alpha'\alpha}| = 0. \tag{34}$$

方程(34)左边是 $f_n \times f_n$ 行列式，方程(34)是 B' 的 f_n 次幂代数方程.由于 $\hat{B}^{+} = \hat{B}$，即 $B_{\alpha'\alpha} = B^{*}_{\alpha\alpha'}$，因此可以证明，方程(34)有 f_n 个实根.假设方程(34)无重根，则可将其根分别记为$B_{\beta}(\beta=1,2,\cdots,f_n)$.将 B_{β} 代入方程组(33)，可求出一组解，记为 $C_{\beta\alpha}(\alpha=1,2,\cdots,f_n)$.将之代入式(30)，即得相应的波函数(记为 $\phi_{n\beta}$)

$$\phi_{n\beta} = \sum_{\alpha} C_{\beta\alpha}\psi_{n\alpha}, \tag{35}$$

这样的波函数 $\phi_{n\beta}$有 f_n 个(相应于 $\beta=1,2,\cdots,f_n$)，满足

$$\hat{A}\phi_{n\beta} = A_{n}\phi_{n\beta}, \quad \hat{B}\phi_{n\beta} = B_{\beta}\phi_{n\beta}, \tag{36}$$

$\phi_{n\beta}$就是要求的 $\hat{A}$ 和 $\hat{B}$ 的共同本征态.

4.3.4 力学量完全集

设有一组彼此独立而又互相对易的 Hermite 算符 $\hat{A}(\hat{A}_1,\hat{A}_2,\cdots)$，它们的共同本征态记为 ψ_k，k 是一组量子数的笼统记号.设给定 k 之后就能够确定体系的一个可能状态，则称$(\hat{A}_1,\hat{A}_2,\cdots)$构成体系的一组力学量完全集. 按态叠加原理，体系的任意一个态 ψ 均可用 ψ_k 展开(这里假定 $\hat{A}$ 的本征值是分立的)，即

$$\psi = \sum_{k} a_{k}\psi_{k}, \tag{37}$$

利用 ψ_k 的正交归一性，可知 $a_k = (\psi_k, \psi)$.根据 ψ 的归一化条件，从式(37)可得出，$(\psi,\psi) = \sum_{k}|a_k|^2 = 1$. $|a_k|^2$ 表示在 ψ 态下测量 A 得到 A_k 值的概率.这是波函数统

计诠释最一般的表述.

例 1　一维谐振子的 Hamilton 量本身就构成一组力学量完全集(也是守恒量完全集,见 5.1 节).它的本征函数 $\psi_n(n=0,1,2,\cdots)$就构成体系的一组正交完备函数组,一维谐振子的任意一个态 ψ 均可用它们展开,即

$$\psi=\sum_n a_n\psi_n,$$

其中,$|a_n|^2$ 表示在 ψ 态下测得谐振子能量为 E_n 的概率.

例 2　一维运动粒子的动量 p 的本征态为 $\psi_p(x)\sim e^{ipx/\hbar}$.按数学上的 Fourier 展开定理,任何平方可积函数均可用它展开,即

$$\psi(x)=\frac{1}{\sqrt{2\pi\hbar}}\int_{-\infty}^{+\infty}dp\phi(p)e^{ipx/\hbar},$$

因此动量就构成一维粒子的一个力学量完全集.对于三维粒子,其动量的三个分量(p_x,p_y,p_z)构成一组力学量完全集(见 4.3.1 小节中的例 1).同样,坐标的三个分量(x,y,z)也构成一组力学量完全集(见 4.3.1 小节中的例 2).

用一组力学量完全集的共同本征态来展开某态,在数学上涉及完备性这样一个颇为复杂的问题.有一些特殊的展开,例如,Fourier 展开(相当于用动量(p_x,p_y,p_z)的共同本征态来展开),数学上已有详细讨论,任何平方可积函数 $\psi(\boldsymbol{r})$均可进行 Fourier 展开.值得提到的是,如力学量完全集中包含体系的 Hamilton 量 H,而 H 的本征值又有下界,则可以证明①,这一组力学量完全集的共同本征态构成该体系的态空间的一组完备的基矢,即体系的任何一个态均可用它们展开.自然界中实际的物理体系的 H(能量)的本征值都囿于下(否则不稳定).因此体系的任意态总可以用包含 H 在内的一组力学量完全集的共同本征态来展开(在 H 不显含 t 的情况下,这种力学量完全集称为守恒量完全集.在量子力学中,找寻体系的守恒量完全集,是一个极重要的问题.见 5.1 节).

综上所述,量子力学中的力学量用相应的线性 Hermite 算符来表达,其含义包括下列几个方面:

(a) 在量子态 ψ 下,力学量 A 的平均值 $\overline{A}$ 由 $\overline{A}=(\psi,\hat{A}\psi)$确定.

(b) 实验上测得的 A 的可能值,必为算符 $\hat{A}$ 的某一本征值.

(c) 力学量之间的关系通过相应的算符之间的关系反映出来.例如,两个力学量 A 与 B,在一般情况下,可以同时测定的必要条件为$[\hat{A},\hat{B}]=0$.反之,若$[\hat{A},\hat{B}]\neq 0$,则一般说来,力学量 A 与 B 不能同时测定.特别是,在 H 不显含 t 的情况下,一个力学量 A 是不是守恒量,可以根据 $\hat{A}$ 与 H 是否对易来判断(见 5.1 节).

---

① 参阅曾谨言撰写的《量子力学》(第一版)卷 I 的 199 页.

4.4　连续谱本征函数的“归一化”

4.4.1　连续谱本征函数是不能归一化的

量子力学中最常见的几个力学量是：位置、动量、角动量和能量，其中，位置（坐标）和动量的取值（本征值）是连续变化的，角动量的本征值是分立的，而能量的本征值则往往兼而有之（视边条件而定）．下面我们将看到，连续谱本征函数是不能归一化的．

以动量本征函数为例．一维粒子的本征值为 p 的本征函数（平面波）为

$$\psi_p(x)=C\mathrm{e}^{\mathrm{i}px/\hbar},\tag{1}$$

p 可以取$(-\infty,+\infty)$中连续变化的一切实数值．不难看出，只要 $C\neq0$，

$$\int_{-\infty}^{+\infty}|\psi_p(x)|^2\mathrm{d}x=|C|^2\int_{-\infty}^{+\infty}\mathrm{d}x=\infty,\tag{2}$$

即 ψ_p 是不能归一化的．该结论是容易理解的，因为在 $\psi_p(x)$ 描述的状态下，概率密度为常数，即粒子在空间各点的相对概率是相同的．在$(x,x+\mathrm{d}x)$范围中找到粒子的概率$\propto|\psi_p(x)|^2\mathrm{d}x=|C|^2\mathrm{d}x\propto\mathrm{d}x$．只要$|C|\neq0$，在全空间找到粒子的概率必定是无穷大．

当然，任何真实的波函数都不会是严格的平面波，而是某种形式的波包．它只在空间某有限区域中不为零，因为粒子总是存在于一定的空间区域中，例如，实验室中．这种波包可以视为许多平面波的叠加，并不存在归一化的问题．如果此波包的广延比所讨论的问题中的特征长度大得多，而粒子在此空间区域中各点的概率密度变化极微，则不妨用平面波来近似描述其状态（对概率来说，要紧的是相对概率分布，平面波无非是描述粒子在空间各点的相对概率都相同而已）．这样，在数学处理上将很方便，但同时也带来了归一化的困难．

4.4.2　δ 函数

为处理连续谱本征函数的“归一化”，如在数学上不过分严格要求，则引用 Dirac 的 δ 函数（见数学附录 A2）将是十分方便的．δ 函数定义为

$$\delta(x-x_0)=\begin{cases}0, & x\neq x_0,\\ \infty, & x=x_0,\end{cases}\tag{3}$$

$$\int_{x_0-\varepsilon}^{x_0+\varepsilon}\delta(x-x_0)\mathrm{d}x=\int_{-\infty}^{+\infty}\delta(x-x_0)\mathrm{d}x=1\quad(\varepsilon>0),$$

或等价地表示为：对于在 $x=x_0$ 邻域连续的任意函数 $f(x)$，

$$\int_{-\infty}^{+\infty}f(x)\delta(x-x_0)\mathrm{d}x=f(x_0).\tag{4}$$

按 Fourier 积分公式，对于分段连续函数 $f(x)$，

$$f(x_0)=\frac{1}{2\pi}\int_{-\infty}^{+\infty}\mathrm{d}x\int_{-\infty}^{+\infty}\mathrm{d}k f(x)\mathrm{e}^{\mathrm{i}k(x-x_0)}. \tag{5}$$

比较式(4)与式(5)可知，δ 函数也可表示为

$$\delta(x-x_0)=\frac{1}{2\pi}\int_{-\infty}^{+\infty}\mathrm{d}k\,\mathrm{e}^{\mathrm{i}k(x-x_0)}. \tag{6}$$

因此，若取动量本征态为

$$\psi_{p'}(x)=\frac{1}{\sqrt{2\pi\hbar}}\mathrm{e}^{\mathrm{i}p'x/\hbar}, \tag{7}$$

则

$$(\psi_{p'},\psi_{p''})=\frac{1}{2\pi\hbar}\int_{-\infty}^{+\infty}\mathrm{d}x\,\mathrm{e}^{\mathrm{i}(p''-p')x/\hbar}=\delta(p''-p'), \tag{8}$$

这样，平面波的“归一化”就用 δ 函数的形式表示出来了.

位置本征态也是不能归一化的，也可类似处理.利用 δ 函数的性质(见数学附录 A2)

$$(x-x')\delta(x-x')=0,$$

即

$$x\delta(x-x')=x'\delta(x-x'). \tag{9}$$

可以看出，$\delta(x-x')$正是位置的本征态，相应的本征值为 x'，记为

$$\psi_{x'}(x)=\delta(x-x'), \tag{10}$$

利用 δ 函数的性质，有

$$(\psi_{x'},\psi_{x''})=\int\delta(x-x')\delta(x-x'')\mathrm{d}x=\delta(x'-x''), \tag{11}$$

即也可用 δ 函数来表示其“归一化”.

4.4.3 箱归一化

平面波的“归一化”问题，还可以采用数学上传统的做法，即先让粒子局限于有限空间$[-L/2,L/2]$中运动(最后才让 $L\to\infty$).此时，为了保证 $p_x=-\mathrm{i}\hbar\dfrac{\partial}{\partial x}$为 Hermite 算符，必须要求波函数满足周期性边条件[①].动量本征态 $\psi_p(x)\sim\mathrm{e}^{\mathrm{i}px/\hbar}$，在周期性边条

---

① 按 Hermite 算符的定义，对于任意波函数 ψ 和 φ，$(\varphi,p\psi)=(p\varphi,\psi)$，即

$$\int_{-L/2}^{L/2}\mathrm{d}x\varphi^*\ \frac{\hbar}{\mathrm{i}}\frac{\partial}{\partial x}\psi=\int_{-L/2}^{L/2}\mathrm{d}x\left(\frac{\hbar}{\mathrm{i}}\frac{\partial}{\partial x}\varphi\right)^*\psi,$$

从而

$$\frac{\hbar}{\mathrm{i}}\int_{-L/2}^{L/2}\mathrm{d}x\,\frac{\partial}{\partial x}(\varphi^*\psi)=0,$$

所以

$$\varphi^*\psi\Big|_{-L/2}^{L/2}=0,\quad 即\quad \varphi^*(L/2)\psi(L/2)=\varphi^*(-L/2)\psi(-L/2),$$

即对于任意波函数 φ 和 ψ，要求 $\varphi^*(L/2)/\varphi^*(-L/2)=\psi(-L/2)/\psi(L/2)=$常数.这就要求任意波函数 ψ 满足 $\psi(-L/2)/\psi(L/2)=\mathrm{e}^{\mathrm{i}\alpha}$($\alpha$ 为实数).相角 α 一经取定，则对一切波函数均相同.对于 $p=0$ 的动量本征态，$\psi(x)\sim$常数，这就要求 $\alpha=0$.这样，就得出 $\psi(-L/2)=\psi(L/2)$.

件下，

$$\psi_p(-L/2)=\psi_p(L/2), \tag{12}$$

因此可得

$$\mathrm{e}^{-\mathrm{i}pL/2\hbar}=\mathrm{e}^{\mathrm{i}pL/2\hbar},$$

即 $\mathrm{e}^{\mathrm{i}pL/\hbar}=1$，或 $\sin(pL/\hbar)=0$，$\cos(pL/\hbar)=1$，所以

$$pL/\hbar=2n\pi,\quad n=0,\pm1,\pm2,\cdots, \tag{13}$$

或

$$p=p_n=\frac{2\pi\hbar n}{L}=\frac{nh}{L} \tag{13'}$$

（粒子的波长 $\lambda=h/|p|=L/|n|$，即 $|n|\lambda=L$）. 可以看出，只要 $L\neq\infty$，动量允许值 $p=p_n$ 就是不连续的. 此时，与 p_n 相应的动量本征态取为

$$\psi_{p_n}(x)=\frac{1}{\sqrt{L}}\mathrm{e}^{\mathrm{i}p_nx/\hbar}=\frac{1}{\sqrt{L}}\mathrm{e}^{\mathrm{i}2\pi nx/L}, \tag{14}$$

满足正交归一化条件

$$\int_{-L/2}^{L/2}\mathrm{d}x\psi_{p_n}^*(x)\psi_{p_m}(x)=\delta_{nm}. \tag{15}$$

利用这一组正交归一完备函数 $\psi_{p_n}(x)$，可以如下构成 δ 函数（见数学附录 A2）：

$$\delta(x-x')=\frac{1}{L}\sum_{n=-\infty}^{+\infty}\mathrm{e}^{\mathrm{i}p_n(x-x')/\hbar}=\frac{1}{L}\sum_{n=-\infty}^{+\infty}\mathrm{e}^{\mathrm{i}2\pi n(x-x')/L}. \tag{16}$$

现在让 $L\to\infty$，$\Delta p_n=p_{n+1}-p_n=h/L\to0$，动量允许值趋于连续变化. 此时，可以把 $h/L\to\mathrm{d}p$，而

$$\sum_{n=-\infty}^{+\infty}\Delta p_n=\frac{h}{L}\sum_{n=-\infty}^{+\infty}\to\int_{-\infty}^{+\infty}\mathrm{d}p$$

或

$$\sum_{n=-\infty}^{+\infty}\to\frac{L}{h}\int_{-\infty}^{+\infty}\mathrm{d}p, \tag{17}$$

于是式(16)趋于

$$\delta(x-x')=\frac{1}{2\pi\hbar}\int_{-\infty}^{+\infty}\mathrm{d}p\,\mathrm{e}^{\mathrm{i}p(x-x')/\hbar}=\frac{1}{2\pi}\int_{-\infty}^{+\infty}\mathrm{d}k\,\mathrm{e}^{\mathrm{i}k(x-x')}, \tag{18}$$

与式(6)相同. 在处理具体问题时，如要避免计算过程中出现的平面波“归一化”问题，则可以用箱归一化波函数 $\psi_{p_n}(x)$ 代替不能归一化的 $\psi_p(x)$. 在计算得到的最后结果中才让 $L\to\infty$.

推广到三维情况，正交归一完备的箱归一化波函数为

$$\psi_{\boldsymbol{p}}(\boldsymbol{r})=\frac{1}{L^{3/2}}\mathrm{e}^{\mathrm{i}\boldsymbol{p}\cdot\boldsymbol{r}/\hbar}, \tag{19}$$

其中，

$$p_x=\frac{h}{L}n,\quad p_y=\frac{h}{L}l,\quad p_z=\frac{h}{L}m,\quad n,l,m=0,\pm1,\pm2,\cdots,$$

$$\int_{(L^3)}\psi_{p'}^*(\boldsymbol{r})\psi_{p''}(\boldsymbol{r})\mathrm{d}\tau=\delta_{p'_xp''_x}\delta_{p'_yp''_y}\delta_{p'_zp''_z},\tag{20}$$

而 δ 函数可以如下构成：

$$\begin{aligned}\delta(\boldsymbol{r}-\boldsymbol{r}')&=\delta(x-x')\delta(y-y')\delta(z-z')\\&=\frac{1}{L^3}\sum_{n,l,m=-\infty}^{+\infty}\mathrm{e}^{\mathrm{i}2\pi[n(x-x')+l(y-y')+m(z-z')]/L}.\end{aligned}\tag{21}$$

当 $L\to\infty$ 时，p_x,p_y,p_z 将连续变化，$h^3/L^3\to\mathrm{d}p_x\mathrm{d}p_y\mathrm{d}p_z$，而

$$\sum_{n,l,m=-\infty}^{+\infty}\longrightarrow\frac{L^3}{h^3}\int_{-\infty}^{+\infty}\mathrm{d}p_x\mathrm{d}p_y\mathrm{d}p_z,\tag{22}$$

于是式(21)趋于

$$\delta(\boldsymbol{r}-\boldsymbol{r}')=\frac{1}{h^3}\int_{-\infty}^{+\infty}\mathrm{d}^3p\,\mathrm{e}^{\mathrm{i}\boldsymbol{p}\cdot(\boldsymbol{r}-\boldsymbol{r}')/\hbar},\tag{23}$$

式(22)表明相空间中的一个体积元 h^3 相当于有一个量子态.

4.5 量子力学的矩阵形式与表象变换

在 2.2 节中已提到，一个量子态可以采用不同的表象来描述.作为对量子态进行运算的算符，当然也随之有不同表象的问题.以下用大家熟悉的解析几何中的坐标及坐标变换作为类比，以引进量子力学中的表象及表象变换的概念.

4.5.1 量子态的不同表象，幺正变换

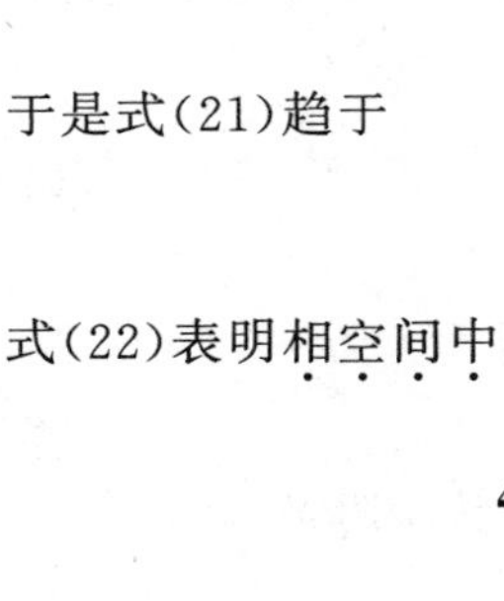

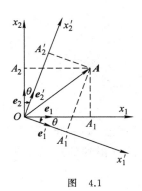

图 4.1

如图 4.1 所示，平面直角坐标系 x_1x_2 的基矢 $\boldsymbol{e}_1$ 和 $\boldsymbol{e}_2$(长度为 1)彼此正交，即

$$(\boldsymbol{e}_i,\boldsymbol{e}_j)=\delta_{ij},\quad i,j=1,2,\tag{1}$$

这里，$(\boldsymbol{e}_i,\boldsymbol{e}_j)$表示基矢 $\boldsymbol{e}_i$ 与 $\boldsymbol{e}_j$ 的标积.这一组基矢是完备的，平面上任意一个矢量 $\boldsymbol{A}$ 均可用它们来展开，即

$$\begin{gathered}\boldsymbol{A}=A_1\boldsymbol{e}_1+A_2\boldsymbol{e}_2,\\A_1=(\boldsymbol{e}_1,\boldsymbol{A}),\quad A_2=(\boldsymbol{e}_2,\boldsymbol{A}).\end{gathered}\tag{2}$$

A_1,A_2 代表矢量 $\boldsymbol{A}$ 与两个基矢的标积，即矢量 $\boldsymbol{A}$ 在两个坐标轴上的分量(投影).当 A_1,A_2 确定之后，就确定了平面上的一个矢量.因此可以认为(A_1,A_2)就是矢量 $\boldsymbol{A}$ 在坐标系 x_1x_2 中的表示.

现在假设有另外一个直角坐标系 $x_1'x_2'$，它相当于原来的坐标系 x_1x_2 顺时针旋转

θ 角，其基矢为 $\boldsymbol{e}'_1$ 和 $\boldsymbol{e}'_2$，满足

$$(\boldsymbol{e}'_i, \boldsymbol{e}'_j) = \delta_{ij}, \quad i, j = 1, 2. \tag{1'}$$

在此坐标系中，矢量 $\boldsymbol{A}$ 可表示为

$$\boldsymbol{A} = A'_1 \boldsymbol{e}'_1 + A'_2 \boldsymbol{e}'_2, \tag{2'}$$

$$A'_1 = (\boldsymbol{e}'_1, \boldsymbol{A}), \quad A'_2 = (\boldsymbol{e}'_2, \boldsymbol{A}),$$

(A'_1, A'_2) 就是矢量 $\boldsymbol{A}$ 在坐标系 $x'_1 x'_2$ 中的表示.

试问：同一个矢量 $\boldsymbol{A}$ 在两个坐标系中的表示有什么关系？根据式(2)与式(2′)，

$$\boldsymbol{A} = A'_1 \boldsymbol{e}'_1 + A'_2 \boldsymbol{e}'_2 = A_1 \boldsymbol{e}_1 + A_2 \boldsymbol{e}_2. \tag{3}$$

将式(3)分别用 $\boldsymbol{e}'_1$, $\boldsymbol{e}'_2$ 点乘（取标积），得

$$\begin{aligned} A'_1 &= A_1 (\boldsymbol{e}'_1, \boldsymbol{e}_1) + A_2 (\boldsymbol{e}'_1, \boldsymbol{e}_2), \\ A'_2 &= A_1 (\boldsymbol{e}'_2, \boldsymbol{e}_1) + A_2 (\boldsymbol{e}'_2, \boldsymbol{e}_2), \end{aligned} \tag{4}$$

将方程组(4)表示成矩阵形式，则为

$$\begin{pmatrix} A'_1 \\ A'_2 \end{pmatrix} = \begin{pmatrix} (\boldsymbol{e}'_1, \boldsymbol{e}_1) & (\boldsymbol{e}'_1, \boldsymbol{e}_2) \\ (\boldsymbol{e}'_2, \boldsymbol{e}_1) & (\boldsymbol{e}'_2, \boldsymbol{e}_2) \end{pmatrix} \begin{pmatrix} A_1 \\ A_2 \end{pmatrix} = \begin{pmatrix} \cos\theta & -\sin\theta \\ \sin\theta & \cos\theta \end{pmatrix} \begin{pmatrix} A_1 \\ A_2 \end{pmatrix}, \tag{5}$$

或记为

$$\begin{pmatrix} A'_1 \\ A'_2 \end{pmatrix} = R(\theta) \begin{pmatrix} A_1 \\ A_2 \end{pmatrix},$$

其中，

$$R(\theta) = \begin{pmatrix} \cos\theta & -\sin\theta \\ \sin\theta & \cos\theta \end{pmatrix} \tag{6}$$

是把矢量 $\boldsymbol{A}$ 在两个坐标系中的表示 $\begin{pmatrix} A'_1 \\ A'_2 \end{pmatrix}$ 和 $\begin{pmatrix} A_1 \\ A_2 \end{pmatrix}$ 联系起来的变换矩阵.可以看出，变换矩阵 R 的矩阵元正是两个坐标系的基矢之间的标积，描述基矢之间的关系.任意矢量均可表示为各基矢的叠加，因此当矩阵 R 给定后，任意矢量在两个坐标系中的表示之间的关系也随之确定.

变换矩阵 R 具有下列性质：

$$R\widetilde{R} = \widetilde{R}R = 1 \quad (\widetilde{R} \text{ 是 } R \text{ 的转置矩阵}), \tag{7}$$

$$\det R = \begin{vmatrix} \cos\theta & -\sin\theta \\ \sin\theta & \cos\theta \end{vmatrix} = 1, \tag{8}$$

这种矩阵称为真正交矩阵.又因为 $R^* = R$（实矩阵），所以 $R^+ = \widetilde{R}^* = \widetilde{R}$，因而式(7)可表示为

$$RR^+ = R^+ R = 1, \tag{9}$$

这种矩阵称为幺正矩阵.因此一个矢量在两个坐标系中的表示通过一个幺正变换相

联系.

形式上与此相似，在量子力学中，按态叠加原理，任意一个量子态 ψ（可归一化），可以看成抽象的 Hilbert 空间中的一个“矢量”. 体系的任意一组力学量完全集 F 的共同本征态 ψ_k（k 代表一组完备的量子数，在本节中，假定是分立谱）可以用来构成此态空间的一组正交归一完备的基矢（称为 F 表象），即

$$(\psi_k, \psi_j) = \delta_{kj}, \tag{10}$$

体系的任意一个态 ψ 可以用它们展开，即

$$\psi = \sum_k a_k \psi_k, \quad a_k = (\psi_k, \psi), \tag{11}$$

这一组数$(a_1, a_2, \cdots)$就是态 ψ 在 F 表象中的表示，它们分别是 ψ 与各基矢的标积.在这里有两点与平常解析几何不同：(a) 这里的“矢量”（量子态）一般是复量；(b) 空间维数可以是无穷，有时甚至可以是不可数（连续谱情况）.

现在来考虑另一组力学量完全集 F'，其共同本征态记为 ψ'_α，也是正交归一的，即

$$(\psi'_\alpha, \psi'_\beta) = \delta_{\alpha\beta}, \tag{12}$$

而量子态 ψ 也可用它们展开，即

$$\psi = \sum_\alpha a'_\alpha \psi'_\alpha, \quad a'_\alpha = (\psi'_\alpha, \psi), \tag{13}$$

$(a'_1, a'_2, \cdots)$就是态 ψ 在 F'表象中的表示.试问：$(a'_1, a'_2, \cdots)$与$(a_1, a_2, \cdots)$有何联系？显然，

$$\psi = \sum_\alpha a'_\alpha \psi'_\alpha = \sum_k a_k \psi_k, \tag{14}$$

将式(14)左乘$(\psi'_\alpha,$（取标积），得

$$a'_\alpha = \sum_k (\psi'_\alpha, \psi_k) a_k = \sum_k S_{\alpha k} a_k, \tag{15}$$

其中，

$$S_{\alpha k} = (\psi'_\alpha, \psi_k) \tag{16}$$

是 F'表象基矢与 F 表象基矢的标积.式(15)可表示为矩阵的形式，即

$$\begin{pmatrix} a'_1 \\ a'_2 \\ \vdots \end{pmatrix} = \begin{pmatrix} S_{11} & S_{12} & \cdots \\ S_{21} & S_{22} & \cdots \\ \cdots & \cdots & \cdots \end{pmatrix} \begin{pmatrix} a_1 \\ a_2 \\ \vdots \end{pmatrix}, \tag{17}$$

或简记为 $a' = Sa$.式(17)就是同一个量子态在 F'表象中的表示与在 F 表象中的表示之间的关系，它们通过一个矩阵 S 相联系.矩阵 S 的矩阵元（见式(16)）是两个表象的基矢的标积，刻画基矢之间的关系.而任意一个量子态均可表示为基矢的某种叠加（见式(11)和式(13)），当矩阵 S 给定后，任意一个量子态在两个表象中的表示也随之确

定.可以证明[①]

$$SS^{+}=S^{+}S=I,\tag{18}$$

即变换矩阵 S 是幺正矩阵,故该变换也称为幺正变换.

4.5.2 力学量(算符)的矩阵表示

仍以平面矢量做类比.平面上的一个矢量 $\boldsymbol{A}$ 逆时针旋转 θ 角后,变成另一个矢量 $\boldsymbol{B}$(见图 4.2(a)).在坐标系 x_1x_2 中,它们分别表示为

$$\begin{cases}\boldsymbol{A}=A_1\boldsymbol{e}_1+A_2\boldsymbol{e}_2,\\ \boldsymbol{B}=B_1\boldsymbol{e}_1+B_2\boldsymbol{e}_2.\end{cases}\tag{19}$$

令

$$\boldsymbol{B}=R(\theta)\boldsymbol{A},\tag{20}$$

其中,$R(\theta)$表示把矢量沿逆时针方向旋转 θ 角的操作.将式(20)用分量形式写出,即

$$B_1\boldsymbol{e}_1+B_2\boldsymbol{e}_2=A_1R\boldsymbol{e}_1+A_2R\boldsymbol{e}_2,$$

将上式分别用 $\boldsymbol{e}_1$ 和 $\boldsymbol{e}_2$ 点乘,得

$$B_1=A_1(\boldsymbol{e}_1,R\boldsymbol{e}_1)+A_2(\boldsymbol{e}_1,R\boldsymbol{e}_2),$$
$$B_2=A_1(\boldsymbol{e}_2,R\boldsymbol{e}_1)+A_2(\boldsymbol{e}_2,R\boldsymbol{e}_2),$$

即

$$\begin{pmatrix}B_1\\B_2\end{pmatrix}=\begin{pmatrix}(\boldsymbol{e}_1,R\boldsymbol{e}_1) & (\boldsymbol{e}_1,R\boldsymbol{e}_2)\\(\boldsymbol{e}_2,R\boldsymbol{e}_1) & (\boldsymbol{e}_2,R\boldsymbol{e}_2)\end{pmatrix}\begin{pmatrix}A_1\\A_2\end{pmatrix}=\begin{pmatrix}\cos\theta & -\sin\theta\\ \sin\theta & \cos\theta\end{pmatrix}\begin{pmatrix}A_1\\A_2\end{pmatrix},\tag{21}$$

此即式(20)的矩阵表示.式(21)表示,把矢量沿逆时针方向旋转 θ 角的操作可用矩阵 $R(\theta)$刻画,

$$R(\theta)=\begin{pmatrix}\cos\theta & -\sin\theta\\ \sin\theta & \cos\theta\end{pmatrix},\tag{22}$$

它的矩阵元是描述基矢在旋转下如何变化的(见图 4.2(b)).例如,第一列元素

$$\begin{pmatrix}R_{11}\\R_{21}\end{pmatrix}=\begin{pmatrix}\cos\theta\\ \sin\theta\end{pmatrix}=\begin{pmatrix}(\boldsymbol{e}_1,R\boldsymbol{e}_1)\\(\boldsymbol{e}_2,R\boldsymbol{e}_1)\end{pmatrix}$$

---

① 例如,在 F 表象中,

$$(S^{+}S)_{kj}=\sum_{\alpha}S^{+}_{k\alpha}S_{\alpha j}=\sum_{\alpha}S^{*}_{\alpha k}S_{\alpha j},$$

按式(16),则有

$$\begin{aligned}(S^{+}S)_{kj}&=\sum_{\alpha}\int\mathrm{d}^3r\psi'_{\alpha}(\boldsymbol{r})\psi^{*}_{k}(\boldsymbol{r})\int\mathrm{d}^3r'\psi'^{*}_{\alpha}(\boldsymbol{r}')\psi_j(\boldsymbol{r}')\\&=\int\mathrm{d}^3r\int\mathrm{d}^3r'\sum_{\alpha}\psi'^{*}_{\alpha}(\boldsymbol{r}')\psi'_{\alpha}(\boldsymbol{r})\psi^{*}_{k}(\boldsymbol{r})\psi_j(\boldsymbol{r}')\\&=\int\mathrm{d}^3r\int\mathrm{d}^3r'\delta(\boldsymbol{r}-\boldsymbol{r}')\psi^{*}_{k}(\boldsymbol{r})\psi_j(\boldsymbol{r}')=\int\mathrm{d}^3r\psi^{*}_{k}(\boldsymbol{r})\psi_j(\boldsymbol{r})=\delta_{kj},\end{aligned}$$

所以 $S^{+}S$ 在 F 表象中为单位矩阵,而单位矩阵在任意表象中均为单位矩阵,因此 $S^{+}S=I$.

是基矢 $\boldsymbol{e}_1$ 经过旋转后(变成 $R\boldsymbol{e}_1$)在坐标系各基矢方向的投影.同样,第二列元素是描述基矢 $\boldsymbol{e}_2$ 在旋转下如何变化的.因此一旦矩阵 R 给定,则所有基矢在旋转下的变化就完全确定了,因而任意矢量(表示为各基矢的线性叠加)在旋转下的变化就完全确定了.

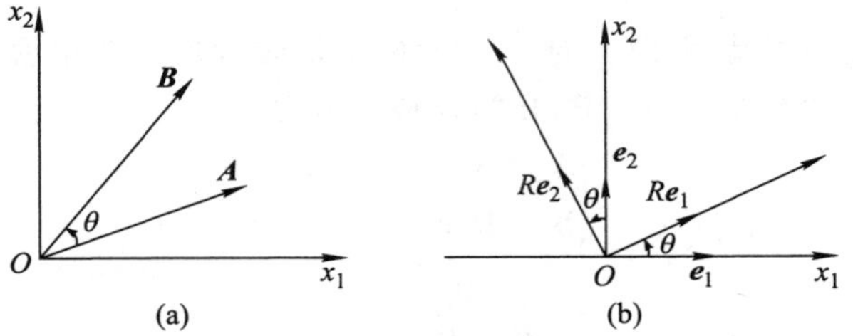

图　4.2

与上类比,设量子态 ψ 经过算符 $\hat{L}$ 作用后变成另一个态 ϕ,即

$$\phi = \hat{L}\psi, \tag{23}$$

则在以力学量完全集 F 的本征态 ψ_k 为基矢的表象(F 表象)中,式(23)可表示为

$$\sum_k b_k \psi_k = \sum_k a_k \hat{L}\psi_k,$$

将上式两边左乘$(\psi_j,$(取标积),得

$$b_j = \sum_k (\psi_j, \hat{L}\psi_k) a_k = \sum_k L_{jk} a_k, \tag{24}$$

其中,

$$L_{jk} = (\psi_j, \hat{L}\psi_k). \tag{25}$$

将式(24)表示成矩阵形式,则为

$$\begin{pmatrix} b_1 \\ b_2 \\ \vdots \end{pmatrix} = \begin{pmatrix} L_{11} & L_{12} & \cdots \\ L_{21} & L_{22} & \cdots \\ \cdots & \cdots & \cdots \end{pmatrix} \begin{pmatrix} a_1 \\ a_2 \\ \vdots \end{pmatrix}, \tag{26}$$

式(26)即式(23)在 F 表象中的矩阵表示,而矩阵(L_{jk})即算符 $\hat{L}$ 在 F 表象中的表示,它的第 n 列元素

$$\begin{pmatrix} L_{1n} \\ L_{2n} \\ \vdots \end{pmatrix} = \begin{pmatrix} (\psi_1, \hat{L}\psi_n) \\ (\psi_2, \hat{L}\psi_n) \\ \vdots \end{pmatrix}$$

就是描述基矢 ψ_n 在 $\hat{L}$ 作用下如何变化的.因此(L_{jk})矩阵一旦给定,则所有基矢,因而任意矢量(表示为各基矢的线性叠加),在 $\hat{L}$ 作用下如何变化也就完全确定了.

例　一维谐振子的坐标 x、动量 p 和 Hamilton 量 H 在能量表象中的矩阵表示.

利用公式(见第3章中的习题6和习题7)

$$x_{mn}=(\psi_m,x\psi_n)=\frac{1}{\alpha}\left(\sqrt{\frac{n+1}{2}}\delta_{m\,n+1}+\sqrt{\frac{n}{2}}\delta_{m\,n-1}\right),$$

$$p_{mn}=(\psi_m,p\psi_n)=\mathrm{i}\hbar\alpha\left(\sqrt{\frac{n+1}{2}}\delta_{m\,n+1}-\sqrt{\frac{n}{2}}\delta_{m\,n-1}\right),$$

可求出能量表象中 x 和 p 的矩阵表示(注意:$n=0,1,2,\cdots$),即

$$(x_{mn})=\frac{1}{\alpha}\begin{bmatrix}0 & 1/\sqrt{2} & 0 & 0 & \cdots\\ 1/\sqrt{2} & 0 & \sqrt{2/2} & 0 & \cdots\\ 0 & \sqrt{2/2} & 0 & \sqrt{3/2} & \cdots\\ 0 & 0 & \sqrt{3/2} & 0 & \cdots\\ \cdots & \cdots & \cdots & \cdots & \cdots\end{bmatrix}, \tag{27}$$

$$(p_{mn})=\mathrm{i}\hbar\alpha\begin{bmatrix}0 & -1/\sqrt{2} & 0 & 0 & \cdots\\ 1/\sqrt{2} & 0 & -\sqrt{2/2} & 0 & \cdots\\ 0 & \sqrt{2/2} & 0 & -\sqrt{3/2} & \cdots\\ 0 & 0 & \sqrt{3/2} & 0 & \cdots\\ \cdots & \cdots & \cdots & \cdots & \cdots\end{bmatrix}, \tag{28}$$

而 $H_{mn}=(\psi_m,H\psi_n)=E_n(\psi_m,\psi_n)=E_n\delta_{mn}=\left(n+\frac{1}{2}\right)\hbar\omega\delta_{mn}$,

$$(H_{mn})=\hbar\omega\begin{bmatrix}1/2 & 0 & 0 & 0 & \cdots\\ 0 & 3/2 & 0 & 0 & \cdots\\ 0 & 0 & 5/2 & 0 & \cdots\\ \cdots & \cdots & \cdots & \cdots & \cdots\end{bmatrix} \tag{29}$$

是一个对角矩阵.任意一个力学量(算符)在以它自己的本征态为基矢的表象中显然是对角矩阵.

4.5.3 量子力学的矩阵形式

以上分析表明,在以力学量完全集 F 的本征态(假设是分立的)ψ_k 为基矢的表象中,力学量 L 就表示为矩阵形式(L_{kj}),这里,$L_{kj}=(\psi_k,\hat{L}\psi_j)$,而量子态 ψ 则表示为列矢

$$\begin{pmatrix}a_1\\ a_2\\ \vdots\end{pmatrix},$$

其中,$a_k=(\psi_k,\psi)$.这样,量子力学的理论表述均表示为矩阵形式,以下以 Schrödinger

方程、平均值、本征方程等为例来说明这个问题.

1. Schrödinger 方程

Schrödinger 方程表示为

$$\mathrm{i}\hbar\frac{\partial}{\partial t}\psi=\hat{H}\psi,\tag{30}$$

在 F 表象中,$\psi(t)$表示为

$$\psi(t)=\sum_k a_k(t)\psi_k,\tag{31}$$

将之代入方程(30),得

$$\mathrm{i}\hbar\sum_k \dot{a}_k(t)\psi_k=\sum_k a_k\hat{H}\psi_k.$$

将上式左乘$(\psi_j,$(取标积),得

$$\mathrm{i}\hbar\dot{a}_j(t)=\sum_k H_{jk}a_k,\quad H_{jk}=(\psi_j,\hat{H}\psi_k),\tag{32}$$

或表示为

$$\mathrm{i}\hbar\begin{pmatrix}\dot{a}_1\\ \dot{a}_2\\ \vdots\end{pmatrix}=\begin{pmatrix}H_{11} & H_{12} & \cdots\\ H_{21} & H_{22} & \cdots\\ \cdots & \cdots & \cdots\end{pmatrix}\begin{pmatrix}a_1\\ a_2\\ \vdots\end{pmatrix},\tag{33}$$

此即 F 表象中的 Schrödinger 方程.

2. 平均值

在量子态 ψ 下,力学量 L 的平均值为

$$\begin{aligned}\bar{L}&=(\psi,\hat{L}\psi)=\sum_{kj}a_k^*(\psi_k,\hat{L}\psi_j)a_j=\sum_{kj}a_k^*L_{kj}a_j\\&=(a_1^*,a_2^*,\cdots)\begin{pmatrix}L_{11} & L_{12} & \cdots\\ L_{21} & L_{22} & \cdots\\ \cdots & \cdots & \cdots\end{pmatrix}\begin{pmatrix}a_1\\ a_2\\ \vdots\end{pmatrix},\end{aligned}\tag{34}$$

此即平均值在 F 表象中的矩阵形式.

特例 若 $\hat{L}=\hat{F}$,则 $L_{kj}=L_k\delta_{kj}$(对角矩阵),则在 ψ 态下,

$$\bar{L}=\sum_k|a_k|^2L_k.\tag{35}$$

假定 ψ 已归一化,即 $\sum\limits_k|a_k|^2=1$,则$|a_k|^2$ 表示在 ψ 态下测量 L 得到 L_k 值的概率.

3. 本征方程

算符 $\hat{L}$ 的本征方程表示为

$$\hat{L}\psi=L'\psi,\tag{36}$$

将 $\psi=\sum\limits_k a_k\psi_k$ 代入方程(36),得

$$\sum_k a_k\hat{L}\psi_k=L'\sum_k a_k\psi_k.$$

将上式左乘$(\psi_j,$(取标积),得

$$\sum_k L_{jk}a_k = L'a_j,$$

即

$$\sum_k (L_{jk} - L'\delta_{jk})a_k = 0, \tag{37}$$

此即$\hat{L}$的本征方程在F表象中的矩阵形式.它是$a_k(k=1,2,3,\cdots)$满足的线性齐次方程组,该方程组有非平庸解的条件为

$$\det|L_{jk} - L'\delta_{jk}| = 0, \tag{38}$$

可显式写出

$$\begin{vmatrix} L_{11}-L' & L_{12} & L_{13} & \cdots \\ L_{21} & L_{22}-L' & L_{23} & \cdots \\ L_{31} & L_{32} & L_{33}-L' & \cdots \\ \cdots & \cdots & \cdots & \cdots \end{vmatrix} = 0,$$

设表象的空间维数为N,则上式是L'的N次幂代数方程.对于可观测量,L_{jk}为Hermite矩阵$(L_{jk}^* = L_{kj})$,可以证明上述方程必有N个实根,记为$L'_j(j=1,2,\cdots,N)$.将N个L'_j分别代入式(37),可求出相应的解$a_k^{(j)}(k=1,2,\cdots,N)$,将其表示为列矢,即

$$\begin{pmatrix} a_1^{(j)} \\ a_2^{(j)} \\ \vdots \\ a_N^{(j)} \end{pmatrix}, \quad j=1,2,\cdots,N,$$

它就是与本征值L'_j相应的本征态在F表象中的矩阵形式(注意:若L'有重根,则出现简并,此时简并态还不能唯一确定).

4.5.4 力学量的表象变换

在F表象(基矢为ψ_k)中,力学量L表示为(L_{kj}),其中,$L_{kj} = (\psi_k, \hat{L}\psi_j)$.设有另一个表象$F'$(基矢为$\psi'_\alpha$),则在$F'$表象中,力学量$L$表示为$(L'_{\alpha\beta})$,其中,$L'_{\alpha\beta} = (\psi'_\alpha, \hat{L}\psi'_\beta)$.利用

$$\begin{gathered} \psi'_\alpha = \sum_k \psi_k(\psi_k, \psi'_\alpha) = \sum_k S_{\alpha k}^* \psi_k, \\ S_{\alpha k} = (\psi'_\alpha, \psi_k), \\ \psi'_\beta = \sum_j \psi_j(\psi_j, \psi'_\beta) = \sum_j S_{\beta j}^* \psi_j, \end{gathered} \tag{39}$$

得

$$L'_{\alpha\beta} = \sum_{kj} S_{\alpha k}(\psi_k, \hat{L}\psi_j) S_{\beta j}^* = \sum_{kj} S_{\alpha k} L_{kj} S_{j\beta}^+ = (SLS^+)_{\alpha\beta},$$

即

$$L' = SLS^{+} = SLS^{-1}, \tag{40}$$

其中，$L=(L_{kj})$和$L'=(L'_{\alpha\beta})$分别是力学量L在F表象和F'表象中的矩阵形式，而$S=(S_{\alpha k})$，$S_{\alpha k}=(\psi'_\alpha,\psi_k)$则是从$F$表象→$F'$表象的幺正变换矩阵. 两个表象的总结与比较见表4.1.

表4.1　总结与比较

	F表象（基矢ψ_k）	F'表象（基矢ψ'_α）
量子态ψ	$a=\begin{pmatrix} a_1 \\ a_2 \\ \vdots \end{pmatrix}$，　$a_k=(\psi_k,\psi)$	$a'=\begin{pmatrix} a'_1 \\ a'_2 \\ \vdots \end{pmatrix}$，　$a'_\alpha=(\psi'_\alpha,\psi)$
力学量L	$L=(L_{kj})=\begin{pmatrix} L_{11} & L_{12} & \cdots \\ L_{21} & L_{22} & \cdots \\ \cdots & \cdots & \cdots \end{pmatrix}$ $L_{kj}=(\psi_k,\hat{L}\psi_j)$	$L'=(L'_{\alpha\beta})=\begin{pmatrix} L'_{11} & L'_{12} & \cdots \\ L'_{21} & L'_{22} & \cdots \\ \cdots & \cdots & \cdots \end{pmatrix}$ $L'_{\alpha\beta}=(\psi'_\alpha,\hat{L}\psi'_\beta)$

在表4.1中，

$$a' = Sa,$$
$$L' = SLS^{-1},$$

其中，

$$S=(S_{\alpha k})=\begin{pmatrix} S_{11} & S_{12} & \cdots \\ S_{21} & S_{22} & \cdots \\ \cdots & \cdots & \cdots \end{pmatrix},\quad S_{\alpha k}=(\psi'_\alpha,\psi_k)$$

是从F表象→F'表象的幺正变换矩阵，而其逆变换为

$$S^{-1}=S^{+}.$$

4.6　Dirac符号

量子力学的理论表述常采用Dirac符号.它有两个优点：一是可以无须采用具体表象（即可以脱离某一具体表象）来讨论问题.二是运算简单，特别是对于表象变换.下面介绍Dirac符号的各种规定.

1. 左矢(bra)与右矢(ket)

量子体系的一切可能状态构成一个Hilbert空间.空间中的一个矢量（方向）一般为复量，用以标记一个量子态，用一个右矢$|\rangle$表示.若要标志某个特殊的态，则在右矢内标上某种记号.例如，$|\psi\rangle$表示用波函数ψ描述的状态.对于本征态，常将本征值（或

相应的量子数)标在右矢内.例如,$|x'\rangle$表示坐标的本征态(本征值为 x'),$|p'\rangle$表示动量的本征态(本征值为 p'),$|E_n\rangle$或$|n\rangle$表示能量的本征态(本征值为 E_n),$|lm\rangle$表示角动量 $\boldsymbol{l}^2$ 和 l_z 的共同本征态(本征值分别为 $l(l+1)\hbar^2$ 和 $m\hbar$)等.注意:态的这种表示都只是一个抽象的态矢,未涉及任何具体表象.

与右矢$|\rangle$相对应,左矢$\langle|$表示共轭空间中的一个抽象态矢.例如,$\langle\psi|$是$|\psi\rangle$的共轭态矢,$\langle x'|$是$|x'\rangle$的共轭态矢等.

2. 标积

态矢$|\psi\rangle$与$|\phi\rangle$的标积记为$\langle\phi|\psi\rangle$,而

$$\langle\phi \mid \psi\rangle^* = \langle\psi \mid \phi\rangle. \tag{1}$$

若$\langle\phi|\psi\rangle=0$,则称$|\psi\rangle$与$|\phi\rangle$正交.若$\langle\psi|\psi\rangle=1$,则称$|\psi\rangle$为归一化态矢.

设力学量完全集 F 的本征态(分立)记为$|k\rangle$,它们的正交归一性表示为

$$\langle k \mid j\rangle = \delta_{kj}, \tag{2}$$

连续谱本征态的正交归一性则表示为 δ 函数形式.例如,对于动量本征态,$\langle p'|p''\rangle=\delta(p'-p'')$,对于坐标本征态,$\langle x'|x''\rangle=\delta(x'-x'')$等.

在一个具体表象中如何计算标积,需要用到态矢在具体表象中的表示(见下).

3. 态矢在具体表象中的表示

例如,在 F 表象(基矢记为$|k\rangle$)中,态矢$|\psi\rangle$可用$|k\rangle$展开,即

$$|\psi\rangle = \sum_k a_k \mid k\rangle, \tag{3}$$

展开系数

$$a_k = \langle k \mid \psi\rangle \tag{4}$$

是态矢$|\psi\rangle$在基矢$|k\rangle$方向上的投影.当所有 a_k 都给定时,就确定了一个态矢$|\psi\rangle$.所以这一组数$\{a_k\}=\{\langle k|\psi\rangle\}$就是态矢$|\psi\rangle$在 F 表象中的表示,常用列矢形式表述,即

$$\begin{pmatrix} a_1 \\ a_2 \\ \vdots \end{pmatrix} = \begin{pmatrix} \langle 1 \mid \psi\rangle \\ \langle 2 \mid \psi\rangle \\ \vdots \end{pmatrix}.$$

将式(4)代入式(3),得

$$|\psi\rangle = \sum_k \langle k \mid \psi\rangle \mid k\rangle = \sum_k \mid k\rangle\langle k \mid \psi\rangle, \tag{5}$$

其中,$|k\rangle\langle k|$可以看成一个投影算符,即

$$P_k = | k\rangle\langle k |, \tag{6}$$

它对任何态矢$|\psi\rangle$作用后,就得到态矢$|\psi\rangle$在基矢$|k\rangle$方向上的分量矢量,即

$$P_k \mid \psi\rangle = | k\rangle\langle k \mid \psi\rangle = a_k \mid k\rangle, \tag{7}$$

或者说 P_k 的作用是把任意态矢在$|k\rangle$方向上的分量矢量挑选出来.注意:式(5)中的态矢$|\psi\rangle$是任意的,因此

$$\sum_k |k\rangle\langle k| = I \quad (\text{单位算符}), \tag{8}$$

这正是这一组基矢$|k\rangle$的完备性的表现.在连续谱的情况下,求和应换为积分.例如,

$$\int dx' |x'\rangle\langle x'| = I, \quad \int dp' |p'\rangle\langle p'| = I. \tag{9}$$

在 F 表象中,两个态矢$|\psi\rangle$与$|\phi\rangle$的标积可如下计算.因为

$$|\psi\rangle = \sum_k |k\rangle\langle k|\psi\rangle = \sum_k a_k |k\rangle,$$

$$|\phi\rangle = \sum_k |k\rangle\langle k|\phi\rangle = \sum_k b_k |k\rangle,$$

所以

$$\langle\phi|\psi\rangle = \sum_k \langle\phi|k\rangle\langle k|\psi\rangle = \sum_k b_k^* a_k = (b_1^*, b_2^*, \cdots)\begin{pmatrix} a_1 \\ a_2 \\ \vdots \end{pmatrix}. \tag{10}$$

4. 算符在具体表象中的表示

设态矢$|\psi\rangle$经算符 $\hat{L}$ 作用后变成态矢$|\phi\rangle$,即

$$|\phi\rangle = \hat{L}|\psi\rangle, \tag{11}$$

这里还未涉及具体表象.在 F 表象中,$\hat{L}$ 的矩阵表示为$(L_{kj}) = \langle k|\hat{L}|j\rangle$,而式(11)可表示为

$$\langle k|\phi\rangle = \langle k|\hat{L}|\psi\rangle = \sum_j \langle k|\hat{L}|j\rangle\langle j|\psi\rangle, \tag{12}$$

即

$$b_k = \sum_j L_{kj} a_j, \tag{13}$$

其中,$b_k = \langle k|\phi\rangle$,$a_j = \langle j|\psi\rangle$分别是态矢$|\phi\rangle$和$|\psi\rangle$在 F 表象中的表示.

例 1　Schrödinger 方程

$$i\hbar\frac{\partial}{\partial t}|\psi\rangle = \hat{H}|\psi\rangle \tag{14}$$

在 F 表象中可表示为

$$i\hbar\frac{\partial}{\partial t}\langle k|\psi\rangle = \langle k|\hat{H}|\psi\rangle = \sum_j \langle k|\hat{H}|j\rangle\langle j|\psi\rangle, \tag{15}$$

即

$$i\hbar\dot{a}_k = \sum_j H_{kj} a_j. \tag{16}$$

例 2　在态矢$|\psi\rangle$下力学量 L 的平均值可表示为

$$\overline{L} = \langle\psi|\hat{L}|\psi\rangle = \sum_{kj} \langle\psi|k\rangle\langle k|\hat{L}|j\rangle\langle j|\psi\rangle = \sum_{kj} a_k^* L_{kj} a_j. \tag{17}$$

例 3　本征方程.

力学量 L 的本征方程

$$\hat{L} \mid \psi\rangle = L' \mid \psi\rangle \tag{18}$$

在 F 表象中可表示为

$$\langle k \mid \hat{L} \mid \psi\rangle = \sum_j \langle k \mid \hat{L} \mid j\rangle\langle j \mid \psi\rangle = L'\langle k \mid \psi\rangle,$$

即

$$\sum_j (L_{kj} - L'\delta_{jk}) a_j = 0, \tag{19}$$

其中，$a_j = \langle j | \psi\rangle$ 是 $|\psi\rangle$ 在 F 表象中的基矢 $|j\rangle$ 方向上的投影.式(19)即 L 的本征方程在 F 表象中的表述形式.

5. 表象变换

(a) 态矢的表象变换.

设态矢 $|\psi\rangle$ 在 F 表象中用 $\langle k|\psi\rangle = a_k$ 描述，在 F' 表象中用 $\langle \alpha|\psi\rangle = a'_\alpha$ 描述，则

$$\langle \alpha \mid \psi\rangle = \sum_k \langle \alpha \mid k\rangle\langle k \mid \psi\rangle,$$

即

$$a'_\alpha = \sum_k S_{\alpha k} a_k, \tag{20}$$

其中，

$$S_{\alpha k} = \langle \alpha \mid k\rangle \tag{21}$$

是从 F 表象→F' 表象的变换，用以描述两个表象的基矢之间的关系.式(20)可表示为矩阵形式：

$$\begin{pmatrix} a'_1 \\ a'_2 \\ \vdots \end{pmatrix} = \begin{pmatrix} S_{11} & S_{12} & \cdots \\ S_{21} & S_{22} & \cdots \\ \cdots & \cdots & \cdots \end{pmatrix} \begin{pmatrix} a_1 \\ a_2 \\ \vdots \end{pmatrix}, \tag{22}$$

或简记为

$$a' = Sa. \tag{22'}$$

不难证明，S 为幺正变换，即

$$S^+ S = SS^+ = I. \tag{23}$$

例如，在 F 表象中，

$$\begin{aligned}(S^+ S)_{kj} &= \sum_\alpha S^+_{k\alpha} S_{\alpha j} = \sum_\alpha S^*_{\alpha k} S_{\alpha j} = \sum_\alpha \langle \alpha \mid k\rangle^* \langle \alpha \mid j\rangle \\ &= \sum_\alpha \langle k \mid \alpha\rangle\langle \alpha \mid j\rangle = \langle k \mid j\rangle = \delta_{kj},\end{aligned} \tag{24}$$

即 $S^+S = I$（I 为单位矩阵），而单位矩阵在任何表象中均为单位矩阵，这就证明了式(23).

例 4 一维粒子的动量为 p' 的本征态 $|p'\rangle$ 在坐标表象中表示为 $\langle x|p'\rangle$，平常把它写成

$$\psi_{p'}(x) = \langle x \mid p'\rangle = \frac{1}{\sqrt{2\pi\hbar}} \mathrm{e}^{\mathrm{i}p'x/\hbar}, \tag{25}$$

而粒子位置在 x' 处的本征态 $|x'\rangle$ 在坐标表象中表示为 $\langle x|x'\rangle$，平常把它写成

$$\psi_{x'}(x)=\langle x \mid x'\rangle=\delta(x-x'). \tag{26}$$

例 5 坐标表象与动量表象之间的变换.

一维粒子的态矢 $|\psi\rangle$ 在坐标表象中表示成 $\langle x|\psi\rangle$，即平常习惯所用的波函数 $\psi(x)=\langle x|\psi\rangle$，而 $\psi^*(x)=\langle x|\psi\rangle^*=\langle\psi|x\rangle$.类似地，在动量表象中这个态矢表示成 $\langle p|\psi\rangle$.平常为了不与波函数 $\psi(x)$ 相混，把它记为 $\varphi(p)=\langle p|\psi\rangle$，而不记为 $\psi(p)$.这里可以看出 Dirac 符号的优点.同一个量子态 $|\psi\rangle$ 在坐标表象和动量表象中的表述形式之间的关系如下：

$$\langle x \mid \psi\rangle=\int \mathrm{d}p\langle x \mid p\rangle\langle p \mid \psi\rangle=\frac{1}{\sqrt{2\pi\hbar}}\int \mathrm{d}p\,\mathrm{e}^{\mathrm{i}px/\hbar}\langle p \mid \psi\rangle, \tag{27}$$

此即 Fourier 变换

$$\psi(x)=\frac{1}{\sqrt{2\pi\hbar}}\int \mathrm{d}p\,\mathrm{e}^{\mathrm{i}px/\hbar}\varphi(p). \tag{28}$$

式(27)之逆变换为

$$\langle p \mid \psi\rangle=\int \mathrm{d}x\langle p \mid x\rangle\langle x \mid \psi\rangle=\frac{1}{\sqrt{2\pi\hbar}}\int \mathrm{d}x\,\mathrm{e}^{-\mathrm{i}px/\hbar}\langle x \mid \psi\rangle. \tag{29}$$

Fourier 变换的幺正性可如下看出：

$$\begin{aligned}(S^+S)_{p'p''}&=\int \mathrm{d}x S^+_{p'x}S_{xp''}=\int \mathrm{d}x\langle x \mid p'\rangle^*\langle x \mid p''\rangle\\&=\frac{1}{2\pi\hbar}\int \mathrm{d}x\,\mathrm{e}^{-\mathrm{i}(p'-p'')x/\hbar}=\delta(p'-p'').\end{aligned} \tag{30}$$

类似有

$$(S^+S)_{x'x''}=\delta(x'-x''). \tag{31}$$

例 6 任意两个态矢 $|\psi\rangle$ 和 $|\phi\rangle$ 的标积记为 $\langle\phi|\psi\rangle$，它在坐标表象中可表示成(以一维粒子为例)

$$\langle\phi \mid \psi\rangle=\int \mathrm{d}x\langle\phi \mid x\rangle\langle x \mid \psi\rangle=\int \mathrm{d}x\phi^*(x)\psi(x), \tag{32}$$

而在动量表象中可表示成

$$\langle\phi \mid \psi\rangle=\int \mathrm{d}p\langle\phi \mid p\rangle\langle p \mid \psi\rangle=\int \mathrm{d}p\phi^*(p)\psi(p). \tag{33}$$

(b) 算符的表象变换.

算符 $\hat{L}$ 在 F 表象中的矩阵元为 L_{jk}，其中，$L_{jk}=\langle j|\hat{L}|k\rangle$，在 F' 表象中的矩阵元为 $L'_{\alpha\beta}$，其中，$L'_{\alpha\beta}=\langle\alpha|\hat{L}|\beta\rangle$，而

$$\begin{aligned}L'_{\alpha\beta}&=\langle\alpha \mid \hat{L} \mid \beta\rangle=\sum_{kj}\langle\alpha \mid j\rangle\langle j \mid \hat{L} \mid k\rangle\langle k \mid \beta\rangle\\&=\sum_{kj}S_{\alpha j}L_{jk}S^*_{\beta k}=\sum_{kj}S_{\alpha j}L_{jk}S^+_{k\beta}=(SLS^+)_{\alpha\beta},\end{aligned} \tag{34}$$

或简记为

$$L' = SLS^{+} = SLS^{-1}, \tag{34'}$$

其中，L'和L分别是算符$\hat{L}$在F'表象和F表象中的矩阵.

* 练习 1 设一维粒子的 Hamilton 量为 $H = p^2/2m + V(x)$.写出 x 表象中 x，p 和 H 的"矩阵元".

答：

$$\begin{cases} (x)_{x'x''} = \langle x' | x | x'' \rangle = x' \delta(x' - x''), \\ (p)_{x'x''} = \langle x' | p | x'' \rangle = -\mathrm{i}\hbar \dfrac{\partial}{\partial x'} \delta(x' - x''), \\ (H)_{x'x''} = \langle x' | H | x'' \rangle = -\dfrac{\hbar^2}{2m} \dfrac{\partial^2}{\partial x'^2} \delta(x' - x'') + V(x') \delta(x' - x''). \end{cases} \tag{35}$$

* 练习 2 同练习 1，写出 p 表象中 x，p 和 H 的"矩阵元".

答：

$$\begin{cases} (x)_{p'p''} = \langle p' | x | p'' \rangle = \mathrm{i}\hbar \dfrac{\partial}{\partial p'} \delta(p' - p''), \\ (p)_{p'p''} = \langle p' | p | p'' \rangle = p' \delta(p' - p''), \\ (H)_{p'p''} = \langle p' | H | p'' \rangle = \dfrac{p'^2}{2m} \delta(p' - p'') + V\left(\mathrm{i}\hbar \dfrac{\partial}{\partial p'}\right) \delta(p' - p''). \end{cases} \tag{36}$$

* 练习 3 利用 x 表象和 p 表象之间的"幺正变换"，从式(35)推出式(36).

提示：例如，

$$\begin{aligned} \langle p' \mid x \mid p'' \rangle &= \iint \mathrm{d}x' \mathrm{d}x'' \langle p' \mid x' \rangle \langle x' \mid x \mid x'' \rangle \langle x'' \mid p'' \rangle \\ &= \iint \mathrm{d}x' \mathrm{d}x'' \frac{\mathrm{e}^{-\mathrm{i}p'x'/\hbar}}{\sqrt{2\pi\hbar}} x' \delta(x' - x'') \frac{\mathrm{e}^{\mathrm{i}p''x''/\hbar}}{\sqrt{2\pi\hbar}} = \frac{1}{2\pi\hbar} \int \mathrm{d}x' x' \mathrm{e}^{-\mathrm{i}(p'-p'')x'/\hbar} \\ &= \mathrm{i}\hbar \frac{\partial}{\partial p'} \frac{1}{2\pi\hbar} \int \mathrm{d}x' \mathrm{e}^{-\mathrm{i}(p'-p'')x'/\hbar} = \mathrm{i}\hbar \frac{\partial}{\partial p'} \delta(p' - p''). \end{aligned}$$

* 4.7 密 度 算 符

下面介绍量子态的另一种描述方式.定义与量子态$|\psi\rangle$(设已归一化，即$\langle\psi|\psi\rangle = 1$)相应的密度算符(density operator)，亦称态算符(state operator)：

$$\rho(t) = |\psi(t)\rangle\langle\psi(t)|. \tag{1}$$

在这种描述中$|\psi\rangle$的常数相位不定性不再出现.显然，

$$\rho^{+} = \rho, \tag{2}$$

$$\rho^2 = \rho. \tag{3}$$

当采用一个具体表象时，例如，F 表象(以 $\hat{F}$ 的本征态$|n\rangle$为基矢的表象，即满足

$\hat{F}|n\rangle=F_n|n\rangle$，假设 F_n 分立)，则 ρ 可表示成矩阵形式①：

$$\rho_{nn'}(t)=\langle n\mid\psi(t)\rangle\langle\psi(t)\mid n'\rangle=a_n(t)a_{n'}^*(t),\tag{4}$$

其中，$a_n(t)=\langle n|\psi(t)\rangle$，即 $|\psi(t)\rangle=\sum_n a_n(t)\mid n\rangle$ 在 F 表象中的表示.$\rho_{nn'}$ 称为密度矩阵(density matrix).对角元

$$\rho_{nn}(t)=|a_n(t)|^2\tag{5}$$

表示在 $|\psi\rangle$ 态下测量 F 得到 F_n 值的概率(按波函数归一化假定，$\langle\psi\mid\psi\rangle=\sum_n|a_n|^2=1$).如果 $|\psi\rangle$ 就是 F 的某一个本征态 $|k\rangle$，则 $\rho_{nn'}=\langle n|k\rangle\langle k|n'\rangle=\delta_{nk}\delta_{n'k}=\delta_{nn'}\delta_{nk}$，即所有非对角元为零，而对角元只剩下一个不为零，即 $\rho_{nn}=\delta_{nk}$.

如果 ρ 的非对角元 $\rho_{nn'}\neq0\ (n\neq n')$，则在 $|\psi\rangle$ 态下测量 F 得到 F_n 或 $F_{n'}$ 值的概率必定都不为零，而且两者有关.反之，若测得 F_n 或 $F_{n'}$ 值的概率为零，则 $\rho_{nn'}=0$.

在 $|\psi\rangle$ 态下，力学量 G 的平均值为

$$\begin{aligned}\bar{G}&=\langle\psi\mid G\mid\psi\rangle=\sum_{nn'}\langle\psi\mid n\rangle\langle n\mid G\mid n'\rangle\langle n'\mid\psi\rangle\\&=\sum_{nn'}a_n^*G_{nn'}a_{n'}=\sum_{nn'}\rho_{n'n}G_{nn'}=\sum_{n'}(\rho G)_{n'n'}=\sum_n(G\rho)_{nn},\end{aligned}$$

即

$$\bar{G}=\mathrm{tr}(\rho G)=\mathrm{tr}(G\rho).\tag{6}$$

对于 $G=F$ 的情况，$G_{nn'}=F_n\delta_{nn'}$，则

$$\bar{F}=\mathrm{tr}(\rho F)=\sum_n|a_n|^2F_n.\tag{7}$$

密度算符 $\rho(t)$ 随时间的演化规律如下②：

$$\begin{aligned}\frac{\mathrm{d}}{\mathrm{d}t}\rho(t)&=\frac{\mathrm{d}\mid\psi(t)\rangle}{\mathrm{d}t}\langle\psi(t)\mid+\mid\psi(t)\rangle\frac{\mathrm{d}}{\mathrm{d}t}\langle\psi(t)\mid\\&=\frac{H}{\mathrm{i}\hbar}\mid\psi(t)\rangle\langle\psi(t)\mid+\mid\psi(t)\rangle\langle\psi(t)\mid\frac{H}{-\mathrm{i}\hbar}\\&=\frac{1}{\mathrm{i}\hbar}[H,\rho(t)].\end{aligned}\tag{8}$$

习　　题

1. 设 A 与 B 为 Hermite 算符，则 $\frac{1}{2}(AB+BA)$ 和 $\frac{1}{2\mathrm{i}}(AB-BA)$ 也是 Hermite 算

---

① 对于连续表象，例如，坐标表象 $|\boldsymbol{r}\rangle$，$\langle\boldsymbol{r}|\rho|\boldsymbol{r}'\rangle=\psi(\boldsymbol{r},t)\psi^*(\boldsymbol{r}',t)$，对角元为 $\langle\boldsymbol{r}|\rho|\boldsymbol{r}\rangle=|\psi(\boldsymbol{r},t)|^2$，即粒子在坐标空间的概率密度.动量表象 $|\boldsymbol{p}\rangle$，$\langle\boldsymbol{p}|\rho|\boldsymbol{p}'\rangle=\langle\boldsymbol{p}|\psi(t)\rangle\langle\psi(t)|\boldsymbol{p}'\rangle$，对角元为 $|\langle\boldsymbol{p}|\psi(t)\rangle|^2$，即粒子在动量空间的概率密度.

② 注意：它和一般力学量算符随时间的演化规律

$$\frac{\mathrm{d}}{\mathrm{d}t}\hat{F}=\frac{1}{\mathrm{i}\hbar}[\hat{F},H]+\frac{\partial}{\partial t}\hat{F}$$

不同.

符.由此证明,任意一个算符 F 均可分解为 $F=F_{+}+\mathrm{i}F_{-}$,其中,

$$F_{+}=\frac{1}{2}(F+F^{+}),\quad F_{-}=\frac{1}{2\mathrm{i}}(F-F^{+}),$$

且 F_{+} 与 F_{-} 均为 Hermite 算符.

2. 设 $F(x,p)$ 是 x,p 的整函数,证明

$$[p,F]=-\mathrm{i}\hbar\frac{\partial}{\partial x}F,\quad [x,F]=\mathrm{i}\hbar\frac{\partial}{\partial p}F.$$

注意:整函数是指 $F(x,p)$ 可以展开成

$$F(x,p)=\sum_{m,n=0}^{\infty}C_{mn}x^{m}p^{n}.$$

3. 定义反对易式 $[A,B]_{+}\equiv AB+BA$,证明

$$[AB,C]=A[B,C]_{+}-[A,C]_{+}B,$$
$$[A,BC]=[A,B]_{+}C-B[A,C]_{+}.$$

4. 设 $\boldsymbol{A},\boldsymbol{B},\boldsymbol{C}$ 为矢量算符.$\boldsymbol{A}$ 和 $\boldsymbol{B}$ 的标积及矢积分别定义为

$$\boldsymbol{A}\cdot\boldsymbol{B}=\sum_{\alpha}A_{\alpha}B_{\alpha},\quad (\boldsymbol{A}\times\boldsymbol{B})_{\gamma}=\sum_{\alpha\beta\gamma}\varepsilon_{\alpha\beta\gamma}A_{\alpha}B_{\beta},$$

其中,$\alpha,\beta,\gamma=x,y,z$,$\varepsilon_{\alpha\beta\gamma}$ 为 Levi-Civita 符号.证明

$$\boldsymbol{A}\cdot(\boldsymbol{B}\times\boldsymbol{C})=(\boldsymbol{A}\times\boldsymbol{B})\cdot\boldsymbol{C}=\sum_{\alpha\beta\gamma}\varepsilon_{\alpha\beta\gamma}A_{\alpha}B_{\beta}C_{\gamma},$$
$$[\boldsymbol{A}\times(\boldsymbol{B}\times\boldsymbol{C})]_{\alpha}=\boldsymbol{A}\cdot(B_{\alpha}\boldsymbol{C})-(\boldsymbol{A}\cdot\boldsymbol{B})C_{\alpha},$$
$$[(\boldsymbol{A}\times\boldsymbol{B})\times\boldsymbol{C}]_{\alpha}=\boldsymbol{A}\cdot(B_{\alpha}\boldsymbol{C})-A_{\alpha}(\boldsymbol{B}\cdot\boldsymbol{C}).$$

5. 设 $\boldsymbol{A}$ 与 $\boldsymbol{B}$ 为矢量算符,F 为标量算符.证明

$$[F,\boldsymbol{A}\cdot\boldsymbol{B}]=[F,\boldsymbol{A}]\cdot\boldsymbol{B}+\boldsymbol{A}\cdot[F,\boldsymbol{B}],$$
$$[F,\boldsymbol{A}\times\boldsymbol{B}]=[F,\boldsymbol{A}]\times\boldsymbol{B}+\boldsymbol{A}\times[F,\boldsymbol{B}].$$

6. 设 F 是由 $\boldsymbol{r},\boldsymbol{p}$ 构成的标量算符.证明

$$[\boldsymbol{l},F]=\mathrm{i}\hbar\frac{\partial F}{\partial\boldsymbol{p}}\times\boldsymbol{p}-\mathrm{i}\hbar\boldsymbol{r}\times\frac{\partial F}{\partial\boldsymbol{r}}.$$

7. 证明

$$\boldsymbol{p}\times\boldsymbol{l}+\boldsymbol{l}\times\boldsymbol{p}=2\mathrm{i}\hbar\boldsymbol{p},$$
$$\mathrm{i}\hbar(\boldsymbol{p}\times\boldsymbol{l}-\boldsymbol{l}\times\boldsymbol{p})=[\boldsymbol{l}^{2},\boldsymbol{p}].$$

8. 证明

$$\boldsymbol{l}^{2}=r^{2}p^{2}-(\boldsymbol{r}\cdot\boldsymbol{p})^{2}+\mathrm{i}\hbar\boldsymbol{r}\cdot\boldsymbol{p},$$
$$(\boldsymbol{l}\times\boldsymbol{p})^{2}=(\boldsymbol{p}\times\boldsymbol{l})^{2}=-(\boldsymbol{l}\times\boldsymbol{p})\cdot(\boldsymbol{p}\times\boldsymbol{l})=\boldsymbol{l}^{2}p^{2},$$
$$-(\boldsymbol{p}\times\boldsymbol{l})\cdot(\boldsymbol{l}\times\boldsymbol{p})=\boldsymbol{l}^{2}p^{2}+4\hbar^{2}p^{2},$$
$$(\boldsymbol{l}\times\boldsymbol{p})\times(\boldsymbol{l}\times\boldsymbol{p})=-\mathrm{i}\hbar\boldsymbol{l}p^{2}.$$

9. 定义径向动量算符

$$p_r = \frac{1}{2}\left(\frac{1}{r}\boldsymbol{r}\cdot\boldsymbol{p} + \boldsymbol{p}\cdot\boldsymbol{r}\,\frac{1}{r}\right).$$

证明

(a) $p_r^+ = p_r$.

(b) $p_r = -\mathrm{i}\hbar\left(\frac{\partial}{\partial r} + \frac{1}{r}\right)$.

(c) $[r, p_r] = \mathrm{i}\hbar$.

(d) $p_r^2 = -\hbar^2\left(\frac{\partial^2}{\partial r^2} + \frac{2}{r}\,\frac{\partial}{\partial r}\right) = -\hbar^2\,\frac{1}{r^2}\,\frac{\partial}{\partial r}r^2\,\frac{\partial}{\partial r}$.

(e) $p^2 = \frac{1}{r^2}l^2 + p_r^2$.

10. 利用测不准关系估算谐振子的基态能量.

11. 利用测不准关系估算类氢原子中电子的基态能量.

12. 证明在分立的能量本征态下动量平均值为零.

13. 证明在 l_z 的本征态下,$\bar{l}_x = \bar{l}_y = 0$.

提示:利用 $l_y l_z - l_z l_y = \mathrm{i}\hbar l_x$,求平均.

14. 设粒子处于 $Y_{lm}(\theta,\varphi)$状态下,求$(\overline{\Delta l_x})^2$ 和$(\overline{\Delta l_y})^2$.

15. 设体系处于 $\psi = c_1 Y_{11} + c_2 Y_{20}$状态(已归一化,即$|c_1|^2 + |c_2|^2 = 1$)下.求:

(a) l_z 的可能测量值及平均值.

(b) $\boldsymbol{l}^2$ 的可能测量值及相应的概率.

(c) l_x 的可能测量值及相应的概率.

16. 设属于能级 E 的三个简并态 ψ_1,ψ_2 和 ψ_3 彼此线性独立,但不正交.试利用它们构成一组彼此正交归一的波函数.

17. 设有矩阵 A,B,C,S 等.证明

$$\det(AB) = \det A\cdot\det B,\quad \det(S^{-1}AS) = \det A,$$
$$\mathrm{tr}(AB) = \mathrm{tr}(BA),\quad \mathrm{tr}(S^{-1}AS) = \mathrm{tr}A,$$
$$\mathrm{tr}(ABC) = \mathrm{tr}(CAB) = \mathrm{tr}(BCA),$$

其中,$\det A$ 表示与矩阵 A 相应的行列式的值,$\mathrm{tr}A$ 代表矩阵 A 的对角元素之和.

18. 处于势场 $V(\boldsymbol{r})$中的粒子,在坐标表象中其能量本征方程表示成

$$\left[-\frac{\hbar^2}{2m}\nabla^2 + V(\boldsymbol{r})\right]\psi(\boldsymbol{r}) = E\psi(\boldsymbol{r}),$$

试在动量表象中写出相应的能量本征方程.

第 5 章　力学量随时间的演化与对称性

5.1　力学量随时间的演化

5.1.1　守恒量

量子力学中力学量随时间演化的问题,与经典力学中有所不同.经典力学中,处于一定状态下的体系的每一个力学量 A,作为时间的函数,在每一时刻都具有一个确定值.量子力学中,处于一个量子态 ψ 下的体系,在每一时刻,不是所有力学量都具有确定值,而是只具有确定的概率分布和平均值.

先讨论力学量的平均值如何随时间演化.力学量 A 的平均值为

$$\overline{A}(t)=(\psi(t),A\psi(t)),\tag{1}$$

所以

$$\begin{aligned}\frac{\mathrm{d}}{\mathrm{d}t}\overline{A}(t)&=\left(\frac{\partial\psi}{\partial t},A\psi\right)+\left(\psi,A\frac{\partial\psi}{\partial t}\right)+\left(\psi,\frac{\partial A}{\partial t}\psi\right)\\&=\left(\frac{H\psi}{\mathrm{i}\hbar},A\psi\right)+\left(\psi,A\frac{H\psi}{\mathrm{i}\hbar}\right)+\left(\psi,\frac{\partial A}{\partial t}\psi\right)\\&=\frac{1}{-\mathrm{i}\hbar}(\psi,HA\psi)+\frac{1}{\mathrm{i}\hbar}(\psi,AH\psi)+\left(\psi,\frac{\partial A}{\partial t}\psi\right)\\&=\frac{1}{\mathrm{i}\hbar}(\psi,[A,H]\psi)+\left(\psi,\frac{\partial A}{\partial t}\psi\right)\\&=\frac{1}{\mathrm{i}\hbar}\overline{[A,H]}+\overline{\frac{\partial A}{\partial t}}.\end{aligned}\tag{2}$$

如 A 不显含 t(以后若不特别声明,都是指这种力学量),即 $\frac{\partial A}{\partial t}=0$,则

$$\frac{\mathrm{d}}{\mathrm{d}t}\overline{A}=\frac{1}{\mathrm{i}\hbar}\overline{[A,H]},\tag{3}$$

因此,如

$$[A,H]=0,\tag{4}$$

则

$$\frac{\mathrm{d}}{\mathrm{d}t}\overline{A}=0,\tag{5}$$

即这种力学量在任意态 $\psi(t)$ 下的平均值都不随时间改变.下面进一步证明,在任意态 $\psi(t)$ 下 A 的概率分布也不随时间改变.考虑到 $[A,H]=0$,我们可以选择包括 H 和 A 在内的一组力学量完全集,其共同本征态记为 ψ_k(k 是一组完备的量子数的简记),即

$$H\psi_k = E_k\psi_k, \quad A\psi_k = A_k\psi_k, \tag{6}$$

这样,体系的任意态 $\psi(t)$ 均可用 ψ_k 展开,即

$$\psi(t) = \sum_k a_k(t)\psi_k, \quad a_k(t) = (\psi_k, \psi(t)). \tag{7}$$

在任意态 $\psi(t)$ 下,在 t 时刻测量 A 得到 A_k 值的概率为 $|a_k(t)|^2$,而

$$\begin{aligned}\frac{\mathrm{d}}{\mathrm{d}t}|a_k(t)|^2 &= \left(\frac{\mathrm{d}a_k^*}{\mathrm{d}t}\right)a_k + \text{c.c.} = \left(\frac{\partial\psi(t)}{\partial t}, \psi_k\right)(\psi_k, \psi(t)) + \text{c.c.} \\ &= \left(\frac{H}{\mathrm{i}\hbar}\psi(t), \psi_k\right)(\psi_k, \psi(t)) + \text{c.c.} \\ &= -\frac{1}{\mathrm{i}\hbar}(\psi(t), H\psi_k)(\psi_k, \psi(t)) + \text{c.c.} \\ &= -\frac{E_k}{\mathrm{i}\hbar}|(\psi(t), \psi_k)|^2 + \text{c.c.} = 0,\end{aligned} \tag{8}$$

其中,c.c.指复共轭项.

量子力学中,如力学量 A 与体系的 Hamilton 量对易,则称其为该体系的一个守恒量.按上述分析,量子体系的守恒量,无论在什么状态下,其平均值和概率分布都不随时间改变.

例 1 设体系的 H 不显含 t,显然,$[H,H]=0$,所以 H 为守恒量,即能量守恒.

例 2 自由粒子的 $H=p^2/2m$,显然,$[\boldsymbol{p},H]=0$,所以 $\boldsymbol{p}$ 为守恒量.还可以证明,$[\boldsymbol{l},H]=0$,所以角动量 $\boldsymbol{l}$ 也是守恒量.

例 3 中心力场中粒子的 $H=p^2/2m+V(r)$.不难证明,$[\boldsymbol{l},p^2]=0$,$[\boldsymbol{l},V(r)]=0$,因而 $[\boldsymbol{l},H]=0$,所以 $\boldsymbol{l}$ 为守恒量.但注意:$[\boldsymbol{p},V(r)]\neq 0$,所以动量 $\boldsymbol{p}$ 不是守恒量.

应当强调,量子力学中守恒量的概念,与经典力学中守恒量的概念不尽相同.这实质上是测不准关系的反映.

(a) 与经典力学中的守恒量不同,量子力学中的守恒量并不一定取确定值,即体系的状态并不一定就是某个守恒量的本征态.例如,自由粒子的动量是守恒量,但自由粒子的状态并不一定是动量的本征态(平面波),它在一般情况下是一个波包.又如,中心力场中粒子的角动量 $\boldsymbol{l}$ 是守恒量,但粒子的波函数并不一定是角动量 $\boldsymbol{l}$ 的本征态.一个体系在某时刻 t 是否处于某守恒量的本征态,要根据初条件决定.若初始时刻体系处于守恒量 A 的本征态,则体系将保持在该本征态.由于守恒量具有此特点,它的量子数称为好量子数.反之,若初始时刻体系并不处于守恒量 A 的本征态,则以后的状态也不是 A 的本征态,但 A 的测量值概率分布不随时间改变.

(b) 量子力学中的各守恒量并不一定都可以同时取确定值.例如,中心力场中粒

子的 $\boldsymbol{l}$ 的三个分量都守恒，但由于 l_x, l_y, l_z 不对易，一般说来，它们并不能同时取确定值（角动量 $l=0$ 的态（s 态）除外）.

守恒量是量子力学中一个极为重要的概念，但初学者往往把它与定态的概念混淆起来.应当强调，定态是体系的一种特殊的状态，即能量本征态，而守恒量则是体系的一种特殊的力学量，它与体系的 Hamilton 量对易. 在定态下，一切力学量（不显含 t，但不管其是不是守恒量）的平均值和测量值概率分布都不随时间改变，这正是称之为定态的理由.而守恒量在一切状态下（不管其是不是定态）的平均值和测量值概率分布都不随时间改变，这正是称之为守恒量的理由.由此可以断定，只有当一个量子体系不处于定态，而所讨论的力学量又不是该体系的守恒量时，才需要研究该力学量的平均值和测量值概率分布如何随时间改变.

5.1.2 能级简并与守恒量的关系

守恒量的应用极为广泛.在处理能量本征值、量子态随时间演化、量子跃迁，以及散射等问题中都很重要，这些问题将在以后各章中陆续讨论.守恒量在能量本征值问题中的应用，要害是涉及能级简并，其中包括：(a) 能级是否简并？(b) 在能级简并的情况下，如何标记各简并态.

定理 设体系有两个彼此不对易的守恒量 F 和 G，即 $[F,H]=0$，$[G,H]=0$，但 $[F,G]\neq 0$，则体系的能级一般是简并的.

证明 1 由于 $[F,H]=0$，因此 F 与 H 可以有共同本征态 ψ，即

$$H\psi=E\psi,\quad F\psi=F'\psi.$$

考虑到 $[G,H]=0$，有 $HG\psi=GH\psi=GE\psi=EG\psi$，即 $G\psi$ 也是 H 的本征态，对应于能量本征值 E.

但 $G\psi$ 与 ψ 是不是同一个量子态？考虑到 $[F,G]\neq 0$，一般说来①，$FG\psi\neq GF\psi=GF'\psi=F'G\psi$，即 $G\psi$ 不是 F 的本征态.但 ψ 是 F 的本征态，因此 $G\psi$ 与 ψ 不是同一个量子态.但它们又都是 H 的本征值为 E 的本征态，因此能级是简并的.（证毕）

推论 1 如果体系有一个守恒量 F，而体系的某能级不简并（即对应于某能量本征值 E，只有一个本征态 ψ_E），则 ψ_E 必为 F 的本征态. 因为

$$HF\psi_E=FH\psi_E=FE\psi_E=EF\psi_E,$$

即 $F\psi_E$ 也是 H 的本征值为 E 的本征态.但按假定，能级 E 无简并，因而 $F\psi_E$ 与 ψ_E 只能是同一个量子态，因此它们最多可以相差一个常数因子，记为 F'，即 $F\psi_E=F'\psi_E$，所

---

① 例外的是满足 $[F,G]\psi=0$ 的特殊的态 ψ.当 $[F,G]=$ 常数 $\neq 0$ 时，此情况绝不会发生.但如 $[F,G]=K$（K 为算符），则有可能存在这样特殊的态 ψ，使得 $[F,G]\psi=K\psi=0$.例如，$\boldsymbol{l}$ 的三个分量 l_x, l_y, l_z 不对易，而在中心力场情况下，它们又都是守恒量，所以能级一般是简并的.但对于 s 态（$l=0$），l_x, l_y, l_z 都取确定值 0，$l_x\psi_s=l_y\psi_s=l_z\psi_s=0$，即 $[l_x,l_y]\psi_s=[l_y,l_z]\psi_s=[l_z,l_x]\psi_s=0$.

以 ψ_E 是 F 的本征态(F'即为本征值).

例如,一维谐振子势 $V(x)=\dfrac{1}{2}m\omega^2x^2$ 中的粒子的能级是不简并的,而空间反射算符 P 为守恒量,即$[P,H]=0$,所以能量本征态必为 P 的本征态,即有确定的宇称.事实上,谐振子的能量本征态 $\psi_n(x)$满足 $P\psi_n(x)=\psi_n(-x)=(-1)^n\psi_n(x)$,宇称为$(-1)^n$.

证明 2　设 $H|\psi_n\rangle=E_n|\psi_n\rangle$.

利用$[F,H]=0$,可知 $HF|\psi_n\rangle=FH|\psi_n\rangle=E_nF|\psi_n\rangle$,即 $F|\psi_n\rangle$也是 H 的本征态,对应于本征值 E_n.同理,$G|\psi_n\rangle$也是 H 的本征态,对应的本征值也是 E_n.

设体系的某能级 E_n 不简并,则$|\psi_n\rangle$,$F|\psi_n\rangle$和 $G|\psi_n\rangle$表示同一个量子态.因此 $F|\psi_n\rangle$和 $G|\psi_n\rangle$与$|\psi_n\rangle$只能差一个常数因子,即

$$F|\psi_n\rangle=F_n|\psi_n\rangle,\quad G|\psi_n\rangle=G_n|\psi_n\rangle,\quad F_n\text{ 和 }G_n\text{ 为常数}.$$

这样,

$$(FG-GF)|\psi_n\rangle=(F_nG_n-G_nF_n)|\psi_n\rangle=0.$$

设$|\psi\rangle$为体系的任意态,则它总可以展开成

$$|\psi\rangle=\sum_n a_n|\psi_n\rangle.$$

设所有 E_n 能级都不简并,则

$$(FG-GF)|\psi\rangle=\sum_n a_n(FG-GF)|\psi_n\rangle=0.$$

由于$|\psi\rangle$是任意的,因此$[F,G]=0$.这与定理的假设矛盾.所以不可能所有能级都不简并,即至少有一些能级是简并的.实际上可以说,体系的能级一般是简并的,个别能级可能不简并.(证毕)

推论 2　在定理中,如$[F,G]=C$(C 是不为零的常数),则体系的所有能级都简并,而且简并度为无穷大.

证明 3　首先,设能级 E_n 不简并,上已证明$[F,G]|\psi_n\rangle=0$,但 $C|\psi_n\rangle\neq0$,矛盾.所以不可能出现不简并的能级,即所有能级都简并.

其次,设能级 E_n 的简并度为 f_n　($f_n>1$),本征态记为$|\psi_{n\nu}\rangle$,其中,$\nu=1,2,\cdots,f_n$,则在此 f_n 维态空间中求迹,即

$$\mathrm{tr}(FG)=\sum_{\nu=1}^{f_n}\langle\psi_{n\nu}|FG|\psi_{n\nu}\rangle=\sum_{\nu,\mu=1}^{f_n}\langle\psi_{n\nu}|F|\psi_{n\mu}\rangle\langle\psi_{n\mu}|G|\psi_{n\nu}\rangle,$$

$$\mathrm{tr}(GF)=\sum_{\nu=1}^{f_n}\langle\psi_{n\nu}|GF|\psi_{n\nu}\rangle=\sum_{\nu,\mu=1}^{f_n}\langle\psi_{n\nu}|G|\psi_{n\mu}\rangle\langle\psi_{n\mu}|F|\psi_{n\nu}\rangle,$$

它们都是两个矩阵乘积的求迹.如 f_n 为有限值,则求迹与两个矩阵乘积的次序无关,即 $\mathrm{tr}(FG)=\mathrm{tr}(GF)$,因而 $\mathrm{tr}([F,G])\equiv\mathrm{tr}C=0$,但 $\mathrm{tr}C=\sum_{\nu=1}^{f_n}\langle\psi_{n\nu}|C|\psi_{n\nu}\rangle=$

$C\sum_{\nu=1}^{f_n}\langle\psi_{n\nu}\mid\psi_{n\nu}\rangle=Cf_n\neq 0$，矛盾.所以 f_n 不能取有限值，即能级的简并度必为无穷大.（证毕）

应用此推论的实例，见 7.3 节中关于 Landau 能级的简并度的讨论.

例 Virial 定理.

当体系处于定态时，关于平均值随时间的演化，有一个有用的定理，即 Virial 定理. 设粒子处于势场 $V(\boldsymbol{r})$中，Hamilton 量表示为

$$H=p^2/2m+V(\boldsymbol{r}),\tag{9}$$

考虑 $\boldsymbol{r}\cdot\boldsymbol{p}$ 的平均值随时间的演化.按式(3)，有

$$\begin{aligned}\mathrm{i}\hbar\frac{\mathrm{d}}{\mathrm{d}t}\overline{\boldsymbol{r}\cdot\boldsymbol{p}}&=\overline{[\boldsymbol{r}\cdot\boldsymbol{p},H]}\\&=\frac{1}{2m}\overline{[\boldsymbol{r}\cdot\boldsymbol{p},p^2]}+\overline{[\boldsymbol{r}\cdot\boldsymbol{p},V(\boldsymbol{r})]}\\&=\mathrm{i}\hbar\left(\frac{1}{m}\overline{p^2}-\overline{\boldsymbol{r}\cdot\nabla V}\right).\end{aligned}\tag{10}$$

对于定态，$\frac{\mathrm{d}}{\mathrm{d}t}\overline{\boldsymbol{r}\cdot\boldsymbol{p}}=0$，所以

$$\frac{1}{m}\overline{p^2}=\overline{\boldsymbol{r}\cdot\nabla V}\tag{11}$$

或

$$2\overline{T}=\overline{\boldsymbol{r}\cdot\nabla V},\tag{11'}$$

其中，$T=p^2/2m$ 是粒子的动能.式(11′)即Virial 定理.

特例 设 $V(x,y,z)$是 x,y,z 的 n 次齐次函数（即 $V(cx,cy,cz)=c^nV(x,y,z)$，c 为常数）.证明

$$n\overline{V}=2\overline{T}\tag{12}$$

应用于

(a) 谐振子势，$n=2$，有 $\overline{V}=\overline{T}$；

(b) Coulomb 势，$n=-1$，有 $\overline{V}=-2\overline{T}$；

(c) δ 势，$n=-1$（与 Coulomb 势相同）.

5.2 波包的运动，Ehrenfest 定理

设质量为 m 的粒子在势场 $V(\boldsymbol{r})$中运动，用波包 $\psi(\boldsymbol{r},t)$描述.下面讨论波包的运动与经典粒子运动的关系.显然，$\psi(\boldsymbol{r},t)$必为非定态，因为处于定态的粒子在空间的概率密度$|\psi(\boldsymbol{r},t)|^2$ 是不随时间变化的.与经典粒子运动对应的量子态必为非定态. 设粒

子的 Hamilton 量为

$$H = \frac{\boldsymbol{p}^2}{2m} + V(\boldsymbol{r}), \tag{1}$$

按 5.1 节中的式(3)，粒子的坐标和动量的平均值随时间的变化情况如下：

$$\frac{\mathrm{d}}{\mathrm{d}t}\bar{\boldsymbol{r}} = \frac{1}{\mathrm{i}\hbar}\overline{[\boldsymbol{r}, H]} = \bar{\boldsymbol{p}}/m, \tag{2}$$

$$\frac{\mathrm{d}}{\mathrm{d}t}\bar{\boldsymbol{p}} = \frac{1}{\mathrm{i}\hbar}\overline{[\boldsymbol{p}, H]} = \overline{-\nabla V(\boldsymbol{r})} = \overline{\boldsymbol{F}(\boldsymbol{r})}, \tag{3}$$

它们与经典粒子运动满足的正则方程

$$\frac{\mathrm{d}\boldsymbol{r}}{\mathrm{d}t} = \frac{\boldsymbol{p}}{m}, \quad \frac{\mathrm{d}\boldsymbol{p}}{\mathrm{d}t} = -\nabla V \tag{4}$$

相似.将式(2)代入式(3)，可得

$$m\frac{\mathrm{d}^2}{\mathrm{d}t^2}\bar{\boldsymbol{r}} = \overline{\boldsymbol{F}(\boldsymbol{r})}, \tag{5}$$

此之谓 Ehrenfest 定理[①]，其形式也与经典 Newton 方程相似.但只有当$\overline{\boldsymbol{F}(\boldsymbol{r})}$可以近似代之为 $\boldsymbol{F}(\bar{\boldsymbol{r}})$时，波包中心 $\bar{\boldsymbol{r}}$ 的运动规律才与经典粒子相同.下面来讨论在什么条件下可以做这种近似.

从物理上讲，要用一个波包来描述粒子的运动，波包必须很窄，波包大小应与粒子大小相当.此外，还要求势场 $V(\boldsymbol{r})$在空间变化很缓慢，使得波包中心处的势场 $V(\boldsymbol{r})$与粒子感受到的势场 $V(\boldsymbol{r})$很接近.但这还不够，因为一般说来，波包会随时间演化而扩散.如要求波包能描述经典粒子的运动，则必须在人们感兴趣的整个运动过程中波包扩散得不太厉害.波包扩散的快慢又与波包的宽窄，以及粒子的质量和能量大小有关.下面来更具体地分析一下.为简单起见，考虑一维波包的运动.

试在波包中心 $\bar{x}$ 附近对 $V(\bar{x})$做 Taylor 展开，令 $\xi = x - \bar{x}$，即

$$\frac{\partial V}{\partial x} = \frac{\partial V(\bar{x})}{\partial \bar{x}} + \xi\frac{\partial^2 V(\bar{x})}{\partial \bar{x}^2} + \frac{1}{2}\xi^2\frac{\partial^3 V(\bar{x})}{\partial \bar{x}^3} + \cdots,$$

所以(利用 $\bar{\xi} = 0$)

$$\overline{\frac{\partial V}{\partial x}} = \frac{\partial V(\bar{x})}{\partial \bar{x}} + \frac{1}{2}\overline{\xi^2}\frac{\partial^3 V(\bar{x})}{\partial \bar{x}^3} + \cdots, \tag{6}$$

由此可见，只有当

$$\left|\frac{1}{2}\overline{\xi^2}\frac{\partial^3 V(\bar{x})}{\partial \bar{x}^3}\right| \ll \left|\frac{\partial V(\bar{x})}{\partial \bar{x}}\right| \tag{7}$$

时，$\overline{F(x)} = -\overline{\partial V(x)/\partial x}$才可近似代之为 $F(\bar{x}) = -\partial V(\bar{x})/\partial \bar{x}$.此时，式(5)才与经典 Newton 方程在形式上完全相同.要求式(7)在整个运动过程中成立，就必须要求：

---

① P. Ehrenfest, *Zeit. Physik*, 1927, 45: 455.

(a)波包很窄，而且在运动过程中扩散得不厉害；(b)V 在空间变化很缓慢(在波包范围中变化很小).从式(7)还可看出，设$V(x)=a+bx+cx^2$(a,b,c 为常数)，显然，$\dfrac{\partial^3 V}{\partial x^3}=0$，式(7)自动满足.所以对于线性势或谐振子势，式(7)总是满足的.在这一类势场中的窄波包中心的运动就与经典粒子很相似.

例 α 粒子对原子的散射.

如图 5.1 所示，原子的半径约为 $a\sim10^{-8}$ cm.天然放射性元素放出的 α 粒子的能量约为几个 MeV.设 $E_\alpha\sim5$ MeV，则可估算出其动量 $p_\alpha=\sqrt{2M_\alpha E_\alpha}\sim10^{-14}$ g·cm·s^{-1}.在对原子的散射过程中，α 粒子穿越原子的时间约为

$$\delta t\sim\frac{a}{v_\alpha}=\frac{M_\alpha a}{p_\alpha}.$$

在时间间隔 δt 中，波包扩散约为 $\delta x\sim\Delta v_\alpha\cdot\delta t=\dfrac{\Delta p}{M_\alpha}\cdot\dfrac{M_\alpha a}{p_\alpha}=(\Delta p/p_\alpha)a$. 如要求在 α 粒子穿越原子的时间 δt 内的运动可以近似用轨道运动来描述，就必须要求 $\delta x\ll a$，即要求 $\Delta p/p_\alpha\ll1$.按测不准关系，$\Delta p\sim\hbar/\Delta x\sim\hbar/a\sim10^{-19}$ g·cm·s^{-1}.对于天然放射性元素放出的 α 粒子，其能量 $E_\alpha\sim3-7$ MeV. 可以估算出 $p_\alpha=\sqrt{2M_\alpha E_\alpha}$，$\Delta p/p_\alpha\ll1$ 的条件的确成立，所以可以用轨道运动来近似描述. 如果是讨论电子对原子的散射，由于电子的质量很小，例如，对于能量为 100 eV 的电子，$p_e=\sqrt{2M_eE_e}\sim54\times10^{-19}$ g·cm·s^{-1}，$\Delta p\sim p_e$，那么用轨道运动来描述电子的运动就不恰当了.

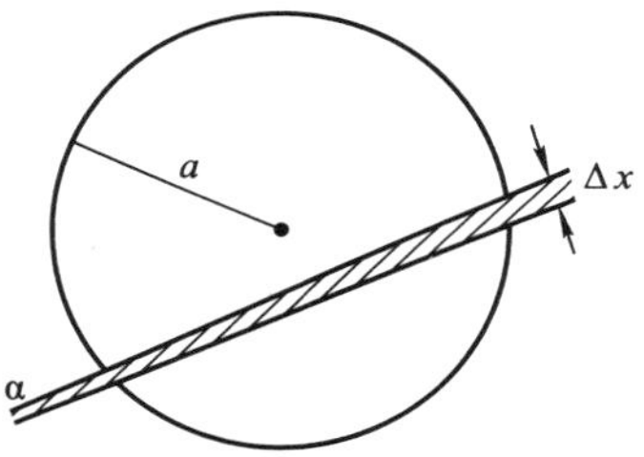

图 5.1 α 粒子对原子的散射

* 5.3 Schrödinger 图像与 Heisenberg 图像

到现在为止，我们把力学量(不显含 t)的平均值及测量值概率分布随时间的演化完全归于波函数 ψ 随时间的演化，而刻画力学量的算符本身是不随时间演化的.因为

$$\overline{A}(t)=(\psi(t),A\psi(t)),\tag{1}$$

$\psi(t)$随时间的演化遵守 Schrödinger 方程

$$\mathrm{i}\hbar\frac{\partial}{\partial t}\psi(t)=H\psi(t),\tag{2}$$

由此我们得到(见 5.1 节中的式(3))

$$\frac{\mathrm{d}}{\mathrm{d}t}\overline{A}(t)=\frac{1}{\mathrm{i}\hbar}\overline{[A,H]},\tag{3}$$

这种描述方式称为 Schrödinger 图像(picture),亦称为 Schrödinger 表象.但波函数和算符本身都不是观测的对象.实际观测的是各力学量的平均值或测量值概率分布.它们随时间的演化,还可以用其他方式来描述.Heisenberg 图像就是其中的一种.

按方程(2),$\psi(t)$的解可以在形式上表示为

$$\psi(t)=U(t,0)\psi(0), \tag{4}$$

$$U(0,0)=1 \quad (\text{初条件}), \tag{5}$$

式(4)中,$U(t,0)$称为时间演化算符.将式(4)代入方程(2),得

$$\mathrm{i}\hbar\frac{\partial}{\partial t}U(t,0)\psi(0)=HU(t,0)\psi(0).$$

由于 $\psi(0)$是任意的,因此

$$\mathrm{i}\hbar\frac{\partial}{\partial t}U(t,0)=HU(t,0). \tag{6}$$

利用初条件(5),方程(6)的解可表示为

$$U(t,0)=\mathrm{e}^{-\mathrm{i}Ht/\hbar}, \tag{7}$$

$U(t,0)$可视为把时刻 t 的状态 $\psi(t)$与初态 $\psi(0)$联系起来的一个连续变换.如 $H^{+}=H$(Hermite 算符),不难证明

$$U^{+}(t,0)U(t,0)=U(t,0)U^{+}(t,0)=I, \tag{8}$$

即幺正变换,从而可保证概率守恒:

$$(\psi(t),\psi(t))=(\psi(0),\psi(0)). \tag{9}$$

将式(4)代入式(1),可得

$$\begin{aligned}\overline{A}(t)&=(U(t,0)\psi(0),AU(t,0)\psi(0))\\&=(\psi(0),U^{+}(t,0)AU(t,0)\psi(0))\\&=(\psi(0),A(t)\psi(0)),\end{aligned} \tag{10}$$

其中,

$$A(t)=U^{+}(t,0)AU(t,0)=\mathrm{e}^{\mathrm{i}Ht/\hbar}A\mathrm{e}^{-\mathrm{i}Ht/\hbar}. \tag{11}$$

按式(10),$\overline{A}(t)$随时间的演化,可以完全由算符 $A(t)$来承担,而态矢保持为 $\psi(0)$,不随时间演化.这种图像称为 Heisenberg 图像.算符 $A(t)$随时间演化的规律可如下求出.按式(11),并利用式(8)及其共轭式,有

$$\begin{aligned}\frac{\mathrm{d}}{\mathrm{d}t}A(t)&=\left[\frac{\mathrm{d}}{\mathrm{d}t}U^{+}(t,0)\right]AU(t,0)+U^{+}(t,0)A\frac{\mathrm{d}}{\mathrm{d}t}U(t,0)\\&=\frac{1}{\mathrm{i}\hbar}(-U^{+}HAU+U^{+}AHU).\end{aligned}$$

利用 U 的幺正性,并注意 $U^{+}HU=H$,得

$$\frac{\mathrm{d}}{\mathrm{d}t}A(t)=\frac{1}{\mathrm{i}\hbar}(-U^{+}HUU^{+}AU+U^{+}AUU^{+}HU)$$

$$= \frac{1}{i\hbar}(-HA(t) + A(t)H),$$

所以

$$\frac{d}{dt}A(t) = \frac{1}{i\hbar}[A(t), H], \tag{12}$$

方程(12)称为 Heisenberg 方程,它描述算符 $A(t)$ 随时间的演化.

概括起来说,在 Schrödinger 图像中,态矢随时间演化遵守 Schrödinger 方程(2),而算符不随时间演化,因此力学量完全集的共同本征态(作为一个表象的一组完备基)也不随时间演化,因而任意一个力学量(不显含 t)在这组基矢之间的矩阵元也不随时间演化.但态矢在这些基矢方向上的投影是随时间演化的.与此相反,在 Heisenberg 图像中,则让体系的态矢本身不随时间演化,而算符却随时间演化,遵守 Heisenberg 方程(12),因此力学量完全集的共同本征态(作为一个表象的一组完备基)是随时间演化的,任意一个力学量在这组基矢之间的矩阵元一般也是随时间演化的.

在此之前,我们都是采用 Schrödinger 图像来讨论问题,对 Heisenberg 图像是陌生的.下面举两个简单的例子.

例 1 自由粒子.$H = p^2/2m$,$[\boldsymbol{p}, H] = 0$,$\boldsymbol{p}$ 为守恒量,所以 $\boldsymbol{p}(t) = \boldsymbol{p}(0) = \boldsymbol{p}$.但

$$\frac{d}{dt}\boldsymbol{r}(t) = \frac{1}{i\hbar}[\boldsymbol{r}(t), H] = \frac{1}{i\hbar}e^{iHt/\hbar}[\boldsymbol{r}, p^2/2m]e^{-iHt/\hbar}$$

$$= e^{iHt/\hbar}\frac{\boldsymbol{p}}{m}e^{-iHt/\hbar} = \boldsymbol{p}/m,$$

所以

$$\boldsymbol{r}(t) = \boldsymbol{r}(0) + \frac{\boldsymbol{p}}{m}t. \tag{13}$$

例 2 一维谐振子.$H = p^2/2m + \frac{1}{2}m\omega^2 x^2$.

$$x(t) = e^{iHt/\hbar}x e^{-iHt/\hbar}, \quad p(t) = e^{iHt/\hbar}p e^{-iHt/\hbar},$$

而

$$\begin{cases} \frac{d}{dt}x(t) = \frac{1}{i\hbar}e^{iHt/\hbar}[x, H]e^{-iHt/\hbar} = p(t)/m, \\ \frac{d}{dt}p(t) = \frac{1}{i\hbar}e^{iHt/\hbar}[p, H]e^{-iHt/\hbar} = -m\omega^2 x(t). \end{cases} \tag{14}$$

因此

$$\frac{d^2}{dt^2}x(t) = \frac{1}{m}\frac{d}{dt}p(t) = -\omega^2 x(t), \tag{15}$$

形式上与经典谐振子的 Newton 方程相同.其解可表示为

$$
\begin{aligned}
x(t) &= c_1 \cos\omega t + c_2 \sin\omega t, \\
p(t) &= m\frac{\mathrm{d}}{\mathrm{d}t}x(t) = -m\omega c_1 \sin\omega t + m\omega c_2 \cos\omega t.
\end{aligned} \tag{16}
$$

再利用初条件

$$
\begin{aligned}
x(0) &= c_1 = x, \\
p(0) &= m\omega c_2 = p, \quad c_2 = p/m\omega,
\end{aligned} \tag{17}
$$

最后得

$$
\begin{aligned}
x(t) &= x\cos\omega t + \frac{p}{m\omega}\sin\omega t, \\
p(t) &= p\cos\omega t - m\omega x\sin\omega t.
\end{aligned} \tag{18}
$$

5.4　守恒量与对称性的关系

经典力学中守恒定律与对称性的密切关系，早在19世纪中叶就已为人们认识到.特别是，如体系具有空间平移不变性（空间均匀性），则体系的动量守恒；如体系具有空间旋转不变性（空间各向同性），则体系的角动量守恒；如体系具有时间平移不变性（时间均匀性），则体系的能量守恒.在经典力学中借助体系守恒量（运动积分），可以使运动方程的求解大为简化.例如，求解 Newton 方程时，如能找到一个守恒量，则求解含时间二阶微分的方程可以简化为求解含时间一阶微分的方程.

然而，守恒定律与对称性的紧密联系及其广泛应用，只是在量子力学建立以后，才深入到物理学的日常语言中来.这与量子力学规律本身的特点密切相关.与经典力学相比，量子力学关于对称性的研究，大大丰富了人们对体系的认识.例如，标记体系定态的好量子数，以及表征跃迁前后状态关系的选择定则，总是与体系的某种对称性有直接关系；体系能级的简并性（除了真正的偶然简并外），也总是与体系的对称性相关.此外，在采用量子力学处理各种具体问题时，能严格求解者极少.但借助对体系对称性的分析，不必严格求解 Schrödinger 方程，就可以得出一些很重要的结论.这种情况在近代物理学中是屡见不鲜的.

设体系的状态用 ψ 描述.ψ 随时间的演化遵守 Schrödinger 方程

$$
\mathrm{i}\hbar\frac{\partial}{\partial t}\psi = H\psi. \tag{1}
$$

考虑某种线性变换 Q（存在逆变换 Q^{-1}，不依赖于时间），在此变换下，ψ 的变化如下：

$$
\psi \rightarrow \psi' = Q\psi, \tag{2}
$$

体系对于变换的不变性表现为 ψ' 与 ψ 遵守相同形式的运动方程，即要求 ψ' 也遵守

$$
\mathrm{i}\hbar\frac{\partial}{\partial t}\psi' = H\psi', \tag{3}
$$

即

$$\mathrm{i}\hbar\frac{\partial}{\partial t}Q\psi = HQ\psi.$$

用 Q^{-1} 作用在上述方程两边，得

$$\mathrm{i}\hbar\frac{\partial}{\partial t}\psi = Q^{-1}HQ\psi.$$

与方程(1)比较，可知 $Q^{-1}HQ=H$，即 $QH=HQ$，或表示为

$$[Q,H]=0, \tag{4}$$

这就是体系(Hamilton 量)在变换 Q 下的不变性的数学表达.凡满足式(4)的变换，称为体系的对称性变换①.物理学中的体系的对称性变换，总是构成一个群，称为体系的对称性群.考虑到概率守恒，要求 $(\psi',\psi')=(Q\psi,Q\psi)=(\psi,Q^{+}Q\psi)=(\psi,\psi)$，则 Q 应为幺正算符，即

$$QQ^{+}=Q^{+}Q=I. \tag{5}$$

对于连续变换，可以考虑无穷小变换，令

$$Q=I+\mathrm{i}\varepsilon F, \tag{6}$$

其中，$\varepsilon\to0^{+}$，是刻画无穷小变换的实参量.将式(6)代入式(5)，可得

$$\begin{aligned}Q^{+}Q&=(I-\mathrm{i}\varepsilon F^{+})(I+\mathrm{i}\varepsilon F)\\&=I+\mathrm{i}\varepsilon(F-F^{+})+O(\varepsilon^{2})=I,\end{aligned}$$

即要求

$$F^{+}=F, \tag{7}$$

即 F 为 Hermite 算符，称为变换 Q 的无穷小算符.由于它是 Hermite 算符，可用它来定义一个与 Q 变换相联系的可观测量.按式(4)，体系在 Q 变换下的不变性 $[Q,H]=0$，就导致

$$[F,H]=0, \tag{8}$$

即 F 是体系的一个守恒量.

例 1 空间平移不变性与动量守恒.

如图 5.2 所示，考虑体系沿 x 方向的无穷小平移 δx，$x\to x'=x+\delta x$，描述体系状态的波函数变化如下：

---

① 更普遍来讲，如一个变换不改变体系的各物理量的相互关系，则称其为体系的一个对称性变换.设体系的某一个状态用 ψ 描述，经过某变换后，该状态用 ψ' 描述.同样，体系的另一个状态用 ϕ 描述，经过同样的变换后，该状态用 ϕ' 描述.如该变换是对称性变换，按量子力学的统计诠释，必须要求 $|(\psi,\phi)|=|(\psi',\phi')|$(注意：只要求标量积的模不变).基于此要求，Wigner 指出：对称性变换只能是幺正变换或反幺正变换.对于连续变换，它们总可以从恒等变换出发，连续地经历无穷小变换来实现，这种变换只能是幺正变换.一个体系若存在一个守恒量，则表明该体系有某种对称性.反之，不一定成立.Wigner 还指出：对于幺正变换对称性，的确存在相应的守恒量.但对于反幺正变换对称性，例如，时间反演不变性，并不存在相应的守恒量.

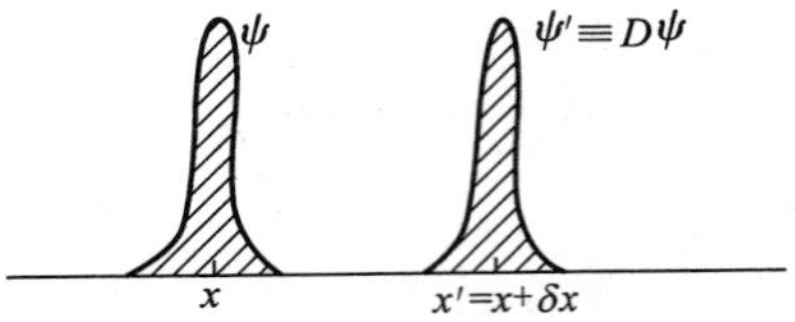

图 5.2

$$\psi \to \psi' \equiv D\psi. \tag{9}$$

显然

$$\psi'(x') = \psi(x), \tag{10}$$

即

$$D\psi(x + \delta x) = \psi(x).$$

在上式中,如把 x 换为 $x - \delta x$,则有

$$D\psi(x) = \psi(x - \delta x) = \psi(x) - \delta x \frac{\partial \psi}{\partial x} + \cdots$$

$$= \exp\left(-\delta x \frac{\partial}{\partial x}\right)\psi(x),$$

所以无穷小平移 δx 的算符可表示为

$$D(\delta x) = \exp\left(-\delta x \frac{\partial}{\partial x}\right) = \exp(-\mathrm{i}\delta x p_x/\hbar), \tag{11}$$

其中,

$$p_x = -\mathrm{i}\hbar \frac{\partial}{\partial x} \tag{12}$$

为相应的无穷小算符,它就是大家熟悉的动量算符的 x 分量.

对于三维空间中的无穷小平移,$\boldsymbol{r} \to \boldsymbol{r}' = \boldsymbol{r} + \delta \boldsymbol{r}$,则

$$D(\delta \boldsymbol{r}) = \exp(-\mathrm{i}\delta \boldsymbol{r} \cdot \boldsymbol{p}/\hbar), \tag{13}$$

其中,

$$\boldsymbol{p} = -\mathrm{i}\hbar \nabla, \tag{14}$$

即动量算符.

设体系对于空间平移具有不变性,即 $[D, H] = 0$,则有

$$[\boldsymbol{p}, H] = 0, \tag{15}$$

此即动量守恒的条件.

例 2 空间旋转不变性与角动量守恒.

先考虑一个简单情况,即体系绕 z 轴旋转无穷小角度 $\delta\varphi$,$\varphi \to \varphi' = \varphi + \delta\varphi$,波函数变化如下:

$$\psi \to \psi' \equiv R\psi. \tag{16}$$

对于平常碰到的标量波函数①,则有

$$\psi'(\varphi')=\psi(\varphi),$$

即

$$R\psi(\varphi+\delta\varphi)=\psi(\varphi).$$

在上式中,如把 φ 换为 $\varphi-\delta\varphi$,则有

$$\begin{aligned}R\psi(\varphi)&=\psi(\varphi-\delta\varphi)=\psi(\varphi)-\delta\varphi\frac{\partial\psi}{\partial\varphi}+\cdots\\&=\exp\left(-\delta\varphi\frac{\partial}{\partial\varphi}\right)\psi(\varphi),\end{aligned}$$

所以绕 z 轴旋转无穷小角度 $\delta\varphi$ 的算符可表示为

$$R(\delta\varphi)=\exp\left(-\delta\varphi\frac{\partial}{\partial\varphi}\right)=\exp(-\mathrm{i}\delta\varphi\, l_z/\hbar),\tag{17}$$

其中,

$$l_z=-\mathrm{i}\hbar\frac{\partial}{\partial\varphi},\tag{18}$$

即角动量的 z 分量的算符.

现在来考虑三维空间中绕某方向 $\boldsymbol{n}$($\boldsymbol{n}$ 为单位矢量)的无穷小旋转(见图 5.3):

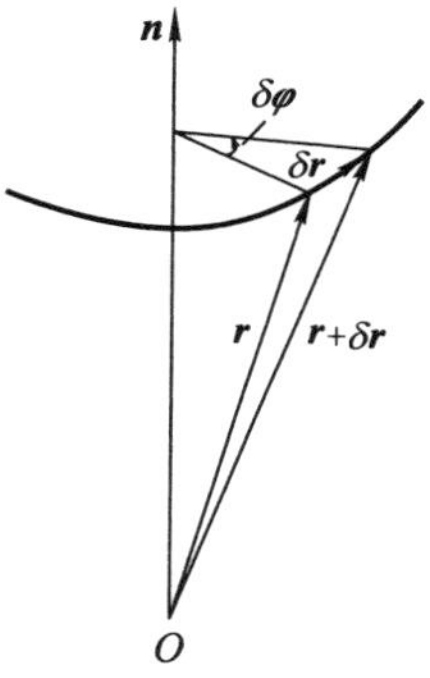

图 5.3

$$\begin{aligned}&\boldsymbol{r}\rightarrow\boldsymbol{r}'=\boldsymbol{r}+\delta\boldsymbol{r},\\&\delta\boldsymbol{r}=\delta\boldsymbol{\varphi}\times\boldsymbol{r}=\delta\varphi\,\boldsymbol{n}\times\boldsymbol{r},\end{aligned}\tag{19}$$

在此变换下,标量波函数变化如下:

$$\psi\rightarrow\psi'\equiv R\psi,\quad \psi'(\boldsymbol{r}')=\psi(\boldsymbol{r}),\tag{20}$$

即

$$R\psi(\boldsymbol{r}+\delta\boldsymbol{r})=\psi(\boldsymbol{r}),$$

所以

$$\begin{aligned}R\psi(\boldsymbol{r})&=\psi(\boldsymbol{r}-\delta\boldsymbol{r})=\psi(\boldsymbol{r}-\delta\varphi\,\boldsymbol{n}\times\boldsymbol{r})\\&=\psi(\boldsymbol{r})-\delta\varphi(\boldsymbol{n}\times\boldsymbol{r})\cdot\boldsymbol{\nabla}\psi(\boldsymbol{r})+\cdots\\&=\mathrm{e}^{-\delta\varphi(\boldsymbol{n}\times\boldsymbol{r})\cdot\boldsymbol{\nabla}}\psi(\boldsymbol{r}),\end{aligned}\tag{21}$$

所以无穷小旋转 $\delta\boldsymbol{\varphi}=\delta\varphi\,\boldsymbol{n}$ 的算符可表示为

$$\begin{aligned}R(\delta\varphi\,\boldsymbol{n})&=\exp[-\delta\varphi(\boldsymbol{n}\times\boldsymbol{r})\cdot\boldsymbol{\nabla}]=\exp[-\mathrm{i}\delta\varphi(\boldsymbol{n}\times\boldsymbol{r})\cdot\boldsymbol{p}/\hbar]\\&=\exp[-\mathrm{i}\delta\varphi\boldsymbol{n}\cdot(\boldsymbol{r}\times\boldsymbol{p})/\hbar]=\exp(-\mathrm{i}\delta\varphi\boldsymbol{n}\cdot\boldsymbol{l}/\hbar),\end{aligned}\tag{22}$$

其中,

$$\boldsymbol{l}=\boldsymbol{r}\times\boldsymbol{p},\tag{23}$$

---

① 无自旋粒子的波函数即标量波函数.光子的波函数是矢量波函数,表明光子场为矢量场,光子具有自旋 $\hbar$.电子具有自旋 $\hbar/2$,波函数为旋量波函数.它们在空间旋转下的性质与标量波函数不同.

即角动量算符.

如体系具有空间旋转不变性,即$[R,H]=0$,则导致

$$[\boldsymbol{l},H]=0, \tag{24}$$

此即角动量守恒的条件.

5.5　全同粒子系与波函数的交换对称性

5.5.1　全同粒子系的交换对称性

自然界中存在各种不同种类的粒子,例如,电子、质子、中子、光子、π介子等.同一类粒子具有完全相同的内禀属性,包括静质量、电荷、自旋、磁矩、寿命等.事实上,人们正是按这些内禀属性来对粒子进行分类的.在量子力学中,把属于同一类的粒子称为全同(identical)粒子.应当强调,粒子的全同性概念与态的量子化有本质的联系.如果没有态的量子化,就谈不上全同性.在经典力学中,由于粒子的性质和状态(质量、形状、大小等)可以连续变化,谈不上两个粒子真正全同.在量子力学中,由于态的量子化,两个量子态要么完全相同,要么很不相同,中间无连续过渡.例如,两个银原子,不管它们是经过什么工艺、过程制备出来的,通常条件下都处于基态,都用相同的量子态来描述,所以我们说它们是全同的.

在自然界中经常碰到由同类粒子组成的多粒子系.例如,原子和分子中的电子系,原子核中的质子系和中子系,金属中的电子气等.同类粒子组成的多粒子系的基本特征是:任意可观测量,特别是 Hamilton 量,对于任意两个粒子交换是不变的,即具有交换对称性.例如,氦原子中两个电子组成的体系,其 Hamilton 量为

$$H=\frac{p_1^2}{2m}+\frac{p_2^2}{2m}-\frac{2e^2}{r_1}-\frac{2e^2}{r_2}+\frac{e^2}{|\boldsymbol{r}_1-\boldsymbol{r}_2|},$$

当两个电子交换时,H 显然不变,即 $P_{12}HP_{12}^{-1}=H$,其中,P_{12}是两个电子交换的算符,亦即

$$[P_{12},H]=0.$$

全同粒子系的交换对称性,反映到描述量子态的波函数上,就有了极深刻的内容.例如,对于氦原子,当人们在某处测得一个电子时,由于两个电子的内禀属性完全相同,因此不能(也没必要)判断它究竟是两个电子中的哪一个.换言之,只能说测到了一个电子在那里,但不能说它是两个电子中的哪一个.对于全同粒子系,任意两个粒子交换一下,其量子态都是不变的,因为一切测量结果都不会因此而有所改变.这样,就给描述全同粒子系的波函数带来很强的限制,即要求全同粒子系的波函数对于粒子交换具有一定的对称性.

应该指出,不应认为全同性只是一个抽象的概念,事实上,全同性是一个可观测

量.例如,全同双原子分子(H_2,N_2,O_2 等)的转动光谱线的强度呈现出强弱交替的现象(见图 10.6),全同粒子的散射截面(见 12.4 节)等.

现在来做更普遍的讨论.考虑 N 个全同粒子组成的多粒子系,其量子态用波函数 $\psi(q_1,\cdots,q_i,\cdots,q_j,\cdots,q_N)$ 描述,$q_i(i=1,2,\cdots,N)$ 表示每个粒子的全部坐标(包括空间坐标与自旋坐标).P_{ij} 表示第 i 个粒子与第 j 个粒子的全部坐标的交换,即

$$P_{ij}\psi(q_1,\cdots,q_i,\cdots,q_j,\cdots,q_N) \equiv \psi(q_1,\cdots,q_j,\cdots,q_i,\cdots,q_N), \tag{1}$$

试问:这两个波函数(ψ 与 $P_{ij}\psi$)所描述的量子态有何不同?不应有什么不同,因为一切测量结果都说不出有什么差别.如果说有什么“不同”,只不过“第 i 个粒子”与“第 j 个粒子”所扮演的角色对调了一下而已,但由于所有粒子的内禀属性完全相同,因此这两种情况是无法区分的.所以只能认为 ψ 与 $P_{ij}\psi$ 描述的是同一个量子态,因此它们最多可以相差一个常数因子 C,即

$$P_{ij}\psi = C\psi. \tag{2}$$

用 P_{ij} 再作用在上式两边一次,得

$$P_{ij}^2\psi = CP_{ij}\psi = C^2\psi,$$

显然,$P_{ij}^2=1$,所以 $C^2=1$,因而

$$C=\pm 1. \tag{3}$$

将式(3)代入式(2),可看出,P_{ij} 有(而且只有)两个本征值,即 $C=\pm 1$.即全同粒子系的波函数必须满足下列关系之一:

$$P_{ij}\psi = \psi, \tag{4a}$$

$$P_{ij}\psi = -\psi, \tag{4b}$$

其中,$i \neq j = 1,2,3,\cdots,N$.凡满足 $P_{ij}\psi=\psi$ 的,称为对称波函数;凡满足 $P_{ij}\psi=-\psi$ 的,称为反对称波函数.所以全同粒子系的交换对称性给了波函数一个很强的限制,即要求它们对于任意两个粒子交换,或者对称,或者反对称.

值得注意的是,对于全同粒子系,

$$[P_{ij},H]=0, \quad i \neq j = 1,2,\cdots,N, \tag{5}$$

所有 P_{ij} 都是守恒量.但 5.1 节中已强调,一个量子体系并不一定处于守恒量的本征态,更不一定所有的守恒量都有共同本征态.由于不是所有的 P_{ij} 都彼此对易,一般说来,全同粒子系的波函数 $\psi(q_1,q_2,\cdots,q_N)$ 并不一定就是某个 P_{ij} 的本征态,更不一定就是所有 P_{ij} 的共同本征态.但是,既然是全同粒子系,那么所有 P_{ij} 中,不应有哪一个的地位特殊一些(为什么一个态可以是 P_{12} 的本征态而不是 P_{23} 的本征态?).所以所有 P_{ij} 所处地位应该完全平等.唯一可能的选择是量子态是所有 P_{ij} 的共同本征态.仔细分析表明,所有 P_{ij} 的共同本征态是存在的,即完全对称波函数和完全反对称波函数.由于所有 P_{ij} 都是守恒量,因此全同粒子系的波函数的交换对称性是不随时间演化的,或者说全同粒子系的统计性(Bose 统计或 Fermi 统计)是不变的.

迄今为止的一切实验都表明,对于每一类粒子,它们的多体波函数的交换对称性

是完全确定的.实验还表明,全同粒子系的波函数的交换对称性与粒子的自旋有确定的联系.凡自旋为 $\hbar$ 的整数倍($s=0,1,2,\cdots$)的粒子,波函数对于两个粒子交换总是对称的,例如,π 介子($s=0$)和光子($s=1$).在统计方法上,它们遵守 Bose 统计,故称为玻色子.凡自旋为 $\hbar$ 的半奇数倍($s=1/2,3/2,\cdots$)的粒子,波函数对于两个粒子交换总是反对称的,例如,电子、质子、中子等.它们遵守 Fermi 统计,故称为费米子.

由"基本粒子"组成的复杂粒子,例如,α 粒子(氦核)或其他原子核,如在讨论的问题或过程中内部状态保持不变,即内部自由度完全被冻结,则全同性概念仍然适用,也可以当成一类全同粒子来处理.如它们是由玻色子组成,则仍为玻色子.如它们是由奇数个费米子组成,则仍为费米子.但如它们是由偶数个费米子组成,则构成玻色子.例如,${}_1^2H_1$(氘)和${}_2^4He_2$(α 粒子)为玻色子,而${}_1^3H_2$(氚)和${}_2^3He_1$ 则为费米子.

下面将讨论在忽略粒子相互作用的情况下如何去构造具有完全交换对称性或反对称性的波函数.在有相互作用的情况下,全同粒子系的量子态可以用它们(作为基矢)来展开.先讨论两个全同粒子组成的体系,然后讨论 N 个全同粒子组成的体系.

5.5.2　两个全同粒子组成的体系

设有两个全同粒子(忽略它们的相互作用),Hamilton 量表示为

$$H=h(q_1)+h(q_2), \tag{6}$$

其中,$h(q)$表示单粒子 Hamilton 量.$h(q_1)$与 $h(q_2)$在形式上完全相同,只不过 q_1 和 q_2 互换而已.显然,$[P_{12},H]=0$.$h(q)$的本征方程为

$$h(q)\varphi_k(q)=\varepsilon_k\varphi_k(q), \tag{7}$$

其中,ε_k 为单粒子能量,$\varphi_k(q)$为相应的归一化单粒子波函数,k 代表一组完备的量子数.设两个粒子中有一个处于 φ_{k_1} 态,另一个处于 φ_{k_2} 态,则 $\varphi_{k_1}(q_1)\varphi_{k_2}(q_2)$与 $\varphi_{k_1}(q_2)\varphi_{k_2}(q_1)$对应的能量都是 $\varepsilon_{k_1}+\varepsilon_{k_2}$.这种与交换相联系的简并称为交换简并,但这两个波函数还不一定具有交换对称性.

对于玻色子,要求波函数对于交换是对称的.这里要分两种情况:

(a) $k_1\neq k_2$,归一化波函数可如下构成:

$$\begin{aligned}\psi_{k_1k_2}^S(q_1,q_2)&=\frac{1}{\sqrt{2}}[\varphi_{k_1}(q_1)\varphi_{k_2}(q_2)+\varphi_{k_1}(q_2)\varphi_{k_2}(q_1)]\\&=\frac{1}{\sqrt{2}}(1+P_{12})\varphi_{k_1}(q_1)\varphi_{k_2}(q_2),\end{aligned} \tag{8}$$

其中,$1/\sqrt{2}$是归一化因子.

(b) $k_1=k_2=k$,归一化波函数为

$$\psi_{kk}^S(q_1,q_2)=\varphi_k(q_1)\varphi_k(q_2). \tag{9}$$

对于费米子,要求波函数对于交换是反对称的.归一化波函数可如下构成:

$$\psi^A_{k_1k_2}(q_1,q_2)=\frac{1}{\sqrt{2}}[\varphi_{k_1}(q_1)\varphi_{k_2}(q_2)-\varphi_{k_1}(q_2)\varphi_{k_2}(q_1)]$$
$$=\frac{1}{\sqrt{2}}\begin{vmatrix}\varphi_{k_1}(q_1) & \varphi_{k_1}(q_2)\\ \varphi_{k_2}(q_1) & \varphi_{k_2}(q_2)\end{vmatrix}=\frac{1}{\sqrt{2}}(1-P_{12})\varphi_{k_1}(q_1)\varphi_{k_2}(q_2). \tag{10}$$

由式(10)可以看出，若 $k_1=k_2$，则 $\psi^A\equiv 0$，即这样的状态是不存在的.这就是著名的 Pauli 不相容原理(简称 Pauli 原理)：不允许有两个全同的费米子处于同一个单粒子态(这里，k 代表足以描述费米子的一组完备的量子数，特别要注意描述自旋态的量子数).

Pauli 原理是一个极为重要的自然规律，是理解原子结构和元素周期表必不可少的理论基础，是在早期量子论的框架中提出的.后来从量子力学中波函数的反对称性来说明 Pauli 原理的是 Heisenberg，Fermi 和 Dirac.

例 设有两个全同的自由粒子，都处于动量本征态(本征值分别为 $\hbar\boldsymbol{k}_\alpha,\hbar\boldsymbol{k}_\beta$).下面分三种情况讨论它们在空间的相对距离的概率分布：

(a) 没有交换对称性.在不计及交换对称性时，两个粒子的波函数可表示为

$$\psi_{k_\alpha k_\beta}(\boldsymbol{r}_1,\boldsymbol{r}_2)=\frac{1}{(2\pi)^3}\mathrm{e}^{\mathrm{i}(\boldsymbol{k}_\alpha\cdot\boldsymbol{r}_1+\boldsymbol{k}_\beta\cdot\boldsymbol{r}_2)}, \tag{11}$$

令

$$\begin{aligned}&\boldsymbol{r}=\boldsymbol{r}_1-\boldsymbol{r}_2,\quad \boldsymbol{R}=\frac{1}{2}(\boldsymbol{r}_1+\boldsymbol{r}_2),\\ &\boldsymbol{k}=\frac{1}{2}(\boldsymbol{k}_\alpha-\boldsymbol{k}_\beta),\quad \boldsymbol{K}=\boldsymbol{k}_\alpha+\boldsymbol{k}_\beta,\end{aligned} \tag{12}$$

其中，$\boldsymbol{r},\boldsymbol{R},\hbar\boldsymbol{k}$ 和 $\hbar\boldsymbol{K}$ 分别表示相对坐标、质心坐标、相对动量和总动量.式(12)之逆表示式为

$$\begin{aligned}&\boldsymbol{r}_1=\boldsymbol{R}+\boldsymbol{r}/2,\quad \boldsymbol{r}_2=\boldsymbol{R}-\boldsymbol{r}/2,\\ &\boldsymbol{k}_\alpha=\boldsymbol{K}/2+\boldsymbol{k},\quad \boldsymbol{k}_\beta=\boldsymbol{K}/2-\boldsymbol{k}.\end{aligned} \tag{13}$$

于是式(11)可化为 $\sim\mathrm{e}^{\mathrm{i}\boldsymbol{K}\cdot\boldsymbol{R}+\mathrm{i}\boldsymbol{k}\cdot\boldsymbol{r}}$.略去与本例无关的质心运动部分，相对运动部分波函数为

$$\phi_{\boldsymbol{k}}(\boldsymbol{r})=\frac{1}{(2\pi)^{3/2}}\mathrm{e}^{\mathrm{i}\boldsymbol{k}\cdot\boldsymbol{r}}. \tag{14}$$

这样，在距离一个粒子半径在$(r,r+\mathrm{d}r)$的球壳中找到另一个粒子的概率为

$$r^2\mathrm{d}r\int|\phi_{\boldsymbol{k}}(\boldsymbol{r})|^2\mathrm{d}\Omega=\frac{4\pi r^2\mathrm{d}r}{(2\pi)^3}=4\pi r^2P(r)\mathrm{d}r, \tag{15}$$

其中，$P(r)$表示概率密度.由式(15)可以看出，$P(r)=1/(2\pi)^3$ 是常数(与 r 无关).

(b) 交换反对称波函数.当粒子 1 和 2 交换时，$\boldsymbol{R}$ 不变，$\boldsymbol{r}\to-\boldsymbol{r}$，这样，反对称相对运动部分波函数可表示为

$$\phi^A_{\boldsymbol{k}}(\boldsymbol{r})=\frac{1}{\sqrt{2}}(1-P_{12})\frac{1}{(2\pi)^{3/2}}\mathrm{e}^{\mathrm{i}\boldsymbol{k}\cdot\boldsymbol{r}}=\frac{\mathrm{i}\sqrt{2}}{(2\pi)^{3/2}}\sin(\boldsymbol{k}\cdot\boldsymbol{r}). \tag{16}$$

由此可以计算出

$$4\pi r^2 P^A(r)\mathrm{d}r = r^2\mathrm{d}r\int|\phi_k^A(\boldsymbol{r})|^2\mathrm{d}\Omega = \frac{2r^2\mathrm{d}r}{(2\pi)^3}\int\sin^2(\boldsymbol{k}\cdot\boldsymbol{r})\mathrm{d}\Omega$$

$$= \frac{2r^2\mathrm{d}r}{(2\pi)^3}\int_0^{2\pi}\mathrm{d}\varphi\int_0^{\pi}\sin^2(kr\cos\theta)\sin\theta\mathrm{d}\theta = \frac{4\pi r^2\mathrm{d}r}{(2\pi)^3}\left(1-\frac{\sin 2kr}{2kr}\right),$$

即

$$P^A(r) = \frac{1}{(2\pi)^3}\left(1-\frac{\sin 2kr}{2kr}\right). \tag{17}$$

(c) 交换对称波函数.类似可求出

$$P^S(r) = \frac{1}{(2\pi)^3}\left(1+\frac{\sin 2kr}{2kr}\right). \tag{18}$$

令 $x=2kr$(无量纲),把三种情况下的相对距离的概率分布画于图 5.4 中.可以看出,在空间波函数交换对称的情况下,两个粒子靠拢的概率最大,而在交换反对称的情况下,两个粒子靠近($x\to 0$)的概率趋于零.但当 $x\to\infty$时,三种情况将没有什么区别,即$P(r)/(2\pi)^3\to 1$.此时,波函数的交换对称性的影响逐渐消失.从该例可以看出,全同粒子的相对距离的概率分布与波函数的交换对称性有很密切的关系,这是一个可以观测的效应.

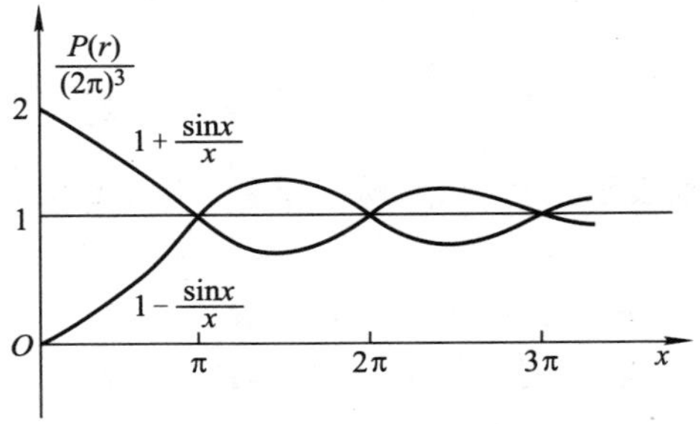

图　5.4

5.5.3　N 个全同费米子组成的体系

先考虑三个全同费米子组成的体系,无相互作用.设三个粒子处于三个不同的单粒子态 φ_{k_1},φ_{k_2}和 φ_{k_3},则反对称波函数可表示为

$$\psi^A_{k_1k_2k_3}(q_1,q_2,q_3) = \frac{1}{\sqrt{3!}}\begin{vmatrix}\varphi_{k_1}(q_1) & \varphi_{k_1}(q_2) & \varphi_{k_1}(q_3)\\ \varphi_{k_2}(q_1) & \varphi_{k_2}(q_2) & \varphi_{k_2}(q_3)\\ \varphi_{k_3}(q_1) & \varphi_{k_3}(q_2) & \varphi_{k_3}(q_3)\end{vmatrix}$$

$$
\begin{aligned}
&=\frac{1}{\sqrt{3!}}[\varphi_{k_1}(q_1)\varphi_{k_2}(q_2)\varphi_{k_3}(q_3)+\varphi_{k_1}(q_2)\varphi_{k_2}(q_3)\varphi_{k_3}(q_1)\\
&\quad+\varphi_{k_1}(q_3)\varphi_{k_2}(q_1)\varphi_{k_3}(q_2)-\varphi_{k_1}(q_1)\varphi_{k_2}(q_3)\varphi_{k_3}(q_2)\\
&\quad-\varphi_{k_1}(q_3)\varphi_{k_2}(q_2)\varphi_{k_3}(q_1)-\varphi_{k_1}(q_2)\varphi_{k_2}(q_1)\varphi_{k_3}(q_3)]\\
&=\mathscr{A}\varphi_{k_1}(q_1)\varphi_{k_2}(q_2)\varphi_{k_3}(q_3), \qquad (19)
\end{aligned}
$$

其中,

$$
\mathscr{A}=\frac{1}{\sqrt{3!}}(I+P_{23}P_{31}+P_{12}P_{23}-P_{23}-P_{13}-P_{12})
$$

称为反对称化算符.

类似可推广到 N 个全同费米子组成的体系.设 N 个费米子分别处于 $k_1<k_2<\cdots<k_N$ 态下,则反对称波函数可表示为

$$
\begin{aligned}
\psi^A_{k_1\cdots k_N}(q_1,\cdots,q_N)&=\frac{1}{\sqrt{N!}}\begin{vmatrix}\varphi_{k_1}(q_1) & \varphi_{k_1}(q_2) & \cdots & \varphi_{k_1}(q_N)\\ \varphi_{k_2}(q_1) & \varphi_{k_2}(q_2) & \cdots & \varphi_{k_2}(q_N)\\ \vdots & \vdots & \ddots & \vdots\\ \varphi_{k_N}(q_1) & \varphi_{k_N}(q_2) & \cdots & \varphi_{k_N}(q_N)\end{vmatrix}\\
&=\mathscr{A}\varphi_{k_1}(q_1)\varphi_{k_2}(q_2)\cdots\varphi_{k_N}(q_N),
\end{aligned}
$$

其中,

$$
\mathscr{A}=\frac{1}{\sqrt{N!}}\sum_P\delta_P P \quad \text{(反对称化算符)}, \qquad (20)
$$

这里,P 代表 N 个粒子的一个置换.N 个粒子分别排列在 N 个单粒子态上,共有 $N!$ 个排列,所以共有 $N!$ 个置换(包括恒等变换 I),从标准排列 $\varphi_{k_1}(q_1)\varphi_{k_2}(q_2)\cdots\varphi_{k_N}(q_N)$ 经过置换 P,得到 $P\varphi_{k_1}(q_1)\varphi_{k_2}(q_2)\cdots\varphi_{k_N}(q_N)$,共得出 $N!$ 项,即行列式展开后得出的 $N!$ 项.每一个置换 P 总可以表示为若干个对换(两个粒子交换)之积.可以证明,一半置换可以分解成奇数个对换之积,称为奇置换,此时 $\delta_P=-1$;另一半置换可以分解成偶数个对换之积,称为偶置换,此时 $\delta_P=1$.式(20)常称为 Slater 行列式,$1/\sqrt{N!}$ 是归一化因子.

5.5.4 N 个全同玻色子组成的体系

玻色子不受 Pauli 原理限制,可以有任意数目的玻色子处于相同的单粒子态.设有 n_i 个玻色子处于 k_i 态上($i=1,2,\cdots,N$),$\sum_{i=1}^{N}n_i=N$,这些 n_i 中,有些可以为 0,有些可以大于 1.此时对称波函数可表示为

$$
\sum_P P[\underbrace{\varphi_{k_1}(q_1)\cdots\varphi_{k_1}(q_{n_1})}_{n_1\text{个}}\cdot\underbrace{\varphi_{k_2}(q_{n_1+1})\cdots\varphi_{k_2}(q_{n_1+n_2})}_{n_2\text{个}}\cdots], \qquad (21)
$$

这里的 P 是指那些只对处于不同单粒子态上的粒子进行对换而构成的置换，只有这样，式(21)求和号中的各项才彼此正交.这样的置换共有

$$N!\ /n_1!\ n_2!\ \cdots n_N!$$

个.因此归一化的对称波函数可表示为

$$\psi^S_{n_1\cdots n_N}(q_1,\cdots,q_N)=\sqrt{\frac{\prod_i n_i!}{N!}}\sum_P P[\varphi_{k_1}(q_1)\cdots\varphi_{k_N}(q_N)]. \tag{22}$$

特例　$N=2$ 体系，分 $n_1=n_2=1$ 和 $n_1=2,n_2=0$ 两种情况，已在前面讨论过了(见式(8)与式(9)).

$N=3$ 体系，设三个单粒子态分别记为 $\varphi_1,\varphi_2,\varphi_3$.

(a) $n_1=n_2=n_3=1$.此时

$$\begin{aligned}\psi^S_{111}(q_1,q_2,q_3)=&\frac{1}{\sqrt{3!}}[\varphi_1(q_1)\varphi_2(q_2)\varphi_3(q_3)+\varphi_1(q_2)\varphi_2(q_3)\varphi_3(q_1)\\&+\varphi_1(q_3)\varphi_2(q_1)\varphi_3(q_2)+\varphi_1(q_1)\varphi_2(q_3)\varphi_3(q_2)\\&+\varphi_1(q_3)\varphi_2(q_2)\varphi_3(q_1)+\varphi_1(q_2)\varphi_2(q_1)\varphi_3(q_3)]\\=&\frac{1}{\sqrt{3!}}[(1+P_{23}P_{31}+P_{12}P_{23})+(P_{23}+P_{31}+P_{12})]\\&\times\varphi_1(q_1)\varphi_2(q_2)\varphi_3(q_3),\end{aligned}$$

这种形式的对称态只有 1 个.

(b) $n_1=2,n_2=1,n_3=0$.此时

$$\begin{aligned}\psi^S_{210}(q_1,q_2,q_3)=&\frac{1}{\sqrt{3}}[\varphi_1(q_1)\varphi_1(q_2)\varphi_2(q_3)\\&+\varphi_1(q_1)\varphi_1(q_3)\varphi_2(q_2)+\varphi_1(q_3)\varphi_1(q_2)\varphi_2(q_1)].\end{aligned}$$

这种形式的对称态共有 6 个.

(c) $n_1=3,n_2=n_3=0$.此时

$$\psi^S_{300}(q_1,q_2,q_3)=\varphi_1(q_1)\varphi_1(q_2)\varphi_1(q_3).$$

这种形式的对称态共有 3 个.

思考题 1　设体系有两个粒子，每个粒子可处于三个单粒子态 $\varphi_1,\varphi_2,\varphi_3$ 中的任意一个.试求体系可能态的数目，分三种情况讨论：(a) 两个全同玻色子；(b) 两个全同费米子；(c)两个不同粒子.

思考题 2　设体系由三个粒子组成，每个粒子可处于三个单粒子态 $\varphi_1,\varphi_2,\varphi_3$ 中的任意一个.试求体系可能态的数目，分如下三种情况讨论：

(a) 不计及波函数的交换对称性；

(b) 要求波函数对于交换反对称；

(c) 要求波函数对于交换对称.

试问：对称态和反对称态的总数，以及与(a)的结果是否相同？并对此做出说明.

最后应当指出,全同粒子系的波函数的这种表述方式是比较烦琐的.其根源在于:对于全同粒子进行编号本来就没有意义,完全是多余的,然而在上述波函数的表述形式中又不得不先予以编号,以写出波函数的每一项,然后把它们适当地线性叠加起来,以满足交换对称性的要求.描述全同粒子系的量子态的更方便的理论形式是所谓的二次量子化方法①.

习　题

1. 设力学量 A 不显含 t,H 为体系的 Hamilton 量,证明

$$-\hbar\frac{\mathrm{d}^2}{\mathrm{d}t^2}\overline{A}=\overline{[[A,H],H]}.$$

2. 设力学量 A 不显含 t,证明在束缚定态下,有

$$\frac{\mathrm{d}\overline{A}}{\mathrm{d}t}=0.$$

3. $D_x(a)=\exp\left(-a\dfrac{\partial}{\partial x}\right)=\exp(-\mathrm{i}ap_x/\hbar)$表示沿 x 方向平移距离 a 的算符.证明波函数(Bloch 波函数)

$$\psi(x)=\mathrm{e}^{\mathrm{i}kx}\phi_k(x),\quad \phi_k(x+a)=\phi_k(x)$$

是 $D_x(a)$的本征态,相应的本征值为 $\mathrm{e}^{-\mathrm{i}ka}$.

4. 设$|m\rangle$表示 l_z 的本征态(本征值为 $m\hbar$).证明

$$\mathrm{e}^{-\mathrm{i}l_z\varphi/\hbar}\mathrm{e}^{-\mathrm{i}l_y\theta/\hbar}\ |m\rangle$$

是角动量 $\boldsymbol{l}$ 沿空间(θ,φ)方向的分量

$$l_x\sin\theta\cos\varphi+l_y\sin\theta\sin\varphi+l_z\cos\theta$$

的本征态.

5. 设 Hamilton 量 $H=p^2/2\mu+V(\boldsymbol{r})$,证明求和规则

$$\sum_n(E_n-E_m)\ |x_{nm}|^2=\hbar^2/2\mu,$$

其中,x 是 $\boldsymbol{r}$ 的一个分量,$\sum\limits_n$是对一切定态求和,E_n 是相应于$|n\rangle$态的能量本征值,即 $H|n\rangle=E_n|n\rangle$.

提示:计算$[[H,x],x]$,求$\langle m|[[H,x],x]|m\rangle$.

6. 设 $F(\boldsymbol{r},\boldsymbol{p})$为 Hermite 算符,证明在能量表象中的求和规则

$$\sum_n(E_n-E_k)\ |F_{nk}|^2=\frac{1}{2}\langle k\ |[F,[H,F]]|\ k\rangle.$$

*7. 证明 Schrödinger 方程在 Galileo 变换下的不变性.即设惯性参照系 K'以速度

① 参阅曾谨言撰写的《量子力学》(第三版)卷Ⅱ的第 5 章.

v 相对于惯性参照系 K 运动(沿 x 方向),空间中任意一点在两个参照系中的坐标满足

$$x=x'+vt',\quad y=y',\quad z=z',\quad t=t',$$

势能在两个参照系中的表示式满足

$$V'(x',t')=V'(x-vt,t)=V(x,t).$$

证明 Schrödinger 方程在参照系 K'中可表示为

$$\mathrm{i}\hbar\frac{\partial}{\partial t'}\psi'=\left(-\frac{\hbar^2}{2m}\frac{\partial^2}{\partial x'^2}+V'\right)\psi',$$

在参照系 K 中可表示为

$$\mathrm{i}\hbar\frac{\partial}{\partial t}\psi=\left(-\frac{\hbar^2}{2m}\frac{\partial^2}{\partial x^2}+V\right)\psi,$$

其中,

$$\psi=\exp\left[\mathrm{i}\left(\frac{mv}{\hbar}x-\frac{mv^2}{2\hbar}t\right)\right]\psi'(x-vt,t).$$

*8. 设体系的含时 Hermite 算符 $I^+(t)=I(t)$满足

$$\frac{\mathrm{d}}{\mathrm{d}t}I=\frac{\partial I}{\partial t}+\frac{1}{\mathrm{i}\hbar}[I,H],$$

其中,H 为体系的 Hamilton 量,则称 I 为含时不变量.设包含 I 在内的一组力学量完全集的共同本征态记为$|\lambda k,t\rangle$,且 $I|\lambda k,t\rangle=\lambda|\lambda k,t\rangle$,这里,$\lambda$ 为 I 的本征值,k 标记简并态.证明

$$\frac{\mathrm{d}\lambda}{\mathrm{d}t}=0.$$

第6章　中心力场

6.1　中心力场中粒子运动的一般性质

在自然界中，广泛碰到物体在中心力场中运动的问题.例如，地球在太阳的万有引力场中运动、电子在原子核的Coulomb场中运动等.无论在经典力学还是在量子力学中，中心力场问题都占有特别重要的地位.Coulomb场（以及屏蔽Coulomb场）在原子结构研究中占有特别重要的地位，而各向同性谐振子势、球方势阱，以及Woods-Saxon势则在原子核结构中占有重要地位.本节将讨论中心力场中运动的一些共同特点.在这里，角动量守恒起了重要的作用.

经典力学中，在中心力场$V(r)$中运动的粒子（质量为μ），角动量$\boldsymbol{l}=\boldsymbol{r}\times\boldsymbol{p}$是守恒量，因为

$$\begin{aligned}\frac{\mathrm{d}}{\mathrm{d}t}\boldsymbol{l}&=\frac{\mathrm{d}\boldsymbol{r}}{\mathrm{d}t}\times\boldsymbol{p}+\boldsymbol{r}\times\frac{\mathrm{d}\boldsymbol{p}}{\mathrm{d}t}=\frac{1}{\mu}\boldsymbol{p}\times\boldsymbol{p}+\boldsymbol{r}\times[-\nabla V(r)]\\&=-\boldsymbol{r}\times\frac{\boldsymbol{r}}{r}\frac{\mathrm{d}V(r)}{\mathrm{d}r}=\boldsymbol{0}.\end{aligned}$$

考虑到$\boldsymbol{l}\cdot\boldsymbol{r}=\boldsymbol{l}\cdot\boldsymbol{p}=0$，而$\boldsymbol{l}$又是守恒量，粒子运动必为平面运动，平面的法线方向即$\boldsymbol{l}$的方向.

6.1.1　角动量守恒与径向方程

设质量为μ的粒子在中心力场$V(r)$中运动，则Hamilton量表示为

$$H=\frac{\boldsymbol{p}^2}{2\mu}+V(r)=-\frac{\hbar^2}{2\mu}\nabla^2+V(r). \tag{1}$$

不难证明[①]，与经典力学中一样，角动量$\boldsymbol{l}=\boldsymbol{r}\times\boldsymbol{p}$也是守恒量，即

$$[\boldsymbol{l},H]=0. \tag{2}$$

---

① 利用角动量各分量与动量各分量的对易式，容易证明$[\boldsymbol{l},\boldsymbol{p}^2]=0$.又因为算符$\boldsymbol{l}$只与角变量$(\theta,\varphi)$有关，所以$[\boldsymbol{l},V(r)]=0$.事实上，$\boldsymbol{l}$是三维空间中的无穷小转动算符，而$V(r)$与$\boldsymbol{p}^2=\boldsymbol{p}\cdot\boldsymbol{p}$均为转动下的标量，所以$[\boldsymbol{l},\boldsymbol{p}^2]=[\boldsymbol{l},V(r)]=0$.

考虑到 $V(r)$ 的球对称性特点，采用球坐标系是方便的．利用①

$$\begin{aligned}\boldsymbol{p}^2&=-\hbar^2\nabla^2=-\frac{\hbar^2}{r^2}\frac{\partial}{\partial r}r^2\frac{\partial}{\partial r}+\frac{\boldsymbol{l}^2}{r^2}\\&=-\hbar^2\left(\frac{\partial^2}{\partial r^2}+\frac{2}{r}\frac{\partial}{\partial r}\right)+\frac{\boldsymbol{l}^2}{r^2}=-\frac{\hbar^2}{r}\frac{\partial^2}{\partial r^2}r+\frac{\boldsymbol{l}^2}{r^2},\end{aligned}\tag{3}$$

能量本征方程可表示为

$$\left[-\frac{\hbar^2}{2\mu}\frac{1}{r}\frac{\partial^2}{\partial r^2}r+\frac{\boldsymbol{l}^2}{2\mu r^2}+V(r)\right]\psi=E\psi,\tag{4}$$

式(4)左边第二项称为离心势能(centrifugal potential)，第一项称为径向动能算符．

注意：由于 $\boldsymbol{l}$ 的各分量都是守恒量，而各分量不对易，按5.1.2小节中的定理，能级一般有简并．考虑到 $\boldsymbol{l}^2$ 也是守恒量，而且与 $\boldsymbol{l}$ 的各分量都对易，因此体系的守恒量完全集可以方便地选为 $(H,\boldsymbol{l}^2,l_z)$，即能量本征方程(4)的解同时也可选为 $(\boldsymbol{l}^2,l_z)$ 的本征态，即

$$\begin{aligned}\psi(r,\theta,\varphi)=R_l(r)\mathrm{Y}_{lm}(\theta,\varphi),\quad &l=0,1,2,\cdots,\\ &m=l,l-1,\cdots,-l.\end{aligned}\tag{5}$$

将之代入式(4)，可得出径向波函数 $R_l(r)$ 满足的方程

$$\begin{aligned}&\left\{\frac{1}{r}\frac{\mathrm{d}^2}{\mathrm{d}r^2}r+\frac{2\mu}{\hbar^2}[E-V(r)]-\frac{l(l+1)}{r^2}\right\}R_l(r)=0,\\&\frac{\mathrm{d}^2}{\mathrm{d}r^2}R_l(r)+\frac{2}{r}\frac{\mathrm{d}}{\mathrm{d}r}R_l(r)+\left\{\frac{2\mu}{\hbar^2}[E-V(r)]-\frac{l(l+1)}{r^2}\right\}R_l(r)=0.\end{aligned}\tag{6}$$

有时做如下替换是方便的．令

$$R_l(r)=\chi_l(r)/r,\tag{7}$$

则 $\chi_l(r)$ 满足

$$\chi_l''(r)+\left\{\frac{2\mu}{\hbar^2}[E-V(r)]-\frac{l(l+1)}{r^2}\right\}\chi_l(r)=0.\tag{8}$$

---

① 可以证明

$$p_r^2=-\hbar^2\frac{1}{r^2}\frac{\partial}{\partial r}r^2\frac{\partial}{\partial r}=-\hbar^2\left(\frac{\partial^2}{\partial r^2}+\frac{2}{r}\frac{\partial}{\partial r}\right),$$

其中，

$$p_r=-\mathrm{i}\hbar\left(\frac{\partial}{\partial r}+\frac{1}{r}\right)$$

可称为径向动量算符．注意：$-\mathrm{i}\hbar\frac{\partial}{\partial r}$ 不是Hermite算符，但可证明 $p_r^+=p_r$(即 p_r 为Hermite算符)．因此 $H=\frac{1}{2\mu}p_r^2+\frac{\boldsymbol{l}^2}{2\mu r^2}$，这里，$\frac{1}{2\mu}p_r^2$ 可称为径向动能算符．

不同的中心力场中粒子的定态波函数的差别仅在于径向波函数 $R_l(r)$ 或 $\chi_l(r)$，它们由中心势场 $V(r)$ 的性质决定.径向方程(6)或(8)中不出现磁量子数 m，因此能量本征值 E 与 m 无关，所以能级的简并度为 m.这是容易理解的，因为中心力场具有球对称性，粒子能量显然与 z 轴的指向无关.但应注意，在一般的中心力场中，粒子能量本征值与角动量量子数 l 有关，而给定 l 下，m 有 $2l+1$ 个可能取值($m=l,l-1,\cdots,-l$)，因此中心力场中粒子能级的简并度一般为 $2l+1$.当选用了守恒量完全集($H,\boldsymbol{l}^2,l_z$)之后，同一个能级的各简并态的标记，以及它们之间的正交性就自动得以解决.

注意：对于角动量 $l=0$ 的情况，离心势能消失，方程(8)在形式上与一维势场 $V(x)$ 中的能量本征方程(见 3.1 节中的方程(3))很相似.但应注意，中心势场 $V(r)$ 的定义域是 $r\geqslant 0$，而一维势场 $V(x)$ 的定义域一般为 $-\infty<x<+\infty$.

在一定边条件下求解径向方程(6)或(8)，即可得出能量本征值 E.对于非束缚态，E 是连续变化的.对于束缚态，E 取分立值.在求解径向方程时，由于束缚态边条件，将出现径向量子数 n_r($n_r=0,1,2,\cdots$)，它代表径向波函数的节点数(节点不包括 $r=0$ 和 ∞).E 依赖于量子数 n_r 和 l，记为 $E_{n_r l}$.在给定 l 的情况下，随着 n_r 增大，$E_{n_r l}$ 也增大，所以 n_r 也可以作为给定 l 的诸能级的编序.同样，对于给定的 n_r，随着 l 增大(离心势能增大)，$E_{n_r l}$ 也增大.按原子光谱学的习惯，把

$$l=0,1,2,3,4,5,6,\cdots$$

的态分别记为

$$s,p,d,f,g,h,i,\cdots.$$

6.1.2 径向波函数在 $r\to 0$ 邻域的渐近行为

以下假定 $V(r)$ 满足①

$$\lim_{r\to 0} r^2 V(r)=0, \tag{9}$$

在此条件下，当 $r\to 0$ 时，方程(6)渐近地表示为

$$\frac{\mathrm{d}^2}{\mathrm{d}r^2}R_l(r)+\frac{2}{r}\frac{\mathrm{d}R_l(r)}{\mathrm{d}r}-\frac{l(l+1)}{r^2}R_l(r)=0. \tag{10}$$

在正则奇点 $r=0$ 邻域，设 $R_l(r)\sim r^s$，将之代入方程(10)，得

$$s(s+1)-l(l+1)=0, \tag{11}$$

解之，得两个根：$s=l,-(l+1)$，即

$$当\ r\to 0\ 时，R_l(r)\sim r^l\ 或\ r^{-(l+1)}. \tag{12}$$

按波函数的统计诠释，在任意体积元中找到粒子的概率都应为有限值.当 $r\to 0$ 时，若

---

① 通常碰到的中心力场均满足此条件.例如，谐振子势($V\sim r^2$)，线性中心势($V\sim r$)，对数中心势($V\sim \ln r$)，球方势、自由粒子和 Coulomb 势($V\sim 1/r$)，以及 Yukawa 势 $\left(V\sim\frac{1}{r}\mathrm{e}^{-\alpha r}\right)$ 等.

$R_l(r)\sim 1/r^s$，则要求 $s<3/2$(见 2.1.6 小节).因此，当 $l\geqslant 1$ 时，$R_l(r)\sim r^{-(l+1)}$ 解必须抛弃.但当 $l=0$ 时，$R_0(r)\sim 1/r$ 解并不违反此要求.然而，如把 $r=0$ 点包括在内，则 $\psi\sim R_0(r)Y_{00}\sim 1/r$ 并不是 Schrödinger 方程

$$\left[-\frac{\hbar^2}{2m}\nabla^2+V(r)\right]\psi=E\psi \tag{13}$$

的解.事实上，利用

$$\nabla^2\frac{1}{r}=-4\pi\delta(r) \tag{14}$$

即可证明，如把 $r=0$ 点包括在内，则 $\psi\sim 1/r$ 不满足方程(13)，因此，求解径向方程(6)时，$r\to 0$ 处只有 $R_l(r)\sim r^l$ 解才是物理上可以接受的.或等价地，要求径向方程(8)的解 $\chi_l(r)=rR_l(r)$ 满足

$$\lim_{r\to 0}\chi(r)=0. \tag{15}$$

6.1.3　两体问题化为单体问题

应当指出，实际碰到的中心力场问题常常是两体问题.例如，两个质量分别为 m_1 和 m_2 的粒子，它们之间的相互作用 $V(|\boldsymbol{r}_1-\boldsymbol{r}_2|)$ 只依赖于相对距离.这个两粒子体系的能量本征方程为

$$\left[-\frac{\hbar^2}{2m_1}\nabla_1^2-\frac{\hbar^2}{2m_2}\nabla_2^2+V(|\boldsymbol{r}_1-\boldsymbol{r}_2|)\right]\Psi(\boldsymbol{r}_1,\boldsymbol{r}_2)=E_{\mathrm{T}}\Psi(\boldsymbol{r}_1,\boldsymbol{r}_2), \tag{16}$$

其中，E_{T} 为体系的总能量.引进质心坐标 $\boldsymbol{R}$ 和相对坐标 $\boldsymbol{r}$：

$$\boldsymbol{R}=\frac{m_1\boldsymbol{r}_1+m_2\boldsymbol{r}_2}{m_1+m_2}, \tag{17}$$

$$\boldsymbol{r}=\boldsymbol{r}_1-\boldsymbol{r}_2, \tag{18}$$

可以证明

$$\frac{1}{m_1}\nabla_1^2+\frac{1}{m_2}\nabla_2^2=\frac{1}{M}\nabla_R^2+\frac{1}{\mu}\nabla^2, \tag{19}$$

其中，

$$M=m_1+m_2,\quad \mu=m_1m_2/(m_1+m_2)(\mu\text{ 为约化质量}),$$

$$\nabla_R^2=\frac{\partial^2}{\partial X^2}+\frac{\partial^2}{\partial Y^2}+\frac{\partial^2}{\partial Z^2},$$

$$\nabla^2=\frac{\partial^2}{\partial x^2}+\frac{\partial^2}{\partial y^2}+\frac{\partial^2}{\partial z^2}.$$

这样，方程(16)化为

$$\left[-\frac{\hbar^2}{2M}\nabla_R^2-\frac{\hbar^2}{2\mu}\nabla^2+V(r)\right]\Psi=E_{\mathrm{T}}\Psi. \tag{20}$$

此方程可分离变量，令

$$\Psi=\phi(\boldsymbol{R})\psi(\boldsymbol{r}), \tag{21}$$

将之代入方程(20),得

$$-\frac{\hbar^2}{2M}\nabla_R^2\,\phi(\boldsymbol{R})=E_C\phi(\boldsymbol{R}), \tag{22}$$

$$\left[-\frac{\hbar^2}{2\mu}\nabla^2+V(r)\right]\psi(\boldsymbol{r})=E\psi(\boldsymbol{r}),\quad E=E_T-E_C. \tag{23}$$

方程(22)描述质心运动,是自由粒子的波动方程,E_C 是质心运动能量,这一部分能量与体系的内部结构无关.方程(23)描述相对运动,E 是相对运动能量.可以看出,方程(23)与单体波动方程(13)形式上相同,只不过应把 m 理解为约化质量,E 理解为相对运动能量.

6.2 球方势阱

6.2.1 无限深球方势阱

考虑质量为 μ 的粒子在半径为 a 的球中运动.这相当于一个无限深球方势阱:

$$V(r)=\begin{cases}0, & r<a,\\ \infty, & r\geqslant a.\end{cases} \tag{1}$$

它只存在束缚态.

先考虑 s 态($l=0$).此时,径向方程(见 6.1 节中的方程(8))可表示为

$$\chi_0''(r)+\frac{2\mu}{\hbar^2}[E-V(r)]\chi_0(r)=0, \tag{2}$$

边条件为

$$\chi_0(0)=0, \tag{3a}$$

$$\chi_0(a)=0. \tag{3b}$$

在势阱内($0\leqslant r<a$),方程(2)化为

$$\chi_0''+k^2\chi_0=0, \tag{4}$$

其中,

$$k=\sqrt{2\mu E}/\hbar\quad (E>0). \tag{5}$$

按边条件(3a),方程(4)的解可表示为 $\sin kr$ 的形式;再按边条件(3b),则要求 $\sin ka=0$,即

$$ka=(n_r+1)\pi,\quad n_r=0,1,2,\cdots. \tag{6}$$

利用式(5),可得出粒子的能量本征值为

$$E=E_{n_r0}=\frac{\pi^2\hbar^2(n_r+1)^2}{2\mu a^2},\quad n_r=0,1,2,\cdots, \tag{7}$$

相应的归一化波函数可表示为

$$\chi_{n_r 0}(r)=\sqrt{\frac{2}{a}}\sin\frac{(n_r+1)\pi r}{a},\quad 0\leqslant r<a,\tag{8}$$

$$\int_0^a[\chi_{n_r 0}(r)]^2\mathrm{d}r=1.\tag{9}$$

再考虑 $l\neq 0$ 的情况.此时,径向方程(见 6.1 节中的方程(6))可表示为

$$R_l''(r)+\frac{2}{r}R_l'(r)+\left[k^2-\frac{l(l+1)}{r^2}\right]R_l(r)=0,\quad 0\leqslant r<a,\tag{10}$$

边条件为

$$R_l(a)=0.\tag{11}$$

引进无量纲变量 $\rho=kr$,则方程(10)化为

$$\frac{\mathrm{d}^2}{\mathrm{d}\rho^2}R_l+\frac{2}{\rho}\frac{\mathrm{d}}{\mathrm{d}\rho}R_l+\left[1-\frac{l(l+1)}{\rho^2}\right]R_l=0,\tag{12}$$

此即球 Bessel 方程①,其解可取为球 Bessel 函数 $\mathrm{j}_l(\rho)$与球 Neumann 函数 $\mathrm{n}_l(\rho)$.它们在 $\rho\to 0$ 时的渐近行为是

$$\begin{aligned}&\mathrm{j}_l(\rho)\longrightarrow\rho^l/(2l+1)!!,\\&\mathrm{n}_l(\rho)\longrightarrow-(2l-1)!!\ \rho^{-(l+1)},\end{aligned}\tag{13}$$

而按 6.1.2 小节的讨论,如把 $\rho=0$ 点包括在内,则 $\mathrm{n}_l(\rho)$解是物理上不可接受的.因此,在球方势阱内的解应取为

$$R_l(r)\sim\mathrm{j}_l(kr),\tag{14}$$

其中,k 由边条件(11)确定,即

$$\mathrm{j}_l(ka)=0.\tag{15}$$

当 a 取有限值时,k 只能取一系列分立值.令 $\mathrm{j}_l(x)=0$ 的根依次记为 $x_{n_r l}$,其中,$n_r=0,1,2,\cdots$,则粒子的能量本征值为

$$E_{n_r l}=\frac{\hbar^2}{2\mu a^2}x_{n_r l}^2,\quad n_r=0,1,2,\cdots,\tag{16}$$

---

① 令 $R_l=u(\rho)/\sqrt{\rho}$,则 $u(\rho)$满足

$$u''+\frac{1}{\rho}u'+\left[1-\frac{(l+1/2)^2}{\rho^2}\right]u=0,$$

这是阶为半奇数 $l+1/2$ 的 Bessel 方程.它的两个线性独立解可取为 $J_{l+1/2}(\rho)$与 $J_{-l-1/2}(\rho)$.定义球 Bessel 函数和球 Neumann 函数:

$$\mathrm{j}_l(\rho)=\sqrt{\frac{\pi}{2\rho}}J_{l+1/2}(\rho),\quad \mathrm{n}_l(\rho)=(-1)^{l+1}\sqrt{\frac{\pi}{2\rho}}J_{-l-1/2}(\rho),$$

则方程(12)的解可取为 $R_l\sim\mathrm{j}_l(\rho),\mathrm{n}_l(\rho)$.

较小的几个根 $x_{n_r l}$ 见表 6.1.较低的一些能级见图 6.1.

表 6.1 $x_{n_r l}$ 值

	n_r			
l	1	2	3	
0	π	2π	3π	4π
1	4.493	7.725	10.904	14.066
2	5.764	9.095	12.323	
3	6.988	10.417	13.698	

与 $E_{n_r l}$ 相应的径向本征函数表示为

$$R_{n_r l}(r)=C_{n_r l}\,\mathrm{j}_l(k_{n_r l}r),$$

$$C_{n_r l}=\left[-\frac{2}{a^3}/\mathrm{j}_{l-1}(k_{n_r l}a)\,\mathrm{j}_{l+1}(R_{n_r l}a)\right]^{1/2},$$

$$\int_0^a R_{n_r l}(r)R_{n_r' l}(r)r^2\,\mathrm{d}r=\delta_{n_r n_r'},\tag{17}$$

其中,

$$k_{n_r l}=x_{n_r l}/a.$$

当 $a\to\infty$ 时,相当于对粒子的运动无任何限制,即其为自由粒子.考虑到 $\rho\to\infty$ 时 $\mathrm{j}_l(\rho)\to 0$,边条件(15)自动满足,所以 k(或 E)将不再受到限制,即能量连续变化.此时,式(17)中的归一化常数趋于 0,这表明波函数不能归一化(连续谱本征态是不能归一化的).通常选择如下径向波函数,它们"归一化"到 δ 函数:

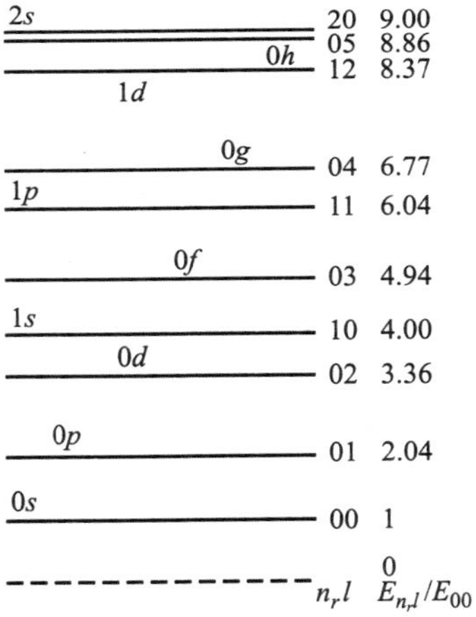

图 6.1

$$R_{kl}(r)=\sqrt{\frac{2}{\pi}}\,k\,\mathrm{j}_l(kr),$$

$$\int_0^{\infty}R_{kl}(r)R_{k'l}(r)r^2\,\mathrm{d}r=\delta(k-k').\tag{18}$$

*6.2.2 有限深球方势阱

有限深球方势阱取为(见图 6.2)

$$V(r)=\begin{cases}-V_0, & r<a \quad (V_0>0),\\ 0, & r\geqslant a.\end{cases}\tag{19}$$

它既可能存在束缚态($-V_0<E<0$),也可能存在非束缚态($E>0$).先考虑束缚态情况.令

$$k=\sqrt{2\mu(E+V_0)}/\hbar, \quad k'=\sqrt{-2\mu E}/\hbar, \tag{20}$$

则径向方程为

$$\begin{cases} R_l''(r)+\dfrac{2}{r}R_l'(r)+\left[k^2-\dfrac{l(l+1)}{r^2}\right]R_l(r)=0, & r<a, \\ R_l''(r)+\dfrac{2}{r}R_l'(r)+\left[(\mathrm{i}k')^2-\dfrac{l(l+1)}{r^2}\right]R_l(r)=0, & r\geqslant a, \end{cases} \tag{21}$$

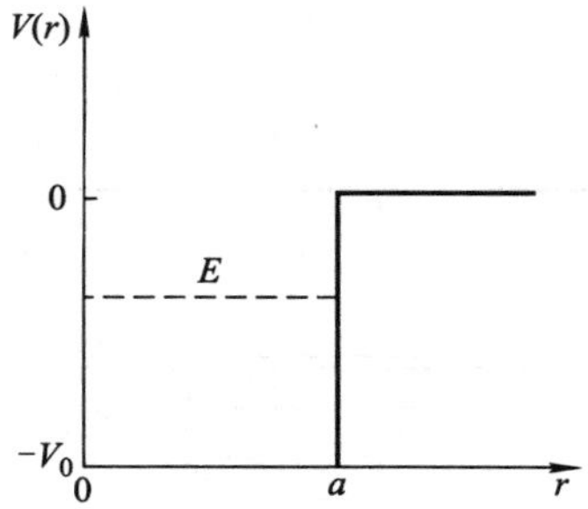

图 6.2

此即球 Bessel 方程.在 $r<a$ 区域中,物理上可接受的解只能取

$$R_l(r)=A_{kl}\mathrm{j}_l(kr), \tag{22}$$

其中,A_{kl} 为归一化常数.在 $r\geqslant a$ 区域中,满足束缚态边条件的解只能取虚宗量 Hankel 函数 $\mathrm{h}_l(\mathrm{i}k'r)$,此时

$$R_l(r)=B_{k'l}\mathrm{h}_l(\mathrm{i}k'r), \tag{23}$$

其中,$B_{k'l}$ 为归一化常数.根据在 $r=a$ 处波函数及其导数连续的条件,以及归一化条件,可以求出能量本征值 E(即 k 与 k',见式(20)),以及 A_{kl} 和 $B_{k'l}$.如只对能谱感兴趣,则可以用 $(\ln R_l)'$ 在 $r=a$ 处连续的条件来确定能量本征值 E.

以 $l=0$ 为例.利用 $\mathrm{j}_0(\rho)=\dfrac{1}{\rho}\sin\rho$, $\mathrm{h}_0(\rho)=-\dfrac{\mathrm{i}}{\rho}\mathrm{e}^{\mathrm{i}\rho}$,按 $(\ln rR_0)'$ 在 $r=a$ 处连续的条件可求出

$$k\cot ka=-k', \tag{24}$$

这与半壁无限高势垒的一维方势阱的结果完全相同(见第3章中的习题10).可以用图解法近似求超越代数方程(24)的根.可以证明,至少有一个根(一条束缚能级)的条件为

$$V_0a^2\geqslant\frac{\pi^2\hbar^2}{8\mu}. \tag{25}$$

6.3 氢原子

量子力学发展史上最突出的成就之一是对氢原子光谱和化学元素周期律给予了相当令人满意的说明.氢原子是最简单的原子,其 Schrödinger 方程可以严格求解.下面将给出其解析解,并根据所得出的能级和能量本征函数,对氢原子光谱线的规律及一些重要性质给予定量说明.氢原子理论还是了解复杂原子及分子结构的基础.

氢原子的原子核是一个质子,荷电 e.它与电子的 Coulomb 吸引能表示为(取无穷远处为势能零点)

$$V(r)=-e^2/r. \tag{1}$$

按 6.1 节中的方程(8)，具有一定角动量的氢原子的径向波函数 $\chi_l(r)=rR_l(r)$ 满足

$$\chi_l''(r)+\left[\frac{2\mu}{\hbar^2}\left(E+\frac{e^2}{r}\right)-\frac{l(l+1)}{r^2}\right]\chi_l(r)=0, \tag{2}$$

边条件为

$$\chi_l(0)=0. \tag{3}$$

方程(2)中，μ 为电子的约化质量，且 $\mu=m_e/(1+m_e/m_p)$，这里，m_e 和 m_p 分别为电子和质子的质量.以下采用自然单位①，即在计算过程中令 $\hbar=e=\mu=1$，而在计算所得的最后结果中按各物理量的量纲添上相应的单位.在自然单位下，方程(2)化为

$$\chi_l''(r)+\left[2E+\frac{2}{r}-\frac{l(l+1)}{r^2}\right]\chi_l(r)=0, \tag{4}$$

其中，$r=0,\infty$ 是方程(4)的两个奇点.

按 6.1.2 小节的讨论，径向方程(4)的解在 $r=0$ 邻域的渐近行为是 $\chi_l(r)=rR_l(r)\sim r^{l+1}, r^{-l}$，但后一解不满足物理上的要求，所以，当 $r\sim0$ 时，只能取

$$\chi_l(r)\sim r^{l+1}. \tag{5}$$

接下来讨论解在 $r\to\infty$ 时的渐近行为.以下仅限于讨论束缚态($E<0$).当 $r\to\infty$ 时，方程(4)化为

$$\chi_l''(r)+2E\chi_l(r)=0 \quad (E<0),$$

所以 $\chi_l(r)\sim e^{\pm\beta r}$，其中，

$$\beta=\sqrt{-2E}, \tag{6}$$

但 $e^{\beta r}$ 不满足束缚态边条件.所以，当 $r\to\infty$ 时，只能取

$$\chi_l(r)\sim e^{-\beta r}. \tag{7}$$

因此，可以令方程(4)的解表示为

$$\chi_l(r)=r^{l+1}e^{-\beta r}u(r), \tag{8}$$

将之代入方程(4)，经过计算，可得

$$ru''+[2(l+1)-2\beta r]u'-2[(l+1)\beta-1]u=0. \tag{9}$$

再令

$$\xi=2\beta r, \tag{10}$$

则得

$$\xi\frac{d^2}{d\xi^2}u+[2(l+1)-\xi]\frac{d}{d\xi}u-\left[(l+1)-\frac{1}{\beta}\right]u=0. \tag{11}$$

这个方程属于合流超几何方程(见数学附录 A5)，其形式为

$$\xi\frac{d^2}{d\xi^2}u+(\gamma-\xi)\frac{d}{d\xi}u-\alpha u=0, \tag{12}$$

---

① 即原子单位，长度单位是 $a=\hbar^2/\mu e^2=0.529\times10^{-10}$ m，能量单位是 $\mu e^4/\hbar^2=27.21$ eV.

其中，

$$\gamma=2(l+1)\geqslant 2 \quad (\text{正整数}), \tag{13}$$

$$\alpha=l+1-\frac{1}{\beta}. \tag{14}$$

方程(12)在 $\xi=0$ 邻域有界的解为合流超几何函数 $\mathrm{F}(\alpha,\gamma,\xi)$：

$$\mathrm{F}(\alpha,\gamma,\xi)=1+\frac{\alpha}{\gamma}\xi+\frac{\alpha(\alpha+1)}{\gamma(\gamma+1)}\frac{\xi^2}{2}+\frac{\alpha(\alpha+1)(\alpha+2)}{\gamma(\gamma+1)(\gamma+2)}\frac{\xi^3}{3!}+\cdots. \tag{15}$$

可以证明，当 $\xi\to\infty$ 时，无穷级数解 $\mathrm{F}(\alpha,\gamma,\xi)\sim \mathrm{e}^{\xi}$.将这样的解代入式(8)，可知其不满足束缚态边条件.因此，对于束缚态，必须要求解 $\mathrm{F}(\alpha,\gamma,\xi)$ 中断为一个多项式.从式(15)容易看出，只有 $\alpha=0$ 或负整数时，可满足此要求.所以

$$\alpha=l+1-\frac{1}{\beta}=-n_r, \quad n_r=0,1,2,\cdots. \tag{16}$$

令

$$n=n_r+l+1, \quad n=1,2,3,\cdots, \tag{17}$$

则 $\beta=1/n$.利用式(6)，得

$$E=-\frac{1}{2}\beta^2=-\frac{1}{2n^2}, \tag{18}$$

添上能量的自然单位$(\mu e^4/\hbar^2)$，即可得出氢原子的能量本征值

$$E=E_n=-\frac{\mu e^4}{2\hbar^2}\frac{1}{n^2}=-\frac{e^2}{2a}\frac{1}{n^2}, \quad n=1,2,3,\cdots, \tag{19}$$

其中，

$$a=\hbar^2/\mu e^2 \quad (\text{Bohr 半径}), \tag{20}$$

式(19)即著名的 Bohr 氢原子能级公式，其中，n 称为主量子数.

与 E_n 相应的径向波函数 $R_l(r)=\chi_l(r)/r$ 可表示为

$$R_{nl}\sim\xi^l\mathrm{e}^{-\xi/2}\mathrm{F}(-n_r,2l+2,\xi),$$

其中，$\xi=2\beta r=2r/na$(已添上长度的自然单位 a).归一化的径向波函数为

$$R_{nl}(r)=N_{nl}\mathrm{e}^{-\xi/2}\xi^l\mathrm{F}(-n+l+1,2l+2,\xi), \quad \xi=\frac{2r}{na},$$

$$N_{nl}=\frac{2}{a^{3/2}n^2(2l+1)!}\sqrt{\frac{(n+l)!}{(n-l-1)!}},$$

$$\int_0^{\infty}[R_{nl}(r)]^2r^2\mathrm{d}r=1. \tag{21}$$

氢原子的束缚态能量本征函数为

$$\psi_{nlm}(r,\theta,\varphi)=R_{nl}(r)\mathrm{Y}_{lm}(\theta,\varphi), \tag{22}$$

最低的几条能级的径向波函数是

$$n=1, \quad R_{10}=\frac{2}{a^{3/2}}\mathrm{e}^{-r/a},$$

$$n=2,\quad R_{20}=\frac{1}{\sqrt{2}\,a^{3/2}}\left(1-\frac{r}{2a}\right)\mathrm{e}^{-r/2a},$$

$$R_{21}=\frac{1}{2\sqrt{6}\,a^{3/2}}\,\frac{r}{a}\mathrm{e}^{-r/2a},\tag{23}$$

$$n=3,\quad R_{30}=\frac{2}{3\sqrt{3}\,a^{3/2}}\left[1-\frac{2r}{3a}+\frac{2}{27}\left(\frac{r}{a}\right)^2\right]\mathrm{e}^{-r/3a},$$

$$R_{31}=\frac{8}{27\sqrt{6}\,a^{3/2}}\,\frac{r}{a}\left(1-\frac{r}{6a}\right)\mathrm{e}^{-r/3a},$$

$$R_{32}=\frac{4}{81\sqrt{30a^{3/2}}}\left(\frac{r}{a}\right)^2\mathrm{e}^{-r/3a}.$$

氢原子的能级分布如图 6.3 所示.可以看出,第一条能级掉得很低,这和 Coulomb 吸引能在 $r=0$ 处是奇点($V\rightarrow-\infty$)有密切关系.处于基态($n=1,l=m=0$)的电子的能量为 $E_1=-e^2/2a=-13.6$ eV,即氢原子的电离能为 13.6 eV.随着 n 增大,能级愈来愈密,在 $E\leqslant 0$ 邻域,有无限多条分立能级密集.在 $E\geqslant 0$ 后则过渡到连续区(游离态).

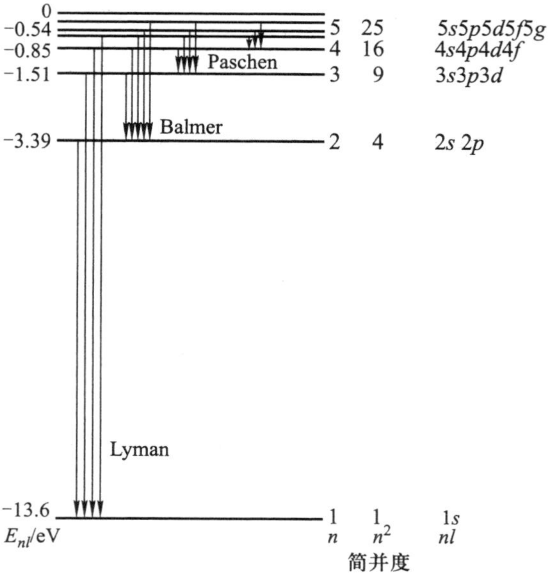

图 6.3 氢原子的能级分布

讨论:

1. 能级简并度

对于给定能级 E_n(即给定主量子数 n),按式(17),可知 $l=n-n_r-1$,这里,

$$l=0,1,2,\cdots,n-1,\tag{24}$$

相应有

$$n_r = n-1, n-2, n-3, \cdots, 0.$$

而对于给定角量子数 l，磁量子数可以取 $2l+1$ 个可能值：

$$m = l, l-1, \cdots, -l+1, -l, \tag{25}$$

因此属于 E_n 能级的量子态 ψ_{nlm} 数目为

$$f_n = \sum_{l=0}^{n-1} 2l + 1 = n^2, \tag{26}$$

此即能级 E_n 的简并度.它比一般中心力场中能级 $E_{n_r l}$ 的简并度 $2l+1$ 高(见 6.1.1 小节).从前面的计算来看，一般中心力场(如球方势阱)中，粒子能级 $E_{n_r l}$ 依赖于量子数 n_r 和 l.但在 Coulomb 场中，能级 E_n 只依赖于 n，n 是 n_r 和 l 的一种特定的组合，即 $n = n_r + l + 1$.对于给定的能级 E_n，角量子数 l 可以取 $0, 1, \cdots, n-1$，此即 l 简并.这比一般中心力场中粒子能级(只有 m 简并)的简并度要高.从径向方程的求解可以看出，这是 $V(r) \propto 1/r$ 所导致的.从物理上讲，这是 Coulomb 场具有比一般中心力场的几何对称性 SO_3(三维空间旋转不变性)更高的动力学对称性 SO_4 的表现①.可以证明②，n 维氢原子具有动力学对称性 SO_{n+1}.

在经典力学中，中心力场中粒子的运动是一个平面运动.平面的法线方向即角动量 $\boldsymbol{l}$(守恒量)的方向.但一般说来，粒子在运动平面中的轨道是不闭合的.但可以证明(Bertrand 定理)③：只有当中心力为平方反比力或 Hooke 力时，束缚粒子的轨道才是闭合的(一般为椭圆).对于平方反比力，可以证明，除能量和角动量 $\boldsymbol{l}$ 外，还存在另外的守恒量，即 Runge-Lenz 矢量④：$\boldsymbol{R} = \boldsymbol{p} \times \boldsymbol{l} - \boldsymbol{r}/r$(取自然单位).它处于运动平面中，$\boldsymbol{R}$ 的方向即椭圆长轴方向，其值即椭圆偏心率.对于 Hooke 力(各向同性谐振子)，也存在另外的守恒量.这些都与力场的动力学对称性有关.与此密切相关，在量子力学中，可以证明，只有当中心力场是 Coulomb 势或各向同性谐振子势时，径向 Schrödinger 方程才可以因式分解⑤，而且相邻能级之间存在四类升降算符(见 9.1 节).

2. 径向位置概率分布

按波函数的统计诠释，在定态 $\psi_{nlm}(r,\theta,\varphi)$ 下，在 $(r, r+\mathrm{d}r)$ 球壳中(不管方向如何)找到电子的概率为

$$r^2 \mathrm{d}r \int \mathrm{d}\Omega \mid \psi_{nlm}(r,\theta,\varphi) \mid^2 = [R_{nl}(r)]^2 r^2 \mathrm{d}r = [\chi_{nl}(r)]^2 \mathrm{d}r, \tag{27}$$

---

① W. Pauli, *Zeit. Physik*, 1926, 36: 336.

② 钱裕昆，曾谨言，《中国科学》，1993, 23: 63.

③ 参阅 Goldstein 撰写的 Classical Mechanics(第二版)的附录 A.

④ 参阅 Runge 撰写的 Vektoranalysis, Vol. Ⅰ的 70 页；W. Lenz, *Zeit. Physik*, 1924, 24: 197.

⑤ Y. F. Liu, Y. A. Lei, J. Y. Zeng, *Phys. Lett. A*, 1997, 231: 9；刘宇峰，曾谨言，《物理学报》，1997, 46: 417, 423, 428；刘宇峰，曾谨言，《中国科学》(A)，1997, 27: 745；Y. F. Liu, W. J. Huo, J. Y. Zeng, *Phys. Rev. A*, 1998, 58: 862.

较低的几条能级上的电子的径向位置概率分布曲线$|\chi_{nl}|^2$如图6.4所示.可以看出，χ_{nl}的节点数(不包括$r=0,\infty$)为$n_r=n-l-1$,其中,$n_r=0,l=n-1$的态称为"圆轨道"(图6.4中的1s,2p,3d轨道),它们无节点.可以证明曲线$|\chi_{n\,n-1}(r)|^2$的极大值所在的位置为

$$r_n=n^2a,\quad n=1,2,3,\cdots,$$

这里,r_n称为最概然半径.对于基态,$|\chi_{10}|^2=\dfrac{4}{a^3}r^2\mathrm{e}^{-2r/a}$,可以由$\dfrac{\mathrm{d}}{\mathrm{d}r}\ln|\chi_{10}(r)|^2=0$给出$r_1=a$($a$为Bohr半径).我们注意到,尽管在量子力学中电子并无严格的轨道概念,而只能给出位置概率分布,但对于基态氢原子,量子力学给出的最概然半径与Bohr早期量子论给出的半径a相同.

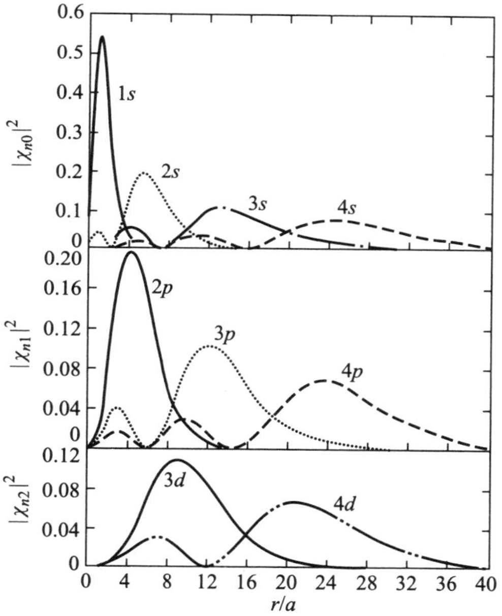

图6.4 电子的径向位置概率分布

3. 概率密度分布随角度的变化

与上类似,在定态$\psi_{nlm}(r,\theta,\varphi)$下,在$(\theta,\varphi)$方向的立体角$\mathrm{d}\Omega$中(不管径向位置如何)找到电子的概率为

$$|\mathrm{Y}_{lm}(\theta,\varphi)|^2\mathrm{d}\Omega\propto|\mathrm{P}_l^m(\cos\theta)|^2\mathrm{d}\Omega,\tag{28}$$

它与φ角无关,即对绕z轴旋转是对称的.这是因为ψ_{nlm}是l_z的本征态的缘故.因此可以用通过z轴的任意一个平面上的曲线来描述概率密度随θ角的变化.例如,图6.5所示是s轨道和p轨道的角分布曲线.对于三维空间中的分布曲面,只需将此曲线绕z

轴旋转一周即可得出.可以看出,s 轨道的角分布曲线是球对称的,而 p 轨道的角分布曲线则呈"哑铃"状.

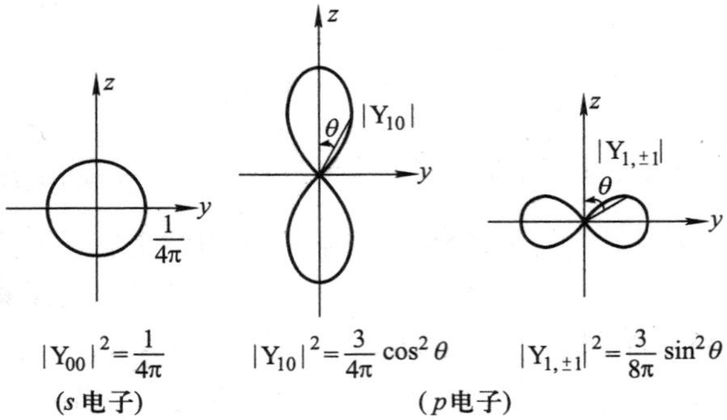

图　6.5

4. 电流分布与磁矩

在定态 ψ_{nlm} 下,从统计意义上说,电子的电流密度由下式给出(电子荷电 $-e$):

$$\boldsymbol{j}=\frac{\mathrm{i}e\hbar}{2\mu}(\psi_{nlm}^{*}\nabla\psi_{nlm}-\psi_{nlm}\nabla\psi_{nlm}^{*}),\tag{29}$$

利用球坐标系中梯度的表示式

$$\nabla=\boldsymbol{e}_r\frac{\partial}{\partial r}+\boldsymbol{e}_\theta\frac{1}{r}\frac{\partial}{\partial\theta}+\boldsymbol{e}_\varphi\frac{1}{r\sin\theta}\frac{\partial}{\partial\varphi},$$

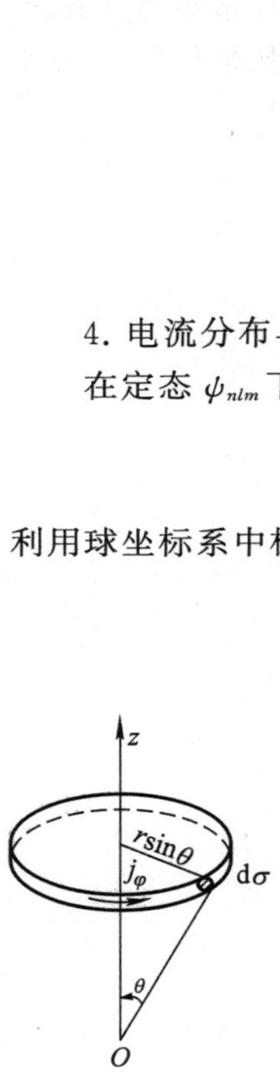

图　6.6

容易求出 $\boldsymbol{j}$ 的各分量.由于 ψ_{nlm} 的径向波函数 $R_{nl}(r)$ 及 θ 部分波函数 $\mathrm{P}_l^m(\cos\theta)$ 都是实函数,由式(29)可看出,$j_r=j_\theta=0$,但

$$\begin{aligned}j_\varphi&=\frac{\mathrm{i}e\hbar}{2\mu}\frac{1}{r\sin\theta}\left(\psi_{nlm}^{*}\frac{\partial}{\partial\varphi}\psi_{nlm}-\psi_{nlm}\frac{\partial}{\partial\varphi}\psi_{nlm}^{*}\right)\\&=\frac{\mathrm{i}e\hbar}{2\mu}\frac{1}{r\sin\theta}2\mathrm{i}m\,|\psi_{nlm}|^2=-\frac{e\hbar m}{\mu}\frac{1}{r\sin\theta}|\psi_{nlm}|^2,\end{aligned}$$

这里,j_φ 是绕 z 轴的环电流密度(见图 6.6).所以通过截面 $\mathrm{d}\sigma$ 的电流元为 $\mathrm{d}I=j_\varphi\mathrm{d}\sigma$,它对磁矩的贡献为 $S\mathrm{d}I/c$,其中,$S=\pi(r\sin\theta)^2$ 是绕 z 轴的细环的面积.因此总的磁矩(沿 z 方向)为

$$\begin{aligned}M_z&=\frac{1}{c}\int S\mathrm{d}I=\frac{1}{c}\int\pi r^2\sin^2\theta\cdot j_\varphi\mathrm{d}\sigma\\&=-\frac{e\hbar m}{2\mu c}\int|\psi_{nlm}|^2 2\pi r\sin\theta\mathrm{d}\sigma=-\frac{e\hbar m}{2\mu c}\int|\psi_{nlm}|^2\mathrm{d}\tau,\end{aligned}$$

其中,$\mathrm{d}\tau=2\pi r\sin\theta\mathrm{d}\sigma$ 是细环的体积元,利用归一化条件,得

$$M_z = -\frac{e\hbar m}{2\mu c} = -\mu_B m, \tag{30}$$

这里,

$$\mu_B = \frac{e\hbar}{2\mu c} \tag{31}$$

称为 Bohr 磁子.由式(30)可以看出,磁矩与量子数 m 有关,这就是把 m 称为磁量子数的理由.显然,对于 s 态($l=0$),磁矩为零,这是由于电流为零的缘故.此外,按式(30),

$$\frac{M_z}{m\hbar} = -\frac{e}{2\mu c}, \tag{32}$$

其中,$m\hbar$ 是轨道角动量的 z 分量.式(32)的比值称为回转磁比值,或者 g 因子.取 $e/2\mu c$ 为单位,则 g 因子为-1.

5. 类氢离子

以上结果对于类氢离子(He^+,Li^{2+},Be^{3+} 等)也都适用.只需把核电荷 e 换为 Ze(Z 是原子核所带正电荷数),而 μ 换为相应的约化质量即可.类氢离子的能级公式为

$$E_n = -\frac{\mu e^4}{2\hbar^2}\frac{Z^2}{n^2}, \quad n = 1, 2, 3, \cdots. \tag{33}$$

这里应该提到历史上的一个重要事件,即所谓 Pickering 线系的理论解释.Pickering 于 1896 年发现船舻座 ζ 星的可见光谱中有一个线系与氢原子光谱的 Balmer 线系很相似,它们具有相同的高频极限.这个线系称为 Pickering 线系.后来 Fowler 在氢和氦的混合气体中也观测到了此线系.如要把此线系归入氢原子光谱,则会出现分数量子数.Bohr 提出把它解释为 He^+ 离子的光谱线.这样,按式(33),He^+($Z=2$)从 $E_n \to E_m$($n>m$)跃迁发出的光的波数为

$$\tilde{\nu}_{mn} = \frac{E_n - E_m}{hc} = 4R\left(\frac{1}{m^2} - \frac{1}{n^2}\right), \tag{34}$$

$$R = \frac{2\pi^2 \mu e^4}{h^3 c} \quad (\text{Rydberg 常量}). \tag{35}$$

对于 $m=4$($n=5,6,7,\cdots$),

$$\tilde{\nu}_{4n} = R\left(\frac{1}{4} - \frac{4}{n^2}\right) \xrightarrow{n\to\infty} R/4,$$

而氢原子光谱的 Balmer 线系,$m=2$($n=3,4,5,\cdots$),波数为

$$\tilde{\nu}_{2n} = R\left(\frac{1}{2^2} - \frac{1}{n^2}\right) \xrightarrow{n\to\infty} R/4.$$

考虑到氢原子与 He^+ 离子的核质量不同,约化质量 μ 和 Rydberg 常量 R 也略异,所以两个线系的极限有微小的差异.

Bohr 的看法很快在 Evans 的实验中被证实.对此,Einstein 给予了很高的评价.

6.4　三维各向同性谐振子

考虑质量为 μ 的粒子在三维各向同性谐振子势 $V(r)$ 中运动，

$$V(r)=\frac{1}{2}\mu\omega^2 r^2, \tag{1}$$

其中，ω 是刻画势阱强度的参量.按 6.1 节中的方程(6)，径向方程为

$$R_l''(r)+\frac{2}{r}R_l'(r)+\left[\frac{2\mu}{\hbar^2}\left(E-\frac{1}{2}\mu\omega^2 r^2\right)-\frac{l(l+1)}{r^2}\right]R_l(r)=0, \tag{2}$$

仍采用自然单位①，令 $\hbar=\mu=\omega=1$，方程(2)化为

$$R_l''(r)+\frac{2}{r}R_l'(r)+\left[2E-r^2-\frac{l(l+1)}{r^2}\right]R_l(r)=0, \tag{3}$$

其中，$r=0,\infty$是方程(3)的奇点.按 6.1.2 小节的分析，在 $r=0$ 邻域，物理上可接受的径向波函数的渐近行为是

$$\text{当 } r\to 0 \text{ 时}，\quad R_l(r)\sim r^l; \tag{4}$$

当 $r\to\infty$时，方程(3)化为

$$R_l''(r)-r^2R_l(r)=0.$$

不难看出②，当 $r\to\infty$时，$R_l(r)\sim e^{\pm r^2/2}$，但 $e^{r^2/2}$不满足束缚态边条件，弃之.所以

$$\text{当 } r\to\infty \text{ 时}，\quad R_l(r)\sim e^{-r^2/2}, \tag{5}$$

因此方程(3)的解可表示为

$$R_l(r)=r^l e^{-r^2/2}u(r), \tag{6}$$

将之代入方程(3)，可得

$$u''+\frac{2}{r}(l+1-r^2)u'+[2E-(2l+3)]u=0. \tag{7}$$

令 $\xi=r^2$，则方程(7)可化为

$$\xi\frac{d^2u}{d\xi^2}+(r-\xi)\frac{du}{d\xi}-\alpha u=0, \tag{8}$$

这正是合流超几何方程，其中的参数为

$$\alpha=\frac{1}{2}(l+3/2-E),\quad \gamma=l+3/2(\neq\text{整数}). \tag{9}$$

---

① 长度、能量、动量和时间的特征量分别为 $\sqrt{\hbar/\mu\omega}$，$\hbar\omega$，$\sqrt{\mu\hbar\omega}$ 和 ω^{-1}.

② $R_l(r)\sim e^{\pm r^2/2}$，$R_l'(r)\sim\pm re^{\pm r^2/2}$，$R_l''(r)\sim r^2e^{\pm r^2/2}\pm e^{\pm r^2/2}\approx r^2e^{\pm r^2/2}$（因为$r\to\infty$），所以近似有 $R_l''(r)-r^2R_l(r)=0$.

方程(8)有两个解：$u_1 \sim \mathrm{F}(\alpha,\gamma,\xi)$，$u_2 \sim \xi^{1-\gamma}\mathrm{F}(\alpha-\gamma+1,2-\gamma,\xi)$. 由于 $\xi^{1-\gamma} \sim r^{-2l-1}$，按 6.1.2 小节的分析，$u_2$ 是物理上不可接受的，因此方程(8)的解只能取

$$u \sim \mathrm{F}(\alpha,\gamma,\xi)=\mathrm{F}((l+3/2-E)/2,l+3/2,\xi). \tag{10}$$

但可以证明，当 $\xi\to\infty$ 时，$\mathrm{F}(\alpha,\gamma,\xi)\sim \mathrm{e}^{\xi}$. 将这样的无穷级数解代入式(6)，所得径向波函数不满足束缚态边条件. 因此必须要求无穷级数解中断为一个多项式. 这就要求

$$\alpha=(l+3/2-E)/2=-n_r,\quad n_r=0,1,2,\cdots, \tag{11}$$

而这就是要求 $E=2n_r+l+3/2$，添上能量自然单位，得

$$E=(2n_r+l+3/2)\hbar\omega,\quad n_r,l=0,1,2,\cdots. \tag{12}$$

令

$$N=2n_r+l, \tag{13}$$

则

$$E=E_N=(N+3/2)\hbar\omega,\quad N=0,1,2,\cdots, \tag{14}$$

此即三维各向同性谐振子的能量本征值. 与之相应的径向波函数(添上长度自然单位 $\alpha^{-1}=\sqrt{\hbar/\mu\omega}$)为

$$R_{n_r l}(r)\sim r^l \mathrm{e}^{-\alpha^2r^2/2}\mathrm{F}(-n_r,l+3/2,\alpha^2r^2),$$

经归一化后可表示为

$$R_{n_r l}(r)=\alpha^{3/2}\left\{\frac{2^{l+2-n_r}(2l+2n_r+1)!!}{\sqrt{\pi}\,n_r!\,[(2l+1)!!]^2}\right\}^{1/2} \times(\alpha r)^l \mathrm{e}^{-\alpha^2r^2/2}\mathrm{F}(-n_r,l+3/2,\alpha^2r^2), \tag{15}$$

$$\int_0^\infty [R_{n_r l}(r)]^2 r^2\,\mathrm{d}r=1, \tag{16}$$

其中，n_r 表示径向波函数的节点数(不包括 $r=0,\infty$ 点). $n_r=0,1$ 的径向波函数分别为

$$\begin{cases} R_{0l}=\alpha^{3/2}\left[\dfrac{2^{l+2}}{\sqrt{\pi}(2l+1)!!}\right]^{1/2}(\alpha r)^l\mathrm{e}^{-\alpha^2r^2/2}, \\ R_{1l}=\alpha^{3/2}\left[\dfrac{2^{l+3}}{\sqrt{\pi}(2l+3)!!}\right]^{1/2}(\alpha r)^l\mathrm{e}^{-\alpha^2r^2/2}(l+3/2-\alpha^2r^2). \end{cases}$$

讨论：

1. 能级简并度

与一维谐振子相同的是，三维各向同性谐振子的能级也是均匀分布的(见图 6.7)，相邻两能级的间距为 $\hbar\omega$. 但与一维谐振子不同的是，三维(和二维)各向同性谐振子的能级一般是简并的. 这表现在能量本征值只依赖于 n_r 和 l 的特殊组合 $N=2n_r+l$，它是 $V(r)\propto r^2$ 这种特殊的中心力场所带来的. 对于给定能级 E_N，

$$l=N-2n_r=N,N-2,N-4,\cdots,1(N\text{ 为奇数})\text{或}0(N\text{ 为偶数}),$$

$$n_r = 0,1,2,\cdots,\frac{N-1}{2}(N\ \text{为奇数})\text{或}\frac{N}{2}(N\ \text{为偶数}). \tag{17}$$

由此可以证明，E_N 能级的简并度为

$$f_N = \frac{1}{2}(N+1)(N+2). \tag{18}$$

例如，N 为偶数的情况（对于 N 为奇数情况的证明类似），

$$f_N = \sum_{l=0,2,\cdots,N}(2l+1) = \frac{1}{2}(N+1)(N+2).$$

可以看出，它高于一般中心力场的能级简并度.这是由于三维各向同性谐振子场具有比几何对称性 SO_3 更高的动力学对称性 SU_3.

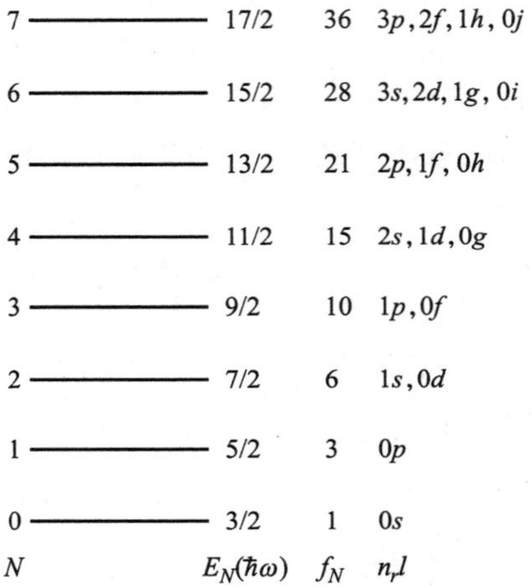

图　6.7

2. 在直角坐标系中求解

如采用直角坐标系，利用 $r^2 = x^2 + y^2 + z^2$，则三维各向同性谐振子可以分解成三个彼此独立的（ω 相同的）一维谐振子，即

$$H = H_x + H_y + H_z, \tag{19}$$

其中，

$$H_x = -\frac{\hbar^2}{2\mu}\frac{\partial^2}{\partial x^2} + \frac{1}{2}\mu\omega^2 x^2,$$

$$H_y = -\frac{\hbar^2}{2\mu}\frac{\partial^2}{\partial y^2} + \frac{1}{2}\mu\omega^2 y^2,$$

$$H_z = -\frac{\hbar^2}{2\mu}\frac{\partial^2}{\partial z^2} + \frac{1}{2}\mu\omega^2 z^2.$$

它的本征函数可以分离变量，这相当于选择 (H_x, H_y, H_z) 为守恒量完全集，它们的共

同本征态为

$$\phi_{n_x n_y n_z}(x,y,z)=\psi_{n_x}(x)\psi_{n_y}(y)\psi_{n_z}(z),\quad n_x,n_y,n_z=0,1,2,\cdots,\tag{20}$$

即三个一维谐振子能量本征态之积.相应的能量本征值为

$$E_{n_x n_y n_z}=(n_x+1/2)\hbar\omega+(n_y+1/2)\hbar\omega+(n_z+1/2)\hbar\omega=(N+3/2)\hbar\omega,\tag{21}$$

其中,

$$N=n_x+n_y+n_z=0,1,2,\cdots,$$

式(21)与式(14)相同.类似也可求出能级简并度.因为对于给定 N,有

$$\begin{array}{rcccccc} n_x= & 0, & 1, & 2, & \cdots, & N-1, & N,\\ n_y+n_z= & N, & N-1, & N-2, & \cdots, & 1, & 0,\\ \left.\begin{array}{r}(n_x,n_y)\text{可能}\\ \text{取值的数目}\end{array}\right\} & N+1, & N, & N-1, & \cdots, & 2, & 1,\end{array}$$

所以(n_x,n_y,n_z)可能取值的数目,即能级简并度,为

$$1+2+\cdots+N+(N+1)=\frac{1}{2}(N+1)(N+2),$$

与式(18)也相同.

练习　试用类似的分析,求出二维各向同性谐振子的能级公式

$$E_N=(N+1)\hbar\omega,\quad N=n_x+n_y=0,1,2,\cdots,$$

能级简并度为 $f_N=N+1$.

我们知道,在能级有简并的情况下,定态波函数的选取是不唯一的.这相当于选择不同的守恒量完全集.在球坐标系中求解得出的本征态 $\psi_{n_r lm}(r,\theta,\varphi)$是守恒量完全集$(H,\boldsymbol{l}^2,l_z)$的共同本征态,而在直角坐标系中求解得出的本征态 $\phi_{n_x n_y n_z}(x,y,z)$则是守恒量完全集$(H_x,H_y,H_z)$的共同本征态.它们之间通过一个幺正变换相联系.例如,$N=1$(第一激发能级)有三个态,可以取为

$$\psi_{n_r lm}——\psi_{011},\psi_{01-1},\psi_{010},$$

也可以取为

$$\phi_{n_x n_y n_z}——\phi_{100},\phi_{010},\phi_{001},$$

可以证明

$$\begin{pmatrix}\psi_{011}\\ \psi_{01-1}\\ \psi_{010}\end{pmatrix}=\begin{pmatrix}-1/\sqrt{2} & -\mathrm{i}/\sqrt{2} & 0\\ 1/\sqrt{2} & -\mathrm{i}/\sqrt{2} & 0\\ 0 & 0 & 1\end{pmatrix}\begin{pmatrix}\phi_{100}\\ \phi_{010}\\ \phi_{001}\end{pmatrix},\tag{22}$$

当然,对于基态($N=0$),能级是不简并的.两种守恒量完全集的共同本征态应该是相同的.事实上,

$$\psi_{000}=\frac{\alpha^{3/2}}{\pi^{3/4}}e^{-\alpha^2 r^2/2}, \tag{23}$$

$$\phi_{000}=\frac{\alpha^{1/2}}{\pi^{1/4}}e^{-\alpha^2 x^2/2}\cdot\frac{\alpha^{1/2}}{\pi^{1/4}}e^{-\alpha^2 y^2/2}\cdot\frac{\alpha^{1/2}}{\pi^{1/4}}e^{-\alpha^2 z^2/2}=\frac{\alpha^{3/2}}{\pi^{3/4}}e^{-\alpha^2 r^2/2}, \tag{24}$$

二者完全相同.

习　　题

1. 利用6.1.3小节中的式(17)和式(18),证明下列关系式:

相对动量　$\boldsymbol{p}=\mu\dot{\boldsymbol{r}}=\frac{1}{M}(m_2\boldsymbol{p}_1-m_1\boldsymbol{p}_2)$,

总动量　$\boldsymbol{P}=M\dot{\boldsymbol{R}}=\boldsymbol{p}_1+\boldsymbol{p}_2$,

总轨道角动量　$\boldsymbol{L}=\boldsymbol{l}_1+\boldsymbol{l}_2=\boldsymbol{r}_1\times\boldsymbol{p}_1+\boldsymbol{r}_2\times\boldsymbol{p}_2=\boldsymbol{R}\times\boldsymbol{P}+\boldsymbol{r}\times\boldsymbol{p}$,

总动能　$T=\frac{\boldsymbol{p}_1^2}{2m_1}+\frac{\boldsymbol{p}_2^2}{2m_2}=\frac{\boldsymbol{P}^2}{2M}+\frac{\boldsymbol{p}^2}{2\mu}$.

反之,有

$$\boldsymbol{r}_1=\boldsymbol{R}-\frac{\mu}{m_1}\boldsymbol{r},\quad \boldsymbol{r}_2=\boldsymbol{R}-\frac{\mu}{m_2}\boldsymbol{r},$$

$$\boldsymbol{p}_1=\frac{\mu}{m_2}\boldsymbol{P}-\boldsymbol{p},\quad \boldsymbol{p}_2=\frac{\mu}{m_1}\boldsymbol{P}-\boldsymbol{p}.$$

以上各式中,$M=m_1+m_2$,$\mu=m_1m_2/(m_1+m_2)$.

2. 同习题1,证明坐标表象中 $\boldsymbol{p}$,$\boldsymbol{P}$ 和 $\boldsymbol{L}$ 的算符表示式分别为

$$\boldsymbol{p}=-i\hbar\nabla_r,\quad \boldsymbol{P}=-i\hbar\nabla_R,\quad \boldsymbol{L}=\boldsymbol{R}\times\boldsymbol{P}+\boldsymbol{r}\times\boldsymbol{p}.$$

3. 利用氢原子能级公式,讨论下列体系的能谱:

(a) 电子偶素(positronium,指 e^+-e^- 束缚体系).

(b) μ 原子(muonic atom).

(c) μ 子偶素(muonium,指 μ^+-μ^- 束缚体系).

4. 对于氢原子基态,计算 $\Delta x\cdot\Delta p$.

答:$\Delta x\cdot\Delta p=\hbar/\sqrt{3}$.

5. 对于氢原子基态,求电子处于经典禁区($r>2a$)(即 $E-V<0$)的概率.

6. 对于类氢原子(核电荷为 Ze)的"圆轨道"(指 $n_r=0$,即 $l=n-1$ 的轨道),计算

(a) 最概然半径.

答:n^2a/Z.

(b) 平均半径.

答:$\langle r\rangle_{nn-1m}=(n^2+n/2)a/Z$.

(c) 涨落 $\Delta r=[\langle r^2\rangle-\langle r\rangle^2]^{1/2}$.

答：$\left(\frac{n^3}{2}+\frac{n^2}{4}\right)^{1/2}a/Z$.

7. 设核电荷为 Ze 的原子核突然发生 β^- 衰变，核电荷变成 $(Z+1)e$.求衰变前原子 Z 中一个 K 电子（$1s$ 轨道上的电子）在衰变后仍然保持在新的原子 $Z+1$ 的 K 轨道上的概率.

8. 设碱金属原子中的价电子所受原子实（原子核＋满壳电子）的作用近似表示为

$$V(r)=-\frac{e^2}{r}-\lambda\frac{e^2a}{r^2}\quad(0<\lambda\ll 1),$$

其中，a 为 Bohr 半径，右边第二项为屏蔽 Coulomb 势①.求价电子的能级.

提示：令 $l(l+1)-2\lambda=l'(l'+1)$，解出

$$l'=-\frac{1}{2}+(l+1/2)\left[1-\frac{8\lambda}{(2l+1)^2}\right]^{1/2}.$$

答：能级可表示为 $E_{n'}=-\frac{e^2}{2a}\frac{1}{n'^2}, n'=n_r+l'+1, n_r=0,1,2,\cdots$.

对于 $\lambda\ll 1$，可令 $l'=l+\Delta l$，$\Delta l=-\lambda/(l+1/2)\ll 1$，则

$$E_{n'}\approx E_{nl}=-\frac{e^2}{2a}\frac{1}{(n+\Delta l)^2},\quad n=1,2,3,\cdots.$$

9. 设粒子处于中心力场 $V(r)=\frac{1}{2}Kr^2+D\boldsymbol{l}^2$（$K$，$D$ 为常数，$K>0$），$\boldsymbol{l}$ 为轨道角动量.求粒子能级.

答：$E=E_{Nl}=(N+3/2)\hbar\omega+Dl(l+1)\hbar^2$，$\omega=\sqrt{K/\mu}$，其中，$\mu$ 为粒子质量，$N=0,1,2,\cdots$，$l=N,N-2,\cdots,1$（N 为奇数）或 0（N 为偶数）.

---

① Z. B. Wu, J. Y. Zeng, *Phys. Rev. A*, 2000, 62: 032509; *Chin. Phys. Lett.*, 1996, 16: 786; *J. Math. Phys.*, 1998, 39: 5253.

以上文献对 Bertrand 定理做了推广，即对于屏蔽 Coulomb 场，仍然存在无限多条闭合的束缚（$E<0$）轨道，相应的角动量取一系列分立值.这些轨道的近（远）日点矢量是守恒量（推广的 Runge-Lenz 矢量）.屏蔽 Coulomb 场仍然具有 SO_4 动力学对称性.但由于纯 Coulomb 场的能级的 l 简并已解除，张开 SO_4 群表示的空间维数比纯 Coulomb 场的情况要小一些.还可以证明，通过屏蔽 Coulomb 场的径向 Schrödinger 方程的因式分解，只能得出能量的升降算符，而不能得出角动量的升降算符.

第 7 章 粒子在电磁场中的运动

7.1 电磁场中荷电粒子的 Schrödinger 方程,两类动量

考虑质量为 μ、荷电 q 的粒子在电磁场中的运动.在经典力学中,其 Hamilton 量表示为

$$H=\frac{1}{2\mu}\left(\boldsymbol{P}-\frac{q}{c}\boldsymbol{A}\right)^2+q\phi, \tag{1}$$

其中,$\boldsymbol{A}$,ϕ 分别是电磁矢势和标势,$\boldsymbol{P}$ 称为正则动量.Hamilton 量这样写的理由如下:把式(1)代入正则方程

$$\dot{\boldsymbol{r}}=\frac{\partial H}{\partial \boldsymbol{P}},\quad \dot{\boldsymbol{P}}=-\frac{\partial H}{\partial \boldsymbol{r}}, \tag{2}$$

即可得出[①]

$$\mu\ddot{\boldsymbol{r}}=q\left(\boldsymbol{E}+\frac{1}{c}\boldsymbol{v}\times\boldsymbol{B}\right), \tag{3}$$

---

① 式(3)证明如下,以 x 分量为例.按式(1)和式(2),

$$\dot{x}=\frac{\partial H}{\partial P_x}=\frac{1}{\mu}\left(P_x-\frac{q}{c}A_x\right), \tag{4}$$

所以 $P_x=\mu\dot{x}+\frac{q}{c}A_x=\mu v_x+\frac{q}{c}A_x$,因而

$$\boldsymbol{P}=\mu\boldsymbol{v}+\frac{q}{c}\boldsymbol{A}. \tag{5}$$

可以看出,在有磁场的情况下,带电粒子的正则动量并不等于其机械动量 $\mu\boldsymbol{v}$.将式(4)对 t 取微分,并利用式(1)和式(2),可得

$$\begin{aligned}
\mu\ddot{x}&=\dot{P}_x-\frac{q}{c}\dot{A}_x=-\frac{\partial H}{\partial x}-\frac{q}{c}\dot{A}_x=\frac{1}{\mu}\sum_{i=1}^{3}\left(P_i-\frac{q}{c}A_i\right)\frac{q}{c}\frac{\partial A_i}{\partial x}-q\frac{\partial}{\partial x}\phi-\frac{q}{c}\dot{A}_x\\
&=\frac{q}{c}\sum_{i=1}^{3}\dot{r}_i\frac{\partial A_i}{\partial x}-q\frac{\partial}{\partial x}\phi-\frac{q}{c}\left(\frac{\partial A_x}{\partial t}+\sum_{i=1}^{3}\dot{r}_i\frac{\partial A_x}{\partial r_i}\right)\\
&=-q\left(\frac{\partial}{\partial x}\phi+\frac{1}{c}\frac{\partial}{\partial t}A_x\right)+\frac{q}{c}\left(\dot{x}\frac{\partial}{\partial x}A_x+\dot{y}\frac{\partial}{\partial x}A_y+\dot{z}\frac{\partial}{\partial x}A_z-\dot{x}\frac{\partial}{\partial x}A_x-\dot{y}\frac{\partial}{\partial y}A_x-\dot{z}\frac{\partial}{\partial z}A_x\right)\\
&=-q\left(\boldsymbol{\nabla}\phi+\frac{1}{c}\frac{\partial}{\partial t}\boldsymbol{A}\right)_x+\frac{q}{c}[\boldsymbol{v}\times(\boldsymbol{\nabla}\times\boldsymbol{A})]_x,
\end{aligned}$$

所以

$$\mu\ddot{\boldsymbol{r}}=-q\left(\boldsymbol{\nabla}\phi+\frac{1}{c}\frac{\partial}{\partial t}\boldsymbol{A}\right)+\frac{q}{c}\boldsymbol{v}\times(\boldsymbol{\nabla}\times\boldsymbol{A})=q\left(\boldsymbol{E}+\frac{1}{c}\boldsymbol{v}\times\boldsymbol{B}\right).$$

其中,

$$\boldsymbol{E}=-\frac{1}{c}\frac{\partial}{\partial t}\boldsymbol{A}-\nabla\phi \quad (\text{电场强度}),$$
$$\boldsymbol{B}=\nabla\times\boldsymbol{A} \quad (\text{磁感应强度}). \tag{6}$$

式(3)即荷电 q 的粒子在电磁场中的 Newton 方程,式(3)右边第二项即 Lorentz 力,是经过实践证明为正确的.

按量子力学中的正则量子化程序,把正则动量 $\boldsymbol{P}$ 换成算符 $\hat{\boldsymbol{P}}$,即

$$\boldsymbol{P}\to\hat{\boldsymbol{P}}=-\mathrm{i}\hbar\nabla, \tag{7}$$

则电磁场中荷电 q 的粒子的 Hamilton 算符表示为

$$\hat{H}=\frac{1}{2\mu}\left(\hat{\boldsymbol{P}}-\frac{q}{c}\boldsymbol{A}\right)^2+q\phi, \tag{8}$$

因而 Schrödinger 方程表示为

$$\mathrm{i}\hbar\frac{\partial}{\partial t}\psi=\left[\frac{1}{2\mu}\left(\hat{\boldsymbol{P}}-\frac{q}{c}\boldsymbol{A}\right)^2+q\phi\right]\psi. \tag{9}$$

一般说来,$\hat{\boldsymbol{P}}$ 与 $\boldsymbol{A}$ 不对易,而是满足

$$\hat{\boldsymbol{P}}\cdot\boldsymbol{A}-\boldsymbol{A}\cdot\hat{\boldsymbol{P}}=-\mathrm{i}\hbar\,\nabla\cdot\boldsymbol{A}, \tag{10}$$

但若利用电磁场的横波条件 $\nabla\cdot\boldsymbol{A}=0$,则方程(9)也可表示为

$$\mathrm{i}\hbar\frac{\partial}{\partial t}\psi=\left(\frac{1}{2\mu}\hat{\boldsymbol{P}}^2-\frac{q}{\mu c}\boldsymbol{A}\cdot\hat{\boldsymbol{P}}+\frac{q^2}{2\mu c^2}A^2+q\phi\right)\psi. \tag{11}$$

讨论:

1. 定域的概率守恒与流密度

对方程(11)取复共轭(注意:$\boldsymbol{A}$,ϕ 为实量,在坐标表象中 $\hat{\boldsymbol{P}}^*=-\hat{\boldsymbol{P}}$),则

$$-\mathrm{i}\hbar\frac{\partial}{\partial t}\psi^*=\left(\frac{1}{2\mu}\hat{\boldsymbol{P}}^2+\frac{q}{\mu c}\boldsymbol{A}\cdot\hat{\boldsymbol{P}}+\frac{q^2}{2\mu c^2}A^2+q\phi\right)\psi^*, \tag{12}$$

由 $\psi^*\times(11)-\psi\times(12)$,注意 $\nabla\cdot\boldsymbol{A}=0$,得

$$\begin{aligned}\mathrm{i}\hbar\frac{\partial}{\partial t}(\psi^*\psi)&=\frac{1}{2\mu}(\psi^*\hat{\boldsymbol{P}}^2\psi-\psi\hat{\boldsymbol{P}}^2\psi^*)-\frac{q}{\mu c}(\psi^*\boldsymbol{A}\cdot\hat{\boldsymbol{P}}\psi+\psi\boldsymbol{A}\cdot\hat{\boldsymbol{P}}\psi^*)\\&=\frac{1}{2\mu}\hat{\boldsymbol{P}}\cdot(\psi^*\hat{\boldsymbol{P}}\psi-\psi\hat{\boldsymbol{P}}\psi^*)-\frac{q}{\mu c}\hat{\boldsymbol{P}}\cdot(\psi^*\boldsymbol{A}\psi)\\&=-\frac{\mathrm{i}\hbar}{2\mu}\nabla\cdot\left[(\psi^*\hat{\boldsymbol{P}}\psi-\psi\hat{\boldsymbol{P}}\psi^*)-\frac{2q}{c}\psi^*\boldsymbol{A}\psi\right],\end{aligned}$$

即

$$\frac{\partial}{\partial t}\rho+\nabla\cdot\hat{\boldsymbol{j}}=0, \tag{13}$$

其中,

$$\rho=\psi^*\psi,$$

$$\begin{aligned}\hat{\boldsymbol{j}} &= \frac{1}{2\mu}(\psi^* \hat{\boldsymbol{P}}\psi - \psi\hat{\boldsymbol{P}}\psi^*) - \frac{q}{\mu c}\boldsymbol{A}\psi^*\psi \\ &= \frac{1}{2\mu}\left[\psi^*\left(\hat{\boldsymbol{P}} - \frac{q}{c}\boldsymbol{A}\right)\psi + \psi\left(\hat{\boldsymbol{P}} - \frac{q}{c}\boldsymbol{A}\right)^*\psi^*\right] \\ &= \frac{1}{2}(\psi^*\hat{\boldsymbol{v}}\psi + \psi\hat{\boldsymbol{v}}^*\psi^*) = \mathrm{Re}(\psi^*\hat{\boldsymbol{v}}\psi),\end{aligned} \tag{14}$$

这里，

$$\hat{\boldsymbol{v}} = \frac{1}{\mu}\left(\hat{\boldsymbol{P}} - \frac{q}{c}\boldsymbol{A}\right) = \frac{1}{\mu}\left(-\mathrm{i}\hbar\,\boldsymbol{\nabla} - \frac{q}{c}\boldsymbol{A}\right), \tag{15}$$

与式(5)比较，$\hat{\boldsymbol{v}}$ 可理解为粒子的速度算符，而 $\hat{\boldsymbol{j}}$ 为流密度算符.

练习　证明

$$[\hat{v}_x, \hat{v}_y] = \frac{\mathrm{i}\hbar q}{\mu^2 c}B_z, \quad [\hat{v}_y, \hat{v}_z] = \frac{\mathrm{i}\hbar q}{\mu^2 c}B_x, \quad [\hat{v}_z, \hat{v}_x] = \frac{\mathrm{i}\hbar q}{\mu^2 c}B_y, \tag{16}$$

即

$$\hat{\boldsymbol{v}} \times \hat{\boldsymbol{v}} = \frac{\mathrm{i}\hbar q}{\mu^2 c}\boldsymbol{B}.$$

再证明

$$[\hat{\boldsymbol{v}}, \hat{\boldsymbol{v}}^2] = \frac{\mathrm{i}\hbar q}{\mu^2 c}(\hat{\boldsymbol{v}} \times \boldsymbol{B} - \boldsymbol{B} \times \hat{\boldsymbol{v}}). \tag{17}$$

在只有磁场的情况下，把 Hamilton 量写成 $H = \frac{\mu}{2}\boldsymbol{v}^2$，由此证明

$$\mu\,\frac{\mathrm{d}}{\mathrm{d}t}\hat{\boldsymbol{v}} = \frac{q}{2c}(\hat{\boldsymbol{v}} \times \boldsymbol{B} - \boldsymbol{B} \times \hat{\boldsymbol{v}}). \tag{18}$$

2. 规范不变性

电磁场具有规范不变性，即当 $\boldsymbol{A}, \phi$ 做如下规范变换时：

$$\begin{cases}\boldsymbol{A} \to \boldsymbol{A}' = \boldsymbol{A} + \boldsymbol{\nabla}\chi(\boldsymbol{r}, t), \\ \phi \to \phi' = \phi - \dfrac{1}{c}\dfrac{\partial}{\partial t}\chi(\boldsymbol{r}, t),\end{cases} \tag{19}$$

电场强度 $\boldsymbol{E}$ 和磁感应强度 $\boldsymbol{B}$ 都不变.在经典 Newton 方程(3)中，只出现 $\boldsymbol{E}$ 和 $\boldsymbol{B}$，不出现 $\boldsymbol{A}$ 和 ϕ，其规范不变性是显然的.但 Schrödinger 方程(9)中出现 $\boldsymbol{A}$ 和 ϕ，是否违反规范不变性？否.可以证明，波函数如做相应的变换

$$\psi \to \psi' = \mathrm{e}^{\mathrm{i}q\chi/\hbar c}\psi, \tag{20}$$

则 ψ' 满足的 Schrödinger 方程在形式上与 ψ 相同，即

$$\mathrm{i}\hbar\,\frac{\partial}{\partial t}\psi' = \left[\frac{1}{2\mu}\left(\hat{\boldsymbol{P}} - \frac{q}{c}\boldsymbol{A}'\right)^2 + q\phi'\right]\psi'. \tag{21}$$

注意：变换(20)并非波函数的一个整体的(global)相位变换(因 $\chi(\boldsymbol{r}, t)$ 依赖于 $\boldsymbol{r}, t$)，物

理观测结果的规范不变性并非一目了然.但容易证明 $\rho, \boldsymbol{j}, \langle \boldsymbol{v} \rangle$ 等在规范变换下都不变.

7.2 正常 Zeeman 效应

原子中的电子可近似看成在一个中心平均场中运动,能级一般有简并.实验发现,如把原子(光源)置于强磁场中,则原子发出的每条光谱线都分裂为三条,此即正常 Zeeman 效应.光谱线的分裂反映原子的简并能级发生分裂,即能级简并被全部或部分解除.

在原子大小范围中,实验室里常用的磁场都可视为均匀磁场,记为 $\boldsymbol{B}$,它不依赖于电子的坐标.相应的矢势 $\boldsymbol{A}$ 可取为①

$$\boldsymbol{A} = \frac{1}{2}\boldsymbol{B} \times \boldsymbol{r}, \tag{1}$$

取磁场方向为 z 方向,则

$$A_x = -\frac{1}{2}By, \quad A_y = \frac{1}{2}Bx, \quad A_z = 0. \tag{1$'$}$$

为计算简单起见,考虑碱金属原子.每个原子中只有一个价电子,该价电子在原子核及内层满壳电子所产生的屏蔽 Coulomb 场 $V(r)$ 中运动.价电子的 Hamilton 量可表示为

$$\begin{aligned} H &= \frac{1}{2\mu}\left[\left(P_x - \frac{eB}{2c}y\right)^2 + \left(P_y + \frac{eB}{2c}x\right)^2 + P_z^2\right] + V(r) \\ &= \frac{1}{2\mu}\left[\boldsymbol{P}^2 + \frac{eB}{c}l_z + \frac{e^2B^2}{4c^2}(x^2+y^2)\right] + V(r), \end{aligned} \tag{2}$$

其中,$l_z = xP_y - yP_x = -\mathrm{i}\hbar\left(x\frac{\partial}{\partial y} - y\frac{\partial}{\partial x}\right) = -\mathrm{i}\hbar\frac{\partial}{\partial \varphi}$ 是角动量的 z 分量.在原子中,$x^2+y^2 \sim a^2 \sim (10^{-8}\,\mathrm{cm})^2$,对于实验室中的磁感应强度 $B(<10^5\ \mathrm{Gs})$②,可以估算出式(2)中的 B^2 项$\ll B$ 项,即

$$\left|\frac{B^2\text{ 项}}{B\text{ 项}}\right| \sim \frac{e^2B^2}{4c^2}a^2 \Big/ \frac{eB}{c}\hbar < 10^{-4},$$

因此可略去 B^2 项,此时

$$H = \frac{1}{2\mu}\boldsymbol{P}^2 + V(r) + \frac{eB}{2\mu c}l_z, \tag{3}$$

式(3)右边最后一项可以视为电子的轨道磁矩$\left(\mu_z = -\frac{e}{2\mu c}l_z\right)$与外磁场(沿 z 方向)的

---

① 以下结果与规范无关,不难验证 $\nabla \times \boldsymbol{A} = \boldsymbol{B}$,$\nabla \cdot \boldsymbol{A} = 0$.

② $1\ \mathrm{Gs} = 10^{-4}\ \mathrm{T}$.

相互作用.

在外加均匀磁场(沿 z 方向)中,原子的球对称性被破坏,$\boldsymbol{l}$ 不再为守恒量.但不难证明,$\boldsymbol{l}^2$ 和 l_z 仍为守恒量.因此能量本征函数可以选为守恒量完全集($H,\boldsymbol{l}^2,l_z$)的共同本征函数,即

$$\psi_{n_r lm}(r,\theta,\varphi)=R_{n_r l}(r)\mathrm{Y}_{lm}(\theta,\varphi),$$
$$n_r,l=0,1,2,\cdots,\quad m=l,l-1,\cdots,-l, \tag{4}$$

相应的能量本征值为

$$E_{n_r lm}=E_{n_r l}+\frac{eB}{2\mu c}m\hbar, \tag{5}$$

其中,$E_{n_r l}$ 就是中心力场 $V(r)$ 中粒子的 Schrödinger 方程

$$\left[-\frac{\hbar^2}{2\mu}\nabla^2+V(r)\right]\psi=E\psi \tag{6}$$

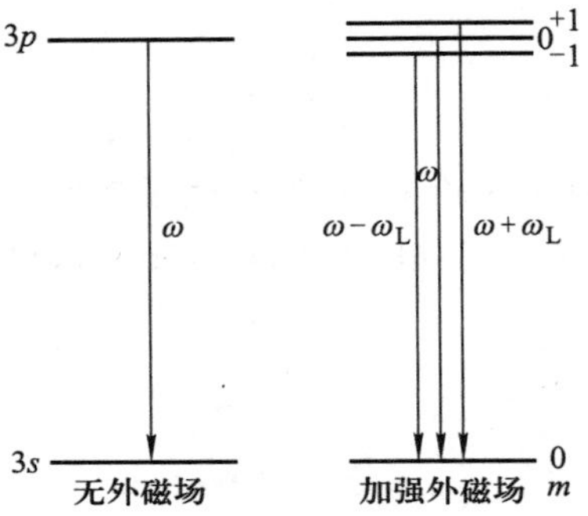

图 7.1

的能量本征值.屏蔽 Coulomb 场与纯 Coulomb 场不同,它只具有空间旋转不变这种几何对称性,其能量本征值与径向量子数 n_r 和角动量 l 都有关,因此记为 $E_{n_r l}$,简并度为 $2l+1$.但加上外磁场之后,原子的球对称性被破坏,能级简并被全部解除,能量本征值与 n_r,l,m 都有关(见式(5)),原来的能级 $E_{n_r l}$ 分裂成 $2l+1$ 条,分裂后的两相邻能级的间距为 $\hbar\omega_{\mathrm{L}}$,其中,$\omega_{\mathrm{L}}=eB/2\mu c\propto B$,$\omega_{\mathrm{L}}$ 称为 Larmor 频率.

由于能级分裂,相应的光谱线也发生分裂.图 7.1 是钠黄线在强磁场中的正常 Zeeman 分裂.原来的一条钠黄线($\lambda\approx5893$ Å)分裂成三条①,其角频率分别为 $\omega,\omega\pm\omega_{\mathrm{L}}$.所以外磁场愈强,分裂愈大.

7.3 Landau 能级

考虑电子(质量为 M、荷电 $-e$)处于均匀磁场 $\boldsymbol{B}$ 中.与 7.2 节相同,矢势取为 $\boldsymbol{A}=\frac{1}{2}\boldsymbol{B}\times\boldsymbol{r}$,磁场方向取为 z 方向,则

$$A_x=-\frac{1}{2}By,\quad A_y=\frac{1}{2}Bx,\quad A_z=0. \tag{1}$$

电子的 Hamilton 量表示为

---

① 正常 Zeeman 效应中光谱线分裂成三条,是由跃迁选择定则决定的,见 11.5 节.能级分裂并不一定都是三条.

$$H=\frac{1}{2M}\left[\left(P_x-\frac{eB}{2c}y\right)^2+\left(P_y+\frac{eB}{2c}x\right)^2+P_z^2\right]$$
$$=\frac{1}{2M}(P_x^2+P_y^2)+\frac{e^2B^2}{8Mc^2}(x^2+y^2)+\frac{eB}{Mc}(xP_y-yP_x)+\frac{1}{2M}P_z^2. \tag{2}$$

为了方便，以下把沿 z 方向的自由运动分离出去，集中讨论电子在 xy 平面中的运动. 此时

$$H=H_0+\omega_L l_z, \tag{3}$$

其中，

$$H_0=\frac{1}{2M}(P_x^2+P_y^2)+\frac{1}{2}M\omega_L^2(x^2+y^2),\quad \omega_L=eB/2Mc,$$
$$l_z=xP_y-yP_x=-\mathrm{i}\hbar\left(x\frac{\partial}{\partial y}-y\frac{\partial}{\partial x}\right)=-\mathrm{i}\hbar\frac{\partial}{\partial\varphi},$$

这里，ω_L 称为 Larmor 频率，$B(\omega_L)$的线性项表示电子的轨道磁矩与外磁场的相互作用，而 $B^2(\omega_L^2)$项则为反磁项（理由见后）.在 Zeeman 效应中，由于电子局限在原子内运动，因此在通常实验室所用磁场强度下，反磁项很小，常忽略不计.但对于自由电子，或磁场极强（如中子星内）时，就必须考虑 B^2 项.式(3)中，H_0 的形式与二维各向同性谐振子相同.

电子的能量本征态可取为守恒量完全集(H,l_z)的共同本征态，即（取平面极坐标）

$$\psi(\rho,\varphi)=R(\rho)\mathrm{e}^{\mathrm{i}m\varphi},\quad m=0,\pm1,\pm2,\cdots, \tag{4}$$

将之代入能量本征方程 $H\psi=E\psi$，可求出径向方程

$$\left[-\frac{\hbar^2}{2M}\left(\frac{\partial^2}{\partial\rho^2}+\frac{1}{\rho}\frac{\partial}{\partial\rho}\right)+\frac{1}{2}M\omega_L^2\rho^2\right]R(\rho)=(E-m\hbar\omega_L)R(\rho), \tag{5}$$

可解出[①]能量本征值 E（Landau 能级）：

$$E=E_N=(N+1)\hbar\omega_L,$$
$$N=2n_\rho+|m|+m=0,2,4,\cdots,\quad n_\rho=0,1,2,\cdots, \tag{6}$$

相应的能量本征函数（径向部分）（Landau 波函数）为

$$R_{n_\rho|m|}(\rho)\sim\rho^{|m|}\mathrm{F}(-n_\rho,|m|+1,\alpha^2\rho^2)\mathrm{e}^{-\alpha^2\rho^2/2},$$
$$\alpha=\sqrt{M\omega_L/\hbar}=\sqrt{eB/2\hbar c}, \tag{7}$$

其中，F 为合流超几何函数，n_ρ 表示径向波函数的节点数（$\rho=0,\infty$点除外）.

对于二维各向同性谐振子（自然频率为 ω_0），能级为 $E_N=(N+1)\hbar\omega_0$，$N=2n_\rho+|m|=0,1,2,\cdots$，简并度为 $f_N=N+1$（见 6.4 节）.对于均匀磁场中的电子，其 Hamilton 量(3)中出现了 $\omega_L l_z$ 项，此时，尽管能量本征函数的形式未变，但能量本征值（见

---

① 参阅曾谨言撰写的《量子力学》（第三版）卷Ⅰ的 347 页.

式(6))中出现一项 $m\hbar\omega_L$,而 $N=2n_\rho+|m|+m$,容易看出,所有 $m\leqslant 0$ 的态所对应的能量都相同,因而能级简并度为∞.对于较低的几条能级的简并度的分析如下所示.

N	$E_N/\hbar\omega_L$	n_ρ	m
0	1	0	0,−1,−2,−3,…
2	3	0	1
		1	0,−1,−2,−3,…
4	5	0	2
		1	1
		2	0,−1,−2,−3,…
6	7	0	3
		1	2
		2	1
		3	0,−1,−2,−3,…

……

式(6)所示电子能量($E>0$)可以看成电子在外磁场 B(沿 z 方向)中感应而产生的磁矩 μ_z 与外磁场的相互作用 $-\mu_z B$,而

$$\mu_z=-(2n_\rho+1+|m|+m)e\hbar/2Mc, \tag{8}$$

式(8)中的负号表示自由电子在受到外磁场作用时具有反磁性.

应当提到,关于 Landau 能级的简并度的上述结论,不因规范选择而异.例如,对于 Landau 选用过的规范①:

$$A_x=-By,\quad A_y=A_z=0, \tag{9}$$

电子在 xy 平面中运动的 Hamilton 量为

$$H=\frac{1}{2M}\left[\left(P_x-\frac{eB}{c}y\right)^2+P_y^2\right], \tag{10}$$

H 的本征态可取为守恒量完全集(H,P_x)的共同本征态,即

$$\psi(x,y)=\mathrm{e}^{\mathrm{i}P_x x/\hbar}\phi(y),\quad -\infty<P_x(\text{实数})<+\infty, \tag{11}$$

$\phi(y)$满足

$$\frac{1}{2M}\left[\left(P_x-\frac{eB}{c}y\right)^2-\hbar^2\frac{\mathrm{d}^2}{\mathrm{d}y^2}\right]\phi(y)=E\phi(y). \tag{12}$$

令 $y_0=cP_x/eB$,式(12)可化为

$$-\frac{\hbar^2}{2M}\phi''(y)+\frac{1}{2}M\omega_c^2(y-y_0)^2\phi(y)=E\phi(y), \tag{13}$$

---

① 参阅 Landau, Lifshitz 撰写的 Quantum Mechanics: Non-relativistic Theory 的 456 页.

其中，$\omega_c=eB/Mc=2\omega_L$，ω_c 称为回旋频率[①].式(13)描述的是一个一维谐振子，平衡点在 $y=y_0=cP_x/eB$ 处，其能量本征值为

$$
\begin{aligned}
E&=E_n=\left(n+\frac{1}{2}\right)\hbar\omega_c, \quad n=0,1,2,\cdots, \\
&=(N+1)\hbar\omega_L, \quad N=2n=0,2,4,\cdots,
\end{aligned}
\tag{14}
$$

与式(6)一致.相应的本征函数为

$$
\phi_{y_0 n}(y)\sim e^{-\alpha^2(y-y_0)^2/2}H_n(\alpha(y-y_0)), \quad \alpha=\sqrt{M\omega_c/\hbar}, \tag{15}
$$

它依赖于 n 和 $y_0(y_0=cP_x/eB)$，y_0 依赖于 P_x，可以取$(-\infty,+\infty)$中的一切实数值，但能级 E_n 不依赖于 y_0，因而能级简并度为∞.这里我们注意到一个有趣的现象，即在均匀磁场中运动的电子，可以出现在无穷远处($y_0\to\pm\infty$)，即为非束缚态(x 方向为平面波，也是非束缚态)，但电子的能级却是分立的.而通常一个二维非束缚态粒子的能量是连续变化的.

* Landau 能级简并度为∞，可如下理解：

在经典力学中，电子在均匀外磁场 B 中运动，其机械动量 $\boldsymbol{\pi}=M\boldsymbol{v}=\boldsymbol{P}+\frac{e}{c}\boldsymbol{A}$，而$\frac{\mathrm{d}}{\mathrm{d}t}\boldsymbol{\pi}=-e\boldsymbol{v}\times\boldsymbol{B}/c$，所以

$$
\frac{\mathrm{d}}{\mathrm{d}t}\left(\boldsymbol{\pi}+\frac{e}{c}\boldsymbol{r}\times\boldsymbol{B}\right)=\boldsymbol{0}, \tag{16}
$$

即 $\boldsymbol{\pi}+\frac{e}{c}\boldsymbol{r}\times\boldsymbol{B}$ 为守恒量.设 B 沿 z 方向，则有下列两个守恒量：

$$
\pi_x+\frac{eB}{c}y=\frac{eB}{c}\left(y+\frac{c}{eB}\pi_x\right), \quad \pi_y-\frac{eB}{c}x=-\frac{eB}{c}\left(x-\frac{c}{eB}\pi_y\right),
$$

或等价地定义一个守恒量 $\boldsymbol{R}$(垂直于 $\boldsymbol{B}$)：

$$
R_x=x-\frac{c}{eB}\pi_y, \quad R_y=y+\frac{c}{eB}\pi_x, \tag{17}
$$

而

$$
(x-R_x)^2+(y-R_y)^2=\frac{c^2}{e^2B^2}(\pi_x^2+\pi_y^2)=\frac{2Mc^2}{e^2B^2}H \tag{18}
$$

表示粒子在 xy 平面中做圆周运动，圆心在(R_x,R_y)点，半径与粒子能量和磁感应强度有关.相对于(R_x,R_y)点，粒子的轨道角动量

$$
\Lambda_z=(x-R_x)\pi_y-(y-R_y)\pi_x=\frac{2Mc}{eB}H, \tag{19}
$$

除(R_x,R_y)点之外，$\Lambda_z\left(\text{和 } H=\frac{eB}{2Mc}\Lambda_z\right)$为守恒量.

---

① 经典力学中，在沿 z 方向的均匀磁场 B 的作用下，电子所受 Lorentz 力 $\boldsymbol{F}=-e\boldsymbol{v}\times\boldsymbol{B}/c$($\boldsymbol{v}$ 为电子速度)，电子在 xy 平面中的运动为圆周运动，半径为 R，维持圆周运动的向心力 Mv^2/R 由 Lorentz 力提供，即 $Mv^2/R=evB/c$，所以 $R=Mvc/eB$，称为回旋半径.圆周运动的频率 $\nu=v/2\pi R$，而角频率为 $\omega=2\pi\nu=v/R=eB/Mc$，此即回旋频率 $\omega_c=2\omega_L$，其中，$\omega_L=eB/2Mc$ 为 Larmor 角频率.

过渡到量子力学中,这些力学量代之为相应的算符,即

$$\hat{\pi}_x=\hat{P}_x+\frac{e}{c}A_x,\quad \hat{\pi}_y=\hat{P}_y+\frac{e}{c}A_y,$$

$$\hat{R}_x=x-\frac{c}{eB}\hat{\pi}_y,\quad \hat{R}_y=y+\frac{c}{eB}\hat{\pi}_x.$$

不难证明

$$[\hat{\pi}_x,\hat{\pi}_y]=-\frac{\mathrm{i}\hbar e}{c}B,\quad [H,\hat{\pi}_x]\neq 0,\quad [H,\hat{\pi}_y]\neq 0. \tag{20}$$

所以$(\hat{\pi}_x,\hat{\pi}_y)$并非守恒量,但

$$[H,\hat{R}_x]=0,\quad [H,\hat{R}_y]=0,\quad [\hat{R}_x,\hat{R}_y]=\frac{\mathrm{i}\hbar c}{eB}. \tag{21}$$

即存在两个守恒量 $\hat{R}_x$ 与 $\hat{R}_y$,而$[\hat{R}_x,\hat{R}_y]=$常数$\neq 0$,按 5.1.2 小节中的定理的推论,能级简并度为∞.

当然,以上假定了电子除受到磁场作用之外,不再受其他限制.如电子被限制在 xy 平面中的一个有限面积 S 中运动,可以证明[①],能级简并度为 $f=\frac{eB}{hc}S$,即单位面积的简并度为 $f/S=\frac{eB}{hc}\propto B$.

7.4　圆环上荷电粒子的能谱与磁通量

考虑质量为 M、荷电 q 的粒子,被限制在半径为 R 的环上运动.采用平面极坐标(原点在环心),粒子的 Hamilton 量表示为

$$H=\frac{1}{2M}P_\varphi^2=\frac{-\hbar^2}{2MR^2}\frac{\partial^2}{\partial\varphi^2}, \tag{1}$$

其本征态可取为守恒量 $l_z=RP_\varphi=-\mathrm{i}\hbar\frac{\partial}{\partial\varphi}$的本征态,即

$$\psi_m(\varphi)=\frac{1}{\sqrt{2\pi}}\mathrm{e}^{\mathrm{i}m\varphi}, \tag{2}$$

其中,l_z 的本征值为 $m\hbar$.为保证 l_z 为 Hermite 算符,即 $l_z^+=l_z$,就必须要求 $\psi_m(\varphi)$满足周期性边条件:

$$\psi_m(\varphi+2\pi)=\psi_m(\varphi), \tag{3}$$

这样,就要求

$$m=0,\pm 1,\pm 2,\cdots, \tag{4}$$

此即角动量量子化条件.粒子能量也随之是量子化的,即

$$E=E_m=\frac{m^2\hbar^2}{2MR^2}. \tag{5}$$

除 $m=0$ 之外,能级简并度为 2.

现在假设有一条细长的磁通管通过环心,磁通量为 Φ,磁场被限制在细管内,在管

---

① 参阅曾谨言撰写的《量子力学专题分析》(下).

外(包括粒子运动的环上)磁场为零.从经典电动力学来看,环上运动的粒子不会受到Lorentz力,粒子的运动及能量不会受影响.但从量子力学来看,电磁矢势 $\boldsymbol{A}$ 出现在Hamilton量中,能量本征值有可能受到磁通量的影响.因为尽管在环上磁场为零,但矢势 $\boldsymbol{A}$ 不为零.$\boldsymbol{A}$ 可以取为[①]

$$A_\varphi=\Phi/2\pi R,\quad A_\rho=0,\quad A_z=0. \tag{6}$$

粒子的 Hamilton 量表示为

$$\begin{aligned}H&=\frac{1}{2M}\left(P_\varphi-\frac{q}{c}A_\varphi\right)^2=\frac{1}{2MR^2}\left(-\mathrm{i}\hbar\frac{\partial}{\partial\varphi}-\frac{qA_\varphi R}{c}\right)^2\\&=-\frac{\hbar^2}{2MR^2}\left(\frac{\partial}{\partial\varphi}-\frac{\mathrm{i}q\Phi}{2\pi\hbar c}\right)^2,\end{aligned} \tag{7}$$

能量本征方程为

$$-\frac{\hbar^2}{2MR^2}\left(\frac{\partial}{\partial\varphi}-\frac{\mathrm{i}q\Phi}{2\pi\hbar c}\right)^2\psi(\varphi)=E\psi(\varphi). \tag{8}$$

试做规范变换[②] $\psi(\varphi)\to\Psi(\varphi)$:

$$\begin{aligned}\Psi(\varphi)&=\psi(\varphi)\mathrm{e}^{-\mathrm{i}q\chi(\varphi)/\hbar c}\quad(\chi(\varphi)=\Phi\varphi/2\pi)\\&=\psi(\varphi)\mathrm{e}^{-\mathrm{i}q\Phi\varphi/2\pi\hbar c},\end{aligned} \tag{9}$$

则 $\Psi(\varphi)$ 满足

$$-\frac{\hbar^2}{2MR^2}\frac{\partial^2}{\partial\varphi^2}\Psi(\varphi)=E\Psi(\varphi). \tag{10}$$

方程(10)中磁通量 Φ 已消失.其解可表示成 $\Psi(\varphi)\sim\mathrm{e}^{\mathrm{i}m'\varphi}$,相应能量本征值为 $m'^2\hbar^2/2MR^2$,而

$$\psi(\varphi)=\frac{1}{\sqrt{2\pi}}\mathrm{e}^{\mathrm{i}m'\varphi+\mathrm{i}q\Phi\varphi/2\pi\hbar c}, \tag{11}$$

要求 $\psi(\varphi)$ 满足周期性边条件:

$$\psi(\varphi+2\pi)=\psi(\varphi), \tag{12}$$

由此可得

$$m'+q\Phi/2\pi\hbar c=m=0,\pm1,\pm2,\cdots, \tag{13}$$

---

① 考虑矢势沿半径为 ρ 的圆 C 上的积分 $\oint_C\boldsymbol{A}\cdot\mathrm{d}\boldsymbol{l}=2\pi\rho A_\varphi$.另一方面,按 Stokes 定理,$\oint_C\boldsymbol{A}\cdot\mathrm{d}\boldsymbol{l}=\iint_S(\nabla\times\boldsymbol{A})\cdot\mathrm{d}\boldsymbol{S}=\iint_S\boldsymbol{B}\cdot\mathrm{d}\boldsymbol{S}=\Phi$,所以 $A_\varphi=\Phi/2\pi\rho$.在柱坐标系中,$(\nabla\times\boldsymbol{A})_\rho=\frac{1}{\rho}\frac{\partial}{\partial\varphi}A_z-\frac{\partial}{\partial z}A_\varphi=0$,$(\nabla\times\boldsymbol{A})_\varphi=\frac{\partial}{\partial z}A_\rho-\frac{\partial}{\partial\rho}A_z=0$,$(\nabla\times\boldsymbol{A})_z=\frac{1}{\rho}\frac{\partial}{\partial\rho}(\rho A_\varphi)-\frac{1}{\rho}\frac{\partial}{\partial\varphi}A_\rho=0$(不包括 $\rho=0$ 点),即除了 $\rho=0$ 点之外,$B=0$.

② 这相应于矢势 $\boldsymbol{A}\to\boldsymbol{A}-\nabla\chi$,即 $A_\varphi\to A_\varphi-\frac{1}{\rho}\frac{\partial}{\partial\varphi}\chi=\frac{\Phi}{2\pi\rho}-\frac{1}{\rho}\frac{\Phi}{2\pi}=0$.注意:$\chi(\varphi)=\Phi\varphi/2\pi$ 不是 φ 的单值函数.

因此能量本征值为

$$E=\frac{m'^2\hbar^2}{2MR^2}=\frac{\hbar^2}{2MR^2}\left(m-\frac{q\Phi}{2\pi\hbar c}\right)^2,\tag{14}$$

相应的本征函数为

$$\psi_m(\varphi)=\frac{1}{\sqrt{2\pi}}\mathrm{e}^{\mathrm{i}(m'+q\Phi/2\pi\hbar c)\varphi}=\frac{1}{\sqrt{2\pi}}\mathrm{e}^{\mathrm{i}m\varphi},\tag{15}$$

其中，$m=0,\pm1,\pm2,\cdots$，与无磁通量时的本征函数相同，满足周期性边条件.但能谱(见式(14))依赖于磁通量 Φ，这与无磁通量时的能谱(见式(5))不同，尽管粒子所在环上的磁感应强度 $B=0$，但是粒子并不受到 Lorentz 力，这完全是一种量子力学效应①.这是 Aharonov-Bohm 效应(简称 AB 效应)②在束缚态中的表现.当初，AB 效应是讨论通过两条路径(中间包围一个磁通管)的荷电粒子的波函数的相差(受磁通量 Φ 的影响)而产生的干涉现象，涉及的是散射态.

特别有趣的是能级的简并度.在无磁通量($\Phi=0$)时，除 $m=0$ 外，所有能级都是二重简并.在有磁通量时，一般说来，能级简并全部解除.但当 $\Phi/\Phi_0=$ 半奇数($\Phi_0=2\pi\hbar c/|q|$)时，所有能级都变成二重简并(见图 7.2).而当 $\Phi/\Phi_0=$ 整数时，能谱及简并情况与无磁通量时相同.

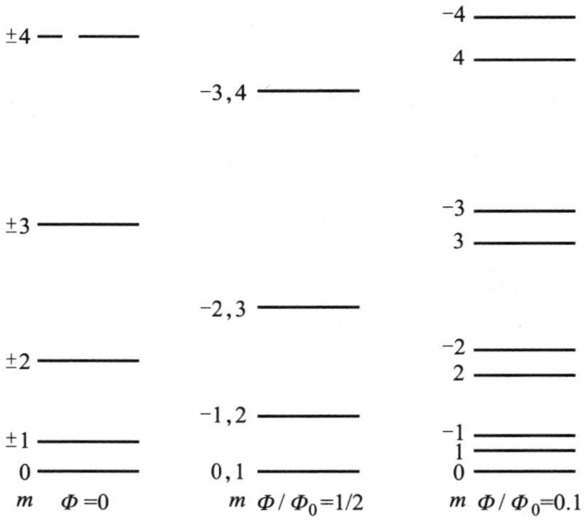

图 7.2　圆环上荷电粒子的能谱 $(E_m-E_0)\Big/\frac{\hbar^2}{2MR^2}$，$\Phi_0=2\pi\hbar c/|q|$

---

① E. Merzbacher, *Am. J. Phys.*, 1962, 30: 237.

② Y. Aharonov, D. Bohm, *Phys. Rev.*, 1959, 115: 485.

练习 试根据正则角动量的量子化来讨论圆环上运动的粒子的能谱.

粒子在半径为 R 的圆环上运动,机械角动量为

$$\boldsymbol{\Lambda}=\boldsymbol{r}\times M\boldsymbol{v}=\boldsymbol{r}\times\left(\boldsymbol{P}-\frac{q}{c}\boldsymbol{A}\right)=\boldsymbol{l}-\frac{q}{c}\boldsymbol{r}\times\boldsymbol{A}, \tag{16}$$

其中,$\boldsymbol{P}=-\mathrm{i}\hbar\nabla$为正则动量,$\boldsymbol{l}=\boldsymbol{r}\times\boldsymbol{P}$ 为正则角动量,采用柱坐标系,并取规范(6):$\boldsymbol{A}=\dfrac{\Phi}{2\pi R}\boldsymbol{e}_\varphi$,$\boldsymbol{r}=R\boldsymbol{e}_\rho+z\boldsymbol{e}_z$,则

$$\boldsymbol{r}\times\boldsymbol{A}=\frac{\Phi}{2\pi}\boldsymbol{e}_z-\frac{\Phi z}{2\pi R}\boldsymbol{e}_\rho,$$

其 z 分量为$(\boldsymbol{r}\times\boldsymbol{A})_z=\Phi/2\pi$.因此

$$\Lambda_z=l_z-\frac{q}{2\pi c}\Phi. \tag{17}$$

按正则角动量量子化条件,l_z 的本征值为 $m\hbar$,其中,$m=0,\pm1,\pm2,\cdots$,所以 Λ_z 的本征值为 $m\hbar-q\Phi/2\pi c$,因而粒子的能量本征值为

$$E=\frac{1}{2MR^2}\Lambda_z^2=\frac{\hbar^2}{2MR^2}\left(m-\frac{q\Phi}{2\pi\hbar c}\right)^2, \tag{18}$$

与式(14)相同.

7.5 超导现象

7.5.1 唯象描述

1911 年,Onnes 发现金属汞在极低温(~4.2 K)下电阻消失的现象,揭示出物质的另一种状态——超导态.后来在许多金属或合金中都发现,当温度低于某临界温度 T_c 之后,都有类似的超导现象发生.但超导现象的物理机制直到 1957 年(Bardeen,Cooper,Schrieffer)才搞清楚.定性来说,金属中的导电电子,通过与晶格离子的振动(用声子描述)的相互作用,使得两个电子之间产生一个微弱的有效吸引力①,从而形成束缚的电子对(称为"Cooper 对").电子对可近似视为一个玻色子.在极低温情况下,金属中有大量的这种电子对,由于其不受 Pauli 原理限制,因此它们倾向于处于能量最低的状态.大量的这种电子对的相干对关联所形成的状态,就呈现出超导现象.与平常导体依靠导电电子来导电不同,超导体是依靠这些电子对来导电的.由于相干对关联,因此超导态的能量掉得很低,超导态的电子激发谱中出现能隙(energy gap).这样,与平常电子(能量连续变化)容易因碰撞而激发不同,要使超导态下的电子对激发是很

① 当一个电子经过一个正离子附近时,由于吸引力,造成局部区域的正电荷过剩.由于电子质量远小于离子质量,当第一个电子已离去很久之后,正电荷过剩区域仍然维持下去,此时第二个电子经过该区域时,就会感受到(第一个电子滞留下来的)吸引作用,这就是"Cooper 对"中两个电子的微弱的有效吸引力的物理机制.

困难的(要跨过能隙才能激发).因此,当金属温度 $T<T_c$ 时,电子对的激发实际上被冻结,因而对电阻无贡献.这就是电阻消失的原因.当然,由于电子对的结合能很小(吸引力很弱),当温度稍高时,热运动就会使电子对拆散,变成平常的导电电子,超导性随之破坏.所以超导现象只在温度很低时才存在[①].

只要温度 $T\neq 0$ K,实际上总还有少数电子对被拆散(按 Boltzmann 分布律,电子对被拆散的数目正比于 $e^{-E_P/kT}$,其中,E_P 为电子对的结合能).但作为粗糙的近似,不妨假定在超导态下所有电子均已配对.这些大量的电子对都处于同一个量子态 ψ 下,因而

$$\psi^*\psi\propto \text{电子对的密度 } \rho(\rho>0),$$

所以不妨把超导态 ψ 表示为[②]

$$\psi(\boldsymbol{r},t)=\sqrt{\rho(\boldsymbol{r},t)}\,e^{i\theta(\boldsymbol{r},t)}, \tag{1}$$

其中,ρ,θ 均为实函数.$\rho(\boldsymbol{r},t)=\psi^*(\boldsymbol{r},t)\psi(\boldsymbol{r},t)$ 表示电子对的空间分布密度,是具有宏观意义的一个观测量.θ 是波函数的相位,式(1)表示所有电子具有相同的相位,即处于相干叠加态.把式(1)代入流密度公式(见 7.1 节中的式(14)),并乘以电子对的电荷 q[③],即得电流密度

$$\boldsymbol{j}=\frac{q}{2\mu}\left[\psi^*\left(\hat{\boldsymbol{P}}-\frac{q}{c}\boldsymbol{A}\right)\psi+\psi\left(\hat{\boldsymbol{P}}-\frac{q}{c}\boldsymbol{A}\right)^*\psi^*\right]=\frac{q\rho}{\mu}\left(\hbar\,\nabla\theta-\frac{q}{c}\boldsymbol{A}\right) \tag{2}$$

(称为 London 方程).在无磁场时($\boldsymbol{A}=\boldsymbol{0}$),显然$\nabla\times\boldsymbol{j}=\boldsymbol{0}$(非旋),不会出现什么新现象.在有磁场时,$\nabla\times\boldsymbol{j}\neq\boldsymbol{0}$.$\theta$ 作为波函数的相位,必须满足一些条件,由此将产生一些很有趣的现象,例如,Meissner 效应和超导环内的磁通量量子化.

把式(1)代入 Schrödinger 方程

$$i\hbar\frac{\partial}{\partial t}\psi=\left[\frac{1}{2\mu}\left(-i\hbar\,\nabla-\frac{q}{c}\boldsymbol{A}\right)\cdot\left(-i\hbar\,\nabla-\frac{q}{c}\boldsymbol{A}\right)+q\phi\right]\psi, \tag{3}$$

经过计算,分别让方程(3)左右两边实部与虚部各自相等,可得

$$\frac{\partial}{\partial t}\rho+\nabla\cdot\rho\boldsymbol{v}=0, \tag{4a}$$

$$\hbar\frac{\partial}{\partial t}\theta=-\frac{\mu}{2}v^2-q\phi+\frac{\hbar^2}{2\mu}\frac{1}{\sqrt{\rho}}\nabla^2\sqrt{\rho}, \tag{4b}$$

其中,

$$\mu\boldsymbol{v}=\hbar\,\nabla\theta-\frac{q}{c}\boldsymbol{A}, \tag{4c}$$

---

① 1986 年发现了高温铜氧化物超导体,这是一个重大突破.为此,Bednorz 与 Müller 获得了 1987 年的 Nobel 物理学奖.高温超导的物理机制是目前大家关注的课题.

② 参阅 Feynman, Leighton, Sands 撰写的 The Feynman Lectures on Physics: Quantum Mechanics, Vol. Ⅲ的 21—28 页.

③ 有各种实验证据表明 $q=-2e$,其中,$-e$ 为电子荷电,见 7.5.3 小节.

式(4a)即连续性方程.式(4c)可改写成

$$\hbar\,\boldsymbol{\nabla}\theta=\mu\boldsymbol{v}+\frac{q}{c}\boldsymbol{A}, \tag{5}$$

与 7.1 节中的式(5)比较,可见 $\hbar\,\boldsymbol{\nabla}\theta$ 正是电子对的正则动量.

在式(4b)中,若略去最后一项①,并取梯度,利用式(5),得

$$\mu\,\frac{\partial}{\partial t}\boldsymbol{v}=-\frac{\mu}{2}\boldsymbol{\nabla}v^2-q\,\boldsymbol{\nabla}\phi-\frac{q}{c}\frac{\partial}{\partial t}\boldsymbol{A}, \tag{6}$$

利用

$$\boldsymbol{v}\times(\boldsymbol{\nabla}\times\boldsymbol{v})+(\boldsymbol{v}\cdot\boldsymbol{\nabla})\boldsymbol{v}=\frac{1}{2}\boldsymbol{\nabla}v^2,$$

$$\boldsymbol{E}=-\boldsymbol{\nabla}\phi-\frac{1}{c}\frac{\partial}{\partial t}\boldsymbol{A},$$

式(6)化为

$$\mu\left[\frac{\partial}{\partial t}\boldsymbol{v}+(\boldsymbol{v}\cdot\boldsymbol{\nabla})\boldsymbol{v}\right]=-\mu\boldsymbol{v}\times(\boldsymbol{\nabla}\times\boldsymbol{v})+q\boldsymbol{E}. \tag{7}$$

按式(4c),有

$$\boldsymbol{\nabla}\times\boldsymbol{v}=-\frac{q}{\mu c}\boldsymbol{\nabla}\times\boldsymbol{A}=-\frac{q}{\mu c}\boldsymbol{B}, \tag{8}$$

结合流体力学中常用的关系式

$$\frac{\partial}{\partial t}\boldsymbol{v}+(\boldsymbol{v}\cdot\boldsymbol{\nabla})\boldsymbol{v}=\frac{\mathrm{d}}{\mathrm{d}t}\boldsymbol{v},$$

式(7)可化为

$$\mu\,\frac{\mathrm{d}}{\mathrm{d}t}\boldsymbol{v}=q\left(\boldsymbol{E}+\frac{1}{c}\boldsymbol{v}\times\boldsymbol{B}\right), \tag{9}$$

这正是电子对在电磁场中的运动方程.

7.5.2 Meissner 效应

把一块金属置于磁场中,让其温度降到临界温度之下,变成超导体,就会发现磁场被排斥到超导体外,或者说,超导体有抗磁性,使得磁场不能深入到超导体内部.这就是 Meissner 效应.下面用 London 方程(2)来说明此现象.

---

① 当略去式(4b)中的最后一项时,就与不可压缩流体力学中的运动方程相似,其中,

$$\hbar\theta\sim\text{速度势},\quad \frac{1}{2}\mu v^2\sim\text{动能},\quad q\phi\sim\text{势能}.$$

式(4b)中的最后一项纯属量子效应($\propto\hbar^2$).当 $\rho=$ 常数(不可压缩)时,此项为零.所以这一项可以视为与流体可压缩性有联系的能量.在超导体内,由于静电斥力,带电粒子近似保持均匀分布,即 $\rho\approx$ 常数,通常把这一项略去.但在两个超导体连续的边界上,ρ 的不均匀性可能很重要,需加以考虑.

将 London 方程(2)代入 Maxwell 方程

$$\nabla\times\boldsymbol{B}=\frac{1}{c}\frac{\partial}{\partial t}\boldsymbol{E}+\frac{4\pi}{c}\boldsymbol{j}, \tag{10}$$

并取旋度,利用

$$\begin{cases}\nabla\times\boldsymbol{E}=-\dfrac{1}{c}\dfrac{\partial}{\partial t}\boldsymbol{B},\\ \nabla\cdot\boldsymbol{B}=0,\\ \nabla\times(\nabla\times\boldsymbol{B})=\nabla(\nabla\cdot\boldsymbol{B})-\nabla^2\boldsymbol{B}=-\nabla^2\boldsymbol{B},\\ \nabla\times(\nabla\theta)=0,\quad \nabla\times\boldsymbol{A}=\boldsymbol{B},\end{cases}$$

可得

$$\nabla^2\boldsymbol{B}=\frac{1}{c}\frac{\partial^2}{\partial t^2}\boldsymbol{B}+\frac{4\pi\rho q^2}{\mu c^2}\boldsymbol{B}. \tag{11}$$

对于稳定情况,

$$\nabla^2\boldsymbol{B}=\lambda^2\boldsymbol{B},\quad \lambda=\sqrt{4\pi\rho q^2/\mu c^2}. \tag{12}$$

例如,对于一维情况,

$$\frac{\partial^2}{\partial x^2}B=\lambda^2 B, \tag{13}$$

它的解可表示为 $B(x)\sim B(0)\mathrm{e}^{\pm\lambda x}$,但物理上可接受的解只能是

$$B(x)=B(0)\mathrm{e}^{-\lambda x}, \tag{14}$$

其中,λ^{-1} 表示磁场可以深入到超导体内部的特征深度,且 $\lambda^{-1}\propto\dfrac{1}{q}\sqrt{\mu/\rho}$.$B(0)$ 表示超导体表面($x=0$)的磁感应强度.随着进入超导体内部($x>0$),$B(x)$ 呈指数衰减.设金属中单位体积内的自由电子数目为 N,则 $\rho=N/2$,又知 $q=-2e$,$\mu=2m_e$,利用 $m_e c^2=e^2/r_c$(其中,$r_c=2.8\times10^{-13}$ cm 是经典电子半径),可估算出

$$\frac{1}{\lambda}=\left[\frac{2e^2}{r_c}\frac{1}{4\pi(N/2)4e^2}\right]^{1/2}=1/(4\pi N r_c)^{1/2}, \tag{15}$$

对于金属铅,$N\sim3\times10^{22}\,\mathrm{cm}^{-3}$,可估算出 $\lambda^{-1}\approx3\times10^{-6}$ m.

7.5.3　超导环内的磁通量量子化

考虑一个空心金属圆筒(见图 7.3(a)),置于磁场 $\boldsymbol{B}$ 中,导体内部及筒内外空间中都有磁场.然后把温度降到临界温度之下,使金属圆筒处于超导态.此时磁场将被排斥到超导体外(Meissner 效应),但筒内和筒外空间中仍有磁场(见图 7.3(b)).最后把所加外磁场撤掉,则会发现陷入筒内空间中的磁场“逃不出去”(见图 7.3(c)).理由如下:设 Γ 表示超导体内部绕圆筒内壁的一条封闭曲线,以 Γ 为周边的曲面记为 S. 考虑到在超导体内部不能建立起电场,即 $\boldsymbol{E}=\boldsymbol{0}$,通过 S 的磁通量 Φ 是不会随时间改变的,因

为

$$\frac{\partial}{\partial t}\Phi=\frac{\partial}{\partial t}\iint_S \boldsymbol{B}\cdot \mathrm{d}\boldsymbol{S}=-c\iint_S(\boldsymbol{\nabla}\times \boldsymbol{E})\cdot \mathrm{d}\boldsymbol{S}=-c\oint_\Gamma \boldsymbol{E}\cdot \mathrm{d}\boldsymbol{l}=0. \tag{16}$$

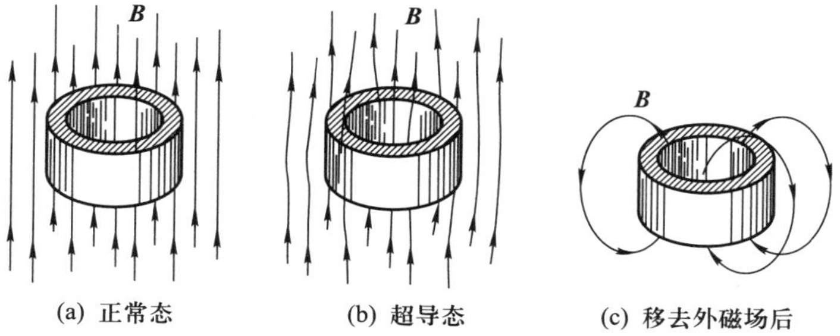

图 7.3

下面来计算通过超导环面的磁通量 Φ.考虑到超导体内部(表面薄层除外)的 $\boldsymbol{j}=\boldsymbol{0}$,按 London 方程(2),得

$$\hbar\boldsymbol{\nabla}\theta=\frac{q}{c}\boldsymbol{A}, \tag{17}$$

因此

$$\hbar\oint_\Gamma \boldsymbol{\nabla}\theta\cdot \mathrm{d}\boldsymbol{l}=\frac{q}{c}\oint_\Gamma \boldsymbol{A}\cdot \mathrm{d}\boldsymbol{l}. \tag{18}$$

利用 Stokes 定理,式(18)右边积分可化为

$$\frac{q}{c}\oint_\Gamma \boldsymbol{A}\cdot \mathrm{d}\boldsymbol{l}=\frac{q}{c}\iint_S(\boldsymbol{\nabla}\times \boldsymbol{A})\cdot \mathrm{d}\boldsymbol{S}=\frac{q}{c}\iint_S \boldsymbol{B}\cdot \mathrm{d}\boldsymbol{S}=\frac{q}{c}\Phi. \tag{19}$$

对$\boldsymbol{\nabla}\theta$ 沿任意一条路径从 P_1 点到 P_2 点积分,得

$$\int_{P_1}^{P_2}\boldsymbol{\nabla}\theta\cdot \mathrm{d}\boldsymbol{l}=\theta(P_2)-\theta(P_1), \tag{20}$$

此即波函数在 P_2 点和 P_1 点的相位差.式(18) 左边是对回路 Γ 积分一圈,回到空间原点.按波函数(1) 的周期性条件,必须要求$\oint_\Gamma \boldsymbol{\nabla}\theta\cdot \mathrm{d}\boldsymbol{l}=2n\pi$($n$ 为整数).因此式(18) 可化为

$$\frac{q}{c}\Phi=2n\pi\hbar,$$

即

$$\Phi=n\,\frac{2\pi\hbar c}{q}=n\Phi_0,\quad n=0,\pm1,\pm2,\cdots, \tag{21}$$

其中,

$$\Phi_0=\frac{2\pi\hbar c}{|q|},\tag{22}$$

即通过超导环面的磁通量是量子化的.这是宏观尺度上出现的量子效应.London 预言了此现象,此现象于 1951 年为实验证实.实验观测还表明,超导环内电流的携带者是电子对(Cooper 对),$q=-2e$,即

$$\Phi_0=\frac{\pi\hbar c}{e}=2\times10^{-7}\ \mathrm{Gs\cdot cm^2}.\tag{23}$$

7.5.4 Josephson 结

考虑两个超导体之间有一薄的绝缘层(见图 7.4(a)).如绝缘层较厚,则电流不可能通过此绝缘层.但如绝缘层足够薄,则超导体中的电子对有一定的概率跨过此绝缘层.这是一种宏观的量子势垒穿透现象.Josephson(1962)对此做了仔细研究,并发现一些极有趣的现象.

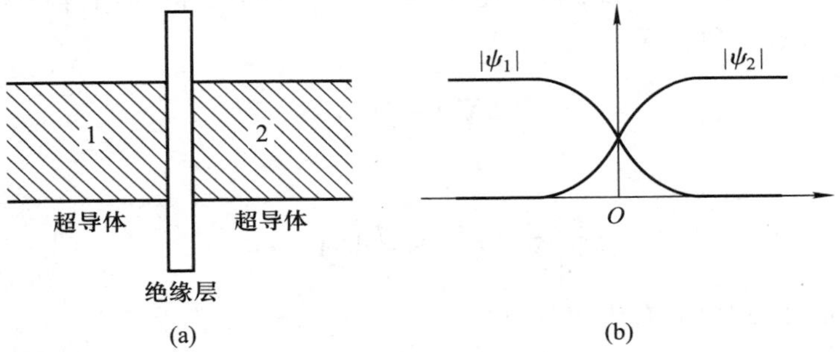

图　7.4

设超导体 1 和超导体 2 中的超导电子对的波函数分别为 ψ_1 和 ψ_2(见式(1)).假设两个超导体的形状相同,由同一种材料制成,则 Josephson 结是对称的.

当两个超导体相互靠近时(即绝缘层变薄),波函数 ψ_1 与 ψ_2 将发生重叠(见图 7.4(b)),两个超导体的电子对的空间分布会互相影响. 作为唯象描述,ψ_1 与 ψ_2 满足

$$\mathrm{i}\hbar\frac{\partial}{\partial t}\begin{pmatrix}\psi_1\\ \psi_2\end{pmatrix}=\begin{pmatrix}U_1 & K\\ K & U_2\end{pmatrix}\begin{pmatrix}\psi_1\\ \psi_2\end{pmatrix},\tag{24}$$

其中,K 为实数,用于描述两个超导体的相互作用.当绝缘层较厚时,$K=0$,两个超导体脱耦.当绝缘层变到足够薄时,K 开始变得重要.但不妨假定 K 仍较小,视为微扰.而 ψ_1 和 ψ_2 仍取式(1)的形式,即 $\psi_1=\sqrt{\rho_1}\,\mathrm{e}^{\mathrm{i}\theta_1}$,$\psi_2=\sqrt{\rho_2}\,\mathrm{e}^{\mathrm{i}\theta_2}$,将之代入

$$\mathrm{i}\hbar\frac{\partial}{\partial t}\psi_1=U_1\psi_1+K\psi_2,\quad \mathrm{i}\hbar\frac{\partial}{\partial t}\psi_2=U_2\psi_2+K\psi_1,\tag{25}$$

可得出

$$\dot{\rho}_1 = -\dot{\rho}_2 = 2K\sqrt{\rho_1\rho_2}\sin(\theta_2-\theta_1), \tag{26}$$

$$\dot{\theta}_1 = \frac{K}{\hbar}\sqrt{\frac{\rho_2}{\rho_1}}\cos(\theta_2-\theta_1) - \frac{U_1}{\hbar}, \tag{27}$$

$$\dot{\theta}_2 = \frac{K}{\hbar}\sqrt{\frac{\rho_1}{\rho_2}}\cos(\theta_2-\theta_1) - \frac{U_2}{\hbar}. \tag{28}$$

由于超导体 1 和超导体 2 由同一种材料制成，因此 ρ_1 与 ρ_2 几乎相等，即 $\rho_1 \approx \rho_2 \approx \rho_0$（$\rho_0$ 为超导体中电子对的正常密度）. 令 $\delta = \theta_1 - \theta_2$，由式(27)和式(28)可得，$\dot{\delta} = (U_2 - U_1)/\hbar$. 设两个超导体与一个电池的两极相连，电池电压为 V，则 $U_2 - U_1 = qV_0$，$|q| = 2e$（电子对电荷），于是 $\dot{\delta} = qV_0/\hbar$，积分得

$$\delta(t) = \delta_0 + \frac{qV_0}{\hbar}t \quad (\delta_0 = \delta(0)). \tag{29}$$

两个超导体之间的电流为 $q\dot{\rho}_1$（或 $-q\dot{\rho}_2$），即

$$J = \frac{2qK}{\hbar}\rho_0\sin\delta(t) = J_0\sin\delta(t), \tag{30}$$

其中，

$$J_0 = 2qK\rho_0/\hbar,$$

由于 $\hbar$ 为一个宏观极小量，$\sin\delta(t)$ 随时间迅速振荡（角频率为 $\omega_0 = qV_0/\hbar$），因此电流对时间的平均值为 0，即两个超导体之间有交变电流，但平均电流为 0. 如让 $V_0 = 0$，则 $J = J_0\sin\delta_0$，无振荡，J 值介于 J_0 与 $-J_0$ 之间. 以上即直流(dc)Josephson 效应.

如在稳定直流电压 V_0 之外，再加上一个高频低压电压，即

$$V = V_0 + V_a\cos\omega t \quad (V_a \ll V_0), \tag{31}$$

则

$$\delta(t) = \delta_0 + \omega_0 t + \frac{V_a}{\omega}\sin\omega t. \tag{32}$$

考虑到 $\sin(x+\Delta x) = \sin x + \Delta x\cos x\ (\Delta x \ll x)$，当 $V_a/V_0 \ll 1$ 时，

$$J(t) = J_0\sin(\delta_0 + \omega_0 t) + \frac{qV_a}{\hbar\omega}\sin\omega t\cos(\delta_0 + \omega_0 t).$$

当 $\omega \approx \omega_0$（交流电压频率 ω 与 $\omega_0 = qV_0/\hbar$ 共振）时，上式右边第二项中会出现 $\sin^2\omega t$，而 $\overline{\sin^2\omega t} = \frac{1}{T}\int_0^T \sin^2\omega t\,\mathrm{d}t = 1/2\ (T = 2\pi/\omega)$，因此 $\overline{J(t)} \neq 0$，这已为实验所证实.

习　题

1. 质量为 M、荷电 q 的粒子在均匀外磁场 $\boldsymbol{B}$ 中运动，Hamilton 量表示为

$$H = \frac{1}{2M}\left(\hat{\boldsymbol{P}} - \frac{q}{c}\boldsymbol{A}\right)^2 = \frac{1}{2}M\hat{\boldsymbol{v}}^2,$$

其中，

$$\hat{\boldsymbol{v}}=\frac{1}{M}\left(\hat{\boldsymbol{P}}-\frac{q}{c}\mathbf{A}\right),$$

速度算符 $\hat{\boldsymbol{v}}$ 的三个分量满足对易关系，如 7.1 节中的式(16)所示.假设 $\boldsymbol{B}$ 沿 z 方向，只考虑粒子在 xy 平面中的运动，则有

$$[\hat{v}_x,\hat{v}_y]=\frac{\mathrm{i}\hbar q}{M^2c}B.$$

设 $q>0$，令

$$\hat{Q}=\sqrt{\frac{M^2c}{\hbar qB}}v_x,\quad \hat{P}=\sqrt{\frac{M^2c}{\hbar qB}}v_y,$$

则

$$[\hat{Q},\hat{P}]=\mathrm{i},$$

而

$$H=\frac{1}{2}M(\hat{v}_x^2+\hat{v}_y^2)=\frac{1}{2}(\hat{Q}^2+\hat{P}^2)\hbar\omega_{\mathrm{c}},$$

其中，$\omega_{\mathrm{c}}=qB/Mc$ 为回旋频率.上式与谐振子的 Hamilton 量相似.由此可求出其能量本征值(Landau 能级)为

$$E_n=(n+1/2)\hbar\omega_{\mathrm{c}}.$$

2. 求互相垂直的均匀电场和磁场中的带电粒子的能量本征值.

提示：设电场沿 y 方向，即 $\mathscr{E}=(0,\mathscr{E},0)$，磁场沿 z 方向，选 Landau 规范，即 $\mathbf{A}=(-By,0,0)$，则粒子在 xy 平面中运动时的 Hamilton 量为

$$H=\frac{1}{2M}\left[\left(\hat{P}_x+\frac{qB}{c}y\right)^2+\hat{P}_y^2\right]-q\mathscr{E}y,$$

选择守恒量完全集为$(H,\hat{P}_x)$，即令 $\varphi(x,y)=\mathrm{e}^{\mathrm{i}P_xx/\hbar}\phi(y)(-\infty<P_x(\text{实数})<+\infty)$，则 $\phi(y)$满足

$$\left[-\frac{\hbar^2}{2M}\frac{\mathrm{d}^2}{\mathrm{d}y^2}+\frac{q^2B^2}{2Mc^2}y^2+\left(\frac{qBP_x}{Mc}-q\mathscr{E}\right)y\right]\phi(y)=\left(E-\frac{P_x^2}{2M}\right)\phi(y),$$

即

$$\left[-\frac{\hbar^2}{2M}\frac{\mathrm{d}^2}{\mathrm{d}y^2}+\frac{q^2B^2}{2Mc^2}(y-y_0)^2\right]\phi(y)=\left(E-\frac{P_x^2}{2M}+\frac{q^2B^2}{2Mc^2}y_0^2\right)\phi(y),$$

其中，

$$y_0=\frac{Mc^2}{qB^2}\left(\mathscr{E}-\frac{BP_x}{Mc}\right).$$

所以

$$\begin{aligned}E&=\left(n+\frac{1}{2}\right)\hbar\omega_{\mathrm{c}}+P_x^2/2M-q^2B^2y_0^2/2Mc^2,\quad \omega_{\mathrm{c}}=|q|B/Mc,\\&=\left(n+\frac{1}{2}\right)\hbar\omega_{\mathrm{c}}+\frac{cP_x\mathscr{E}}{B}-\frac{1}{2}Mc^2\mathscr{E}^2/B^2,\quad n=0,1,2,\cdots.\end{aligned}$$

第 8 章　自　　旋

8.1　电子自旋

8.1.1　提出电子自旋的实验根据

Bohr 的量子论提出后，人们对于光谱规律的认识深入了一大步.理论反过来又促进了光谱实验工作的开展，特别是光谱精细结构和反常 Zeeman 效应方面.为了解释光谱分析中碰到的矛盾，Uhlenbeck 与 Goudsmit（1925）提出了电子自旋的假设.他们根据的主要实验事实是：

（a）碱金属原子光谱的双线结构.例如，钠原子光谱中的一条很亮的黄线（$\lambda \approx$ 5893 Å①），如用分辨本领稍高的光谱仪进行观测，就会发现它由很靠近的两条谱线 D_1（$\lambda = 5896$ Å）和 D_2（$\lambda = 5890$ Å）组成.

（b）反常 Zeeman 效应.Paschen 和 Back（1912）发现反常 Zeeman 效应——在弱磁场中原子光谱线的复杂分裂现象（分裂成偶数条）.例如，钠光谱线 $D_1 \rightarrow 4$ 条，$D_2 \rightarrow$ 6 条.

Uhlenbeck 与 Goudsmit 最初提出的电子自旋概念具有机械的性质.他们认为，与地球绕太阳的运动相似，电子一方面绕原子核旋转（相应有轨道角动量），一方面又有自转，自转角动量为 $s = \hbar/2$，但它在空间任意方向的投影只可能取两个值，即 $\pm \hbar/2$. 与自旋相联系的磁矩为 $\mu = e\hbar/2mc$（Bohr 磁子）.

把电子自旋看成机械的自转是不正确的.电子自旋及磁矩是电子本身的内禀属性，所以也称为内禀角动量和内禀磁矩.它们的存在，标志着电子还有一个新的自由度.电子的自旋及内禀磁矩，在 Stern-Gerlach 实验中得到了直接证实.无数实验表明，除静质量、电荷之外，自旋和内禀磁矩也是标志各种粒子（电子、质子、中子等）的很重要的物理量.特别是，自旋是半奇数或整数（包括零）就决定了粒子是遵守 Fermi 统计还是 Bose 统计.

电子自旋与轨道角动量的不同之处是：

（a）电子自旋值是 $\hbar/2$（而不是 $\hbar$ 的整数倍）.

---

①　1 Å$=10^{-10}$ m.

(b) |内禀磁矩/自旋| $=e/mc$，而|轨道磁矩/轨道角动量| $=e/2mc$，两者差一倍. 或者说，对于自旋，g 因子(回转磁比值)为 $|g_s|=2$，而对于轨道运动，$|g_l|=1$.

碱金属原子光谱的双线结构和反常 Zeeman 效应正是这种特点造成的(见 8.3 节).

8.1.2　自旋态的描述

实验分析表明，电子不是一个只具有三个自由度的粒子，它还具有自旋这个自由度.要对它的状态做出完全描述，还必须考虑其自旋状态.更确切地说，要考虑自旋在某给定方向(如 z 方向)的投影的两个可能取值的波幅，即波函数中还应包含自旋投影这个变量(习惯上取为 s_z).将波函数记为 $\psi(\boldsymbol{r},s_z)$.与连续变量 $\boldsymbol{r}$ 不同，s_z 只能取 $\pm\hbar/2$ 两个分立值.因此使用二分量波函数是方便的，即

$$\psi(\boldsymbol{r},s_z)=\begin{pmatrix}\psi(\boldsymbol{r},\hbar/2)\\\psi(\boldsymbol{r},-\hbar/2)\end{pmatrix}, \tag{1}$$

式(1)称为旋量波函数，其物理意义如下：

$|\psi(\boldsymbol{r},\hbar/2)|^2$ 表示电子自旋向上($s_z=\hbar/2$)，位置在 $\boldsymbol{r}$ 处的概率密度，

$|\psi(\boldsymbol{r},-\hbar/2)|^2$ 表示电子自旋向下($s_z=-\hbar/2$)，位置在 $\boldsymbol{r}$ 处的概率密度，

而

$\int d^3r\,|\psi(\boldsymbol{r},\hbar/2)|^2$ 表示电子自旋向上($s_z=\hbar/2$)的概率，

$\int d^3r\,|\psi(\boldsymbol{r},-\hbar/2)|^2$ 表示电子自旋向下($s_z=-\hbar/2$)的概率.

所以归一化条件表示为

$$\begin{aligned}\sum_{s_z=\pm\hbar/2}\int d^3r\,|\psi(\boldsymbol{r},s_z)|^2&=\int d^3r(\psi^*(\boldsymbol{r},\hbar/2),\psi^*(\boldsymbol{r},-\hbar/2))\begin{pmatrix}\psi(\boldsymbol{r},\hbar/2)\\\psi(\boldsymbol{r},-\hbar/2)\end{pmatrix}\\&=\int d^3r[|\psi(\boldsymbol{r},\hbar/2)|^2+|\psi(\boldsymbol{r},-\hbar/2)|^2]\\&=\int d^3r\psi^+\psi=1.\end{aligned} \tag{2}$$

在有些情况下(例如，Hamilton 量不含自旋变量，或可表示为空间坐标部分与自旋变量部分之和)，波函数可以分离变量，即

$$\psi(\boldsymbol{r},s_z)=\phi(\boldsymbol{r})\chi(s_z), \tag{3}$$

这里，$\chi(s_z)$是描述自旋态的波函数，其一般形式为

$$\chi(s_z)=\begin{pmatrix}a\\b\end{pmatrix}, \tag{4}$$

其中，$|a|^2$ 与 $|b|^2$ 分别代表电子 $s_z=\pm\hbar/2$ 的概率，所以归一化条件表示为

$$|a|^2+|b|^2=\chi^+\chi=(a^*,b^*)\begin{pmatrix}a\\b\end{pmatrix}=1. \tag{5}$$

例如，s_z 的本征态 $\chi_{m_s}(s_z)$，$m_s\hbar$ 表示 s_z 的本征值，其中，$m_s=\pm 1/2$. $\chi_{\pm 1/2}(s_z)$分别表示 $s_z=\pm\hbar/2$ 的本征态，常简记为 α 与 β，即

$$\alpha=\chi_{1/2}(s_z)=\begin{pmatrix}1\\0\end{pmatrix},\quad \beta=\chi_{-1/2}(s_z)=\begin{pmatrix}0\\1\end{pmatrix},\tag{6}$$

α 与 β 构成电子自旋态空间的一组正交完备基，一般的自旋态(4)可以用它们来展开，即

$$\chi(s_z)=\begin{pmatrix}a\\b\end{pmatrix}=a\alpha+b\beta.\tag{7}$$

而波函数(1)可表示为

$$\psi(\boldsymbol{r},s_z)=\psi(\boldsymbol{r},\hbar/2)\alpha+\psi(\boldsymbol{r},-\hbar/2)\beta.\tag{8}$$

8.1.3 自旋算符与 Pauli 矩阵

考虑到自旋具有角动量的特征，假设自旋 $\boldsymbol{s}$ 的三个分量具有与轨道角动量 $\boldsymbol{l}$ 的三个分量相同的对易关系：

$$\begin{cases}s_x s_y-s_y s_x=\mathrm{i}\hbar s_z,\\ s_y s_z-s_z s_y=\mathrm{i}\hbar s_x,\\ s_z s_x-s_x s_z=\mathrm{i}\hbar s_y.\end{cases}\tag{9}$$

引进 Pauli 算符 $\boldsymbol{\sigma}$(无量纲)，使它满足

$$\boldsymbol{s}=\frac{\hbar}{2}\boldsymbol{\sigma},\tag{10}$$

则方程组(9)可表示为

$$\begin{cases}\sigma_x\sigma_y-\sigma_y\sigma_x=2\mathrm{i}\sigma_z, & \text{(11a)}\\ \sigma_y\sigma_z-\sigma_z\sigma_y=2\mathrm{i}\sigma_x, & \text{(11b)}\\ \sigma_z\sigma_x-\sigma_x\sigma_z=2\mathrm{i}\sigma_y, & \text{(11c)}\end{cases}$$

也可表示为

$$[\sigma_i,\sigma_j]=2\mathrm{i}\epsilon_{ijk}\sigma_k,\quad i,j,k=x,y,z.\tag{12}$$

由于 $\boldsymbol{s}$ 沿任意方向的投影只能取$\pm\hbar/2$，因此 $\boldsymbol{\sigma}$ 沿任意方向的投影只能取± 1，因而

$$\sigma_x^2=\sigma_y^2=\sigma_z^2=1\quad(\text{单位算符}).\tag{13}$$

分别用 σ_y 左乘和右乘式(11b)，并利用式(13)，可得

$$\sigma_z-\sigma_y\sigma_z\sigma_y=2\mathrm{i}\sigma_y\sigma_x,\quad \sigma_y\sigma_z\sigma_y-\sigma_z=2\mathrm{i}\sigma_x\sigma_y,$$

将上两式相加，可得 $\sigma_x\sigma_y+\sigma_y\sigma_x=0$.类似可求出其他两个式子，概括起来，即 $\boldsymbol{\sigma}$ 的三个分量彼此反对易：

$$\begin{cases}\sigma_x\sigma_y+\sigma_y\sigma_x=0,\\ \sigma_y\sigma_z+\sigma_z\sigma_y=0,\\ \sigma_z\sigma_x+\sigma_x\sigma_z=0.\end{cases}\tag{14}$$

把方程组(11)和方程组(14)联合起来,得

$$\begin{cases}\sigma_x\sigma_y=-\sigma_y\sigma_x=\mathrm{i}\sigma_z,\\ \sigma_y\sigma_z=-\sigma_z\sigma_y=\mathrm{i}\sigma_x,\\ \sigma_z\sigma_x=-\sigma_x\sigma_z=\mathrm{i}\sigma_y,\end{cases}\tag{15}$$

方程组(15)、式(13)和$\boldsymbol{\sigma}^+=\boldsymbol{\sigma}$(Hermite 性)概括了 Pauli 算符的全部代数性质.

练习1 证明

$$(\boldsymbol{\sigma}\cdot\boldsymbol{A})(\boldsymbol{\sigma}\cdot\boldsymbol{B})=\boldsymbol{A}\cdot\boldsymbol{B}+\mathrm{i}\boldsymbol{\sigma}\cdot(\boldsymbol{A}\times\boldsymbol{B}),\tag{16}$$

其中,$\boldsymbol{A}$ 和 $\boldsymbol{B}$ 是与 $\boldsymbol{\sigma}$ 对易的任意两个矢量.利用此式证明$(\boldsymbol{\sigma}\cdot\boldsymbol{p})^2=p^2$,$(\boldsymbol{\sigma}\cdot\boldsymbol{l})^2=\boldsymbol{l}^2-\boldsymbol{\sigma}\cdot\boldsymbol{l}$,这里,$\boldsymbol{p}$ 和 $\boldsymbol{l}$ 分别为动量和轨道角动量.

练习2 设算符 $\boldsymbol{A}$ 与 $\boldsymbol{\sigma}$ 对易,证明

$$\boldsymbol{\sigma}(\boldsymbol{\sigma}\cdot\boldsymbol{A})-\boldsymbol{A}=\boldsymbol{A}-(\boldsymbol{A}\cdot\boldsymbol{\sigma})\boldsymbol{\sigma}=\mathrm{i}\boldsymbol{A}\times\boldsymbol{\sigma}.\tag{17}$$

以下我们采用一个特殊表象,即 σ_z 对角化的表象,把 Pauli 算符表示为矩阵的形式.由于 σ_z 的本征值只能取±1,因此 σ_z 矩阵可表示为

$$\sigma_z=\begin{pmatrix}1&0\\0&-1\end{pmatrix}.\tag{18}$$

令 σ_x 矩阵表示为

$$\sigma_x=\begin{pmatrix}a&b\\c&d\end{pmatrix},$$

考虑到 $\sigma_z\sigma_x=-\sigma_x\sigma_z$,得

$$\begin{pmatrix}a&b\\-c&-d\end{pmatrix}=\begin{pmatrix}-a&b\\-c&d\end{pmatrix},$$

所以 $a=d=0$,因而 σ_x 可简化为

$$\sigma_x=\begin{pmatrix}0&b\\c&0\end{pmatrix}.$$

再根据 Hermite 性的要求,即 $\sigma_x^+=\sigma_x$,可得 $c=b^*$,因而

$$\sigma_x=\begin{pmatrix}0&b\\b^*&0\end{pmatrix},$$

而

$$\sigma_x^2=\begin{pmatrix}0&b\\b^*&0\end{pmatrix}\begin{pmatrix}0&b\\b^*&0\end{pmatrix}=\begin{pmatrix}|b|^2&0\\0&|b|^2\end{pmatrix}=1,$$

所以$|b|^2=1$.令 $b=\mathrm{e}^{\mathrm{i}\alpha}$($\alpha$ 为实数),则

$$\sigma_x=\begin{pmatrix}0&\mathrm{e}^{\mathrm{i}\alpha}\\\mathrm{e}^{-\mathrm{i}\alpha}&0\end{pmatrix},\tag{19}$$

再利用 $\sigma_y=-\mathrm{i}\sigma_z\sigma_x$，可求出

$$\sigma_y=-\mathrm{i}\begin{pmatrix}0 & \mathrm{e}^{\mathrm{i}\alpha}\\ -\mathrm{e}^{-\mathrm{i}\alpha} & 0\end{pmatrix}=\begin{pmatrix}0 & \mathrm{e}^{\mathrm{i}(\alpha-\pi/2)}\\ \mathrm{e}^{-\mathrm{i}(\alpha-\pi/2)} & 0\end{pmatrix}. \tag{20}$$

这里有一个相位的不定性(见 9.1 节和 9.2 节).习惯上取 $\alpha=0$，于是得出 Pauli 算符的矩阵表示(Pauli 表象)：

$$\sigma_x=\begin{pmatrix}0 & 1\\ 1 & 0\end{pmatrix},\quad \sigma_y=\begin{pmatrix}0 & -\mathrm{i}\\ \mathrm{i} & 0\end{pmatrix},\quad \sigma_z=\begin{pmatrix}1 & 0\\ 0 & -1\end{pmatrix}, \tag{21}$$

称为 Pauli 矩阵，其应用极为广泛，读者应牢记.

练习 3 令 $\sigma_{\pm}=\dfrac{1}{2}(\sigma_x,\pm\mathrm{i}\sigma_y)$.在 Pauli 表象中，

$$\sigma_+=\begin{pmatrix}0 & 1\\ 0 & 0\end{pmatrix},\quad \sigma_-=\begin{pmatrix}0 & 0\\ 1 & 0\end{pmatrix}.$$

用矩阵乘法证明

$$\begin{aligned}&\sigma_x\alpha=\beta,\quad \sigma_x\beta=\alpha,\quad \sigma_y\alpha=\mathrm{i}\beta,\quad \sigma_y\beta=-\mathrm{i}\alpha,\\ &\sigma_+\alpha=0,\quad \sigma_+\beta=\alpha,\quad \sigma_-\alpha=\beta,\quad \sigma_-\beta=0,\end{aligned} \tag{22}$$

其中，α 和 β 见式(6).说明 $\sigma_{\pm}$ 有何意义.

*8.1.4 电子的内禀磁矩

下面给出电子内禀磁矩的非相对论性的理论.一个非相对论性的自由粒子的 Hamilton 量通常取为

$$H=p^2/2\mu. \tag{23}$$

对于在外磁场 $\boldsymbol{B}=\nabla\times\boldsymbol{A}$ 中的电子(荷电 $-e$)，有

$$H=\frac{1}{2\mu}\left(\boldsymbol{P}+\frac{e}{c}\boldsymbol{A}\right)^2, \tag{24}$$

其中，$\boldsymbol{P}$ 为正则动量，在坐标表象中，$\boldsymbol{P}=-\mathrm{i}\hbar\nabla$.若采用 Coulomb 规范($\nabla\cdot\boldsymbol{A}=0$)，则式(24)可化为

$$H=\frac{1}{2\mu}\boldsymbol{P}^2+\frac{e}{\mu c}\boldsymbol{A}\cdot\boldsymbol{P}+\frac{e^2}{2\mu c^2}\boldsymbol{A}^2, \tag{25}$$

式(25)右边最后一项为反磁项，比较小，通常略去.对于均匀磁场，取 $\boldsymbol{A}=\dfrac{1}{2}\boldsymbol{B}\times\boldsymbol{r}$，则式(25)右边第二项可化为

$$\frac{e}{2\mu c}(\boldsymbol{B}\times\boldsymbol{r})\cdot\boldsymbol{P}=\frac{e}{2\mu c}(\boldsymbol{r}\times\boldsymbol{P})\cdot\boldsymbol{B}=\frac{e}{2\mu c}\boldsymbol{l}\cdot\boldsymbol{B}=-\boldsymbol{\mu}_l\cdot\boldsymbol{B},$$

其中，

$$\boldsymbol{\mu}_l = -\frac{e}{2\mu c}\boldsymbol{l} \tag{26}$$

是电子的轨道角动量带来的磁矩，$-\boldsymbol{\mu}_l \cdot \boldsymbol{B}$ 代表它与外磁场的相互作用.在这里并不出现电子的内禀磁矩.但如果考虑到电子还有自旋，假设自由电子的 Hamilton 量表示为

$$H = \frac{1}{2\mu}(\boldsymbol{\sigma} \cdot \boldsymbol{p})^2, \tag{27}$$

在无外磁场的情况下，由于$(\boldsymbol{\sigma} \cdot \boldsymbol{p})^2 = p^2$，因此式(27)与式(23)相同，得不出什么新东西.但在外磁场 $\boldsymbol{B} = \nabla \times \boldsymbol{A}$ 中，H 应表示为(利用式(16))

$$\begin{aligned} H &= \frac{1}{2\mu}\left[\boldsymbol{\sigma} \cdot \left(\boldsymbol{P} + \frac{e}{c}\boldsymbol{A}\right)\right]^2 \\ &= \frac{1}{2\mu}\left(\boldsymbol{P} + \frac{e}{c}\boldsymbol{A}\right)^2 + \frac{1}{2\mu}\mathrm{i}\boldsymbol{\sigma} \cdot \left[\left(\boldsymbol{P} + \frac{e}{c}\boldsymbol{A}\right) \times \left(\boldsymbol{P} + \frac{e}{c}\boldsymbol{A}\right)\right], \end{aligned} \tag{28}$$

式(28)右边第一项即式(24)，它包含电子的轨道磁矩与外磁场的相互作用；第二项可化为

$$\frac{\mathrm{i}e}{2\mu c}\boldsymbol{\sigma} \cdot (\boldsymbol{P} \times \boldsymbol{A} + \boldsymbol{A} \times \boldsymbol{P}) = \frac{\mathrm{i}e}{2\mu c}\boldsymbol{\sigma} \cdot (-\mathrm{i}\hbar\, \nabla \times \boldsymbol{A}) = \frac{e\hbar}{2\mu c}\boldsymbol{\sigma} \cdot \boldsymbol{B} = -\boldsymbol{\mu}_s \cdot \boldsymbol{B}, \tag{29}$$

其中，

$$\boldsymbol{\mu}_s = -\frac{e\hbar}{2\mu c}\boldsymbol{\sigma} = -\frac{e}{\mu c}\boldsymbol{s} \tag{30}$$

可理解为与自旋 $\boldsymbol{s}$ 相应的磁矩，称为内禀磁矩.式(29)表示内禀磁矩与外磁场 $\boldsymbol{B}$ 的相互作用.内禀磁矩的值即 Bohr 磁子 $\mu_{\mathrm{B}} = e\hbar/2\mu c$.比较式(26)与式(30)，可见内禀磁矩的 g 因子比轨道磁矩大一倍，即

$$g_l = -1, \quad g_s = -2. \tag{31}$$

8.2　总角动量

电子自旋是一种相对论效应.可以证明，在中心力场 $V(r)$(如 Coulomb 场)中运动的电子的相对论性波动方程(Dirac 方程)，在非相对论极限下，Hamilton 量中将出现一项自旋轨道耦合作用 $\xi(r)\boldsymbol{s} \cdot \boldsymbol{l}$，这里，

$$\xi(r) = \frac{1}{2\mu^2 c^2}\frac{1}{r}\frac{\mathrm{d}V}{\mathrm{d}r}, \tag{1}$$

其中，μ 为电子质量，c 为真空中的光速.在处理正常 Zeeman 效应时，由于外磁场较强，自旋轨道耦合作用相对说来是很小的，可以忽略.但当外磁场很弱，或没有外磁场的情况下，原子中的电子所受到的自旋轨道耦合作用对能级和光谱带来的影响(精细结构)就不应忽略.碱金属原子光谱的双线结构和反常 Zeeman 效应都与此有关.

在中心力场中运动的电子，当计及自旋轨道耦合作用后，由于$[\boldsymbol{l},\boldsymbol{s}\cdot\boldsymbol{l}]\neq 0$，$[\boldsymbol{s},\boldsymbol{s}\cdot\boldsymbol{l}]\neq 0$，因此轨道角动量 $\boldsymbol{l}$ 和自旋 $\boldsymbol{s}$ 都不是守恒量.但可以证明，它们之和，即总角动量 $\boldsymbol{j}$：

$$\boldsymbol{j}=\boldsymbol{l}+\boldsymbol{s} \tag{2}$$

是守恒量，因为

$$[\boldsymbol{j},\boldsymbol{s}\cdot\boldsymbol{l}]=0, \tag{3}$$

证明式(3)时只需考虑 $\boldsymbol{l}$ 与 $\boldsymbol{s}$ 属于不同的自由度，彼此对易，即

$$[l_\alpha,s_\beta]=0,\quad \alpha,\beta=x,y,z. \tag{4}$$

利用式(4)，还可以证明，与 $\boldsymbol{l}$ 和 $\boldsymbol{s}$ 相似，$\boldsymbol{j}$ 的三个分量满足下列对易关系：

$$\begin{cases}[j_x,j_y]=\mathrm{i}\hbar j_z,\\ [j_y,j_z]=\mathrm{i}\hbar j_x,\\ [j_z,j_x]=\mathrm{i}\hbar j_y.\end{cases} \tag{5}$$

令

$$\boldsymbol{j}^2=j_x^2+j_y^2+j_z^2, \tag{6}$$

还可以证明

$$[\boldsymbol{j}^2,j_\alpha]=0,\quad \alpha=x,y,z. \tag{7}$$

应当提到，在计及自旋轨道耦合作用后，虽然 $\boldsymbol{l}$ 不是守恒量，但 $\boldsymbol{l}^2$ 仍然是守恒量，由于

$$[\boldsymbol{l}^2,\boldsymbol{s}\cdot\boldsymbol{l}]=0, \tag{8}$$

因此中心力场中电子的能量本征态可以选为守恒量完全集$(H,\boldsymbol{l}^2,\boldsymbol{j}^2,j_z)$的共同本征态，而空间角度部分与自旋部分的波函数则可取为$(\boldsymbol{l}^2,\boldsymbol{j}^2,j_z)$的共同本征态(注意：$\boldsymbol{s}^2=s_x^2+s_y^2+s_z^2=3\hbar^2/4$ 是常数).下面来找出此共同本征态.在(θ,φ,s_z)表象中，设此共同本征态表示为

$$\phi(\theta,\varphi,s_z)=\begin{pmatrix}\phi(\theta,\varphi,\hbar/2)\\ \phi(\theta,\varphi,-\hbar/2)\end{pmatrix}\equiv\begin{pmatrix}\phi_1(\theta,\varphi)\\ \phi_2(\theta,\varphi)\end{pmatrix}. \tag{9}$$

首先，要求它是 $\boldsymbol{l}^2$ 的本征态，即满足

$$\boldsymbol{l}^2\phi=C\phi\quad(C\text{ 是常数}),$$

亦即

$$\boldsymbol{l}^2\phi_1=C\phi_1,\quad \boldsymbol{l}^2\phi_2=C\phi_2,$$

即 ϕ_1 与 ϕ_2 都应是 $\boldsymbol{l}^2$ 的本征态，并且对应的本征值相同.其次，要求 ϕ 是 j_z 的本征态，即满足

$$j_z\phi=j_z'\phi,$$

亦即

$$l_z\begin{pmatrix}\phi_1\\ \phi_2\end{pmatrix}+\frac{\hbar}{2}\begin{pmatrix}1 & 0\\ 0 & -1\end{pmatrix}\begin{pmatrix}\phi_1\\ \phi_2\end{pmatrix}=j_z'\begin{pmatrix}\phi_1\\ \phi_2\end{pmatrix},$$

所以

$$\begin{cases}l_z\phi_1=(j_z'-\hbar/2)\phi_1,\\ l_z\phi_2=(j_z'+\hbar/2)\phi_2,\end{cases}$$

即 ϕ_1 与 ϕ_2 都应是 l_z 的本征态，但对应的本征值相差 $\hbar$.因此式(9)可以取为

$$\phi(\theta,\varphi,s_z)=\begin{pmatrix}a\,\mathrm{Y}_{lm}(\theta,\varphi)\\ b\,\mathrm{Y}_{l,m+1}(\theta,\varphi)\end{pmatrix}, \tag{10}$$

容易看出

$$\boldsymbol{l}^2\phi=l(l+1)\hbar^2\phi,\quad j_z\phi=(m+1/2)\hbar\phi. \tag{11}$$

最后，要求 ϕ 是 $\boldsymbol{j}^2$ 的本征态，即满足

$$\boldsymbol{j}^2\begin{pmatrix}a\,\mathrm{Y}_{lm}\\ b\,\mathrm{Y}_{l,m+1}\end{pmatrix}=\lambda\hbar^2\begin{pmatrix}a\,\mathrm{Y}_{lm}\\ b\,\mathrm{Y}_{l,m+1}\end{pmatrix}, \tag{12}$$

其中，λ(无量纲)待定.在 Pauli 表象中，

$$\begin{aligned}\boldsymbol{j}^2&=\boldsymbol{l}^2+\boldsymbol{s}^2+2\boldsymbol{s}\cdot\boldsymbol{l}=\boldsymbol{l}^2+\frac{3}{4}\hbar^2+\hbar(\sigma_x l_x+\sigma_y l_y+\sigma_z l_z)\\ &=\begin{pmatrix}\boldsymbol{l}^2+3\hbar^2/4+\hbar l_z & \hbar l_-\\ \hbar l_+ & \boldsymbol{l}^2+3\hbar^2/4-\hbar l_z\end{pmatrix},\end{aligned} \tag{13}$$

其中，

$$l_\pm=l_x\pm \mathrm{i}l_y.$$

把式(13)代入式(12)，利用

$$l_\pm \mathrm{Y}_{lm}=\hbar\sqrt{(l\pm m+1)(l\mp m)}\,\mathrm{Y}_{l,m\pm1},$$

可得

$$[l(l+1)+3/4+m]a\,\mathrm{Y}_{lm}+\sqrt{(l-m)(l+m+1)}\,b\,\mathrm{Y}_{lm}=\lambda a\,\mathrm{Y}_{lm},$$

$$\sqrt{(l-m)(l+m+1)}\,a\,\mathrm{Y}_{l,m+1}+[l(l+1)+3/4-(m+1)]b\,\mathrm{Y}_{l,m+1}=\lambda b\,\mathrm{Y}_{l,m+1}.$$

将上两式分别乘 Y_{lm}^* 和 $\mathrm{Y}_{l,m+1}^*$，并对 θ,φ 积分，得

$$\begin{cases}[l(l+1)+3/4+m-\lambda]a+\sqrt{(l-m)(l+m+1)}\,b=0,\\ \sqrt{(l-m)(l+m+1)}\,a+[l(l+1)+3/4-m-1-\lambda]b=0,\end{cases} \tag{14}$$

此乃 a,b 的线性齐次方程组，它有非平庸解的条件为

$$\begin{vmatrix}l(l+1)+3/4+m-\lambda & \sqrt{(l-m)(l+m+1)}\\ \sqrt{(l-m)(l+m+1)} & l(l+1)+3/4-m-1-\lambda\end{vmatrix}=0, \tag{15}$$

解之，得 λ 的两个根：

$$\lambda_1=(l+1/2)(l+3/2),\quad \lambda_2=(l-1/2)(l+1/2), \tag{16}$$

或表示为

$$\lambda=j(j+1),\quad j=l\pm1/2. \tag{17}$$

把 $j=l+1/2$ 的根代入方程组(14)中的任意一式,可得

$$a/b=\sqrt{(l+m+1)/(l-m)}. \tag{18}$$

类似地,把 $j=l-1/2$ 的根($l\neq0$)代入方程组(14)中的任意一式,可得

$$a/b=-\sqrt{(l-m)/(l+m+1)}. \tag{19}$$

把式(18)、式(19)分别代入式(10),利用归一化条件,并取适当相位,可得出($\boldsymbol{l}^2$, $\boldsymbol{j}^2$, j_z)的如下共同本征态:

对于 $j=l+1/2$,

$$\phi(\theta,\varphi,s_z)=\frac{1}{\sqrt{2l+1}}\begin{pmatrix}\sqrt{l+m+1}\,Y_{lm}\\ \sqrt{l-m}\,Y_{l,m+1}\end{pmatrix}; \tag{20a}$$

对于 $j=l-1/2(l\neq0)$,

$$\phi(\theta,\varphi,s_z)=\frac{1}{\sqrt{2l+1}}\begin{pmatrix}-\sqrt{l-m}\,Y_{lm}\\ \sqrt{l+m+1}\,Y_{l,m+1}\end{pmatrix}. \tag{20b}$$

($\boldsymbol{l}^2$, $\boldsymbol{j}^2$, j_z)的本征值分别为 $l(l+1)\hbar^2$, $j(j+1)\hbar^2$(其中, $j=l\pm1/2$), $m_j\hbar=(m+1/2)\hbar$.

在式(20a)中, $j=l+1/2$. $m_{\max}=l$, $m_{\min}=-(l+1)$,即

$$m=l,l-1,\cdots,0,\cdots,-(l+1),$$

相应有

$$m_j=m+1/2=l+1/2,l-1/2,\cdots,1/2,\cdots,-(l+1/2)=j,j-1,\cdots,-j+1,-j,$$

即共有 $2j+1$ 个可能取值.

在式(20b)中, $j=l-1/2(l\neq0)$. $m_{\max}=l-1$(因 $m=l$ 时, $\phi=0$ 无意义), $m_{\min}=-l$(因 $m=-l-1$ 时, $\phi=0$ 无意义),所以

$$m=l-1,l-2,\cdots,-l+1,-l,$$

相应有

$$m_j=m+1/2=l-1/2,l-3/2,\cdots,-l+3/2,-l+1/2=j,j-1,\cdots,-j+1,-j,$$

即共有 $2j+1$ 个可能取值.

概括起来,($\boldsymbol{l}^2$, $\boldsymbol{j}^2$, j_z)的共同本征态可记为 ϕ_{ljm_j},对应的本征值为 $l(l+1)\hbar^2$, $j(j+1)\hbar^2$, $m_j\hbar$(其中, $m_j=j,j-1,\cdots,-j$).

对于 $j=l+1/2$(其中, $m_j=m+1/2$),

$$\begin{aligned}\phi_{ljm_j}&=\frac{1}{\sqrt{2l+1}}\begin{pmatrix}\sqrt{l+m+1}\,Y_{lm}\\ \sqrt{l-m}\,Y_{l,m+1}\end{pmatrix}\\&=\sqrt{\frac{l+m+1}{2l+1}}\,Y_{lm}\begin{pmatrix}1\\0\end{pmatrix}+\sqrt{\frac{l-m}{2l+1}}\,Y_{l,m+1}\begin{pmatrix}0\\1\end{pmatrix},\end{aligned}$$

$$=\frac{1}{\sqrt{2j}}\begin{pmatrix}\sqrt{j+m_j}\,Y_{j-1/2,m_j-1/2}\\ \sqrt{j-m_j}\,Y_{j-1/2,m_j+1/2}\end{pmatrix},\tag{21a}$$

对于 $j=l-1/2(l\neq0)$(其中,$m_j=m+1/2$),

$$\begin{aligned}\phi_{ljm_j}&=\frac{1}{\sqrt{2l+1}}\begin{pmatrix}-\sqrt{l-m}\,Y_{lm}\\ \sqrt{l+m+1}\;Y_{l,m+1}\end{pmatrix}\\ &=-\sqrt{\frac{l-m}{2l+1}}Y_{lm}\begin{pmatrix}1\\0\end{pmatrix}+\sqrt{\frac{l+m+1}{2l+1}}Y_{l,m+1}\begin{pmatrix}0\\1\end{pmatrix},\\ &=\frac{1}{\sqrt{2j+2}}\begin{pmatrix}-\sqrt{j-m_j+1}\,Y_{j+1/2,m_j-1/2}\\ \sqrt{j+m_j+1}\,Y_{j+1/2,m_j+1/2}\end{pmatrix},\end{aligned}\tag{21b}$$

在 $l=0$ 的情况下,根本不存在自旋轨道耦合作用,总角动量,即自旋 $j=s=1/2,m_j=m_s=\pm1/2$.波函数可表示为

$$\begin{cases}\phi_{0\frac{1}{2}\frac{1}{2}}=\begin{pmatrix}Y_{00}\\0\end{pmatrix}=\frac{1}{\sqrt{4\pi}}\begin{pmatrix}1\\0\end{pmatrix},\\ \phi_{0\frac{1}{2}-\frac{1}{2}}=\begin{pmatrix}0\\Y_{00}\end{pmatrix}=\frac{1}{\sqrt{4\pi}}\begin{pmatrix}0\\1\end{pmatrix}.\end{cases}\tag{22}$$

在光谱学上用表 8.1 所示的符号标记这些态相应的能级.

表 8.1

l	0	1	2	3	4
j	1/2	1/2 3/2	3/2 5/2	5/2 7/2	7/2 9/2
光谱学符号	$s_{1/2}$	$p_{1/2}$ $p_{3/2}$	$d_{3/2}$ $d_{5/2}$	$f_{5/2}$ $f_{7/2}$	$g_{7/2}$ $g_{9/2}$

练习 1 证明 ϕ_{ljm_j} 是 $\boldsymbol{s}\cdot\boldsymbol{l}=\frac{\hbar}{2}\boldsymbol{\sigma}\cdot\boldsymbol{l}$ 的本征态,并求出相应的本征值.

提示:利用 $\boldsymbol{j}^2=\boldsymbol{l}^2+\boldsymbol{s}^2+2\boldsymbol{s}\cdot\boldsymbol{l}=\boldsymbol{l}^2+3\hbar^2/4+2\boldsymbol{s}\cdot\boldsymbol{l}$.

练习 2 求 σ_z 在 ϕ_{ljm_j} 态下的平均值.

答:

$$\langle ljm_j|\sigma_z|ljm_j\rangle=\begin{cases}m_j/j, & j=l+1/2,\\ -m_j/(j+1), & j=l-1/2.\end{cases}\tag{23}$$

8.3 碱金属原子光谱的双线结构与反常 Zeeman 效应

8.3.1 碱金属原子光谱的双线结构

碱金属原子(例如,^{3}Li,^{11}Na,^{19}K,^{37}Ru,^{55}Cs 等)有一个价电子.原子核及内层满壳(“原子实”)电子对价电子的作用,可近似表示为一个屏蔽 Coulomb 场 $V(r)$.碱金属原子的低激发能级就是来自价电子的激发.价电子的 Hamilton 量可表示为

$$H=p^2/2\mu+V(r)+\xi(r)\boldsymbol{s}\cdot\boldsymbol{l},\quad \xi(r)=\frac{1}{2\mu^2c^2}\frac{1}{r}\frac{\mathrm{d}V}{\mathrm{d}r}. \tag{1}$$

按 8.2 节中关于守恒量的分析,H 的本征态可选为守恒量完全集$(H,\boldsymbol{l}^2,\boldsymbol{j}^2,j_z)$的共同本征态,即令

$$\psi(r,\theta,\varphi,s_z)=R(r)\phi_{ljm_j}(\theta,\varphi,s_z), \tag{2}$$

这里,$\phi_{ljm_j}(\theta,\varphi,s_z)$是$(\boldsymbol{l}^2,\boldsymbol{j}^2,j_z)$的共同本征态.把式(2)代入 Schrödinger 方程

$$\left[-\frac{\hbar^2}{2\mu}\left(\frac{1}{r^2}\frac{\partial}{\partial r}r^2\frac{\partial}{\partial r}-\frac{\boldsymbol{l}^2}{\hbar^2r^2}\right)+V(r)+\xi(r)\boldsymbol{s}\cdot\boldsymbol{l}\right]\psi=E\psi, \tag{3}$$

利用(见 8.2 节中的练习 1)

$$\boldsymbol{s}\cdot\boldsymbol{l}\phi_{ljm_j}=\begin{cases}\dfrac{\hbar^2}{2}l\phi_{ljm_j}, & j=l+1/2,\\ -\dfrac{\hbar^2}{2}(l+1)\phi_{ljm_j}, & j=l-1/2(l\neq0),\end{cases} \tag{4}$$

可得出如下径向方程:

对于 $j=l+1/2$,

$$\left[-\frac{\hbar^2}{2\mu}\frac{1}{r^2}\frac{\mathrm{d}}{\mathrm{d}r}r^2\frac{\mathrm{d}}{\mathrm{d}r}+V(r)+\frac{l(l+1)\hbar^2}{2\mu r^2}+\frac{l\hbar^2}{2}\xi(r)\right]R(r)=ER(r); \tag{5a}$$

对于 $j=l-1/2\ (l\neq0)$,

$$\left[-\frac{\hbar^2}{2\mu}\frac{1}{r^2}\frac{\mathrm{d}}{\mathrm{d}r}r^2\frac{\mathrm{d}}{\mathrm{d}r}+V(r)+\frac{l(l+1)\hbar^2}{2\mu r^2}-\frac{(l+1)\hbar^2}{2}\xi(r)\right]R(r)=ER(r). \tag{5b}$$

对于给定 $V(r)$($\xi(r)$随之而定),分别解出径向方程.根据束缚态边条件可定出分立能量本征值.由于 $V(r)$并非纯 Coulomb 场,因此能量与量子数 n,l,j 都有关,记为 E_{nlj},是 $2j+1$ 重简并.在原子中,由于 $V(r)<0$($V(\infty)=0$,吸引力),因此 $V'(r)>0$,$\xi(r)>0$,因而(见式(4))

$$E_{nlj=l+1/2}>E_{nlj=l-1/2}, \tag{6}$$

即 $j=l+1/2$ 能级略高于 $j=l-1/2(l\neq0)$能级.但由于自旋轨道耦合作用很小,因此

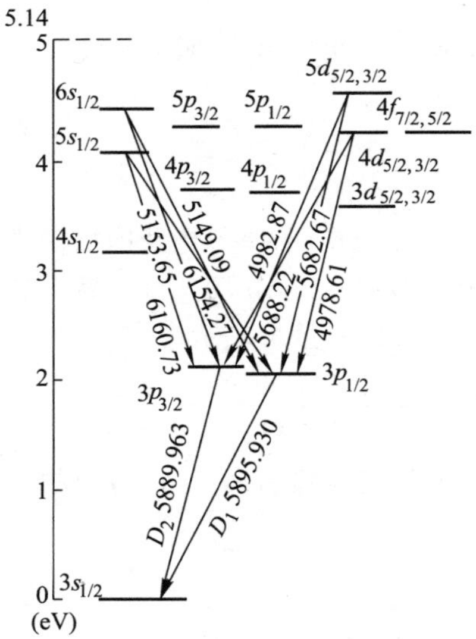

图　8.1

这两条能级很靠近.这就是造成光谱双线结构的原因.仔细计算表明,自旋轨道耦合作用造成的能级分裂 $\Delta E = E_{nlj=l+1/2} - E_{nlj=l-1/2}$ 随原子序数 Z 增大而增大.对于锂原子($Z=3$),分裂就很小,不易分辨.从钠原子($Z=11$)开始,分裂才比较明显.

钠原子有 11 个电子,基态的电子组态为$(1s)^2(2s)^2(2p)^6(3s)^1$,其中的 10 个电子填满了最低的 2 个大壳(主量子数 $n=1,2$),构成满壳组态$(1s)^2(2s)^2(2p)^6$,价电子处于 $3s$ 能级.钠原子的最低激发能级是价电子激发到 $3p$ 能级所构成的.考虑到自旋轨道耦合作用,$3p$ 能级分裂成 2 条,$3p_{3/2}$ 能级略高于 $3p_{1/2}$ 能级(见图 8.1).当电子从 $3p_{3/2}$ 能级和 $3p_{1/2}$ 能级跃迁到 $3s_{1/2}$ 能级(基态)时,发射出的两条光谱线处于可见光波段内,波长分别为 $\lambda = 5890$ Å 和 5896 Å,即钠黄线 D_1 和 D_2.

8.3.2　反常 Zeeman 效应

在强磁场中,原子光谱发生分裂(一般为 3 条)的现象,称为正常 Zeeman 效应.对于正常 Zeeman 效应,不必考虑电子自旋就可以说明,如 7.2 节中那样.若计及电子自旋和相应的内禀磁矩,则需要把内禀磁矩与外磁场的作用考虑进去.但当外磁场很强时,我们仍然可以把自旋轨道耦合作用略去,Hamilton 量表示为(仍假设外磁场 B 均匀,沿 z 方向)

$$H = p^2/2\mu + V(r) + \frac{eB}{2\mu c}(l_z + 2s_z), \tag{7}$$

式(7)右边最后两项分别是电子的轨道磁矩和内禀磁矩与外磁场 B 的相互作用.由于 H 不含自旋轨道耦合作用,因此波函数自旋部分可以与空间部分分离.H 的本征态可选为守恒量完全集$(H, \boldsymbol{l}^2, l_z, s_z)$的共同本征态,即

$$\psi_{nlmm_s}(r,\theta,\varphi,s_z) = \psi_{nlm}(r,\theta,\varphi)\chi_{m_s}(s_z) = R_{nl}(r)Y_{lm}(\theta,\varphi)\chi_{m_s}(s_z), \tag{8}$$

相应的能量本征值为

$$\begin{aligned} E_{nlmm_s} &= E_{nl} + \frac{eB}{2\mu c}\hbar(m + 2m_s), \quad m_s = \pm 1/2, \\ &= E_{nl} + \frac{eB}{2\mu c}\hbar(m \pm 1). \end{aligned} \tag{9}$$

与不考虑电子自旋时的能级 E_{nlm}(见 7.2 节中的式(5))相比,能级虽有所改变,但对于原子光谱的正常 Zeeman 分裂无影响.以钠黄线的正常 Zeeman 分裂为例,考虑到光的

电偶极辐射的跃迁选择定则之一 $\Delta m_s=0$，跃迁只在 $m_s=1/2$ 或 $m_s=-1/2$ 两组能级内部进行(即不允许 $m_s=1/2$ 态$\longleftrightarrow m_s=-1/2$ 态的跃迁).因此对观测到的谱线三分裂现象没有影响.

当所加外磁场很弱时，自旋轨道耦合作用并不比外磁场作用小，因此应把它们一并加以考虑，这就造成反常 Zeeman 现象.此时，价电子的 Hamilton 量应表示为

$$\begin{aligned} H &= p^2/2\mu+V(r)+\xi(r)\boldsymbol{s}\cdot\boldsymbol{l}+\frac{eB}{2\mu c}(l_z+2s_z) \\ &= p^2/2\mu+V(r)+\xi(r)\boldsymbol{s}\cdot\boldsymbol{l}+\frac{eB}{2\mu c}j_z+\frac{eB}{2\mu c}s_z. \end{aligned} \tag{10}$$

在无外磁场($B=0$)的情况下，只计及自旋轨道耦合作用(见式(1))，电子的总角动量为守恒量，能量本征态可以取为守恒量完全集$(H,\boldsymbol{l}^2,\boldsymbol{j}^2,j_z)$的共同本征态.而在有外磁场(沿 z 方向)的情况下，利用式(10)可以证明，虽然 j_z 仍为守恒量，但 j_x, j_y 和 $\boldsymbol{j}^2$ 均非守恒量，要严格计算能量本征态比较麻烦.麻烦主要出在式(10)的最后一项.

为此，先忽略式(10)的最后一项，则 H 的本征值问题与 8.3.1 小节中相同.此时，$(H,\boldsymbol{l}^2,\boldsymbol{j}^2,j_z)$仍为守恒量完全集，$H$ 的本征态仍可表示成式(2)的形式，即

$$\psi_{nljm_j}(r,\theta,\varphi,s_z)=R_{nlj}(r)\phi_{ljm_j}(\theta,\varphi,s_z), \tag{11}$$

能量本征值为

$$E_{nljm_j}=E_{nlj}+m_j\hbar\omega_{\mathrm{L}},\quad \omega_{\mathrm{L}}=eB/2\mu c, \tag{12}$$

$R_{nlj}(r)$与 E_{nlj} 则是求解径向方程(5a)和(5b)得出的本征态和本征值.当无外磁场($B=0$)时，能级 E_{nlj} 是 $2j+1$ 重简并.当加上外磁场时，如式(12)所示，能级 E_{nljm_j} 将依赖于磁量子数，即 E_{nlj} 能级分裂为 $2j+1$ 条.注意 $2j+1$ 为奇数，这就可以说明反常 Zeeman 分裂现象了(见图 8.2).

考虑式(10)的最后一项后得出的能级要复杂得多，但上述定性分析的结论不变.下面提供处理式(10)的最后一项的近似方法(即简并态微扰论一级近似，见 10.2 节).当计及式(10)的最后一项时，虽然$[\boldsymbol{l}^2,s_z]=0$，$[j_z,s_z]=0$，但$[\boldsymbol{j}^2,s_z]\neq0$，因此 $\boldsymbol{j}^2$ 不再是守恒量，即 j 不是严格的好量子数.但由于外磁场 B 很微弱，因此 $\omega_{\mathrm{L}}s_z$ 仍可视为微扰，在微扰论一级近似下，我们可以局限在 E_{nlj} 的诸简并态张开的 $2j+1$ 维子空间中把微扰 $\omega_{\mathrm{L}}s_z$ 对角化(即忽略不同 j 态的混合).而在此子空间中 $\omega_{\mathrm{L}}s_z$ 实际已经对角化了，因为(利用$[j_z,s_z]=0$)

$$\langle ljm_j'|s_z|ljm_j\rangle=\delta_{m_j'm_j}\langle ljm_j|s_z|ljm_j\rangle. \tag{13}$$

利用 8.2 节中的式(23)，可得

$$\omega_{\mathrm{L}}\langle ljm_j|s_z|ljm_j\rangle=\hbar\omega_{\mathrm{L}}\begin{cases} m_j/2j, & j=l+1/2, \\ -m_j/(2j+2), & j=l-1/2(l\neq0). \end{cases} \tag{14}$$

Hamilton 量(10)的本征值在微扰论一级近似下可表示为

$$E_{nljm_j}=E_{nlj}+m_j\hbar\omega_{\mathrm{L}}\begin{cases} (1+1/2j), & j=l+1/2, \\ [1-1/(2j+2)], & j=l-1/2(l\neq0), \end{cases} \tag{15}$$

而本征态仍如式(11)所示.

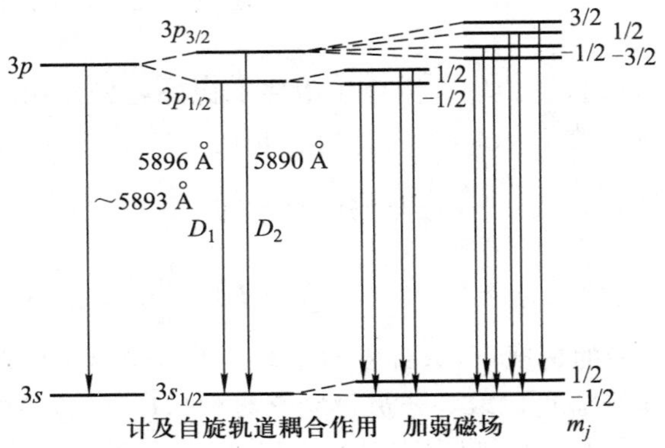

图 8.2　钠黄线的反常 Zeeman 分裂

下面给出跃迁选择定则.

$$\left[\text{跃迁选择定则：}\quad \begin{aligned} &\Delta l = \pm 1 \\ &\Delta j = 0, \pm 1 \\ &\Delta m_j = 0, \pm 1 \end{aligned}\right]$$

8.4　自旋单态与三重态

中性氦原子有两个电子.研究氦原子的状态,就涉及两个电子组成的体系的自旋态.设两个电子的自旋分别记为 $\boldsymbol{s}_1$ 与 $\boldsymbol{s}_2$,令

$$\boldsymbol{S} = \boldsymbol{s}_1 + \boldsymbol{s}_2 \tag{1}$$

表示两个电子的自旋之和.由于 $\boldsymbol{s}_1$ 与 $\boldsymbol{s}_2$ 分别属于两个电子,即涉及不同的自由度,因此$[s_{1\alpha}, s_{2\beta}]=0$,其中,$\alpha,\beta=x,y,z$.由此不难证明,$\boldsymbol{S}$ 的三个分量满足下列对易式:

$$[S_x, S_y] = \mathrm{i}\hbar S_z, \quad [S_y, S_z] = \mathrm{i}\hbar S_x, \quad [S_z, S_x] = \mathrm{i}\hbar S_y. \tag{2}$$

令

$$\boldsymbol{S}^2 = S_x^2 + S_y^2 + S_z^2, \tag{3}$$

利用式(2),不难证明

$$[\boldsymbol{S}^2, S_\alpha] = 0, \quad \alpha = x, y, z. \tag{4}$$

两个电子组成的体系的自旋自由度为 2.既可以选(s_{1z}, s_{2z})为自旋力学量完全集,也可以选$(\boldsymbol{S}^2, S_z)$为自旋力学量完全集.下面我们来求$(\boldsymbol{S}^2, S_z)$的共同本征态.

令 s_{1z} 的本征态记为 $\alpha(1)$ 和 $\beta(1)$,s_{2z} 的本征态记为 $\alpha(2)$ 和 $\beta(2)$,则(s_{1z}, s_{2z})的共同本征态有 4 个,即

$$\alpha(1)\alpha(2), \quad \beta(1)\beta(2), \quad \alpha(1)\beta(2), \quad \beta(1)\alpha(2). \tag{5}$$

显然，它们也是 $S_z = s_{1z} + s_{2z}$ 的本征态，本征值分别为 $\hbar, -\hbar, 0, 0$. 试问：它们是否为 $\boldsymbol{S}^2$ 的本征态？利用

$$\boldsymbol{S}^2 = (\boldsymbol{s}_1 + \boldsymbol{s}_2)^2 = \boldsymbol{s}_1^2 + \boldsymbol{s}_2^2 + 2\boldsymbol{s}_1 \cdot \boldsymbol{s}_2 = \frac{3}{2}\hbar^2 + \frac{\hbar^2}{2}(\sigma_{1x}\sigma_{2x} + \sigma_{1y}\sigma_{2y} + \sigma_{1z}\sigma_{2z}), \tag{6}$$

以及（见 8.1 节中的式(22)）

$$\sigma_y\alpha = \mathrm{i}\beta, \quad \sigma_y\beta = -\mathrm{i}\alpha, \quad \sigma_x\alpha = \beta, \quad \sigma_x\beta = \alpha, \tag{7}$$

还有

$$\sigma_z\alpha = \alpha, \quad \sigma_z\beta = -\beta,$$

并注意 $\boldsymbol{\sigma}_1$ 和 $\boldsymbol{\sigma}_2$ 分别作用于第一和第二个电子的自旋波函数上，容易证明

$$\begin{cases} \boldsymbol{S}^2\alpha(1)\alpha(2) = 2\hbar^2\alpha(1)\alpha(2), \\ \boldsymbol{S}^2\beta(1)\beta(2) = 2\hbar^2\beta(1)\beta(2), \end{cases} \tag{8}$$

即 $\alpha(1)\alpha(2)$ 和 $\beta(1)\beta(2)$ 已经是 $\boldsymbol{S}^2$ 的本征态. 但对于 $S_z = 0$ 的两个本征态 $\alpha(1)\beta(2)$ 与 $\beta(1)\alpha(2)$ 则否. 然而我们可以把这两个态线性叠加，以构成 $\boldsymbol{S}^2$ 的本征态. 令

$$\chi = c_1\alpha(1)\beta(2) + c_2\beta(1)\alpha(2), \tag{9}$$

要求它是 $\boldsymbol{S}^2$ 的本征态，即

$$\boldsymbol{S}^2\chi = \lambda\hbar^2\chi, \tag{10}$$

其中，λ 待定. 利用式(6)与式(7)，不难得出

$$\begin{aligned} \boldsymbol{S}^2\chi &= \hbar^2(c_1 + c_2)\alpha(1)\beta(2) + \hbar^2(c_1 + c_2)\beta(1)\alpha(2) \\ &= \lambda\hbar^2[c_1\alpha(1)\beta(2) + c_2\beta(1)\alpha(2)]. \end{aligned}$$

由此可得

$$\begin{cases} (1-\lambda)c_1 + c_2 = 0, \\ c_1 + (1-\lambda)c_2 = 0, \end{cases} \tag{11}$$

方程组(11)有非平庸解的条件为

$$\begin{vmatrix} 1-\lambda & 1 \\ 1 & 1-\lambda \end{vmatrix} = 0, \tag{12}$$

解之，得两个根：$\lambda = 0, 2$.

将 $\lambda = 0$ 根代入方程组(11)中的任意一式，可得 $c_1/c_2 = -1$；

将 $\lambda = 2$ 根代入方程组(11)中的任意一式，可得 $c_1/c_2 = 1$.

再利用归一化条件，并取适当相位，可求出 $\boldsymbol{S}^2$ 的归一化本征态为

$$\begin{cases} \dfrac{1}{\sqrt{2}}[\alpha(1)\beta(2) - \beta(1)\alpha(2)] \quad (\boldsymbol{S}^2 \text{ 的本征值为 } 0), \\ \dfrac{1}{\sqrt{2}}[\alpha(1)\beta(2) + \beta(1)\alpha(2)] \quad (\boldsymbol{S}^2 \text{ 的本征值为 } 2\hbar^2). \end{cases} \tag{13}$$

令 $\boldsymbol{S}^2$ 的本征值记为 $S(S+1)\hbar^2$，则以上两个态分别相当于 $S = 0$ 和 1. 联合方程组(8)

与方程组(13)，就求出了$(\boldsymbol{S}^2, S_z)$的共同本征态，记为χ_{SM_S}. $S=1, M_S=\pm1, 0$的三个态称为自旋三重态(triplet)，而$S=0, M_S=0$的态称为自旋单态(singlet)，见表8.2.

表8.2　两个电子的自旋三重态与自旋单态

$(\boldsymbol{S}^2, S_z)$的共同本征态 χ_{SM_S}	S	M_S
$\alpha(1)\alpha(2)$	1	1 (三重态)
$\frac{1}{\sqrt{2}}[\alpha(1)\beta(2)+\beta(1)\alpha(2)]$	1	0 (三重态)
$\beta(1)\beta(2)$	1	-1 (三重态)
$\frac{1}{\sqrt{2}}[\alpha(1)\beta(2)-\beta(1)\alpha(2)]$	0	0(单态)

练习1　令$P_{12}=\frac{1}{2}(1+\boldsymbol{\sigma}_1\cdot\boldsymbol{\sigma}_2)$.(a) 证明$P_{12}^2=1$；(b) 证明$P_{12}=\boldsymbol{S}^2-1$，并由此证明$P_{12}\chi_{SM_S}=(-1)^{S+1}\chi_{SM_S}$，说明$P_{12}$的物理意义.

练习2　令$P_3=\frac{1}{4}(1+3\boldsymbol{\sigma}_1\cdot\boldsymbol{\sigma}_2)=\frac{1}{2}(1+P_{12})$，$P_1=\frac{1}{4}(1-\boldsymbol{\sigma}_1\cdot\boldsymbol{\sigma}_2)=\frac{1}{2}(1-P_{12})$.证明$P_3\chi_{1M_S}=\chi_{1M_S}$，$P_3\chi_{00}=0$，$P_1\chi_{1M_S}=0$，$P_1\chi_{00}=\chi_{00}$.

练习3　利用$\boldsymbol{S}^2=\frac{\hbar^2}{2}(3+\boldsymbol{\sigma}_1\cdot\boldsymbol{\sigma}_2)$，证明$\chi_{SM_S}$也是$\boldsymbol{\sigma}_1\cdot\boldsymbol{\sigma}_2$的本征态，即$\boldsymbol{\sigma}_1\cdot\boldsymbol{\sigma}_2\chi_{1M_S}=\chi_{1M_S}$，$\boldsymbol{\sigma}_1\cdot\boldsymbol{\sigma}_2\chi_{00}=-3\chi_{00}$.

习　　题

1. (a) 在σ_z表象中，求σ_x的本征态.

答：σ_x的本征值分别为±1，相应的本征态为

$$\frac{1}{\sqrt{2}}\begin{pmatrix}1\\1\end{pmatrix},\quad \frac{1}{\sqrt{2}}\begin{pmatrix}1\\-1\end{pmatrix}.$$

(b) 求σ_z表象→σ_x表象的变换矩阵.

答：$S=\frac{1}{\sqrt{2}}\begin{pmatrix}1&1\\1&-1\end{pmatrix}=\widetilde{S}^*=S^+=S^{-1}$.

(c) 验证

$$S\sigma_xS^{-1}=S\begin{pmatrix}0&1\\1&0\end{pmatrix}S^{-1}=\begin{pmatrix}1&0\\0&-1\end{pmatrix}.$$

注意：$\mathrm{tr}\sigma_x=0$不因表象变换而异.

2. 在σ_z表象中，求$\boldsymbol{\sigma}\cdot\boldsymbol{n}$的本征态，$\boldsymbol{n}(\sin\theta\cos\varphi, \sin\theta\sin\varphi, \cos\theta)$是$(\theta,\varphi)$方向的单位矢量.

答：$\sigma\cdot n=\begin{pmatrix}\cos\theta & \sin\theta e^{-i\varphi}\\ \sin\theta e^{i\varphi} & -\cos\theta\end{pmatrix}$.

3. 在 s_z 的本征态 $\chi_{1/2}(s_z)=\begin{pmatrix}1\\0\end{pmatrix}$下，求$\overline{(\Delta s_x)^2}$和$\overline{(\Delta s_y)^2}$.

答：$\overline{(\Delta s_x)^2}=\overline{(\Delta s_y)^2}=\hbar^2/4$.

4. (a)在 s_z 的本征态 $\chi_{1/2}$下，求 $\boldsymbol{\sigma}\cdot\boldsymbol{n}$ 的可能测量值及相应的概率.

(b)同习题 2，若电子处于 $\boldsymbol{\sigma}\cdot\boldsymbol{n}=1$ 的自旋态下，求 $\boldsymbol{\sigma}$ 的各分量的可能测量值及相应的概率，以及 $\boldsymbol{\sigma}$ 的平均值.

5. (a)证明 $e^{i\lambda\sigma_z}=\cos\lambda+i\sigma_z\sin\lambda$($\lambda$ 为常数).

(b)证明 $e^{i\boldsymbol{\sigma}\cdot\boldsymbol{A}}=\cos A+i\boldsymbol{\sigma}\cdot\boldsymbol{n}\sin A$，其中，$\boldsymbol{A}=A\boldsymbol{n}$，$A=|\boldsymbol{A}|$，$\boldsymbol{n}$ 为 $\boldsymbol{A}$ 方向的单位矢量，$\boldsymbol{A}$ 为常矢量.

(c)证明 $\mathrm{tr}\,e^{i\boldsymbol{\sigma}\cdot\boldsymbol{A}}=2\cos A$，tr 为求矩阵的对角元之和.

6. 证明 $e^{i\lambda\sigma_z}\sigma_x e^{-i\lambda\sigma_z}=\sigma_x\cos2\lambda-\sigma_y\sin2\lambda$($\lambda$ 为常数).

7. 电子的磁矩算符可表示为 $\boldsymbol{\mu}=-\dfrac{e}{2mc}(\boldsymbol{l}+2\boldsymbol{s})$.磁矩的观测值定义为 $\mu=\langle ljm_j|\mu_z|ljm_j\rangle|_{m_j=j}=\langle ljj|\mu_z|ljj\rangle$，$|ljm_j\rangle$是$(\boldsymbol{l}^2,\boldsymbol{j}^2,j_z)$的共同本征态.计算 μ.

提示：$\mu_z=-\dfrac{e}{2mc}(j_z+s_z)$，利用 8.2 节中的式(23).

答：$\mu=-gj$，$g=1+\dfrac{j(j+1)-l(l+1)+3/4}{2j(j+1)}$称为 g 因子$\left(单位为\dfrac{e\hbar}{2mc}\right)$，即

$$\mu=\begin{cases}-(j+1/2), & j=l+1/2,\\ -j(2j+1)/(2j+2), & j=l-1/2\ (l\neq0).\end{cases}$$

8. 由两个非全同粒子(自旋均为 $\hbar/2$)组成的体系，设粒子之间的相互作用表示为 $H=A\boldsymbol{s}_1\cdot\boldsymbol{s}_2$(不考虑轨道运动).设初始时刻($t=0$)，粒子 1 自旋向上，粒子 2 自旋向下.求时刻 t($t>0$)，(a)粒子 1 自旋向上的概率；(b) 粒子 1 和 2 的自旋均向上的概率；(c) 总自旋 $S=0$ 和 1 的概率；(d) $\boldsymbol{s}_1$ 和 $\boldsymbol{s}_2$ 的平均值.

9. 设有一个定域电子，受到沿 x 方向均匀磁场 B 的作用，Hamilton 量(不考虑轨道运动)表示为 $H=\dfrac{eB}{mc}s_x=\dfrac{eB\hbar}{2mc}\sigma_x$.设 $t=0$ 时刻电子自旋向上($s_z=\hbar/2$)，求 $t>0$ 时刻 $\boldsymbol{s}$ 的平均值.

答：$\langle s_x\rangle=0$，$\langle s_y\rangle=-\dfrac{\hbar}{2}\sin2\omega t$，$\langle s_z\rangle=\dfrac{\hbar}{2}\cos2\omega t$，其中，$\omega=eB/2mc$.

10. (a) 考虑自旋为 $\hbar/2$ 的粒子，具有磁矩 μ，在转动磁场$\boldsymbol{B}(t)$中运动.$\boldsymbol{B}(t)=(B_1\cos2\omega_0t, B_1\sin2\omega_0t, B_0)$，其中，$\omega_0=\mu B_0/\hbar$.Hamilton 量表示为($\sigma_z$ 表象)

$$H(t)=-\boldsymbol{\mu}\cdot\boldsymbol{B}=-\mu\boldsymbol{\sigma}\cdot\boldsymbol{B}=\begin{pmatrix}-\mu B_0 & -\mu B_1 e^{2i\omega_0 t}\\ -\mu B_1 e^{-2i\omega_0 t} & \mu B_0\end{pmatrix},$$

含时 Hamilton 量具有周期性，$H(\tau)=H(0)$，其中，$\tau=\pi/\omega_0$. 把 t 看成参数，求 $H(t)$ 的瞬时本征态.

答：$E=E_\pm=\pm\mu\sqrt{B_1^2+B_0^2}$，相应的本征态为

$$\psi_+(t)=\begin{pmatrix}-\sin\dfrac{\theta}{2}\\ \cos\dfrac{\theta}{2}e^{-2i\omega_0 t}\end{pmatrix},\quad \psi_-(t)=\begin{pmatrix}\cos\dfrac{\theta}{2}\\ \sin\dfrac{\theta}{2}e^{-2i\omega_0 t}\end{pmatrix},$$

其中，$\tan\theta=B_1/B_0=\omega_1/\omega_0$，$\omega_1=\mu B_1/\hbar$.

显然 $\psi_\pm(\tau)=\psi_\pm(0)$.

(b) 设粒子初态 $\psi(0)=\psi_-(0)$. 在绝热近似下（磁场转动极慢），粒子自旋态保持为 $\psi_-(t)$（忽略 $\psi_+(t)$ 的混合），$\psi(t)$ 可表示为

$$\psi(t)=a_-(t)\exp\left(\frac{-iE_-t}{\hbar}\right)\cdot\psi_-(t),$$

将之代入含时 Schrödinger 方程

$$i\hbar\frac{\partial}{\partial t}\psi=H\psi,$$

求解 $a_-(t)=e^{i\beta_-(t)}$，讨论经历一个周期后的相位 $\beta_-(\tau)$.

答：$a_-(t)=\exp(2i\omega_0 t\sin^2\theta/2)$，即 $\beta_-(t)=2\omega_0 t\sin^2\theta/2$.

$\beta_-(\tau)=2\omega_0\tau\sin^2\theta/2=\pi(1-\cos\theta)=\Omega(C)/2$，其中，$\Omega(C)=2\pi(1-\cos\theta)$ 是旋转磁场 $\boldsymbol{B}(t)$ 经历一个周期后在参数空间中张开的立体角. $\beta(\tau)$ 称为 Berry 绝热相[①].

*(c) 不做绝热近似，$\psi(t)$ 的一般解应表示成 $\psi(t)=\begin{pmatrix}a(t)\\ b(t)\end{pmatrix}$. 设初态为 $\psi(0)=\begin{pmatrix}a_0\\ b_0\end{pmatrix}$. 求 $\psi(t)$.

答：$\psi(t)=\begin{pmatrix}a_0\cos\omega_1 t+ib_0\sin\omega_1 t\,e^{i\omega_0 t}\\ ia_0\sin\omega_1 t+b_0\cos\omega_1 t\,e^{-i\omega_0 t}\end{pmatrix}$[②].

---

① M. V. Berry, *Proc. Roy. Soc. A*, 1984, 392: 45.

② 参阅钱伯初、曾谨言撰写的《量子力学习题精选与剖析》(第二版)上册的 6.29 题.

*(d) 设 $\psi(0)=\psi_-(0)=\begin{pmatrix}\cos\frac{\theta}{2}\\ \sin\frac{\theta}{2}\end{pmatrix}$，求 $\psi(t)$.

答：$\psi(t)=(\cos\omega_1 t+\mathrm{i}\sin\theta\sin\omega_1 t)\mathrm{e}^{\mathrm{i}\omega_0 t}\psi_-(t)+\mathrm{i}\cos\theta\sin\omega_1 t\,\mathrm{e}^{\mathrm{i}\omega_0 t}\psi_+(t)$.

第 9 章　力学量本征值问题的代数解法

量子体系的本征值问题，特别是能量本征值问题的求解，习惯采用分析解法，即在一定的边条件下求解坐标表象中的微分方程.这种方法有其优点.从历史上看，量子体系的能量本征值问题最早是用代数方法来求解的.近年来，在物理学各前沿领域中，代数方法(包括群及群表示理论)被广泛用来求解本征值问题.

9.1 节给出谐振子能量本征值问题的代数解法，它是处理许多问题的基础(例如，分子、晶格、原子核的振动，相干态，场量子化等).角动量的本征值问题，借助谐振子的代数解法，可巧妙且简单地解决(Schwinger 表象)，这将在 9.2 节中讲述.9.3 节讨论两个角动量的耦合的本征值和本征态问题，这里将引进 Clebsch-Gordan(CG)系数.

9.1　一维谐振子的 Schrödinger 因式分解法，升、降算符

一维谐振子的 Hamilton 量表示为

$$H=\frac{1}{2\mu}p^2+\frac{1}{2}\mu\omega^2x^2. \tag{1}$$

以下采用自然单位($\hbar=\mu=\omega=1$)①，则

$$H=\frac{1}{2}p^2+\frac{1}{2}x^2, \tag{2}$$

而基本对易式可表示为

$$[x,p]=\mathrm{i}, \tag{3}$$

其中，坐标 x 和动量 p 为 Hermite 算符.令

$$a=\frac{1}{\sqrt{2}}(x+\mathrm{i}p),\quad a^+=\frac{1}{\sqrt{2}}(x-\mathrm{i}p), \tag{4}$$

利用式(3)，容易证明

$$[a,a^+]=1. \tag{5}$$

式(4) 之逆为

$$x=\frac{1}{\sqrt{2}}(a^++a),\quad p=\frac{\mathrm{i}}{\sqrt{2}}(a^+-a). \tag{6}$$

---

① 能量单位是 $\hbar\omega$，长度单位是 $\sqrt{\hbar/\mu\omega}$，动量单位是 $\sqrt{\mu\hbar\omega}$.

利用式(6)，可将 H 表示为①

$$H=a^{+}a+\frac{1}{2}=\hat{N}+\frac{1}{2}, \tag{7}$$

其中，

$$\hat{N}=a^{+}a. \tag{8}$$

不难证明 $\hat{N}$ 为正定 Hermite 算符，因为 $\hat{N}^{+}=\hat{N}$，而且在任意量子态 ψ 下，

$$\overline{N}=(\psi,a^{+}a\psi)=(a\psi,a\psi)\geqslant 0. \tag{9}$$

下面证明 $\hat{N}$ 的本征值 n 为

$$n=0,1,2,3,\cdots, \tag{10}$$

因此 H 的本征值 E_n 为(能量的自然单位是 $\hbar\omega$)

$$E_n=n+\frac{1}{2},\quad n=0,1,2,\cdots. \tag{11}$$

证明　设 $|n\rangle$ 为 $\hat{N}$ 的本征态(n 为正实数)，即

$$\hat{N}|n\rangle=n|n\rangle, \tag{12}$$

利用式(5) 和式(8)，易得

$$[\hat{N},a^{+}]=a^{+},\quad [\hat{N},a]=-a, \tag{13}$$

因此

$$[\hat{N},a]|n\rangle=-a|n\rangle.$$

但上式左边 $=\hat{N}a|n\rangle-a\hat{N}|n\rangle=\hat{N}a|n\rangle-na|n\rangle$，由此可得

$$\hat{N}a|n\rangle=(n-1)a|n\rangle. \tag{14}$$

这说明 $a|n\rangle$ 也是 $\hat{N}$ 的本征态，相应的本征值为 $n-1$.依此类推，从 $\hat{N}$ 的本征态 $|n\rangle$ 出发，逐次用 a 运算，可得出 $\hat{N}$ 的一系列本征态：

$$|n\rangle,\quad a|n\rangle,\quad a^2|n\rangle,\quad \cdots,$$

相应的本征值分别为

$$n,\quad n-1,\quad n-2,\quad \cdots.$$

考虑到 $\hat{N}$ 为正定 Hermite 算符，其本征值必为非负实数(即大于等于零).设它的最小本征值为 n_0，相应的本征态记为 $|n_0\rangle$，则

$$a|n_0\rangle=0 \tag{15}$$

(否则 $a|n_0\rangle$ 为 $\hat{N}$ 的本征态，$a|n_0\rangle\sim|n_0-1\rangle$，即 $\hat{N}$ 的本征值为 n_0-1，这与假设矛盾).因此由式(15) 可得

$$\hat{N}|n_0\rangle=0=0|n_0\rangle, \tag{16}$$

即 $|n_0\rangle$ 是 $\hat{N}$ 的本征值为 0 的本征态，即 $n_0=0$.此态记为 $|0\rangle$，可视为真空态，亦即谐

---

① 此即 Hamilton 量的因式分解，最早由 Schrödinger 提出，见 E. Schrödinger, *Proc. Roy. Irish. Acad. A*, 1940, 46: 9; 1940, 46: 183; 1942, 47: 53.

振子的最低能态(基态),对应的能量本征值(添上自然单位)为 $\hbar\omega/2$.

利用式(13)中的第一个式子,可证明与式(14)类似的式子:

$$\hat{N}a^{+}|n\rangle=(n+1)a^{+}|n\rangle. \tag{17}$$

这说明 $a^{+}|n\rangle$ 也是 $\hat{N}$ 的本征态,相应的本征值为 $n+1$.联合式(16)与式(17),从 $|0\rangle$ 出发,逐次用 a^{+} 运算,可得出 $\hat{N}$ 的全部本征态:

$$\begin{array}{lccccc} & |0\rangle, & a^{+}|0\rangle, & (a^{+})^{2}|0\rangle, & \cdots, & \\ \hat{N}\text{ 的本征值为} & 0, & 1, & 2, & \cdots, & (18)\\ H\text{ 的本征值(自然单位)为} & 1/2, & 3/2, & 5/2, & \cdots. & \end{array}$$

所以 a^{+} 称为升算符(raising operator),而 a 称为降算符(lowering operator).(证毕)

利用归纳法可以证明(留作练习),$\hat{N}$(即 H)的归一化本征态可表示为

$$|n\rangle=\frac{1}{\sqrt{n!}}(a^{+})^{n}|0\rangle, \tag{19}$$

满足

$$H|n\rangle=\left(n+\frac{1}{2}\right)|n\rangle, \tag{20}$$

$$\langle n|n'\rangle=\delta_{nn'}. \tag{21}$$

思考题　在谐振子的能量本征值的微分方程解法(见3.5节)中,利用了束缚态波函数在无穷远处的边条件,才得出了分立的能量值 $E_n=\left(n+\frac{1}{2}\right)\hbar\omega$.在上述代数解法中,似乎未涉及束缚态边条件.这应如何理解?

利用式(19),可以证明

$$a^{+}|n\rangle=\sqrt{n+1}\,|n+1\rangle,\quad a|n\rangle=\sqrt{n}\,|n-1\rangle, \tag{22}$$

再借助式(6),可求出 x 与 p 的矩阵元(添上自然单位):

$$\begin{cases} x_{n'n}=\dfrac{1}{\sqrt{2}}(\sqrt{n+1}\,\delta_{n'n+1}+\sqrt{n}\,\delta_{n'n-1})\sqrt{\dfrac{\hbar}{\mu\omega}}, \\ p_{n'n}=\dfrac{\mathrm{i}}{\sqrt{2}}(\sqrt{n+1}\,\delta_{n'n+1}-\sqrt{n}\,\delta_{n'n-1})\sqrt{\mu\omega\hbar}. \end{cases} \tag{23}$$

试与第3章中的习题6和习题7,以及4.5.2小节中的式(27)和式(28)进行比较.

练习　证明在能量本征态 $|n\rangle$ 下,$\overline{x}=\overline{p}=0$,$\overline{x^2}=\overline{p^2}=n+1/2$.由此证明 $\Delta x\Delta p=n+\frac{1}{2}$(单位为 $\hbar$).对于基态,$\Delta x\Delta p=1/2$.

下面讨论能量本征态在坐标表象中的表示式.先考虑基态 $|0\rangle$,它满足

$$a \mid 0\rangle = 0,$$

即

$$(x + \mathrm{i}p) \mid 0\rangle = 0. \tag{24}$$

在坐标表象中，基态波函数 $\psi_0(x) = \langle x \mid 0\rangle$ 满足①

$$\left(x + \frac{\mathrm{d}}{\mathrm{d}x}\right)\psi_0(x) = 0, \tag{25}$$

解之得

$$\psi_0(x) \propto \mathrm{e}^{-x^2/2}.$$

添上自然单位，可得出在坐标表象中的归一化基态波函数：

$$\psi_0(x) = \left(\frac{\mu\omega}{\pi\hbar}\right)^{1/4} \mathrm{e}^{-\frac{\mu\omega}{2\hbar}x^2}. \tag{26}$$

坐标表象中的激发态波函数可表示为

$$\psi_n(x) = \langle x \mid n\rangle = \frac{1}{\sqrt{n!}}\langle x \mid (a^+)^n \mid 0\rangle, \tag{27}$$

其中，a^+ 可表示为$\left(见式(4)，添上长度的自然单位\dfrac{1}{\alpha} = \sqrt{\hbar/\mu\omega}\right)$

$$a^+ = \frac{1}{\sqrt{2}}\left(\alpha x - \frac{1}{\alpha}\frac{\mathrm{d}}{\mathrm{d}x}\right),$$

所以

$$\psi_n(x) = \frac{1}{\sqrt{n!}}\left(\frac{\alpha^2}{\pi}\right)^{1/4}\left(\alpha x - \frac{1}{\alpha}\frac{\mathrm{d}}{\mathrm{d}x}\right)^n \mathrm{e}^{-\alpha^2 x^2/2}. \tag{28}$$

Schrödinger 的因式分解法在后来发展起来的超对称量子力学(Supersymmetric quantum mechanics)中得到进一步发展②. 可以证明，对于存在束缚态的一维势阱 $V(x)$，只要基态能量 E_0 有限，$\psi_0'(x)$ 存在，则可以定义相应的升算符和降算符，并对 Hamilton 量进行因式分解. 此方法还可以用来处理中心力场 $V(r)$ 中粒子的径向 Schrödinger 方程的因式分解. 可以证明，对于 r 的幂函数形式的中心力场 $V(r)$，只有当 $V(r) \sim 1/r$(Coulomb 势)或 $V(r) \sim r^2$(各向同性谐振子势)时，径向 Schrödinger 方

---

① 式(24)可写成 $\langle x' \mid x + \mathrm{i}p \mid 0\rangle = 0$，插入 $\int \mathrm{d}x'' \mid x''\rangle\langle x'' \mid = 1$，得

$$\int \mathrm{d}x'' \langle x' \mid x + \mathrm{i}p \mid x''\rangle\langle x'' \mid 0\rangle = 0,$$

即

$$\int \mathrm{d}x'' \left\{x'\delta(x' - x'') + \mathrm{i}\left[-\mathrm{i}\frac{\mathrm{d}}{\mathrm{d}x'}\delta(x' - x'')\right]\right\}\langle x'' \mid 0\rangle = 0,$$

积分后得，$\left(x' + \dfrac{\mathrm{d}}{\mathrm{d}x'}\right)\langle x' \mid 0\rangle = 0$，把 $x' \to x$，注意 $\langle x \mid 0\rangle = \psi_0(x)$，即得式(25).

② 初学者可参阅 R. Dutt, A. Khare, U. P. Sukhatme, *Am. J. Phys.*, 1988, 56: 163.

程才能因式分解[①].联系到经典力学中著名的 Bertrand 定理(见 6.3 节),可知 Schrödinger 方程的因式分解与经典粒子束缚运动轨道的闭合性有某种关系[②].

9.2 角动量的本征值与本征态

在 4.3.2 小节中,讨论了轨道角动量的性质.在第 8 章中讲述了自旋,以及自旋与轨道角动量耦合成的总角动量.本节将更一般地讨论角动量的本征值和本征态问题.

假设算符 j_x, j_y, j_z 满足下列对易式:

$$[j_x, j_y] = i\hbar j_z, \quad [j_y, j_z] = i\hbar j_x, \quad [j_z, j_x] = i\hbar j_y, \tag{1}$$

则以 j_x, j_y, j_z 作为三个分量的矢量算符 $\boldsymbol{j}$ 称为角动量算符.式(1) 即角动量的基本对易式. 轨道角动量 $\boldsymbol{l}$、自旋 $\boldsymbol{s}$,以及总角动量 $\boldsymbol{j} = \boldsymbol{l} + \boldsymbol{s}$ 的各分量都满足此基本对易式.以下将根据此基本对易式,以及角动量算符的 Hermite 性来求出角动量的本征值和本征态.定义

$$\boldsymbol{j}^2 = j_x^2 + j_y^2 + j_z^2, \tag{2}$$

容易证明

$$[\boldsymbol{j}^2, j_\alpha] = 0, \quad \alpha = x, y, z. \tag{3}$$

练习 1 定义

$$j_\pm = j_x \pm i j_y, \tag{4}$$

其逆表示式为

$$j_x = \frac{1}{2}(j_+ + j_-), \quad j_y = \frac{1}{2i}(j_+ - j_-). \tag{5}$$

证明

$$[j_z, j_\pm] = \pm \hbar j_\pm, \tag{6}$$

$$j_\pm j_\mp = j^2 - j_z^2 \pm \hbar j_z, \tag{7}$$

$$j_+ j_- - j_- j_+ = 2\hbar j_z, \tag{8}$$

$$j_+ j_- + j_- j_+ = 2(j^2 - j_z^2). \tag{9}$$

下面借助谐振子的代数解法来求解角动量的本征值和本征态[③].考虑二维各向同性谐振子,相应的两类声子产生和湮没算符用 a_1^+, a_1 和 a_2^+, a_2 来表示,它们满足

$$[a_i, a_j^+] = \delta_{ij}, \quad [a_i, a_j] = [a_i^+, a_j^+] = 0, \quad i, j = 1, 2. \tag{10}$$

---

① Y. F. Liu, Y. A. Lei, J. Y. Zeng, *Phys. Lett. A*, 1997, 231: 9.

② Y. F. Liu, W. J. Huo, J. Y. Zeng, *Phys. Rev. A*, 1998, 56: 862;刘宇峰,曾谨言,《物理学报》,1997, 46: 1267.

③ 参阅 Schwinger 撰写的 Quantum Theory of Angular Momentum.此方法是基于 SU_2 群与 SO_3 群定域同构的概念.

定义算符(正定,Hermite)

$$\hat{N}_1 = a_1^+ a_1, \quad \hat{N}_2 = a_2^+ a_2, \tag{11}$$

其本征值分别为(见 9.1 节)n_1 和 n_2,且

$$n_1, n_2 = 0, 1, 2, \cdots \tag{12}$$

分别表示两类声子的数目.$\hat{N}_1$ 与 $\hat{N}_2$ 的归一化共同本征态可表示为

$$| n_1 n_2 \rangle = \frac{(a_1^+)^{n_1} (a_2^+)^{n_2}}{\sqrt{n_1 ! \ n_2 !}} | 0 \rangle. \tag{13}$$

定义算符

$$j_x = \frac{1}{2}(a_1^+ a_2 + a_2^+ a_1) = j_x^+, \tag{14a}$$

$$j_y = \frac{1}{2\mathrm{i}}(a_1^+ a_2 - a_2^+ a_1) = j_y^+, \tag{14b}$$

$$j_z = \frac{1}{2}(a_1^+ a_1 - a_2^+ a_2) = j_z^+ = \frac{1}{2}(\hat{N}_1 - \hat{N}_2), \tag{14c}$$

$$j_+ = j_x + \mathrm{i} j_y = a_1^+ a_2, \tag{14d}$$

$$j_- = j_x - \mathrm{i} j_y = a_2^+ a_1 = (j_+)^+. \tag{14e}$$

利用对易式(10),不难证明

$$[j_\alpha, j_\beta] = \mathrm{i}\varepsilon_{\alpha\beta\gamma} j_\gamma, \quad \alpha, \beta, \gamma = x, y, z, \tag{15}$$

这正是角动量的基本对易式(1)($\hbar = 1$).利用式(14),不难证明

$$\boldsymbol{j}^2 = j_x^2 + j_y^2 + j_z^2 = \frac{\hat{N}}{2}\left(\frac{\hat{N}}{2} + 1\right), \tag{16}$$

其中,

$$\hat{N} = \hat{N}_1 + \hat{N}_2 = a_1^+ a_1 + a_2^+ a_2,$$

按 9.1 节,其本征值为

$$n = n_1 + n_2 = 0, 1, 2, \cdots, \tag{17}$$

这样,$\boldsymbol{j}^2$ 的本征值可表示为 $j(j+1)$,而

$$j = \frac{n}{2} = \begin{cases} 0, 1, 2, \cdots, \\ 1/2, 3/2, 5/2, \cdots, \end{cases} \tag{18}$$

即角动量量子数 j 只能取非负整数或半奇数.

由式(16) 和式(14c),可知 $| n_1 n_2 \rangle$ 也是($\boldsymbol{j}^2, j_z$) 的共同本征态,即

$$\begin{cases} \boldsymbol{j}^2 \, | n_1 n_2 \rangle = \dfrac{n}{2}\left(\dfrac{n}{2} + 1\right) | n_1 n_2 \rangle, \\ j_z \, | n_1 n_2 \rangle = \dfrac{1}{2}(n_1 - n_2) \, | n_1 n_2 \rangle, \end{cases} \tag{19}$$

因此,不妨把 $| n_1 n_2 \rangle$ 改记为 $| jm \rangle$,其中,

$$j=\frac{1}{2}(n_1+n_2),\quad m=\frac{1}{2}(n_1-n_2). \tag{20}$$

对于给定 $j=(n_1+n_2)/2$，试问：m 可以取哪些值？因为

$$\begin{aligned} n_1&=0, && 1, && \cdots, && 2j, \\ n_2&=2j, && 2j-1, && \cdots, && 0, \\ m&=-j, && -j+1, && \cdots, && j, \end{aligned} \tag{21}$$

所以 m 可以取 $-j,-j+1,\cdots,j$ 这 $2j+1$ 个值.

式(20) 之逆可表示为

$$n_1=j+m,\quad n_2=j-m, \tag{22}$$

因此 $|n_1n_2\rangle$ 可改写为

$$|jm\rangle=\frac{(a_1^+)^{j+m}(a_2^+)^{j-m}}{\sqrt{(j+m)!\,(j-m)!}}|0\rangle. \tag{23}$$

而式(19) 可改写成(利用式(20))

$$\begin{cases}\boldsymbol{j}^2|jm\rangle=j(j+1)|jm\rangle,\\ j_z|jm\rangle=m|jm\rangle,\end{cases} \tag{24}$$

其中，

$$j=\begin{cases}0,1,2,\cdots,\\ 1/2,3/2,5/2,\cdots,\end{cases}\quad m=-j,-j+1,\cdots,j.$$

练习 2　利用 $|jm\rangle=|n_1n_2\rangle$，以及式(23)、式(14) 和 9.1 节中的式(22)，证明[①]

$$j_\pm|jm\rangle=\sqrt{(j\pm m+1)(j\mp m)}\,|jm\pm1\rangle. \tag{25}$$

练习 3　证明下列矩阵元公式：

$$\begin{aligned} \langle jm+1|j_+|jm\rangle&=\sqrt{(j+m+1)(j-m)}=\sqrt{j(j+1)-m(m+1)},\\ \langle jm-1|j_-|jm\rangle&=\sqrt{(j-m+1)(j+m)}=\sqrt{j(j+1)-m(m-1)},\\ \langle jm+1|j_x|jm\rangle&=\frac{1}{2}\sqrt{(j+m+1)(j-m)},\\ \langle jm-1|j_x|jm\rangle&=\frac{1}{2}\sqrt{(j-m+1)(j+m)}, \end{aligned} \tag{26}$$

---

① 应当注意，$(\boldsymbol{j}^2,j_z)$ 的共同本征态 $|jm\rangle$（见式(24)）有一个相位不定性.当 $|jm\rangle\to|\widetilde{jm}\rangle=e^{i\gamma}|jm\rangle$（$\gamma$ 为实数）时，$|\widetilde{jm}\rangle$ 仍然是 $(\boldsymbol{j}^2,j_z)$ 的共同本征态，本征值不变，正交归一性也保持不变，$\langle \widetilde{j'm'}|\widetilde{jm}\rangle=\langle j'm'|jm\rangle=\delta_{j'j}\delta_{m'm}$.在 $|\widetilde{jm}\rangle$ 表象中，$(\boldsymbol{j}^2$ 和 $j_z)$ 为对角矩阵，矩阵元为实数，不因表象而异.但 j_x 和 j_y（因而 j_+ 和 j_-）的矩阵元(非对角)却与相因子 γ 的选取有关.事实上，根据角动量的基本对易式，可以证明 $j_+|jm\rangle=e^{i\delta}\sqrt{(j+m+1)(j-m)}$，其中，$\delta$ 为实数，通常取 $\delta=0$，在此种相位习惯取法下，j_x 矩阵元为实数，j_y 矩阵元为纯虚数(见式(26)).Pauli 矩阵也符合这种相位习惯取法.

$$\langle jm+1 | j_y | jm\rangle = -\frac{\mathrm{i}}{2}\sqrt{(j+m+1)(j-m)},$$

$$\langle jm-1 | j_y | jm\rangle = \frac{\mathrm{i}}{2}\sqrt{(j-m+1)(j+m)}.$$

9.3 两个角动量的耦合与CG系数

在第8章中讨论过自旋与轨道角动量的耦合($\boldsymbol{j}=\boldsymbol{l}+\boldsymbol{s}$),以及两个电子的自旋的耦合($\boldsymbol{S}=\boldsymbol{s}_1+\boldsymbol{s}_2$).下面普遍讨论两个角动量的耦合.

设 $\boldsymbol{j}_1$ 与 $\boldsymbol{j}_2$ 分别表示第一和第二个粒子的角动量,即(取 $\hbar=1$)

$$[j_{1\alpha}, j_{1\beta}] = \mathrm{i}\varepsilon_{\alpha\beta\gamma} j_{1\gamma}, \quad [j_{2\alpha}, j_{2\beta}] = \mathrm{i}\varepsilon_{\alpha\beta\gamma} j_{2\gamma}, \quad \alpha,\beta,\gamma = x,y,z. \tag{1}$$

由于它们分别对不同粒子的态矢运算,属于不同的自由度,因此彼此是对易的,即

$$[j_{1\alpha}, j_{2\beta}] = 0, \quad \alpha,\beta = x,y,z. \tag{2}$$

定义两个角动量之和

$$\boldsymbol{j} = \boldsymbol{j}_1 + \boldsymbol{j}_2, \tag{3}$$

利用 $\boldsymbol{j}_1$ 和 $\boldsymbol{j}_2$ 的各分量满足的角动量基本对易式(1)和(2),不难证明 $\boldsymbol{j}$ 的三个分量也满足角动量的基本对易式:

$$[j_\alpha, j_\beta] = \mathrm{i}\varepsilon_{\alpha\beta\gamma} j_\gamma, \quad 或表示为\ \boldsymbol{j}\times\boldsymbol{j} = \mathrm{i}\hbar\boldsymbol{j}. \tag{4}$$

设$(\boldsymbol{j}_1^2, j_{1z})$的共同本征态记为 $\psi_{j_1m_1}$,即(取 $\hbar=1$)

$$\begin{cases} \boldsymbol{j}_1^2\psi_{j_1m_1} = j_1(j_1+1)\psi_{j_1m_1}, \\ j_{1z}\psi_{j_1m_1} = m_1\psi_{j_1m_1}, \end{cases} \tag{5a}$$

类似地,$(\boldsymbol{j}_2^2, j_{2z})$的共同本征态记为 $\psi_{j_2m_2}$,即(取 $\hbar=1$)

$$\begin{cases} \boldsymbol{j}_2^2\psi_{j_2m_2} = j_2(j_2+1)\psi_{j_2m_2}, \\ j_{2z}\psi_{j_2m_2} = m_2\psi_{j_2m_2}. \end{cases} \tag{5b}$$

对于两个粒子组成的体系,它的任意一个态(限于角动量涉及的自由度)都可以用 $\psi_{j_1m_1}(1)\psi_{j_2m_2}(2)$ 展开,换言之,$(\boldsymbol{j}_1^2, j_{1z}, \boldsymbol{j}_2^2, j_{2z})$ 可作为体系的力学量完全集,$\psi_{j_1m_1}(1)\psi_{j_2m_2}(2)$ 是它们的共同本征态,以其为基矢的表象称为**非耦合表象**.在给定 j_1 和 j_2 的情况下,

$$\begin{cases} m_1 = j_1, j_1-1, \cdots, -j_1+1, -j_1, \\ m_2 = j_2, j_2-1, \cdots, -j_2+1, -j_2, \end{cases} \tag{6}$$

所以 $\psi_{j_1m_1}(1)\psi_{j_2m_2}(2)$ 有$(2j_1+1)(2j_2+1)$个,即它们张开$(2j_1+1)(2j_2+1)$维子空间.

考虑到

$$\begin{gathered} [\boldsymbol{j}_1^2, j_\alpha] = 0, \quad [\boldsymbol{j}_2^2, j_\alpha] = 0, \quad [j_{1\alpha}, j_{2\beta}] = 0, \\ [\boldsymbol{j}^2, j_\alpha] = 0, \quad \alpha,\beta = x,y,z. \end{gathered} \tag{7}$$

即$(\boldsymbol{j}_1^2, \boldsymbol{j}_2^2, \boldsymbol{j}^2, j_z)$也构成两个粒子组成的体系的一组力学量完全集,它们的共同本征

态记为 $\psi_{j_1j_2jm}(1,2)$（以其为基矢的表象称为**耦合表象**），即

$$\begin{cases}\boldsymbol{j}_1^2\psi_{j_1j_2jm}=j_1(j_1+1)\psi_{j_1j_2jm},\\ \boldsymbol{j}_2^2\psi_{j_1j_2jm}=j_2(j_2+1)\psi_{j_1j_2jm},\\ \boldsymbol{j}^2\psi_{j_1j_2jm}=j(j+1)\psi_{j_1j_2jm},\\ j_z\psi_{j_1j_2jm}=m\psi_{j_1j_2jm}.\end{cases} \tag{8}$$

在给定 j_1 和 j_2 的子空间中，耦合表象的基矢为 $\psi_{j_1j_2jm}(1,2)$，简记为 $\psi_{j_1j_2}(1,2)$.试问：j 可以取哪些值？$\psi_{jm}(1,2)$ 与 $\psi_{j_1m_1}(1)\psi_{j_2m_2}(2)$ 之间的关系如何？令

$$\psi_{jm}(1,2)=\sum_{m_1m_2}\langle j_1m_1j_2m_2\mid jm\rangle\psi_{j_1m_1}(1)\psi_{j_2m_2}(2), \tag{9}$$

展开系数称为 CG 系数，即$(2j_1+1)(2j_2+1)$ 维子空间中耦合表象的基矢与非耦合表象的基矢之间的幺正变换矩阵的矩阵元.考虑到 $j_z=j_{1z}+j_{2z}$，对式(9) 运算，得

$$m\psi_{jm}(1,2)=\sum_{m_1m_2}(m_1+m_2)\langle j_1m_1j_2m_2\mid jm\rangle\psi_{j_1m_1}(1)\psi_{j_2m_2}(2),$$

即

$$\sum_{m_1m_2}(m-m_1-m_2)\langle j_1m_1j_2m_2\mid jm\rangle\psi_{j_1m_1}(1)\psi_{j_2m_2}(2)=0. \tag{10}$$

在$(2j_1+1)(2j_2+1)$ 维子空间中，$\psi_{j_1m_1}\psi_{j_2m_2}$ 是$(2j_1+1)(2j_2+1)$ 个彼此独立的（完备的）正交归一基矢，所以式(10) 左边的所有系数必须为零，即

$$(m-m_1-m_2)\langle j_1m_1j_2m_2\mid jm\rangle=0. \tag{11}$$

所以，只有当 $m=m_1+m_2$ 时，$\langle j_1m_1j_2m_2\mid jm\rangle$ 才可能不为零.因此式(9) 中的两个求和指标只有一个是独立的.例如，可改写成

$$\psi_{jm}(1,2)=\sum_{m_1}\langle j_1m_1j_2m-m_1\mid jm\rangle\psi_{j_1m_1}(1)\psi_{j_2m-m_1}(2). \tag{12}$$

我们知道，表象的基矢有相位不定性，因而两个表象之间的幺正变换有一个相位不定性.如取适当的相位规定，就可以使 CG 系数为**实数**.在此情况下，将式(12) 代入正交归一性关系$(\psi_{j'm'},\psi_{jm})=\delta_{j'j}\delta_{m'm}$，对于 $m'=m$，给出

$$\sum_{m_1'm_1}\langle j_1m_1'j_2m-m_1'\mid j'm\rangle\langle j_1m_1j_2m-m_1\mid jm\rangle \times(\psi_{j_1m_1'},\psi_{j_1m_1})(\psi_{j_2m-m_1'},\psi_{j_2m-m_1})=\delta_{j'j},$$

即

$$\sum_{m_1}\langle j_1m_1j_2m-m_1\mid j'm\rangle\langle j_1m_1j_2m-m_1\mid jm\rangle=\delta_{j'j}. \tag{13}$$

利用 CG 系数为实数①，式(9) 之逆可表示为

---

① 非耦合表象与耦合表象之间的幺正变换 S 满足 $S^{-1}=S^{+}$.若 S(即 CG 系数) 取为实数，即 $S^{*}=S$，则 $S^{-1}=\tilde{S}$.

$$\psi_{j_1 m_1}(1)\psi_{j_2 m_2}(2)=\sum_{\substack{jm\\(m=m_1+m_2)}}\langle j_1 m_1 j_2 m_2 \mid jm\rangle \psi_{jm}(1,2), \tag{14}$$

将之代入正交归一性关系$(\psi_{j_1 m_1}\psi_{j_2 m_2},\psi_{j_1 m_1'}\psi_{j_2 m_2'})=\delta_{m_1 m_1'}\delta_{m_2 m_2'}$，得

$$\sum_{\substack{jj'mm'\\ \left(\substack{m=m_1+m_2\\ m'=m_1'+m_2'}\right)}}\langle j_1 m_1 j_2 m_2 \mid jm\rangle\langle j_1 m_1' j_2 m_2' \mid j'm'\rangle(\psi_{jm},\psi_{j'm'})=\delta_{m_1 m_1'}\delta_{m_2 m_2'}.$$

对于$m_2'=m_2$，得

$$\sum_{jm}\langle j_1 m_1 j_2 m-m_1 \mid jm\rangle\langle j_1 m_1' j_2 m-m_1' \mid jm\rangle=\delta_{m_1 m_1'}, \tag{15}$$

式(13) 与式(15) 正是 CG 系数的幺正性和实数性的反映.

下面给出j的取值范围.对于给定j_1和j_2，有

$$\begin{cases} m_1=j_1, j_1-1,\cdots,-j_1+1,-j_1,\\ m_2=j_2, j_2-1,\cdots,-j_2+1,-j_2, \end{cases}$$

即$m_{1\max}=j_1, m_{2\max}=j_2$，所以$m_{\max}=(m_1+m_2)_{\max}=j_1+j_2$.按角动量的性质，可知$j_{\max}=j_1+j_2$.试问：$j$还可以取哪些值？$j_{\min}=?$ 这可以从子空间维数的分析给出. $m(m=m_1+m_2)$的可能取值如下：

$$\begin{array}{llll}
j_1+j_2 & & & \\
j_1+(j_2-1) & (j_1-1)+j_2 & & \\
j_1+(j_2-2) & (j_1-1)+(j_2-1) & (j_1-2)+j_2 & \\
\cdots & \cdots & \cdots & \cdots \\
\vdots & \vdots & \vdots & \vdots \\
\cdots & \cdots & \cdots & \cdots \\
-j_1-(j_2-2) & -(j_1-1)-(j_2-1) & -(j_1-2)-j_2 & \\
-j_1-(j_2-1) & -(j_1-1)-j_2 & & \vdots \\
-j_1-j_2 & & & \\
\hline
j=j_1+j_2, & j_1+j_2-1, & j_1+j_2-2, & \cdots,
\end{array}$$

可以看出，j的取值除$j_{\max}=j_1+j_2$之外，还可以取$j_1+j_2-1,\cdots$(依次递减1，每个j值只能取一次)，直到$j_{\min}\geqslant 0$.但$j_{\min}=?$ 我们注意到，对于给定j_1和j_2的态空间，维数是$(2j_1+1)(2j_2+1)$.而在做表象变换时，空间维数是不变的.对于一个j值，m有$2j+1$个可能取值.因此，根据维数不变的要求，有

$$\sum_{j=j_{\min}}^{j_1+j_2}(2j+1)=(2j_1+1)(2j_2+1), \tag{16}$$

对式(16) 左边求和后，得

$$(j_1+j_2+j_{\min}+1)(j_1+j_2-j_{\min}+1)=(2j_1+1)(2j_2+1). \tag{17}$$

如$j_1\geqslant j_2$，则$j_{\min}=j_1-j_2$；如$j_2\geqslant j_1$，则$j_{\min}=j_2-j_1$.

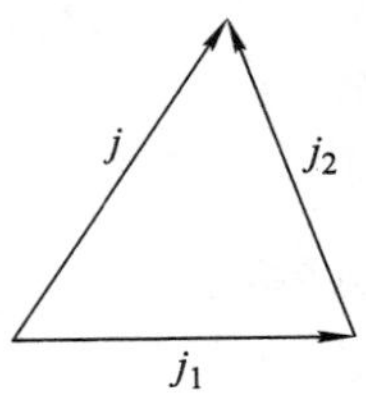

图　9.1

总之，$j_{\min}=|j_1-j_2|$.所以 j 的取值范围如下：

$$j=j_1+j_2,j_1+j_2-1,\cdots,|j_1-j_2|. \tag{18}$$

此结果可概括为三角形法则 $\triangle(j_1j_2j)$，如图 9.1 所示，三角形的任意一边之长不大于另外两边之长的和，不小于另外两边之长的差.

CG 系数的计算基于下列两条原则：

(1) j 相同、m 不同的态可以通过升降算符联系起来，即利用 9.2 节中的式(25).

(2) m 相同、j 不同的态的正交性.

首先，考虑 $j=j_{\max}=j_1+j_2$ 的情况.$m=j_1+j_2$ 的波函数只能来自 $m_1=j_1$，$m_2=j_2$，即

$$\psi_{j_1+j_1,j_1+j_1}(1,2)=\mathrm{e}^{\mathrm{i}\delta}\psi_{j_1j_1}(1)\psi_{j_2j_2}(2)\quad(\delta\text{ 为实数}),$$

习惯上约定 $\delta=0$，即 $\langle j_1j_1j_2j_2\mid j_1+j_2,j_1+j_2\rangle=1$，

$$\psi_{j_1+j_2,j_1+j_2}(1,2)=\psi_{j_1j_1}(1)\psi_{j_2j_2}(2). \tag{19}$$

其次，考虑 $m=j_1+j_2-1$ 的波函数.用 $j_-=j_{1-}+j_{2-}$ 分别对式(19) 运算，得(利用 9.2 节中的式(25))

$$\sqrt{2(j_1+j_2)}\,\psi_{j_1+j_2,j_1+j_2-1}(1,2)=\sqrt{2j_1}\,\psi_{j_1j_1-1}(1)\psi_{j_2j_2}(2)+\sqrt{2j_2}\,\psi_{j_1j_1}(1)\psi_{j_2j_2-1}(2),$$

即

$$\psi_{j_1+j_2,j_1+j_2-1}(1,2)=\sqrt{\frac{j_1}{j_1+j_2}}\psi_{j_1j_1-1}(1)\psi_{j_2j_2}(2)+\sqrt{\frac{j_2}{j_1+j_2}}\psi_{j_1j_1}(1)\psi_{j_2j_2-1}(2), \tag{20}$$

也即

$$\langle j_1j_1-1j_2j_2\mid j_1+j_2,j_1+j_2-1\rangle=\sqrt{j_1/(j_1+j_2)},$$

$$\langle j_1j_1j_2j_2-1\mid j_1+j_2,j_1+j_2-1\rangle=\sqrt{j_2/(j_1+j_2)}.$$

如此继续下去，可求出 $j=j_1+j_2$ 的所有波函数 $\psi_{j_1+j_2,m}(|m|\leqslant j_1+j_2)$，以及相应的 CG 系数.

最后，考虑 $j=j_1+j_2-1$ 的波函数.根据正交性及适当的相位规定，利用式(20) 可求出

$$\psi_{j_1+j_2-1,j_1+j_2-1}(1,2)=-\sqrt{\frac{j_2}{j_1+j_2}}\psi_{j_1j_1-1}(1)\psi_{j_2j_2-1}(2)+\sqrt{\frac{j_1}{j_1+j_2}}\psi_{j_1j_1}(1)\psi_{j_2j_2-1}(2). \tag{21}$$

这里采用了相位规定，即规定

$$\langle\psi_{j_1j_2j-1m}\mid j_{1z}\mid\psi_{j_1j_2jm}\rangle\text{ 为非负实数}, \tag{22}$$

然后用 $j_-=j_{1-}+j_{2-}$ 对式(21) 运算，可求出 $j=j_1+j_2-1$ 的所有波函数 $\psi_{j_1+j_2-1,m}(|m|\leqslant j_1+j_2-1)$ 及相应的 CG 系数.

按此程序可求出所有CG系数.计算结果可列表备查.表9.1中给出j_2(或j_1)=1/2和1的情况下的CG系数的表示式.

表 9.1　CG 系数表

(a) $\langle j_1 m_1 \frac{1}{2} m_2 \mid jm\rangle$

	m_2	
j	1/2	−1/2
$j_1+1/2$	$\sqrt{\dfrac{j_1+m+1/2}{2j_1+1}}$	$\sqrt{\dfrac{j_1-m+1/2}{2j_1+1}}$
$j_1-1/2$	$-\sqrt{\dfrac{j_1-m+1/2}{2j_1+1}}$	$\sqrt{\dfrac{j_1+m+1/2}{2j_1+1}}$

(b) $\langle j_1 m_1 1 m_2 \mid jm\rangle$

	m_2		
j	1	0	−1
j_1+1	$\sqrt{\dfrac{(j_1+m)(j_1+m+1)}{(2j_1+1)(2j_1+2)}}$	$\sqrt{\dfrac{(j_1-m+1)(j_1+m+1)}{(2j_1+1)(j_1+1)}}$	$\sqrt{\dfrac{(j_1-m)(j_1-m+1)}{(2j_1+1)(2j_1+2)}}$
j_1	$-\sqrt{\dfrac{(j_1+m)(j_1-m+1)}{2j_1(j_1+1)}}$	$\dfrac{m}{\sqrt{j_1(j_1+1)}}$	$\sqrt{\dfrac{(j_1-m)(j_1+m+1)}{2j_1(j_1+1)}}$
j_1-1	$\sqrt{\dfrac{(j_1-m)(j_1-m+1)}{2j_1(2j_1+1)}}$	$-\sqrt{\dfrac{(j_1-m)(j_1+m)}{j_1(2j_1+1)}}$	$\sqrt{\dfrac{(j_1+m+1)(j_1+m)}{2j_1(2j_1+1)}}$

练习1　利用上述方法,求出两个电子自旋($\boldsymbol{S}=\boldsymbol{s}_1+\boldsymbol{s}_2$)的三重态和单态.

提示:$s_1=s_2=1/2$,两个电子自旋之和S和投影M_S的极大值为1,本征态为$\chi_{11}(1,2)=\chi_{1/2}(1)\chi_{1/2}(2)=\alpha(1)\alpha(2)$.利用$S_-=s_{1-}+s_{2-}$对上式运算,可求出$\chi_{10}$和$\chi_{1-1}$,它们组成三重态.然后利用正交性,求出$\chi_{00}$(单态).

Racah利用代数方法推导出CG系数的普遍公式:

$$\langle j_1 m_1 j_2 m_2 \mid j_3 m_3\rangle$$
$$=\delta_{m_3 m_1+m_2}\left[(2j_3+1)\frac{(j_1+j_2-j_3)!\ (j_2+j_3-j_1)!\ (j_3+j_1-j_2)!}{(j_1+j_2+j_3+1)!}\right.$$
$$\left.\times\prod_{i=1,2,3}(j_i+m_i)!\ (j_i-m_i)!\ \right]^{1/2}$$

$$\times \sum_{\nu} [(-1)^{\nu} \nu! \, (j_1 + j_2 - j_3 - \nu)! \, (j_1 - m_1 - \nu)! \, (j_2 + m_2 - \nu)!$$
$$\times (j_3 - j_1 - m_2 + \nu)! \, (j_3 - j_2 + m_1 + \nu)! \,]^{-1}, \tag{23}$$

求和号中，整数 ν 应取得使所有阶乘因子中的数都是非负整数.

练习 2　按表 9.1(a)，对于 $j_1 = 1/2$ 的情况，写出相应的 CG 系数，并与第 8 章中的表 8.2 比较.

练习 3　同练习 2，对于 $j_1 = l(j_2 = 1/2)$ 的情况，写出相应的 CG 系数，并与 8.2 节中的式(21)比较.

利用式(23)，可得出 CG 系数的对称性关系：

$$\begin{aligned}
\langle j_1 m_1 j_2 m_2 \mid j_3 m_3 \rangle &= (-1)^{j_1+j_2-j_3} \langle j_1 - m_1 j_2 - m_2 \mid j_3 - m_3 \rangle \\
&= (-1)^{j_1+j_2-j_3} \langle j_2 m_2 j_1 m_1 \mid j_3 m_3 \rangle \\
&= (-1)^{j_1-m_1} \sqrt{\frac{2j_3+1}{2j_2+1}} \langle j_1 m_1 j_3 - m_3 \mid j_2 - m_2 \rangle \\
&= (-1)^{j_2+m_2} \sqrt{\frac{2j_3+1}{2j_1+1}} \langle j_3 - m_3 j_2 m_2 \mid j_1 - m_1 \rangle \\
&= (-1)^{j_1-m_1} \sqrt{\frac{2j_3+1}{2j_2+1}} \langle j_3 m_3 j_1 - m_1 \mid j_2 m_2 \rangle \\
&= (-1)^{j_2+m_2} \sqrt{\frac{2j_3+1}{2j_1+1}} \langle j_2 - m_2 j_3 m_3 \mid j_1 m_1 \rangle.
\end{aligned} \tag{24}$$

关于两个角动量的耦合系数，文献中曾经出现过几种符号. 本书中的符号 $\langle j_1 m_1 j_2 m_2 \mid j_1 j_2 j m \rangle = \langle j_1 m_1 j_2 m_2 \mid j m \rangle$ 与 Edmonds 撰写的 Angular Momentum Techniques in Quantum Mechanics 书中相同. Condon，Shortley 撰写的 The Theory of Atomic Spectra 书中用 $\langle j_1 j_2 m_1 m_2 \mid j m \rangle$. Rose 撰写的 Elementary Theory of Angular Momentum 书中用 $C(j_1 j_2 j, m_1 m_2)$.

Wigner 引进 $3j$ 符号，定义如下：

$$\begin{pmatrix} j_1 & j_2 & j_3 \\ m_1 & m_2 & m_3 \end{pmatrix} = (-1)^{j_1-j_2-m_3} (2j_3+1)^{-1/2} \langle j_1 m_1 j_2 m_2 \mid j_3 - m_3 \rangle, \tag{25}$$

它们具有很清楚的对称性关系，容易记忆，即

$$\begin{aligned}
(-1)^{j_1+j_2+j_3} \begin{pmatrix} j_1 & j_2 & j_3 \\ m_1 & m_2 & m_3 \end{pmatrix} &= \begin{pmatrix} j_2 & j_1 & j_3 \\ m_2 & m_1 & m_3 \end{pmatrix} \\
&= \begin{pmatrix} j_1 & j_3 & j_2 \\ m_1 & m_3 & m_2 \end{pmatrix} = \begin{pmatrix} j_3 & j_2 & j_1 \\ m_3 & m_2 & m_1 \end{pmatrix},
\end{aligned} \tag{26}$$

$$\begin{pmatrix} j_1 & j_2 & j_3 \\ m_1 & m_2 & m_3 \end{pmatrix} = \begin{pmatrix} j_2 & j_3 & j_1 \\ m_2 & m_3 & m_1 \end{pmatrix} = \begin{pmatrix} j_3 & j_1 & j_2 \\ m_3 & m_1 & m_2 \end{pmatrix}, \tag{27}$$

$$\begin{pmatrix} j_1 & j_2 & j_3 \\ m_1 & m_2 & m_3 \end{pmatrix} = (-1)^{j_1+j_2+j_3} \begin{pmatrix} j_1 & j_2 & j_3 \\ -m_1 & -m_2 & -m_3 \end{pmatrix}. \tag{28}$$

由式(28) 可看出，若 $m_1 = m_2 = m_3 = 0$，则只有当 $j_1 + j_2 + j_3 =$ 偶数时，$3j$ 符号才可能不为零.

习　　题

1. 一维势阱 $V(x)$ 中粒子的能量本征方程为

$$H\psi_n(x) = \left[-\frac{\hbar^2}{2\mu} \frac{\mathrm{d}^2}{\mathrm{d}x^2} + V(x) \right] \psi_n(x) = E_n \psi_n(x).$$

设存在束缚态，取基态能量 E_0（有限，$E_0 \neq -\infty$）为参照点，即 $E_0 = 0$，则 $\psi_0(x)$ 满足

$$\left[-\frac{\hbar^2}{2\mu} \frac{\mathrm{d}^2}{\mathrm{d}x^2} + V(x) \right] \psi_0(x) = 0.$$

$\psi_0(x)$ 无节点（边界点除外）.考虑如下能量本征方程：

$$H_- \psi_0(x) = \left[-\frac{\hbar^2}{2\mu} \frac{\mathrm{d}^2}{\mathrm{d}x^2} + V_-(x) \right] \psi_0(x) = 0,$$

显然

$$V_-(x) = \frac{\hbar^2}{2\mu} \frac{\psi_0''(x)}{\psi_0(x)},$$

因此 H_- 可以表示成

$$H_- = \frac{\hbar^2}{2\mu} \left[-\frac{\mathrm{d}^2}{\mathrm{d}x^2} + \frac{\psi_0''(x)}{\psi_0(x)} \right].$$

定义算符

$$A = \frac{\hbar}{\sqrt{2\mu}} \left(\frac{\mathrm{d}}{\mathrm{d}x} - \frac{\psi_0'}{\psi_0} \right), \quad A^+ = \frac{\hbar}{\sqrt{2\mu}} \left(-\frac{\mathrm{d}}{\mathrm{d}x} - \frac{\psi_0'}{\psi_0} \right).$$

(1) 证明 $A\psi_0 = 0$.

(2) 证明 $A^+ A = H_-$.

(3) 证明 $[A, A^+] = -\frac{\hbar^2}{\mu} \left(\frac{\psi_0''}{\psi_0} + \frac{\psi_0'^2}{\psi_0^2} \right)$，以及 $AA^+ \equiv H_+ = -\frac{\hbar^2}{2\mu} \frac{\mathrm{d}^2}{\mathrm{d}x^2} + V_+(x)$，其中，$V_+(x) = -\frac{\hbar^2}{2\mu} \frac{\psi_0''}{\psi_0} + \frac{\hbar^2}{\mu} \frac{\psi_0'^2}{\psi_0^2}$.

*(4) 证明除 H_- 的基态之外，H_+ 与 H_- 的本征值满足

$$E_n^+ = E_{n+1}^-, \quad n = 0, 1, 2, \cdots.$$

(5) 将以上讨论应用于谐振子（取 $\hbar = m = \omega = 1$，$\psi_0(x) \sim \mathrm{e}^{-x^2/2}$），计算出 A 和 A^+，并与 9.1 节中的 a 和 a^+ 比较.

2. 对于氢原子的径向方程（见 6.3 节中的方程(2)，取 $\hbar = e = \mu = 1$）

$$\chi_l'' + \left[2\left(E + \frac{1}{r}\right) - \frac{l(l+1)}{r^2}\right]\chi_l = 0,$$

可改写成

$$D(l)\chi_l = \lambda_l \chi_l, \quad \lambda_l = -2E,$$
$$D(l) = \frac{\mathrm{d}^2}{\mathrm{d}r^2} - \frac{l(l+1)}{r^2} + \frac{2}{r}.$$

令

$$A_+(l) = \frac{\mathrm{d}}{\mathrm{d}r} - \frac{l+1}{r} + \frac{1}{l+1},$$
$$A_-(l) = \frac{\mathrm{d}}{\mathrm{d}r} + \frac{l}{r} - \frac{1}{l} \quad (l > 0).$$

证明

$$A_-(l+1)A_+(l) = D(l) - 1/(l+1)^2,$$
$$A_+(l-1)A_-(l) = D(l) - 1/l^2 \quad (l > 0),$$

以及

$$D(l)[A_+(l-1)\chi_{l-1}] = \lambda_{l-1}[A_+(l-1)\chi_{l-1}],$$
$$D(l)[A_-(l+1)\chi_{l+1}] = \lambda_{l+1}[A_-(l+1)\chi_{l+1}].$$

由此阐明算符 A_+ (A_-) 的作用是使角动量 l 增(减)1,但保持能量 E 不变.

3. 对于三维各向同性谐振子的径向方程(见 6.1 节中的方程(8),$V(r) = \frac{1}{2}\mu\omega^2 r^2$,取 $\hbar = \omega = \mu = 1$)

$$\chi_l'' + \left[2E - r^2 - \frac{l(l+1)}{r^2}\right]\chi_l = 0,$$

可改写成

$$D(l)\chi_l = \lambda_l \chi_l, \quad \lambda_l = -2E,$$
$$D(l) = \frac{\mathrm{d}^2}{\mathrm{d}r^2} - \frac{l(l+1)}{r^2} - r^2.$$

令

$$A_+(l) = \frac{\mathrm{d}}{\mathrm{d}r} - \frac{l+1}{r} + r, \quad A_-(l) = \frac{\mathrm{d}}{\mathrm{d}r} + \frac{l}{r} - r,$$
$$B_+(l) = \frac{\mathrm{d}}{\mathrm{d}r} - \frac{l+1}{r} - r, \quad B_-(l) = \frac{\mathrm{d}}{\mathrm{d}r} + \frac{l}{r} + r.$$

证明

$$A_-(l+1)A_+(l) = D(l) + (2l+3),$$
$$A_+(l-1)A_-(l) = D(l) + (2l-1),$$
$$B_-(l+1)B_+(l) = D(l) - (2l+3),$$

$$B_+(l-1)B_-(l)=D(l)-(2l-1),$$

以及

$$D(l)[A_+(l-1)\chi_{l-1}]=(\lambda_{l-1}+2)[A_+(l-1)\chi_{l-1}],$$
$$D(l)[A_-(l+1)\chi_{l+1}]=(\lambda_{l+1}-2)[A_-(l+1)\chi_{l+1}],$$
$$D(l)[B_+(l-1)\chi_{l-1}]=(\lambda_{l-1}-2)[B_+(l-1)\chi_{l-1}],$$
$$D(l)[B_-(l+1)\chi_{l+1}]=(\lambda_{l+1}+2)[B_-(l+1)\chi_{l+1}].$$

由此阐明算符 $A_+(A_-)$ 的作用是使角动量 l 增(减)1，但能量减(增)1，而算符 $B_+(B_-)$ 的作用是使角动量 l 和能量增(减)1.

4. 设两个全同粒子的角动量 $j_1=j_2=j$，耦合成总角动量 J，有

$$\psi_{j^2JM}(1,2)=\sum_{m_1m_2}\langle jm_1jm_2\mid JM\rangle\psi_{jm_1}(1)\psi_{jm_2}(2),$$

利用 CG 系数的对称性，证明

$$P_{12}\psi_{j^2JM}=(-1)^{2j-J}\psi_{j^2JM}.$$

由此证明，无论是玻色子还是费米子，J 都必须取偶数.

5. 设原子中有两个价电子，处于 E_{nl} 能级上.按自旋轨道耦合方案，$\boldsymbol{l}_1+\boldsymbol{l}_2=\boldsymbol{L}$，$\boldsymbol{s}_1+\boldsymbol{s}_2=\boldsymbol{S}$，$\boldsymbol{L}+\boldsymbol{S}=\boldsymbol{J}$($\boldsymbol{J}$ 为总角动量).证明

(a) $L+S$ 必为偶数.

(b) $J=L+S,\cdots,|L-S|$.当 $S=0$ 时，$J=L$(偶数)；而当 $S=1$ 时，$J=L+1,L,L-1$，J 可以为奇数，也可以为偶数.

6. 两个大小相等的角动量耦合成角动量为零的态 ψ_{jj00}.试证明 $j_{1z}=-j_{2z}=j,j-1,\cdots,-j$ 的概率都相等，即 $1/(2j+1)$.

提示：利用 $\langle jmj-m\mid 00\rangle=(-1)^{j-m}/\sqrt{2j+1}$.

7. 设 $\boldsymbol{j}_1+\boldsymbol{j}_2=\boldsymbol{J}$，在 $|j_1j_2jm\rangle$ 态下，证明

$$\langle j_{1x}\rangle=\langle j_{1y}\rangle=\langle j_{2x}\rangle=\langle j_{2y}\rangle=0,$$
$$\langle j_{1z}\rangle=m\frac{j(j+1)+j_1(j_1+1)-j_2(j_2+1)}{2j(j+1)},$$
$$\langle j_{2z}\rangle=m\frac{j(j+1)+j_2(j_2+1)-j_1(j_1+1)}{2j(j+1)}=m-\langle j_{1z}\rangle.$$

8. 在($\boldsymbol{l}^2,l_z$)表象(以 $|lm\rangle$ 为基矢)中，$l=1$ 的子空间的维数为 3.求 l_x 在此三维空间中的矩阵表示.再利用矩阵方法求出 l_x 的本征值和本征态.

提示：利用 9.2 节中的式(26)，求 l_x 的矩阵表示.

答：l_x 的本征值为 0,1,−1，相应的本征态为

$$\frac{1}{\sqrt{2}}\begin{pmatrix}1\\0\\-1\end{pmatrix},\quad \frac{1}{2}\begin{pmatrix}1\\\sqrt{2}\\1\end{pmatrix},\quad \frac{1}{2}\begin{pmatrix}1\\-\sqrt{2}\\1\end{pmatrix}.$$

第 10 章 定态问题的常用近似方法

除了少数体系(例如,谐振子、氢原子等)外,能量的本征值问题往往不能严格求解.因此,在处理各种实际问题时,除了采用适当的模型以简化问题外,往往还需要采用合适的近似方法,例如,微扰论、变分法、绝热近似、准经典近似等.各种近似方法都有其优缺点和适用范围,其中应用最广泛的近似方法就是微扰论,这将在 10.1 节和 10.2 节中讲述.在 10.3 节中讲述变分原理和变分法,并用变分原理来讲述 Hartree 自洽场方法(平均场近似或独立粒子模型).在 10.4 节中讨论分子的几种激发形式(转动、振动和电子激发),介绍 Born-Oppenheimer 近似,并以 H_2 分子转动谱为例讲述全同性在分子转动谱线强度变化规律中的表现.在 10.5 节中结合 H_2 分子讲述共价键概念.在 10.6 节中介绍金属中自由运动电子的 Fermi 气体模型.

10.1 非简并态微扰论

设体系的 Hamilton 量为 H(不显含 t),能量本征方程为

$$H\psi = E\psi, \tag{1}$$

其中,E 为能量本征值.方程(1)的求解一般较困难,但如果 H 可以分为如下两部分:

$$H = H_0 + H' = H_0 + \lambda W, \tag{2}$$

其中,λ 往往是刻画某种作用强度的参数,是一个小量($|\lambda| \ll 1$),$H' = \lambda W$ 称为微扰.又假设 H_0 的本征值和本征函数较容易解出,或者已经有现成的解(不管它们是如何得到的),则可以在这个基础上,把 H' 的影响逐级考虑进去,从而求得方程(1)的尽可能接近精确解的近似解.微扰论的具体形式是多种多样的,但基本精神相同,即按微扰进行逐级近似.

设

$$H_0 \psi_n^{(0)} = E_n^{(0)} \psi_n^{(0)} \tag{3}$$

已解出.它的能级有一些是非简并的,也可能有一些是简并的(例如,中心力场中粒子的基态是非简并的,而激发态大多是简并的).在本节中我们将讨论不简并的能级如何受到微扰的影响,所以在式(3) 中未把简并量子数明显标记出来.

以下按微扰逐级近似的精神来求解方程(1).在方程(1) 中,令

$$E = E^{(0)} + \lambda E^{(1)} + \lambda^2 E^{(2)} + \cdots, \tag{4}$$

$$\psi = \psi^{(0)} + \lambda\psi^{(1)} + \lambda^2\psi^{(2)} + \cdots, \tag{5}$$

将之代入方程(1),比较方程(1) 两边 λ 的同幂次项,可得到如下微扰论各级近似的方

程：

$$\lambda^0: H_0\psi^{(0)} = E^{(0)}\psi^{(0)}, \tag{6a}$$

$$\lambda^1: H_0\psi^{(1)} + W\psi^{(0)} = E^{(0)}\psi^{(1)} + E^{(1)}\psi^{(0)}, \tag{6b}$$

$$\lambda^2: H_0\psi^{(2)} + W\psi^{(1)} = E^{(0)}\psi^{(2)} + E^{(1)}\psi^{(1)} + E^{(2)}\psi^{(0)}, \tag{6c}$$

……

下面进行逐级求解.

首先,假设不考虑微扰时,体系处于某非简并能级 $E_k^{(0)}$,即

$$E^{(0)} = E_k^{(0)} \tag{7}$$

($E_k^{(0)}$ 可以是任意一个非简并能级,但要取定).相应的能量本征函数是完全确定的,即

$$\psi^{(0)} = \psi_k^{(0)}. \tag{8}$$

以下考虑微扰逐级近似对此非简并态的影响.

1. 一级近似

令

$$\psi^{(1)} = \sum_n a_n^{(1)}\psi_n^{(0)}. \tag{9}$$

把式(7)、式(8) 和式(9) 代入式(6b),得

$$\sum_n a_n^{(1)}E_n^{(0)}\psi_n^{(0)} + W\psi_k^{(0)} = E_k^{(0)}\sum_n a_n^{(1)}\psi_n^{(0)} + E^{(1)}\psi_k^{(0)},$$

将上式两边左乘 $\psi_m^{(0)*}$,并积分,利用 H_0 本征函数的正交归一性,得

$$a_m^{(1)}E_m^{(0)} + W_{mk} = E_k^{(0)}a_m^{(1)} + E^{(1)}\delta_{mk}, \tag{10}$$

其中,

$$W_{mk} = (\psi_m^{(0)}, W\psi_k^{(0)}). \tag{11}$$

在式(10) 中,当 $m=k$ 时,得

$$E^{(1)} = W_{kk} = (\psi_k^{(0)}, W\psi_k^{(0)}), \tag{12}$$

其中,$\lambda E^{(1)}$ 即能量的一级修正,它是微扰在零级波函数下的平均值.

在式(10) 中,当 $m \neq k$ 时,得

$$a_m^{(1)} = \frac{W_{mk}}{E_k^{(0)} - E_m^{(0)}}. \tag{13}$$

至于 $a_k^{(1)}$，可以证明，它可以取为零.因此，在一级近似下，能量本征值和本征函数为①

$$E_k = E_k^{(0)} + \lambda W_{kk} = E_k^{(0)} + H'_{kk}, \tag{14a}$$

$$\psi_k = \psi_k^{(0)} + \sum_n{}' \frac{H'_{nk}}{E_k^{(0)} - E_n^{(0)}} \psi_n^{(0)}. \tag{14b}$$

2. 二级近似

令

$$\psi^{(2)} = \sum_n a_n^{(2)} \psi_n^{(0)}, \tag{15}$$

将之代入式(6c)，并利用式(7) 和式(8) 及一级近似解，得

$$\sum_n a_n^{(2)} E_n^{(0)} \psi_n^{(0)} + W \sum_n{}' a_n^{(1)} \psi_n^{(0)} = E_k^{(0)} \sum_n a_n^{(2)} \psi_n^{(0)} + W_{kk} \sum_n a_n^{(1)} \psi_n^{(0)} + E^{(2)} \psi_k^{(0)}.$$

将上式两边左乘 $\psi_m^{(0)*}$，并积分，得

$$a_m^{(2)} E_m^{(0)} + \sum_n{}' a_n^{(1)} W_{mn} = E_k^{(0)} a_m^{(2)} + W_{kk} a_m^{(1)} + E^{(2)} \delta_{mk}. \tag{16}$$

对于 $m = k$，式(16) 给出

$$E^{(2)} = \sum_n{}' a_n^{(1)} W_{kn} = \sum_n{}' \frac{|W_{nk}|^2}{E_k^{(0)} - E_n^{(0)}}, \tag{17}$$

所以在准确到二级近似下，能量本征值为②

$$E_k = E_k^{(0)} + H'_{kk} + \sum_n{}' \frac{|H'_{nk}|^2}{E_k^{(0)} - E_n^{(0)}}, \tag{18}$$

---

① 在准确到一级近似下，归一化条件要求

$$\begin{aligned}(\psi, \psi) &= (\psi^{(0)} + \lambda\psi^{(1)}, \psi^{(0)} + \lambda\psi^{(1)}) \\ &= 1 + \lambda[(\psi^{(0)}, \psi^{(1)}) + (\psi^{(1)}, \psi^{(0)})] + O(\lambda^2) = 1,\end{aligned}$$

这就要求

$$(\psi^{(0)}, \psi^{(1)}) + (\psi^{(1)}, \psi^{(0)}) = 0.$$

将式(8) 和式(9) 代入上式，得

$$a_k^{(1)} + a_k^{(1)*} = 0,$$

所以 $a_k^{(1)}$ 为纯虚数.可以令 $a_k^{(1)} = \mathrm{i}\gamma$（$\gamma$ 为实数），因此

$$\begin{aligned}\psi_k &= \psi_k^{(0)} + \lambda \mathrm{i}\gamma \psi_k^{(0)} + \lambda \sum_n{}' a_n^{(1)} \psi_n^{(0)} + O(\lambda^2) \\ &= \exp(\mathrm{i}\lambda\gamma) \psi_k^{(0)} + \lambda \sum_n{}' a_n^{(1)} \psi_n^{(0)} + O(\lambda^2) \\ &= \exp(\mathrm{i}\lambda\gamma) \left[\psi_k^{(0)} + \lambda \sum_n{}' a_n^{(1)} \psi_n^{(0)}\right] + O(\lambda^2),\end{aligned}$$

即考虑 $a_k^{(1)}$ 后，无非是使整个波函数增加一个相因子，这是无关紧要的.取 $\gamma = 0$，即 $a_k^{(1)} = 0$，就得到式(14b).上式右边的求和号 $\sum_n{}'$ 表示对 n 求和时，$n = k$ 项必须摒弃.

② 在式(14b) 和式(18) 中，求和号 $\sum_n{}'$ 应包括除 $\psi_k^{(0)}$ 之外的 H_0 的所有本征态（包括简并能级上的一切简并态，这在式(14b) 和式(18) 中未明显写出）.

式(14b)及式(18)是非简并态微扰论中最常用的公式.微扰对波函数的修正通常计算到一级近似,对能量的修正则计算到二级近似.

练习 1 证明能量的二级修正可表示为

$$\lambda^2 E^{(2)} = (\psi^{(0)}, H'\psi^{(1)}), \tag{19}$$

因此,如已求得波函数的一级修正 $\psi^{(1)}$,则利用式(19)即可求出能量的二级修正.

例 1 电介质的极化率.

考虑各向同性电介质在外电场作用下的极化现象.当没有外电场时,介质中的离子在其平衡位置附近做小振动,可视为简谐振动.设沿 x 方向加上均匀外电场 $\mathscr{E}$,它只对 x 方向的振动有影响,而对 y,z 方向的振动无影响,故不予考虑.设离子荷电 q,则

$$H = H_0 + H', \quad H_0 = -\frac{\hbar^2}{2\mu}\frac{\mathrm{d}^2}{\mathrm{d}x^2} + \frac{1}{2}\mu\omega^2 x^2, \quad H' = -q\mathscr{E}x. \tag{20}$$

下面计算外电场对谐振子能级 $E_k^{(0)} = \left(k + \frac{1}{2}\right)\hbar\omega$ 的影响.利用矩阵元公式(见 9.1 节中的式(23))

$$x_{n'n} = \left(\sqrt{\frac{n+1}{2}}\delta_{n'n+1} + \sqrt{\frac{n}{2}}\delta_{n'n-1}\right)\sqrt{\frac{\hbar}{\mu\omega}}, \tag{21}$$

可求出准确到微扰论二级近似下的能量:

$$\begin{aligned}
E_k &= E_k^{(0)} + H'_{kk} + \sum_n{}' \frac{|H'_{nk}|^2}{E_k^{(0)} - E_n^{(0)}} \quad (\text{注意 } H'_{kk} = 0) \\
&= \left(k + \frac{1}{2}\right)\hbar\omega + \frac{q^2\mathscr{E}^2}{\hbar\omega}\sum_n{}' \frac{|x_{nk}|^2}{k-n} \\
&= \left(k + \frac{1}{2}\right)\hbar\omega + \frac{q^2\mathscr{E}^2}{\hbar\omega}(|x_{k-1,k}|^2 - |x_{k+1,k}|^2) \\
&= \left(k + \frac{1}{2}\right)\hbar\omega - \frac{q^2\mathscr{E}^2}{2\mu\omega^2},
\end{aligned} \tag{22}$$

即所有能级都下移一个固定值 $q^2\mathscr{E}^2/2\mu\omega^2$,这对于能谱形状(均匀分布)无影响.但波函数将发生改变.一级近似下的波函数为

$$\begin{aligned}
\psi_k(x) &= \psi_k^{(0)}(x) + \sum_n{}' \frac{H'_{nk}}{E_k^{(0)} - E_n^{(0)}}\psi_n^{(0)} \\
&= \psi_k^{(0)}(x) + \frac{q\mathscr{E}}{\omega\sqrt{\mu\hbar\omega}}\left[\sqrt{\frac{k+1}{2}}\psi_{k+1}^{(0)}(x) - \sqrt{\frac{k}{2}}\psi_{k-1}^{(0)}(x)\right],
\end{aligned} \tag{23}$$

即原来的零级波函数 $\psi_k^{(0)}$ 之外,混进了与它紧邻的两条能级的波函数 $\psi_{k\pm1}^{(0)}$,它们的宇称正好与 $\psi_k^{(0)}$ 相反,即 ψ_k 不再是具有确定宇称的态,这是外电场破坏了空间反射不变性的表现.

当未加外电场时，离子的位置平均值为

$$\langle x \rangle = (\psi_k^{(0)}, x\psi_k^{(0)}) = 0, \tag{24}$$

这是意料之中的事，因为坐标原点本来就取在离子的平衡位置.当加上外电场 $\mathscr{E}$ 之后，离子的平衡位置将发生移动.利用式(23) 与式(21) 不难求出

$$\langle x \rangle = (\psi_k, x\psi_k) = \frac{2q\mathscr{E}}{\mu\omega^2}\left(\sqrt{\frac{k+1}{2}}x_{k,k+1} - \sqrt{\frac{k}{2}}x_{k,k-1}\right) = \frac{q\mathscr{E}}{\mu\omega^2}, \tag{25}$$

即正离子沿电场方向移动 $q\mathscr{E}/\mu\omega^2$，负离子沿反方向移动 $|q|\mathscr{E}/\mu\omega^2$.因此外电场诱导而产生的电偶极矩为

$$D = 2\frac{|q|\mathscr{E}}{\mu\omega^2}|q| = 2q^2\mathscr{E}/\mu\omega^2, \tag{26}$$

因而极化率为

$$\kappa = D/\mathscr{E} = 2q^2/\mu\omega^2. \tag{27}$$

练习 2　Hamilton 量(20) 的本征值可严格求解.试证明严格求解出的本征值与微扰论二级近似结果(见式(23)) 相同(但严格求解出的本征态与微扰论二级近似解并不完全相同).

例 2　氦原子及类氦离子的基态能量.

氦原子及类氦离子(例如，Li^+，Be^{2+}，B^{3+} 等) 是最简单的多电子原子，原子核(荷电 $+Ze$) 外有两个电子.两个电子的 Hamilton 量(取原子单位[①] $\hbar = m_e = e = 1$) 表示为

$$H = -\frac{1}{2}(\nabla_1^2 + \nabla_2^2) - \frac{Z}{r_1} - \frac{Z}{r_2} + \frac{1}{r_{12}} = H_0 + H', \tag{28}$$

其中，

$$H_0 = \left(-\frac{1}{2}\nabla_1^2 - \frac{Z}{r_1}\right) + \left(-\frac{1}{2}\nabla_2^2 - \frac{Z}{r_2}\right),\quad H' = \frac{1}{r_{12}},$$

这里，r_1，r_2 分别表示两个电子与原子核的距离，$-Z(1/r_1 + 1/r_2)$ 表示原子核对两个电子的 Coulomb 吸引能.$r_{12} = |\boldsymbol{r}_1 - \boldsymbol{r}_2|$ 是两个电子的相对距离，$1/r_{12}$ 表示两个电子之间的 Coulomb 排斥能，可视为微扰.H_0 描述的是两个无相互作用的电子在原子核的 Coulomb 引力场中的运动，它的本征函数可表示为两个类氢原子的波函数之积.对于基态，两个电子都处于 1s 轨道，波函数(空间部分) 表示为

$$\phi(r_1, r_2) = \psi_{100}(r_1)\psi_{100}(r_2), \tag{29}$$

该波函数对于两个电子空间坐标的交换是对称的.按全同费米子体系波函数的反对称

---

① 能量单位为 $m_e e^4/\hbar^2$，长度单位为 $a = \hbar^2/m_e e^2$(a 为 Bohr 半径).

要求,两个电子的自旋态只能是自旋单态 $\chi_0(s_{1z},s_{2z})$,对于交换自旋是反对称的.整个波函数

$$\psi=\phi(r_1,r_2)\chi_0(s_{1z},s_{2z}) \tag{30}$$

对于交换电子(全部坐标)是反对称的.本征函数(30)相应的 H_0 的本征值为 $2\cdot(-Z^2/2)=-Z^2$(原子单位)(注意:类氢原子的能级为 $E_n=-Z^2/2n^2$,对于 1s 态,$n=1$).

能量的微扰论一级修正为

$$\left\langle\frac{1}{r_{12}}\right\rangle=\iint \mathrm{d}^3r_1\mathrm{d}^3r_2\;|\psi_{100}(r_1)|^2\;|\psi_{100}(r_2)|^2/r_{12}, \tag{31}$$

其中,

$$\psi_{100}(r)=\frac{Z^{3/2}}{\sqrt{\pi}}\mathrm{e}^{-Zr}. \tag{32}$$

利用积分公式

$$\iint \mathrm{d}^3r_1\mathrm{d}^3r_2\;\frac{\mathrm{e}^{-2Z(r_1+r_2)}}{r_{12}}=\frac{5\pi^2}{8Z^5}, \tag{33}$$

可求出 $\left\langle\frac{1}{r_{12}}\right\rangle=\frac{5}{8}Z$.因此,在微扰论一级近似下,氦原子(类氦离子)的基态能量为

$$E=-Z^2+\frac{5}{8}Z\quad(\text{原子单位}). \tag{34}$$

计算结果与观测值的比较见表 10.1.

讨论:

(a) 用微扰论处理具体问题时,要恰当地选取 H_0.在有些问题中,H_0 与微扰 H' 的划分是很显然的.例如,在 Stark 效应和 Zeeman 效应中,分别把外电场和外磁场的作用看成微扰.但在有些问题中,往往根据**如何使计算简化**来决定 H_0 与 H' 的划分,同时还要**兼顾计算结果的可靠性**.即一方面要求 H_0 的本征解已知或较易计算,另一方面又要求把 H 的主要部分尽可能包括进去,使剩下的微扰 H' 比较小,以保证微扰计算收敛较快,也即

$$\left|\frac{H_{nk}}{E_k^{(0)}-E_n^{(0)}}\right|\ll 1, \tag{35}$$

这样,微扰论才比较适用,因为高级微扰的计算是很麻烦的.

(b) 从式(14b)和式(18)可以看出,如与 $E_k^{(0)}$ 能级紧邻,有一条或多条能级(近简并),则上述微扰论公式不大适用,需要用其他办法来处理(见 10.2 节).

(c) 微扰论计算中,要充分利用 H' 的对称性和相应的微扰矩阵元的选择定则.这样可以省掉许多不必要的计算上的麻烦.

10.2　简并态微扰论

在实际问题中，特别是处理体系的激发态时，常常碰到简并态或近简并态.此时，上述微扰论是不适用的.这里碰到的困难是：零级能量给定后，对应的零级波函数不唯一，这是简并态微扰论首先要解决的问题.体系能级的简并性与体系的对称性密切相关.当考虑微扰之后，如体系的某种对称性受到破坏，则能级可能分裂，简并将被部分或全部解除.因此，在简并态微扰论中，充分考虑体系的对称性是至关重要的.

设

$$H_0 \mid n\nu\rangle = E_n^{(0)} \mid n\nu\rangle, \tag{1}$$

$$\langle n'\nu' \mid n\nu\rangle = \delta_{nn'}\delta_{\nu\nu'}, \tag{2}$$

其中，$|n\nu\rangle$ 是包括 H_0 在内的一组力学量完全集的正交归一的共同本征态，量子数 $\nu=1,2,\cdots,f_n$ 用以标记(区别)$E_n^{(0)}$ 能级上的各简并态，简并度为 f_n.我们的任务是求解 H 的本征方程

$$H \mid \psi\rangle = (H_0 + \lambda W) \mid \psi\rangle = E \mid \psi\rangle. \tag{3}$$

将方程(3) 左乘$\langle m\mu|$，并利用完备性关系 $\sum_{n\nu} |n\nu\rangle\langle n\nu| = 1$，得

$$\sum_{n\nu}\langle m\mu \mid (H_0 + \lambda W) \mid n\nu\rangle\langle n\nu \mid \psi\rangle = E\langle m\mu \mid \psi\rangle.$$

利用式(1) 和式(2)，可以得出

$$E_m^{(0)} C_{m\mu} + \lambda \sum_{n\nu} W_{m\mu,n\nu} C_{n\nu} = E C_{m\mu}, \tag{4}$$

其中，

$$W_{m\mu,n\nu} = \langle m\mu \mid W \mid n\nu\rangle, \tag{5}$$

$$C_{n\nu} = \langle n\nu \mid \psi\rangle, \tag{6}$$

这里，$C_{n\nu}$ 是 $|\psi\rangle$ 在 $|n\nu\rangle$ 表象中的振幅，即

$$\mid \psi\rangle = \sum_{n\nu} C_{n\nu} \mid n\nu\rangle, \tag{7}$$

方程(4) 与方程(3) 等价.

以下用微扰逐级近似来求解方程(4).令

$$\begin{cases} E = E^{(0)} + \lambda E^{(1)} + \lambda^2 E^{(2)} + \cdots, \\ C_{n\nu} = C_{n\nu}^{(0)} + \lambda C_{n\nu}^{(1)} + \lambda^2 C_{n\nu}^{(2)} + \cdots, \end{cases} \tag{8}$$

将之代入方程(4)，比较两边的 λ 同幂次项，依次得

$$\lambda^0: (E^{(0)} - E_m^{(0)}) C_{m\mu}^{(0)} = 0, \tag{9a}$$

$$\lambda^1: (E^{(0)} - E_m^{(0)}) C_{m\mu}^{(1)} + E^{(1)} C_{m\mu}^{(0)} - \sum_{n\nu} W_{m\mu,n\nu} C_{n\nu}^{(0)} = 0, \tag{9b}$$

……

假设我们要处理的简并能级为 $E_k^{(0)}$（k 任意，但要事先取定），即

$$E^{(0)} = E_k^{(0)}. \tag{10}$$

由于 $E_k^{(0)}$ 能级的简并性，它对应的零级波函数并不确定.由式(9a) 和式(10)，可以得出

$$C_{m\mu}^{(0)} = a_\mu \delta_{mk}, \tag{11}$$

其中，a_μ 待定.这表明在不计及微扰时，零级波函数只能限制到在 $E_k^{(0)}$ 的诸简并态张开的子空间中，最一般的表示式是属于 $E_k^{(0)}$ 的诸简并态 $|k\mu\rangle$ 的某种线性叠加.将式(10) 和式(11) 代入式(9b)，得

$$(E_k^{(0)} - E_m^{(0)})C_{m\mu}^{(0)} + E^{(1)} a_\mu \delta_{mk} - \sum_\nu W_{m\mu,k\nu} a_\nu = 0. \tag{12}$$

对于 $m = k$，式(12) 可化为

$$E^{(1)} a_\mu - \sum_\nu W_{k\mu,k\nu} a_\nu = 0, \tag{13}$$

由于要处理的能级 k 是事先取定的，因此在以下公式中暂略去 k 不记，并令 $W_{k\mu,k\nu} = W_{\mu\nu}$，则式(13) 可化为

$$\sum_\nu (W_{\mu\nu} - E^{(1)} \delta_{\mu\nu}) a_\nu = 0, \tag{14}$$

此即 a_ν 满足的线性齐次代数方程组.它有非平庸解的充要条件为

$$\det | W_{\mu\nu} - E^{(1)} \delta_{\mu\nu} | = 0, \tag{15}$$

此即 $E^{(1)}$ 的 f_k 次方程(有些书上称之为久期方程(secular equation)，是从天体力学的微扰论中借用来的术语).根据 $W_{\mu\nu}$ 的 Hermite 性，方程(15) 必有 f_k 个实根，记为

$$E_{k\alpha}^{(1)}, \quad \alpha = 1, 2, \cdots, f_k, \tag{16}$$

分别把每一个根 $E_{k\alpha}^{(1)}$ 代入方程(14)，即可求得相应的解，记为 $a_{\alpha\nu}$，于是得出新的零级波函数

$$\sum_\nu a_{\alpha\nu} | k\nu \rangle = | \phi_{k\alpha} \rangle, \tag{17}$$

相应的能量本征值为

$$E_k^{(0)} + \lambda E_{k\alpha}^{(1)}. \tag{18}$$

如 f_k 个根 $E_{k\alpha}^{(1)}$ 无重根，则原来的 f_k 重简并能级 $E_k^{(0)}$ 将全部解除简并，分裂为 f_k 条能级.所相应的波函数和能量本征值由式(17) 和式(18) 给出.但如 $E_{k\alpha}^{(1)}$ 有部分重根，则能级简并未全部解除.凡未全部解除简并的能量本征值相应的零级波函数仍是不确定的.

在继续讨论简并态微扰论一级近似之前，先举一个例子.

例 1 氢原子的 Stark 效应.

把氢原子置于外电场中，则它发射的光谱线会发生分裂，此即 Stark 效应.下面考虑氢原子光谱的 Lyman 线系的第一条谱线的 Stark 分裂.

在不计及自旋时，氢原子的基态不简并，但第一激发态($n=2$)则是四重简并的，即对应于能级

$$E_2=-\frac{e^2}{2a}\frac{1}{2^2}, \tag{19}$$

有 4 个零级波函数 $|2lm\rangle$：

$$\underset{2s\text{态}}{|200\rangle}, \underbrace{|210\rangle, |211\rangle, |21-1\rangle}_{2p\text{态}}. \tag{20}$$

为方便，对它们进行编号，依次记为 $|1\rangle$，$|2\rangle$，$|3\rangle$，$|4\rangle$.

设沿 z 方向加上均匀外电场 $\mathscr{E}$，它对电子的作用能为

$$H'=e\mathscr{E}z=\lambda W, \tag{21}$$

其中，

$$W=\frac{e^2}{a}\cdot\frac{z}{a}=\frac{e^2}{a^2}r\cos\theta, \quad \lambda=\frac{e\mathscr{E}a}{e^2/a}\ll 1.$$

考虑到

$$[W,l_z]=0, \tag{22}$$

$$\cos\theta\sim Y_{10}(\theta), \tag{23}$$

微扰 W 具有如下选择定则：$\Delta m=0$，$\Delta l=\pm 1$，即 m 相同且 l 相差 1 的态之间的 W 矩阵元才可能不为零.具体计算 W 矩阵元时，可利用公式(见数学附录 A4 中的式(32))

$$\cos\theta Y_{lm}=\sqrt{\frac{(l+1)^2-m^2}{(2l+1)(2l+3)}}Y_{l+1,m}+\sqrt{\frac{l^2-m^2}{(2l-1)(2l+1)}}Y_{l-1,m}, \tag{24}$$

计算结果表明，不为零的矩阵元为

$$\langle 1|W|2\rangle=\langle 2|W|1\rangle=-3e^2/a. \tag{25}$$

因此方程(14) 可表示为

$$\begin{pmatrix} -E^{(1)} & -3e^2/a & 0 & 0 \\ -3e^2/a & -E^{(1)} & 0 & 0 \\ 0 & 0 & -E^{(1)} & 0 \\ 0 & 0 & 0 & -E^{(1)} \end{pmatrix}\begin{pmatrix} a_1 \\ a_2 \\ a_3 \\ a_4 \end{pmatrix}=0. \tag{26}$$

可以注意到，由于微扰 W 的选择定则($\Delta m=0$)，因此 $n=2(l=0,1)$ 的四维态空间可分解成 3 个($m=0,1,-1$) 不变子空间，维数分别为 2,1,1.方程(26) 有非平庸解的充要条件由方程(15) 给出，解之得

$$E^{(1)}=\pm 3e^2/a, 0, 0. \tag{27}$$

对于根 $E^{(1)}=3e^2/a$，方程(26) 的解为 $a_2/a_1=-1$，$a_3=a_4=0$.因此归一化的新的零级波函数表示为

$$|\phi_1\rangle=\frac{1}{\sqrt{2}}(|200\rangle-|210\rangle), \tag{28}$$

相应的能量本征值为

$$-\frac{e^2}{2a}\frac{1}{2^2}+3e\mathscr{E}a.$$

对于根 $E^{(1)}=-3e^2/a$，类似可求出

$$|\phi_2\rangle=\frac{1}{\sqrt{2}}(|200\rangle+|210\rangle), \tag{29}$$

相应的能量本征值为

$$-\frac{e^2}{2a}\frac{1}{2^2}-3e\mathscr{E}a.$$

对于二重根 $E^{(1)}=0$，将之代入方程(26)，得 $a_1=a_2=0$，但 a_3 与 a_4 不能唯一确定.不妨仍取原来的零级波函数，即 $a_3=1, a_4=0$ 与 $a_3=0, a_4=1$，亦即

$$|\phi_3\rangle=|211\rangle, \quad |\phi_4\rangle=|21-1\rangle, \tag{30}$$

相应的能量本征值都是 $-\frac{e^2}{2a}\frac{1}{2^2}$.如图 10.1 所示.

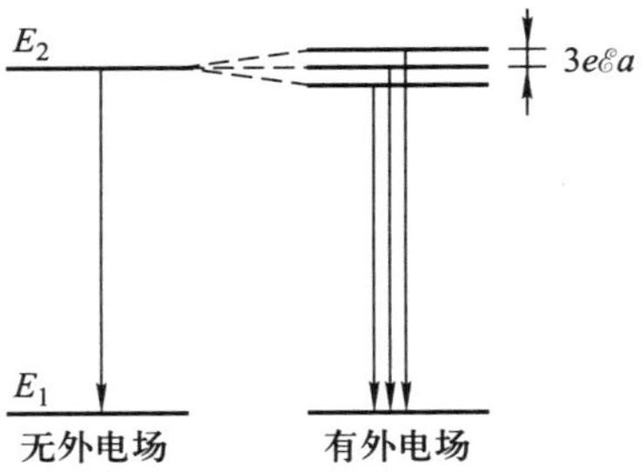

图 10.1

现在继续简并态微扰论一级近似的一般讨论：

(a) 新的零级波函数的正交归一性.

按方程(14)，对于根 $E_{k\alpha}^{(1)}$ ($E_{k\alpha}^{(1)}$ 为实数，k 给定)，

$$\sum_{\nu}(W_{\mu\nu}-E_{k\alpha}^{(1)}\delta_{\mu\nu})a_{\alpha\nu}=0, \tag{31}$$

对其取复共轭，注意 $W_{\mu\nu}^*=W_{\nu\mu}$ (Hermite 性)，得

$$\sum_{\nu}(W_{\nu\mu}-E_{k\alpha}^{(1)}\delta_{\mu\nu})a_{\alpha\nu}^*=0.$$

把 $\mu\longleftrightarrow\nu, \alpha\to\alpha'$，得

$$\sum_{\mu}(W_{\mu\nu}-E_{k\alpha'}^{(1)}\delta_{\mu\nu})a_{\alpha'\mu}^*=0, \tag{32}$$

将式(31) 乘以 $a_{\alpha'\mu}^*$，对 μ 求和，将式(32) 乘以 $a_{\alpha\nu}$，对 ν 求和，然后将两式相减，得

$$(E_{k\alpha'}^{(1)} - E_{k\alpha}^{(1)}) \sum_{\nu} a_{\alpha\nu} a_{\alpha'\nu}^{*} = 0. \tag{33}$$

对于不同的根，$E_{k\alpha'}^{(1)} \neq E_{k\alpha}^{(1)}$，必有

$$\sum_{\nu} a_{\alpha'\nu}^{*} a_{\alpha\nu} = 0. \tag{34}$$

利用式(2)和式(17)，式(34)即

$$\langle \phi_{k\alpha'} \mid \phi_{k\alpha} \rangle = 0, \tag{35}$$

联合 $|\phi_{k\alpha}\rangle$ 的归一性，式(35)可表示为

$$\langle \phi_{k\alpha'} \mid \phi_{k\alpha} \rangle = \sum_{\nu} a_{\alpha'\nu}^{*} a_{\alpha\nu} = \delta_{\alpha'\alpha}. \tag{36}$$

(b) 在以新的零级波函数为基矢的 f_k 维子空间中，W（因而 H）是对角化的.因为

$$\langle \phi_{k\alpha'} \mid W \mid \phi_{k\alpha} \rangle = \sum_{\mu\nu} a_{\alpha'\mu}^{*} a_{\alpha\nu} \langle k\mu \mid W \mid k\nu \rangle = \sum_{\mu\nu} a_{\alpha'\mu}^{*} a_{\alpha\nu} W_{\mu\nu},$$

利用方程(14)和式(36)，有

$$\langle \phi_{k\alpha'} \mid W \mid \phi_{k\alpha} \rangle = \sum_{\mu} a_{\alpha'\mu}^{*} E_{k\alpha}^{(1)} a_{\alpha\mu} = E_{k\alpha}^{(1)} \delta_{\alpha'\alpha}. \tag{37}$$

此结论是意料之中的事，因为简并态微扰论的精神，第一步就是在该简并能级的各简并态所张开的子空间中做一个幺正变换，使 H 对角化[①].

当 $\alpha' = \alpha$ 时，式(37)给出

$$E_{k\alpha}^{(1)} = \langle \phi_{k\alpha} \mid W \mid \phi_{k\alpha} \rangle, \tag{38}$$

$\lambda E_{k\alpha}^{(1)}$ 即能量的一级修正，也即 $H' = \lambda W$ 在新的零级波函数 $|\phi_{k\alpha}\rangle$ 下的平均值.

(c) 若最初的零级波函数选得适当，已使 W 对角化，即

$$\langle k\mu \mid W \mid k\nu \rangle = W_{\mu\mu} \delta_{\mu\nu},$$

则方程(14)的求解就易如反掌，即

$$E_{k\mu}^{(1)} = W_{\mu\mu}, \quad \mu = 1, 2, \cdots, f_k, \tag{39}$$

对应的零级波函数就是原来的 $|k\mu\rangle$.这一点在处理正常 Zeeman 效应（见 7.2 节中的式(4)）及反常 Zeeman 效应（见 8.3 节中的式(10)）时已经考虑到了.在简并态微扰论中，零级波函数的选择是至关重要的，应充分利用体系的对称性.特别是，尽量选择零级波

---

① 事实上，若局限于在 $E_k^{(0)}$ 的诸简并态所张开的子空间中（$\sum_{\nu} |\nu\rangle\langle\nu| = 1$）把 H 对角化，则方程(3)化为

$$\sum_{\nu} \langle \mu \mid (H_0 + \lambda W) \mid \nu \rangle \langle \nu \mid \psi \rangle = E \langle \mu \mid \psi \rangle,$$

即

$$E_k^{(0)} a_\mu + \lambda \sum_{\nu} W_{\mu\nu} a_\nu = E a_\mu,$$

其中，$a_\mu = \langle k\mu \mid \psi \rangle$，利用式(8)和式(10)，可知 $E = E_k^{(0)} + \lambda E_k^{(1)}$，将之代入上式，得

$$\sum_{\nu} (W_{\mu\nu} - E_k^{(1)} \delta_{\mu\nu}) a_\nu = 0,$$

此即方程(14).

函数同时又是某些守恒量(与 H_0 和 W 都对易)的本征态(即用一些好量子数来标记零级波函数),则计算将大为简化(可以把表象空间约化为若干个不变子空间,分别在各子空间中把 H 对角化).

(d) 近简并情况.设 H_0 的本征能级中,有一些能级(即使本身都不简并)彼此很靠近,则 10.1 节中所讲的非简并态微扰论是不适用的.用上面所讲的简并态微扰论也不能令人满意,因为在此情况下,微扰有可能把这些紧邻的几条能级上的态强烈混合.此时,更好的做法是首先在这些紧邻能级的所有状态所张开的子空间中把 H 对角化,即不限于某一简并能级来计算,而是把这些紧邻的所有能级(本身既可以是非简并态,也可以是简并态)一视同仁且首先加以考虑.

例 2 二能级体系.

设体系的 Hamilton 量为

$$H = H_0 + W, \tag{40}$$

H_0 的两条非简并能级 E_1 和 E_2 很靠近(如图 10.2 所示),而其余能级则离得很远,有

$$H_0 \mid \varphi_1\rangle = E_1 \mid \varphi_1\rangle, \quad H_0 \mid \varphi_2\rangle = E_2 \mid \varphi_2\rangle, \tag{41}$$

则 H 的对角化可以局限在 $|\varphi_1\rangle$ 和 $|\varphi_2\rangle$ 张开的二维空间中进行.

在此空间中,H 表示为①

$$H = \begin{pmatrix} E_1 & W_{12} \\ W_{21} & E_2 \end{pmatrix}, \quad W_{12} = \langle \varphi_1 \mid W \mid \varphi_2\rangle = W_{21}^*, \tag{42}$$

设 H 的本征态表示为

$$\mid \psi\rangle = c_1 \mid \varphi_1\rangle + c_2 \mid \varphi_2\rangle, \tag{43}$$

则 H 的本征方程 $H \mid \psi\rangle = E \mid \psi\rangle$ 可化为

$$\begin{pmatrix} E - E_1 & -W_{12} \\ -W_{12}^* & E - E_2 \end{pmatrix}\begin{pmatrix} c_1 \\ c_2 \end{pmatrix} = 0. \tag{44}$$

此方程有非平庸解的条件为

$$\begin{vmatrix} E - E_1 & -W_{12} \\ -W_{12}^* & E - E_2 \end{vmatrix} = 0. \tag{45}$$

解之,可得出 E 的两个根:

$$E_{\pm} = \frac{1}{2}\left[(E_1 + E_2) \pm \sqrt{(E_1 - E_2)^2 + 4 \mid W_{12} \mid^2}\right]. \tag{46}$$

令

$$E_c = \frac{1}{2}(E_1 + E_2) \quad (\text{两能级的重心}), \tag{47}$$

① 若 $W_{11} \neq 0, W_{22} \neq 0$,只需在所有公式中把 $E_1 \to E_1 + W_{11}, E_2 \to E_2 + W_{22}$,则一切结果都同样成立.

$$d = \frac{1}{2}(E_2 - E_1) \quad (\text{设 } E_2 > E_1), \tag{48}$$

即 $E_1 = E_c - d, E_2 = E_c + d$，而

$$E_{\pm} = E_c \pm \sqrt{d^2 + |W_{12}|^2} = E_c \pm |W_{12}| \sqrt{1 + R^2}, \tag{49}$$

其中，

$$R = d / |W_{12}|, \tag{50}$$

$1/R = |W_{12}|/d$ 是表征微扰的重要性的一个参数.$1/R \gg 1$（$|W_{12}| \gg d$）表示强耦合，$1/R \ll 1$（$|W_{12}| \ll d$）表示弱耦合.为表述方便，令

$$\tan\theta = 1/R, \quad W_{12} = |W_{12}| \mathrm{e}^{-\mathrm{i}\gamma}, \tag{51}$$

若 W_{12} 为实数，则 $\gamma = 0$（斥力）或 π（引力）.

将 E_- 根代入方程(44)，可得

$$\frac{c_1}{c_2} = \frac{W_{12}}{E_- - E_1} = \frac{|W_{12}| \mathrm{e}^{-\mathrm{i}\gamma}}{-\sqrt{d^2 + |W_{12}|^2} + d} = -\frac{\mathrm{e}^{-\mathrm{i}\gamma}}{\sqrt{R^2 + 1} - R}$$
$$= -(\sqrt{R^2 + 1} + R)\mathrm{e}^{-\mathrm{i}\gamma} = -\frac{\cos(\theta/2)}{\sin(\theta/2)}\mathrm{e}^{-\mathrm{i}\gamma},$$

相应的本征态可表示为

$$|\psi_-\rangle = \cos(\theta/2)|\varphi_1\rangle - \sin(\theta/2)\mathrm{e}^{\mathrm{i}\gamma}|\varphi_2\rangle, \quad \text{或} \begin{pmatrix} \cos(\theta/2) \\ -\sin(\theta/2)\mathrm{e}^{\mathrm{i}\gamma} \end{pmatrix}, \tag{52}$$

类似可求出 E_+ 根相应的本征态：

$$|\psi_+\rangle = \sin(\theta/2)|\varphi_1\rangle + \cos(\theta/2)\mathrm{e}^{\mathrm{i}\gamma}|\varphi_2\rangle, \quad \text{或} \begin{pmatrix} \sin(\theta/2) \\ \cos(\theta/2)\mathrm{e}^{\mathrm{i}\gamma} \end{pmatrix}. \tag{53}$$

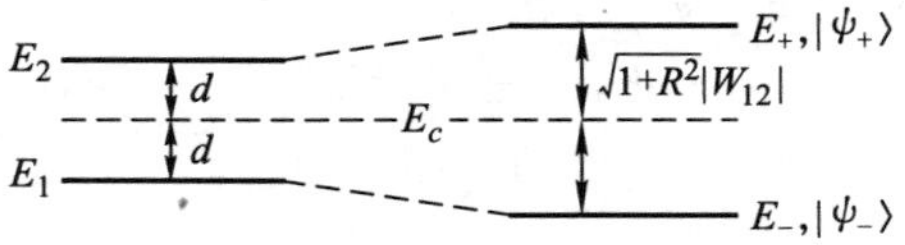

图　10.2

讨论：

(a) 设 $E_1 = E_2$（二重简并），$\gamma = \pi$（引力），则 $d = 0, R = 0$（强耦合），$\theta = \pi/2$，而

$$|\psi_{\mp}\rangle = \frac{1}{\sqrt{2}}(|\varphi_1\rangle \pm |\varphi_2\rangle). \tag{54}$$

(b) 设 $R \gg 1$（弱耦合），即 $|W_{12}| \ll d, \frac{1}{R} \approx \theta \ll 1$，则

$$\begin{cases} |\psi_-\rangle \approx |\varphi_1\rangle + \dfrac{1}{2R}|\varphi_2\rangle, & E_- \approx E_c - R|W_{12}|, \\ |\psi_+\rangle \approx \dfrac{1}{2R}|\varphi_1\rangle - |\varphi_2\rangle, & E_+ \approx E_c + R|W_{12}|. \end{cases} \tag{55}$$

10.3 变 分 法

10.3.1 Schrödinger 方程与变分原理

设量子体系的 Hamilton 量为 H,则体系的能量本征值可以在一定的边条件下求解 Schrödinger 方程

$$H\psi = E\psi, \tag{1}$$

并要求体系的本征函数满足归一化条件

$$(\psi, \psi) = 1 \tag{2}$$

而得出.可以证明,上述原则与变分原理等价.变分原理说:设体系的能量平均值为

$$\langle H\rangle = (\psi, H\psi), \tag{3}$$

则体系的能量本征值和本征函数可在条件(2)下使$\langle H\rangle$取极值而得到,即

$$\delta(\psi, H\psi) - \lambda\delta(\psi, \psi) = 0, \tag{4}$$

其中,λ 为 Lagrange 乘子,待定.将式(3)代入式(4),利用 H 的 Hermite 性,得

$$\begin{aligned}(\delta\psi, H\psi) &+ (\psi, H\delta\psi) - \lambda[(\delta\psi, \psi) + (\psi, \delta\psi)] \\ &= (\delta\psi, H\psi) - \lambda(\delta\psi, \psi) + (H\psi, \delta\psi) - \lambda(\psi, \delta\psi),\end{aligned} \tag{5}$$

其中,ψ 一般是复函数,$\delta\psi$ 与 $\delta\psi^*$ 都是任意的,因此要求

$$H\psi = \lambda\psi, \quad H^*\psi^* = \lambda\psi^*, \tag{6}$$

此即 Schrödinger 方程,Lagrange 乘子 λ(λ 为实数)即体系的能量本征值.

也可以反过来证明,满足 Schrödinger 方程的可归一化的本征函数一定使能量取极值.这样就证明了变分原理与 Schrödinger 方程等价.

从应用来讲,变分原理的价值在于:根据具体问题在物理上的特点,先对波函数做某种限制(即选择某种在数学形式上比较简单,在物理上也比较合理的试探波函数),然后给出该试探波函数形式下的能量平均值$\langle H\rangle$,并使$\langle H\rangle$取极值,从而定出在所取试探波函数形式下的最佳波函数,用以作为严格解的一种近似.

可以证明,按变分原理求出的$\langle H\rangle$,不小于体系的基态能量的严格值.设体系的包括 H 在内的一组守恒量完全集的共同本征态为 $\psi_0, \psi_1, \psi_2, \cdots$,相应的能量本征值为 $E_0, E_1, E_2, \cdots$.展开试探波函数

$$\varphi = \sum_n a_n\psi_n, \tag{7}$$

于是

$$
\begin{aligned}
\langle H\rangle &= (\varphi, H\varphi)/(\varphi,\varphi) = \sum_{nn'} a_n^* a_{n'} (\psi_n, H\psi_{n'}) \Big/ \sum_{nn'} a_n^* a_{n'} (\psi_n, \psi_{n'}) \\
&= \sum_{nn'} a_n^* a_{n'} E_{n'} \delta_{nn'} \Big/ \sum_{nn'} a_n^* a_{n'} \delta_{nn'} = \sum_n |a_n|^2 E_n \Big/ \sum_n |a_n|^2 \\
&\geqslant E_0 \sum_n |a_n|^2 \Big/ \sum_n |a_n|^2 = E_0,
\end{aligned} \tag{8}
$$

即 $\langle H\rangle \geqslant E_0$，它说明用变分法求出的能量平均值 $\langle H\rangle$ 给出了体系基态能量的一个上限.

用变分法求激发态的波函数，要麻烦一些.例如，求第一激发态的波函数，试将其取为 φ_1.首先要求它与已求出的基态波函数 φ_0 正交.若不正交，即 $(\varphi_1,\varphi_0)\neq 0$，则应改取 $\varphi_1'=\varphi_1-\varphi_0(\varphi_0,\varphi_1)$，此时，$(\varphi_1',\varphi_0)=0$.然后再按与处理基态相似的程序来处理此问题.若要求第二激发态的波函数，则要求它与已求出的基态和第一激发态的波函数正交，依此类推.可以看出，用变分法求基态波函数是比较方便的，而求激发态的波函数则比较麻烦，而且一般说来其近似性也稍差.但应注意，有时候由于体系对称性的限制，这种正交性要求是自动满足的.例如，球对称体系，由于角动量守恒，若第一激发态的角动量不同于基态，则正交性要求自动得到保证.

10.3.2 Ritz 变分法

设给出了试探波函数的具体形式，其中含有待定的变分参数.例如，体系的基态试探波函数取为

$$\varphi(c_1, c_2, \cdots), \tag{9}$$

其中，$c_1, c_2, \cdots$ 为待定参数.此时，

$$\langle H\rangle = (\varphi, H\varphi)/(\varphi,\varphi) \tag{10}$$

依赖于参数 $c_1, c_2, \cdots$.按变分原理，变化参数使 $\langle H\rangle$ 取极值，即 $\delta\langle H\rangle=0$，亦即

$$\sum_i \frac{\partial}{\partial c_i}\langle H\rangle \delta c_i = 0. \tag{11}$$

由于 δc_i 是任意的，因此要求

$$\frac{\partial}{\partial c_i}\langle H\rangle = 0, \quad i=1,2,\cdots, \tag{12}$$

此即参数 c_i 满足的方程组.解之，得 c_i，然后将之代入式(9)和式(10)，即可得出体系的基态波函数和能量.这就是波函数限制在式(9)形式下的最佳结果.

例 类氦离子的基态波函数.

在 10.1 节中曾用微扰论计算过类氦离子的基态能量.零级近似波函数的空间部分(已归一化)取为两个类氢原子波函数的乘积(取原子单位 $\hbar=m_e=e=1$)，即

$$\frac{Z^3}{\pi}e^{-Z(r_1+r_2)}.$$

考虑到两个电子都处于 1s 轨道，它们除了感受原子核的 Coulomb 引力之外，每个电子还要受到另一个电子的 Coulomb 斥力，它可以抵消原子核的 Coulomb 引力，这称为屏蔽效应(screening effect).因此，不妨把试探波函数取为

$$\varphi(r_1,r_2,\lambda)=u(r_1)u(r_2)=\frac{\lambda^2}{\pi}\mathrm{e}^{-\lambda(r_1+r_2)},\tag{13}$$

其中，$\lambda=Z-\sigma$，$\sigma=Z-\lambda$ 是刻画屏蔽大小的参数($0<\sigma<1$).若 $\sigma=0$，则表示无屏蔽.$u(r)$ 满足

$$\left(-\frac{1}{2}\nabla^2-\frac{\lambda}{r}\right)u(r)=-\frac{\lambda^2}{2}u(r),\tag{14}$$

此即一个处于 1s 轨道的电子在一个有效电荷为 λ 的原子核的 Coulomb 引力场中的 Schrödinger 方程.利用式(13) 和式(14) 可得

$$\begin{aligned}\langle H\rangle&=\iint\varphi^*\left(-\frac{1}{2}\nabla_1^2-\frac{Z}{r_1}-\frac{1}{2}\nabla_2^2-\frac{Z}{r_2}+\frac{1}{r_{12}}\right)\varphi\ \mathrm{d}\tau_1\mathrm{d}\tau_2\\&=\iint\varphi^*\left[\left(-\frac{1}{2}\nabla_1^2-\frac{\lambda}{r_1}\right)+\left(-\frac{1}{2}\nabla_2^2-\frac{\lambda}{r_2}\right)-\frac{\sigma}{r_1}-\frac{\sigma}{r_2}+\frac{1}{r_{12}}\right]\varphi\ \mathrm{d}\tau_1\mathrm{d}\tau_2\\&=-\lambda^2-2\sigma\frac{\lambda^3}{\pi}\int\frac{\mathrm{e}^{-2\lambda r_1}}{r_1}\mathrm{d}\tau_1+\frac{\lambda^6}{\pi^2}\iint\frac{\mathrm{e}^{-2\lambda(r_1+r_2)}}{r_{12}}\mathrm{d}\tau_1\mathrm{d}\tau_2.\end{aligned}\tag{15}$$

经过计算(利用积分公式，见 10.1 节中的式(33))，得

$$\langle H\rangle=-\lambda^2-2(Z-\lambda)\lambda+\frac{5}{8}\lambda,\tag{16}$$

所以

$$\frac{\partial}{\partial\lambda}\langle H\rangle=2\lambda-2Z+\frac{5}{8}=0,$$

从而得出

$$\lambda=Z-\frac{5}{16},\tag{17}$$

将之代入式(16)，所得 $\langle H\rangle$ 即基态能量：

$$E=-\lambda^2=-\left(Z-\frac{5}{16}\right)^2=-Z^2+\frac{5Z}{8}-\frac{25}{256}.\tag{18}$$

而利用微扰论的计算结果(见 10.1 节中的式(34) 为 $E=-Z^2+5Z/8$，两者相差 $25/256=0.09766$(原子单位).两种方法计算出的结果及其与实验结果的比较，列于表 10.1 中.实验上通常是测量原子的电离能 I—— 即从原子中剥掉一个电子(使原子电离)所需的能量.对于类氦离子，当剥掉一个电子后，剩下的一个电子仍处于 1s 轨道.按类氢原子的能量公式，它的能量为 $-Z^2/2$.因此，按变分法的计算结果，类氦离子的电离能为

$$I=(-Z^2/2)-\left[-\left(Z-\frac{5}{16}\right)^2\right]=\frac{Z}{2}\left(Z-\frac{5}{4}\right)+\frac{25}{256}\quad(\text{原子单位}),\tag{19}$$

而按微扰论一级近似的计算结果为

$$I=(-Z^2/2)-\left(-Z^2+\frac{5}{8}Z\right)=\frac{Z}{2}\left(Z-\frac{5}{4}\right). \tag{20}$$

从表 10.1 可以看出，变分法的计算结果优于微扰论一级近似的计算结果，其主要原因在于试探波函数(13) 已计及屏蔽效应.此外还可看出，Z 愈大的离子，计算结果与实验结果的相对偏离愈小. 这是可以理解的，因为 Z 愈大的离子中，两个电子之间的 Coulomb 斥力的重要性相对于原子核的 Coulomb 引力来说，要小一些.

表 10.1 氦原子及类氦离子的基态能量及电离能 /eV

氦原子及类氦离子	Z	$E_{实}$	$E_{计(微扰论)}$	$E_{计(变分法)}$	$I_{实}^{a)}$	$I_{计(微扰论)}$	$I_{计(变分法)}$
He	2	−79.010	−74.828	−77.485	24.590	20.408	23.065
Li^{+}	3	−198.087	−193.871	−196.528	75.642	71.426	74.083
Be^{2+}	4	−371.574	−367.335	−369.992	153.894	149.655	152.312
B^{3+}	5	−599.495	−595.219	−597.876	259.370	255.094	257.751
C^{4+}	6	−881.876	−877.523	−880.180	392.096	387.743	390.400
N^{5+}	7	−1218.709	−1214.246	−1216.903	552.064	547.601	550.258
O^{6+}	8	−1610.016	−1605.39	−1608.047	739.296	734.670	737.327

注：a) 实验数据取自 H. A. Bethe, E. E. Salpeter, *Handbuch der Physik*, Bd.35 的 240 页，以及他们撰写的 Quantum Mechanics of One and Two-Electron Atoms.

10.3.3 Hartree 自洽场方法

用变分原理来处理实际问题时，另一种常用办法是只对波函数的一般形式做某些假定，然后用变分原理求出相应的能量本征方程.这个方程比原来的 Schrödinger 方程的求解要容易一些.处理原子中的多电子问题时提出的 Hartree 自洽场方法，以及处理超导现象时提出的BCS方法，都是用这种原则来处理的.以下以 Hartree 自洽场方法为例来讲述其主要精神.

Hartree 自洽场理论的物理根据是：在原子中，电子受到原子核及其他电子的作用，可以近似用一个平均场来代替(平均场近似或独立粒子模型).在此近似下，原子的基态波函数表示为

$$\psi(\boldsymbol{r}_1,\boldsymbol{r}_2,\cdots,\boldsymbol{r}_Z)=\phi_{k_1}(\boldsymbol{r}_1)\phi_{k_2}(\boldsymbol{r}_2)\cdots\phi_{k_Z}(\boldsymbol{r}_Z), \tag{21}$$

此即各单电子波函数之积(未计及交换对称性).在此波函数形式下，Hamilton 量为

$$H=\sum_i h_i+\frac{1}{2}\sum_{i\neq j}\sum\frac{1}{r_{ij}},\quad h_i=-\frac{1}{2}\nabla_i^2-\frac{Z}{r_i},\tag{22}$$

能量平均值为

$$\langle H\rangle=\sum_i\int\phi_{k_i}^*(\boldsymbol{r}_i)h_i\phi_{k_i}(\boldsymbol{r}_i)\mathrm{d}\tau_i+\frac{1}{2}\sum_{i\neq j}\sum\iint|\phi_{k_i}(\boldsymbol{r}_i)|^2\frac{1}{r_{ij}}|\phi_{k_j}(\boldsymbol{r}_j)|^2\mathrm{d}\tau_i\mathrm{d}\tau_j.\tag{23}$$

在归一化条件

$$\int|\phi_{k_i}(\boldsymbol{r}_i)|^2\mathrm{d}\tau_i=1,\quad i=1,2,\cdots,Z\tag{24}$$

下,求$\langle H\rangle$的极值,即

$$\delta\langle H\rangle-\sum_i\varepsilon_i\delta\int|\phi_{k_i}(\boldsymbol{r}_i)|^2\mathrm{d}\tau_i=0,\tag{25}$$

其中,$\varepsilon_i(i=1,2,\cdots,Z)$是待定的 Lagrange 乘子.按式(23),有

$$\begin{aligned}\delta\langle H\rangle=&\sum_i\int(\delta\phi_{k_i}^*h_i\phi_{k_i}+\phi_{k_i}^*h_i\delta\phi_{k_i})\mathrm{d}\tau_i\\&+\frac{1}{2}\sum_{i\neq j}\sum\iint(\delta\phi_{k_i}^*\phi_{k_i}+\phi_{k_i}^*\delta\phi_{k_i})\frac{1}{r_{ij}}|\phi_{k_j}(\boldsymbol{r}_j)|^2\mathrm{d}\tau_i\mathrm{d}\tau_j\\&+\frac{1}{2}\sum_{i\neq j}\sum\iint|\phi_{k_i}(\boldsymbol{r}_i)|^2\frac{1}{r_{ij}}(\delta\phi_{k_j}^*\phi_{k_j}+\phi_{k_j}^*\delta\phi_{k_j})\mathrm{d}\tau_i\mathrm{d}\tau_j\\=&\sum_i\int(\delta\phi_{k_i}^*h_i\phi_{k_i}+\phi_{k_i}^*h_i\delta\phi_{k_i})\mathrm{d}\tau_i\\&+\sum_{i\neq j}\sum\iint(\delta\phi_{k_i}^*\phi_{k_i}+\phi_{k_i}^*\delta\phi_{k_i})\frac{1}{r_{ij}}|\phi_{k_j}(\boldsymbol{r}_j)|^2\mathrm{d}\tau_i\mathrm{d}\tau_j,\end{aligned}\tag{26}$$

将之代入式(25),并注意$\delta\phi_{k_i}^*$,$\delta\phi_{k_i}$都是任意的,由此得到

$$\left[h_i+\sum_{j\neq i}\int|\phi_{k_j}(\boldsymbol{r}_j)|^2\frac{1}{r_{ij}}\mathrm{d}\tau_j\right]\phi_{k_i}=\varepsilon_i\phi_{k_i},\quad i=1,2,\cdots,Z\tag{27}$$

及其复共轭方程.此即 Hartree 方程,它是单电子波函数满足的方程.方程左边第二项表示其余电子对第i个电子的 Coulomb 排斥作用.

单电子Hartree方程显然比原来的多电子Schrödinger方程简单一些,但它是一个非线性微分积分方程,严格求解仍相当困难.Hartree 提出采用逐步近似,最后达到自洽的方案来求解它.即先假设一个适当的中心势$V^{(0)}(r_i)$来代替方程(见方程(27)和式(22))中的

$$-\frac{Z}{r_i}+\sum_{j\neq i}\int|\phi_{k_j}(\boldsymbol{r}_j)|^2\frac{1}{r_{ij}}\mathrm{d}\tau_j,\tag{28}$$

来求解出单电子波函数$\phi_{k_i}^{(0)}(i=1,2,\cdots,Z)$,然后将所得波函数代入式(28),计算出它

的值.该值与原来假设的 $V^{(0)}(r_i)$ 比较，当然会有差别，人们可根据其差别，重新调整所假设的中心势(包括势参数)，将其取为 $V^{(1)}(r_i)$，再重复上述计算过程，直到在要求的精度范围内，假设的中心势与计算出的中心势相一致为止，即前后自洽. 此即 Hartree 自洽场方法.

注意：Hartree 波函数(21) 没有考虑电子的交换反对称性.但在 Hartree 自洽场方法中也部分考虑了交换反对称性带来的后果，这表现在写出 Hartree 波函数(21) 时，每个电子的量子态应不同(Pauli 原理).

练习　证明在 Hartree 自洽场方法中，

$$\langle H \rangle = \sum_i \varepsilon_i - \frac{1}{2}\sum_{i \neq j}\sum \iint d\tau_i d\tau_j \mid \phi_{k_i}(\boldsymbol{r}_i) \mid^2 \mid \phi_{k_j}(\boldsymbol{r}_j) \mid^2 / r_{ij} \neq \sum_i \varepsilon_i, \tag{29}$$

并说明式(29) 的物理意义.

10.4　分　　子

10.4.1　分子的不同激发形式，Born-Oppenheimer 近似

分子的运动比原子要复杂.它不仅涉及电子的运动，而且涉及原子核的运动.在质心坐标系中，分子中的各原子核在其平衡位置附近做小振动，各原子核的平衡位置在空间的构形，即分子的构形.而整个构形还可以在空间转动，即分子的转动.由于电子的质量 $m \ll$ 原子核的质量 $M(m/M \leqslant 10^{-4})$，分子中电子的运动速度远大于原子核的运动速度，因此在研究分子中电子的运动时，可忽略原子核的运动，即暂时把原子核看成不动，把原子核之间的相对间距看成参数(而不作为动力学变量)，此即 Born-Oppenheimer 近似.与此相应，当研究分子的振动和转动时，可以把电子看成一种分布("电子云")，原子核沉浸在此"电子云"之中，它的存在使原子核之间具有某种有效的相互作用，这种有效的相互作用依赖于电子的组态，表现出与分子构形有关的性质.

以下先粗略地分析一下分子中的电子激发能、振动激发能和转动激发能的相对大小.首先，假设分子的大小 $\sim a$(一般为几 Å，生物大分子则更大些).一部分电子可以在整个分子中运动，即 $\Delta x \sim a$(即电子运动的特征长度)，所以电子的特征动量 $p_e \sim \hbar/a$，特征能量 $E_e \sim \hbar^2/2ma^2$.其次，假设分子的振动圆频率为 ω，分子的振动激发能 $\sim \frac{1}{2}M\omega^2\delta^2$，其中，$\delta$ 为原子核偏离平衡位置的距离.显然，当 $\delta \sim a$ 时，大幅度的振荡已足以使电子激发，即

$$\frac{1}{2}M\omega^2 a^2 \sim \frac{\hbar^2}{2ma^2}, \tag{1}$$

也即 $\omega \sim \sqrt{\dfrac{m}{M}} \cdot \dfrac{\hbar}{ma^2}$,因而振动激发能与电子激发能之比为

$$\frac{E_{\text{vib}}}{E_{\text{e}}} \sim \frac{\hbar\omega}{E_{\text{e}}} \sim \sqrt{\frac{m}{M}}. \tag{2}$$

最后,假设分子的转动激发能为

$$\begin{aligned} E_{\text{rot}} &\sim \frac{\hbar^2}{2J}L(L+1) \quad (J \sim Ma^2,\text{为转动惯量}) \\ &\geqslant \frac{\hbar^2}{2Ma^2}, \end{aligned} \tag{3}$$

因此

$$\begin{aligned} E_{\text{e}} : E_{\text{vib}} : E_{\text{rot}} &\approx \frac{\hbar^2}{ma^2} : \sqrt{\frac{m}{M}}\frac{\hbar^2}{ma^2} : \frac{\hbar^2}{Ma^2} \\ &= 1 : \sqrt{\frac{m}{M}} : \frac{m}{M} \approx 1 : 10^{-2} : 10^{-4}, \end{aligned} \tag{4}$$

即

转动激发能 ≪ 振动激发能 ≪ 电子激发能.

由于三种激发形式相应的特征频率(能量)相差很悬殊,因此常常可以把三种运动(自由度)近似分开来处理.

* 分子的 Hamilton 量

$$H = T_{\text{e}} + T_{\text{N}} + V_{\text{ee}} + V_{\text{eN}} + V_{\text{NN}}, \tag{5}$$

其中,V_{ee} 是电子之间的 Coulomb 排斥能,V_{NN} 是原子核之间的 Coulomb 排斥能,V_{eN} 是电子与原子核之间的 Coulomb 吸引能,

$$T_{\text{e}} = \sum_i \frac{p_i^2}{2m} \quad (\text{对所有电子求和}) \tag{6}$$

是电子的动能,原子核的动能为

$$T_{\text{N}} = \sum_\alpha \frac{p_\alpha^2}{2M_\alpha} \quad (\text{对所有原子核求和}). \tag{7}$$

由于 $m \ll M_\alpha$,$T_{\text{N}} \ll T_{\text{e}}$,$T_{\text{N}}$ 项可以忽略,即讨论电子的运动时,可以忽略 T_{N},即把原子核看成不动,此即 Born-Oppenheimer 近似.而在研究分子的振动和转动时,电子的组态近似视为不变,并相应地提供原子核之间的一种有效势(依赖于原子核之间的距离,即分子的空间构形).把电子运动与原子核振动分开处理的近似性可用参数 $\sqrt{m/M}$ 来表征.因为

$$\frac{1}{2}M\omega^2\delta^2 \sim \frac{1}{2}\hbar\omega, \tag{8}$$

所以

$$\delta^2 \sim \frac{\hbar}{M\omega} \sim \frac{\hbar}{M}\left(\frac{M}{m}\right)^{1/2} \cdot \frac{ma^2}{\hbar} = \left(\frac{m}{M}\right)^{1/2} a^2, \tag{9}$$

即

$$(\delta/a)^2 \sim \sqrt{m/M}. \tag{10}$$

10.4.2 氢分子离子 H_2^+

氢分子是最简单的中性分子，氢分子离子 H_2^+ 则更简单，它只有一个电子在两个原子核（质子）的 Coulomb 场中运动. H_2^+ 很活泼，很容易与一个电子结合而形成 H_2，并释放能量，即

$$H_2^+ + e^- \rightarrow H_2 + 354\ \text{kcal}^{①}/\text{mol},$$

H_2^+ 的存在是从它的光谱得以证实的. H_2^+ 也可以吸收能量而电离，即

$$H_2^+ + 61\ \text{kcal/mol} \rightarrow H + H^+,$$

即电离能为 61 kcal/mol，或每一个 H_2^+ 的电离能为 $D = 2.65$ eV. H_2^+ 的键长为 $R_0 = 1.06$ Å.

按 Born-Oppenheimer 近似，在讨论电子的运动时，原子核的相对距离 R 视为参量（而不是动力学变量），H_2^+ 的 Hamilton 量（未计及电子自旋）表示为（原子单位）

$$H = H_e + \frac{1}{R}, \tag{11}$$

其中，

$$H_e = -\frac{1}{2}\nabla^2 - \frac{1}{r_a} - \frac{1}{r_b},$$

$1/R$ 为两个原子核之间的 Coulomb 排斥能，H_e 为电子的 Hamilton 量，其本征方程表示为

$$H_e\psi = \left(-\frac{1}{2}\nabla^2 - \frac{1}{r_a} - \frac{1}{r_b}\right)\psi = \left(E - \frac{1}{R}\right)\psi, \tag{12}$$

这里，E 为 H_2^+ 的能量，$E - 1/R$ 为电子的能量. H_e 所描述的是单电子在双中心势中的运动（见图 10.3）.

下面用变分法来求 H_2^+ 的基态波函数. 由于 H 与自旋无关，因此以下只考虑波函数的空间部分. 从物理上考虑，H_2^+ 中的电子分别受到两个全同的原子核的 Coulomb 引力场的影响，因此容易想到，电子的波函数可以表示为

$$\psi = c_a\psi_a + c_b\psi_b, \tag{13}$$

其中，

$$\psi_a = \frac{\lambda^{3/2}}{\sqrt{\pi}}e^{-\lambda r_a}, \quad \psi_b = \frac{\lambda^{3/2}}{\sqrt{\pi}}e^{-\lambda r_b},$$

ψ_a, ψ_b 为归一化的类氢原子的波函数，λ 作为变分参数（$\lambda = 1$，即氢原子的基态波函数.

---

① 1 kcal = 4186.8 J.

可以想到，由于另一个原子核的存在，因此 λ 应略大于 1). 由于电子感受到的势场对于两个全同原子核的连线的中点 M 具有反射不变性（或者说，对于 $a \longleftrightarrow b$ 交换是对称的），因此电子状态可以按反射对称性来分类. 对于偶宇称，$c_a = c_b$，对于奇宇称，$c_a = -c_b$. 因此单电子的试探波函数可表示为

$$\psi_{\pm} = c_{\pm} (\psi_a \pm \psi_b). \tag{14}$$

由归一化条件可得

$$|c_{\pm}|^2 (2 \pm 2\mathscr{S}) = 1,$$

不妨取 $c_{\pm}$ 为实数，即

$$c_{\pm} = (2 \pm 2\mathscr{S})^{-1/2}, \tag{15}$$

其中，

$$\mathscr{S} = (\psi_a, \psi_b) \tag{16}$$

为 ψ_a 与 ψ_b 的重叠积分. 不必计算就可以看出，当 $R \to 0$ 时，$\mathscr{S} = 1$，而当 $R \to \infty$ 时，$\mathscr{S} = 0$（参见式(19)）.

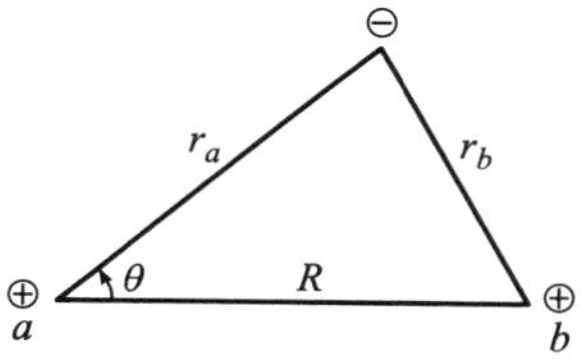

图 10.3

按试探波函数(14)，可求出电子的能量平均值分别为

$$E_{\pm} - \frac{1}{R} = (\psi_{\pm}, H_e \psi_{\pm}) = \frac{\langle a | H_e | a \rangle \pm \langle b | H_e | a \rangle}{1 \pm \mathscr{S}}, \tag{17}$$

这里利用了 $\langle a | H_e | a \rangle = \langle b | H_e | b \rangle$，$\langle a | H_e | b \rangle = \langle b | H_e | a \rangle$. 经过计算（见本小节末的注*）可得

$$E_{\pm} = \frac{1}{R} - \frac{1}{2}\lambda^2 + \frac{\lambda(\lambda - 1) - \mathscr{K} \pm (\lambda - 2)\mathscr{E}}{1 \pm \mathscr{S}}, \tag{18}$$

其中，

$$\mathscr{S} = \frac{\lambda^3}{\pi} \int \mathrm{d}\tau \, \mathrm{e}^{-\lambda(r_a + r_b)} = \left(1 + \lambda R + \frac{1}{3}\lambda^2 R^2\right) \mathrm{e}^{-\lambda R}, \tag{19}$$

$$\mathscr{K} = \int \mathrm{d}\tau \psi_a^2 / r_b = \int \mathrm{d}\tau \psi_b^2 / r_a = \frac{\lambda^3}{\pi} \int \mathrm{d}\tau \, \frac{\mathrm{e}^{-2\lambda r_a}}{r_b} = \frac{1}{R}[1 - (1 + \lambda R)\mathrm{e}^{-2\lambda R}], \tag{20}$$

$$\mathscr{E} = \int \frac{\psi_a \psi_b}{r_a} \mathrm{d}\tau = \int \frac{\psi_a \psi_b}{r_b} \mathrm{d}\tau = \frac{\lambda^3}{\pi} \int \mathrm{d}\tau \, \frac{\mathrm{e}^{-\lambda(r_a + r_b)}}{r_b} = \lambda(1 + \lambda R)\mathrm{e}^{-\lambda R}, \tag{21}$$

变分参数 λ 由

$$\frac{\partial E_{\pm}}{\partial \lambda}=0 \tag{22}$$

定出(λ 依赖于参数 R).所得结果 $E_{\pm}(R)$ 作为参数 R 的函数,画于图 10.4 中①.

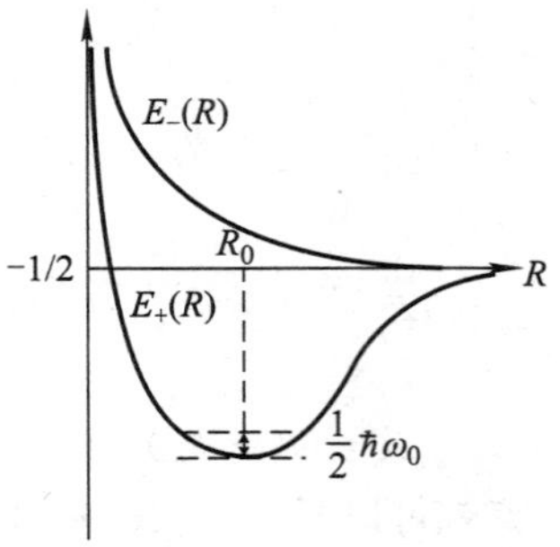

图 10.4

当 $R \gg 1$ 时(两个原子核离得很远),$\lambda \to 1$,重叠积分 $\mathscr{S} \to 0$,交换积分 $\mathscr{E} \to 0$,而 $-\mathscr{K} \sim -1/R$,表示一个原子核对电子的 Coulomb 吸引能.当 $R \to \infty$ 时(见图 10.4),

$$E_{\pm} \to -\frac{1}{2}, \tag{23}$$

此即氢原子的基态能量(自然单位).这是可以理解的,由于此时另一个原子核对电子的影响已经消失了.

可以看出,$E_-(R)$ 随 R 单调下降,无极小点,所以不能形成束缚态.从波函数 ψ_- 对 $a \longleftrightarrow b$ 交换的反对称性(或对 M 点反射是奇宇称态)可以理解,这表现为两个原子核之间具有排斥力.

与此相反,$E_+(R)$-R 曲线呈现一个极小点,即可以形成束缚态,数值计算给出,极小点出现在 $R=R_0=2.08=1.10$ Å 处,此即 H_2^+ 的键长.其实验值为 1.06 Å.按数值计算结果,在 $R \sim R_0$ 邻域,$E_+(R)$ 可表示为

$$E_+=-0.5866+0.0380(R-2.08)^2, \tag{24}$$

利用它可以计算 H_2^+ 的电离能(如图 10.4 所示).这里需要扣除 H_2^+ 振动的零点能 $\frac{1}{2}\hbar\omega_0$,其中,ω_0 由下式定出:

$$\frac{1}{2}\mu\omega_0^2=0.0380, \quad \mu=\frac{1}{2}m_p(m_p \text{ 是质子质量}). \tag{25}$$

由此可得,$\hbar\omega_0=0.00913=0.248$ eV.最后计算出 H_2^+ 的电离能为

① 详细的数字计算可参阅 Flügge 撰写的 Practical Quantum Mechanics, Vol.1 的 117 页.

$$D=\left(0.5866-\frac{1}{2}\hbar\omega_0\right)-\frac{1}{2}=0.082=2.24\ \mathrm{eV}, \tag{26}$$

与观测值 2.65 eV 接近.

注* 积分$\mathscr{K}$,$\mathscr{S}$和 $\mathscr{E}$ 的计算

利用公式$\nabla^2 f(r)=\dfrac{1}{r}\dfrac{\mathrm{d}^2}{\mathrm{d}r^2}(rf)$,由式(11) 与式(13) 可得

$$H_\mathrm{e}\psi_a=\left(-\frac{\lambda^2}{2}+\frac{\lambda-1}{r_a}-\frac{1}{r_b}\right)\psi_a, \tag{27}$$

由此可得

$$\begin{aligned}\langle a\mid H_\mathrm{e}\mid a\rangle&=\frac{\lambda^3}{\pi}\int\mathrm{d}\tau\,\mathrm{e}^{-2\lambda r_a}\left(-\frac{\lambda^2}{2}+\frac{\lambda-1}{r_a}-\frac{1}{r_b}\right)\\&=-\frac{\lambda^2}{2}+\lambda(\lambda-1)-\mathscr{K},\end{aligned} \tag{28}$$

$$\begin{aligned}\langle b\mid H_\mathrm{e}\mid a\rangle&=\frac{\lambda^3}{\pi}\int\mathrm{d}\tau\,\mathrm{e}^{-\lambda(r_a+r_b)}\left(-\frac{\lambda^2}{2}+\frac{\lambda-1}{r_a}-\frac{1}{r_b}\right)\\&=-\frac{\lambda^3}{2}\mathscr{S}+(\lambda-2)\mathscr{E},\end{aligned} \tag{29}$$

其中,$\mathscr{S}$,$\mathscr{K}$,$\mathscr{E}$ 分别如式(19)、式(20) 和式(21) 所示.积分 $\mathscr{K}$ 较易计算.利用

$$\frac{1}{r_b}=\frac{1}{|\,r_a-R\,|}=\begin{cases}\dfrac{1}{R}\displaystyle\sum_{l=0}^{\infty}\left(\frac{r_a}{R}\right)^l\mathrm{P}_l(\cos\theta), & r_a<R,\\[2ex] \dfrac{1}{r_a}\displaystyle\sum_{l=0}^{\infty}\left(\frac{R}{r_a}\right)^l\mathrm{P}_l(\cos\theta), & r_a>R,\end{cases} \tag{30}$$

将之代入式(20) 的积分,只有 $l=0$ 项对积分有贡献,积分后即得式(20) 右边的结果.

积分 $\mathscr{S}$与 $\mathscr{E}$的计算,要利用旋转椭球坐标系 ξ,η,φ,它的焦点在两个原子核 a 和b 上,φ 角是绕分子对称轴(ab 连线) 的转角,

$$\begin{gathered}\xi=\frac{1}{R}(r_a+r_b),\quad \eta=\frac{1}{R}(r_a-r_b),\\ 1\leqslant\xi\leqslant\infty,\quad -1\leqslant\eta\leqslant1,\quad 0\leqslant\varphi<2\pi,\end{gathered} \tag{31}$$

其逆表示式为

$$r_a=\frac{R}{2}(\xi+\eta),\quad r_b=\frac{R}{2}(\xi-\eta), \tag{32}$$

体积元为

$$\mathrm{d}\tau=\left(\frac{R}{2}\right)^3(\xi^2-\eta^2)\,\mathrm{d}\xi\,\mathrm{d}\eta\,\mathrm{d}\varphi,$$

经坐标变换后,可以计算出 $\mathscr{S}$和 $\mathscr{E}$,如式(19) 和式(21) 右边的结果.

10.4.3 双原子分子的转动与振动

双原子分子包含两个原子核和若干电子.按 Born-Oppenheimer 近似,可以把原子核的运动与电子的运动近似分离.这样,一个自由度较大的体系将简化为两个自由度

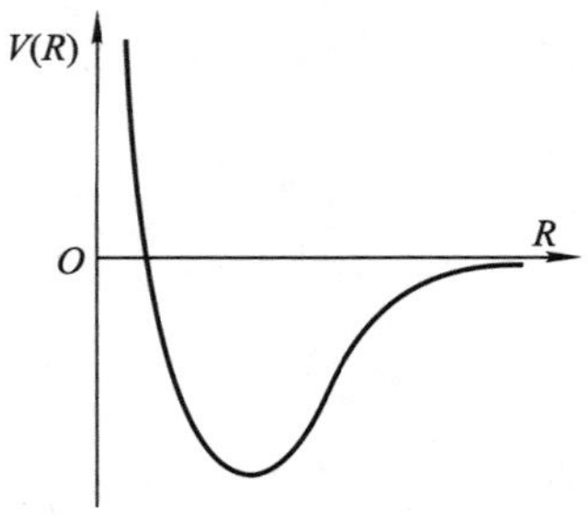

图 10.5

较小的彼此独立的体系.此时,分子的波函数可表示为这些原子核组成的体系的波函数和诸电子的波函数之积,而能量则是两部分之和.对于双原子分子,两个原子核组成的体系的能量本征方程为

$$\left[-\frac{\hbar^2}{2M_a}\nabla_1^2-\frac{\hbar^2}{2M_b}\nabla_2^2+V(R)\right]\psi=E_t\psi, \tag{33}$$

其中,$V(R)$ 是两个原子核之间的有效势,$R=|\boldsymbol{R}_a-\boldsymbol{R}_b|$ 是两个原子核之间的相对距离(即图 10.4 中的 R).$V(R)$ 的形状大致如图 10.5 所示,其细节依赖于两个原子中的电子组态及激发状态.E_t 为总能量.

与所有两体问题相似,可引进相对坐标和质心坐标:

$$\boldsymbol{R}=\boldsymbol{R}_a-\boldsymbol{R}_b,\quad \boldsymbol{R}_c=\frac{M_a\boldsymbol{R}_a+M_b\boldsymbol{R}_b}{M_a+M_b}, \tag{34}$$

令

$$\psi=f(\boldsymbol{R}_c)\Phi(\boldsymbol{R}), \tag{35}$$

方程(33)可以分离:

$$-\frac{\hbar^2}{2M}\nabla_R^2 f(\boldsymbol{R}_c)=E_c f(\boldsymbol{R}_c), \tag{36}$$

$$\left[-\frac{\hbar^2}{2\mu}\nabla_R^2+V(R)\right]\Phi(\boldsymbol{R})=E\Phi(\boldsymbol{R}), \tag{37}$$

其中,

$$M=M_a+M_b,\quad \mu=\frac{M_aM_b}{M_a+M_b}, \tag{38}$$

E_c 为质心的运动能量,$E=E_t-E_c$ 为两个原子核的相对运动能量.在研究分子内部结构时,不必考虑质心运动.

对于两个原子核的相对运动,考虑到相对运动角动量 $\boldsymbol{L}$ 为守恒量,波函数 Φ 可以选为$(\boldsymbol{L}^2,L_z)$ 的共同本征态.此时,如采用球坐标,则 $\Phi(\boldsymbol{R})$ 可表示为

$$\Phi(\boldsymbol{R})=\frac{\chi(R)}{R}\mathrm{Y}_{LM}(\theta,\varphi),$$

$$L=0,1,2,\cdots,\quad M=L,L-1,\cdots,-L. \tag{39}$$

将之代入式(37),可求得径向方程:

$$\left[-\frac{\hbar^2}{2\mu}\frac{\mathrm{d}^2}{\mathrm{d}R^2}+\frac{L(L+1)\hbar^2}{2\mu R^2}+V(R)\right]\chi(R)=E\chi(R), \tag{40}$$

$\chi(R)$ 满足边条件:

$$\chi(0)=0,\quad \chi(\infty)=0\quad(束缚态), \tag{41}$$

方程(40)左边第二项是分子转动带来的离心势能.令

$$W(R)=V(R)+\frac{L(L+1)\hbar^2}{2\mu R^2}, \tag{42}$$

当 L 不太大时，$W(R)$ 仍有极小点（平衡点）R_0，R_0 可由下式确定：

$$\left.\frac{\mathrm{d}W}{\mathrm{d}R}\right|_{R_0}=0, \tag{43}$$

即

$$\left.\frac{\mathrm{d}V}{\mathrm{d}R}\right|_{R_0}-\frac{L(L+1)\hbar^2}{\mu R_0^3}=0.$$

在 $R\sim R_0$ 邻域展开 $W(R)$：

$$\begin{aligned}W(R)&=W(R_0)+\frac{1}{2}W''(R_0)(R-R_0)^2\\&=V(R_0)+\frac{L(L+1)\hbar^2}{2\mu R_0^2}+\frac{1}{2}W''(R_0)(R-R_0)^2,\end{aligned} \tag{44}$$

令

$$\frac{1}{2}W''(R_0)=\frac{1}{2}\mu\omega_0^2, \tag{45}$$

$$R-R_0=\xi, \tag{46}$$

则方程(40)与式(41)化为

$$-\frac{\hbar^2}{2\mu}\frac{\mathrm{d}^2}{\mathrm{d}\xi^2}\chi+\frac{1}{2}\mu\omega_0^2\xi^2\chi=E'\chi, \tag{47}$$

$$\chi(\xi=-R_0)=0,\quad \chi(\infty)=0, \tag{48}$$

方程(47)中，

$$E'=E-V(R_0)-\frac{L(L+1)\hbar^2}{2\mu R_0^2}. \tag{49}$$

方程(47)的（满足边条件(48)，在 $-R_0\leqslant\xi<\infty$ 中有界）解为

$$\chi(\xi)\sim \mathrm{e}^{-\alpha^2\xi^2/2}H_\nu(\alpha\xi),\quad \alpha=\sqrt{\mu\omega_0/\hbar}, \tag{50}$$

其中，H_ν 为 Hermite 函数：

$$H_\nu(\xi)=\frac{1}{2\Gamma(-\nu)}\sum_{l=0}^{\infty}\frac{(-1)^l}{l!}\Gamma\left(\frac{l-\nu}{2}\right)(2\xi)^l, \tag{51}$$

这里，ν 由如下边条件确定：

$$H_\nu(-\alpha R_0)=0. \tag{52}$$

一般说来，ν 不为正整数.但若 L 不太大，αR_0 很小，则 ν 仍然接近于正整数.方程(47)的本征值为

$$E'=\left(\nu+\frac{1}{2}\right)\hbar\omega_0, \tag{53}$$

将之代入式(49)，可求出双原子分子的相对运动能量为

$$E = E_{\nu L} = V(R_0) + \left(\nu + \frac{1}{2}\right)\hbar\omega_0 + \frac{L(L+1)\hbar^2}{2J}, \tag{54}$$

其中，

$$J = \mu R_0^2 \tag{55}$$

表示双原子分子的转动惯量.式(54)右边第一项为常数项，与能谱无关，第二项为振动激发能，第三项为转动激发能.通常 $\hbar^2/2J \ll \hbar\omega_0$，能谱将出现转动带结构.即对于给定的振动态(由 ν 刻画)，不同的 L 的诸能级构成一个转动带，能量遵守 $L(L+1)$ 的规律，因而相邻能级的间距随 L 增大而线性增大(见式(59)).

若双原子分子是由相同的原子构成的，例如，H_2，N_2，O_2 等，则要求其波函数具有一定的交换对称性.这类分子的转动谱线的强度将呈现强弱交替的现象.

例　H_2 分子转动谱线强度的交替变化.

H_2 分子的两个原子核是质子，自旋为 1/2.当两个质子的空间坐标交换时，即 $\boldsymbol{R}_1 \longleftrightarrow \boldsymbol{R}_2$，它们的质心坐标 $\boldsymbol{R}_c$ 不变，而相对坐标 $\boldsymbol{R} \to -\boldsymbol{R}$，即

$$R \to R, \quad \theta \to \pi - \theta, \quad \varphi \to \pi + \varphi, \tag{56}$$

所以当两个质子的空间坐标交换时，质心运动与振动部分的波函数不变，但转动部分的波函数改变如下：

$$Y_{LM}(\theta,\varphi) \to Y_{LM}(\pi-\theta,\pi+\varphi) = (-1)^L Y_{LM}(\theta,\varphi). \tag{57}$$

考虑到费米子体系波函数的交换反对称性，H_2 分子的原子核部分的波函数有下列两种形式：

$$\begin{aligned} L &= \text{偶数}, \quad R_\nu(R) Y_{LM}(\theta,\varphi)\chi_0(s_{1z},s_{2z}), \\ L &= \text{奇数}, \quad R_\nu(R) Y_{LM}(\theta,\varphi)\chi_1(s_{1z},s_{2z}), \end{aligned} \tag{58}$$

其中，$R_\nu(R)$ 是振动部分的波函数，χ_0 和 χ_1 分别是两个质子的自旋单态($S=0$)和三重态($S=1$)的波函数.H_2 分子中两个原子核之间的作用力通常认为与原子核的自旋无关，所以两个原子核的自旋之和 $\boldsymbol{S}=\boldsymbol{s}_1+\boldsymbol{s}_2$ 是守恒量，即 S 为好量子数.处于 $S=0$ 态的称为仲氢(parahydrogen)，处于 $S=1$ 态的称为正氢(orthohydrogen).在光跃迁的短暂过程中，两者不会转化.在自然界中，正氢与仲氢的分子数之比为 3∶1，因此正氢发出的光谱线强度较强.图 10.6 给出正氢和仲氢在一个转动带(具有相同的振动量子数 ν)的相邻能级之间的电四极跃迁.例如，从能级 $L \to L-2$ 跃迁发出的转动谱线的频率为

$$\frac{1}{h}\frac{\hbar^2}{2J}[L(L+1)-(L-2)(L-1)] = \frac{\hbar}{\pi J}L - \text{常数}, \tag{59}$$

因此转动谱线随频率(或 L)做均匀分布.相邻两条亮线(或暗线)之间的频率相差 $\Delta\nu = \hbar\Delta L/\pi J = 2\hbar/\pi J$.

练习 1　设两个全同原子核的自旋为 S，则转动谱的亮线与暗线的强度之比为 $(S+1)/S$.

练习 2　比较 H_2，D_2(氘分子)，O_2 及 HD 分子的转动谱线强度的变化规律(D 原子核的自旋为

1,O 原子核的自旋为 0).

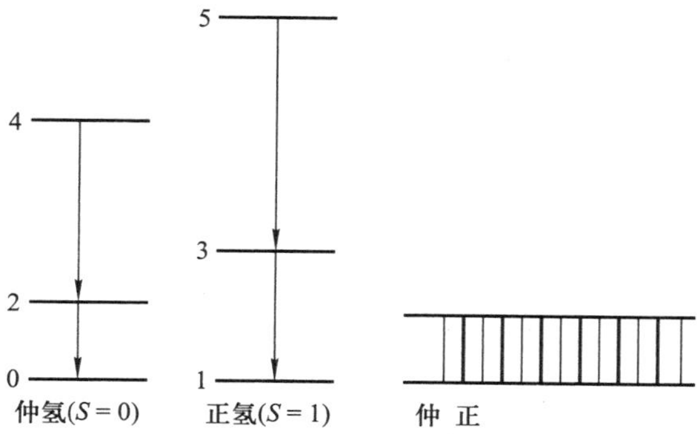

图 10.6

10.5 氢分子与共价键概念

以下讨论最简单的中性分子 ——H_2 中的电子的运动,并通过它来定性介绍分子共价键的概念.H_2 与 H_2^+ 的原子核部分相同,但 H_2 中有两个电子,比 H_2^+ 复杂一些.从 Heitler-London 的氢分子的量子理论开始而发展起来的化学键的量子理论,是应用量子力学取得的一项很重要的成果. 在量子力学出现之前, 化学与物理学被认为是不相关的两个学科. 从原子的电子壳结构对化学元素周期律的解释,以及化学键的量子理论的建立,人们逐步认识到化学与物理学之间的密切联系. 这种联系目前已进一步推广到生物大分子的研究.

按 Born-Oppenheimer 近似,在讨论 H_2 中电子的运动时,可忽略原子核的动能,并把两个原子核之间的距离 R 视为参量.此时,H_2 的 Hamilton 量表示为(原子单位)

$$H = H_e + \frac{1}{R},$$

$$H_e = \left(-\frac{1}{2}\nabla_1^2 - \frac{1}{r_{a1}} - \frac{1}{r_{b1}}\right) + \left(-\frac{1}{2}\nabla_2^2 - \frac{1}{r_{a2}} - \frac{1}{r_{b2}}\right) + \frac{1}{r_{12}}, \tag{1}$$

其中,各符号的意义见图 10.7.H_e 描述的是两个电子在双中心势中的运动.

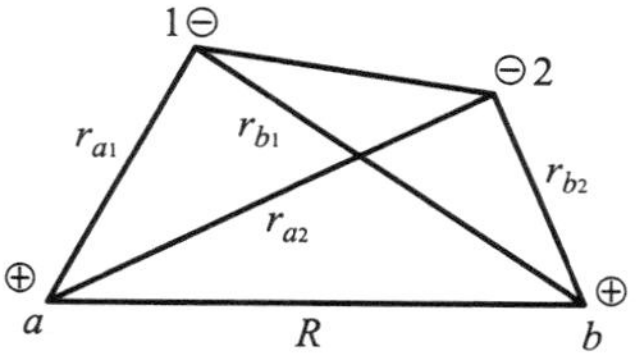

图 10.7

以下采用变分法来求 H_2 的基态波函数.考虑到 R 很大时,H_2 的基态波函数可近似表示为两个氢原子的波函数之积,两个电子都处于1s 态.为计及另一个原子核和另一个电子的影响,与 H_2^+ 的处理类似,不妨将单电子波函数取为

$$\psi(r)=\frac{\lambda^{3/2}}{\sqrt{\pi}}\mathrm{e}^{-\lambda r}, \tag{2}$$

其中,λ 作为变分参数,相当于有效电荷(λ 应略大于 1,当 $R\to\infty$ 时,$\lambda=1$).计及 H_2 的两个电子波函数的交换反对称性,基态的试探波函数可取为(未计及归一化)

$$\begin{aligned}\psi_+(1,2)&=[\psi(r_{a1})\psi(r_{b2})+\psi(r_{a2})\psi(r_{b1})]\chi_0(s_{1z},s_{2z}),\\ \psi_-(1,2)&=[\psi(r_{a1})\psi(r_{b2})-\psi(r_{a2})\psi(r_{b1})]\chi_1(s_{1z},s_{2z}),\end{aligned} \tag{3}$$

其中,χ_0 和 χ_1 分别是两个电子的自旋单态($S=0$,两个电子的自旋反平行)和三重态($S=1$,两个电子的自旋平行)的波函数.ψ_+ 的空间部分波函数是交换对称的,两个电子在空间靠近的概率较大(即处于两个原子核之间区域的概率较大),借助它们对两个原子核的 Coulomb 引力,可以形成束缚态.

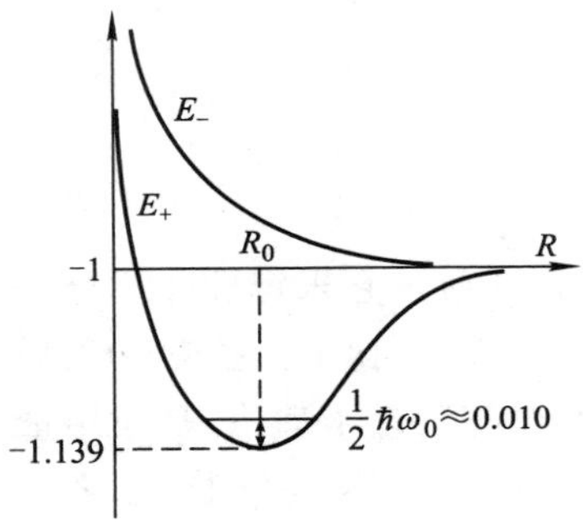

图 10.8

利用式(1)、式(2) 和式(3),可以得出 H_2 中电子的能量为

$$E_\pm=\frac{1}{R}+(\psi_\pm,H_e\psi_\pm), \tag{4}$$

参数 λ 由

$$\frac{\partial}{\partial\lambda}E_\pm=0 \tag{5}$$

确定.经过较复杂的计算[①]可求出 $E_\pm$,并将其作为参数 R 的函数画于图 10.8 中.

与 H_2^+ 相似,对于 $E_+(R)$,有极小点,$E_+(R)$ 在 $R=R_0=1.458=0.77\times10^{-10}$ m 处出现极小点.此处 E_+ 的值为-1.139.实验测得的 H_2 键长为0.742×10^{-10} m.当 $R\to\infty$(H_2 电离)后,变成两个中性氢原子,它们均处于基态,所以能量之和为 $2\times\left(-\frac{1}{2}\right)=-1$.因此 H_2 的电离能 D 的计算值为

$$D=-1-\left(-1.139+\frac{1}{2}\hbar\omega_0\right)=0.139-\frac{1}{2}\hbar\omega_0,$$

其中,$\hbar\omega_0/2$ 为零点振动激发能,可根据 $E_+(R)$ 在 $R\sim R_0$ 邻域的曲线(抛物线近似)来估算.结果为$\frac{1}{2}\hbar\omega_0\approx0.010=0.27$ eV,与从观测到的振动谱定出的值 $\hbar\omega_0=0.54$ eV 相符.这样,可计算出 $D=0.139-0.010=0.129=3.54$ eV,比实验观测值 $D_{exp}=4.45$ eV 略小一些.若改进试探波函数(当然变分参数也多一些),则计算值会更接近观测值.

---

① 参阅 Flügge 撰写的 Practical Quantum Mechanics, Vol. 2 的 87 页.

下面简单介绍共价键的量子理论.在量子力学出现之前,人们已经在实验上发现了分子结构的许多规律.但在经典力学的框架内,不仅不能对分子结构做出令人满意的定量计算,甚至不能给出令人信服的定性说明.例如,为什么仅仅是两个氢原子,而不是三个或更多氢原子结合成一个稳定的氢分子?为什么氦气和其他惰性气体以单原子分子的形式存在于自然界中?…… 量子力学的重要成就之一是对分子结构提供了一个正确的定性解释,并原则上能对其进行定量计算.近年来,由于计算机技术的巨大进步,甚至对一些高分子的结构也能进行一些近似计算.现今,对于分子结构的定性描述和理解来说,量子力学的概念和语言已是必不可少的了.

为了描述分子的结构,化学家曾经唯象地引进了化学键的概念.化学键可粗略分为两类,即离子键(ionic bond)和共价键(covalent bond).例如,Na^+ —Cl^-(氯化钠蒸气分子)就是靠离子键结合起来的.Na 原子的金属性强,易于失去一个外层价电子而形成 Na^+ 离子,而 Cl 原子的非金属性强,易于获取一个电子而形成 Cl^- 离子.Na^+ 与 Cl^- 的电子组态均为满壳,很稳定.它们靠 Coulomb 引力而靠拢,但当 Na^+ 与 Cl^- 很靠近时,它们的电子云将显著重叠,会互相排斥(按 Fermi 气体模型,Fermi 气体的平均能量 $\propto$(电子云密度)$^{3/2}$(见 10.6 节中的式(8)和式(10),当电子云密度增大时,能量将增高,这相当于有排斥作用,其根本原因在于 Pauli 原理).当两个离子之间的 Coulomb 引力与这种量子排斥力达到平衡时,两个离子的间距就是离子键的键长.

与离子键不同,氢分子是靠共价键结合起来的.在共价键结合中,原子之间没有价电子转移,两个原子各自贡献一个电子以形成共价键,两个电子是两个原子公有的.共价键理论是在 Heitler-London 的氢分子理论的基础上逐步建立起来的.按上面的计算(见图 10.8),尽管氢分子是由两个中性原子组成的,但它的确存在一个稳定的束缚态.在此态下,两个电子处于自旋单态($S=0$,自旋反平行),而空间部分的波函数 ψ_+ 对于两个电子交换是对称的.因此两个电子在空间互相靠拢,在两个原子核之间的空间区域中的电子云密度较大,因而对两个原子核都有较强的吸引力,从而把两个中性氢原子结合在一起.这种为两个原子公有、自旋反平行的配对电子结构,就形成共价键.与此不同,若两个电子处于自旋三重态($S=1$,自旋平行),则两个电子的空间部分波函数 ψ_- 对于两个电子交换是反对称的.此时两个电子处于两个原子核之间的空间区域的概率很小,因而对两个原子核的吸引力很小,不能抵消两个原子核之间的 Coulomb 斥力,所以不能形成束缚态.这在图 10.8 中表现为 $E_-(R)$ 随 R 增大而单调下降,不存在稳定谷.

共价键的特征在于它的饱和性和方向性.

饱和性是指一个原子只能提供一定数目的共价键.这取决于该原子中不配对的电子数.例如 H 原子只有一个 $1s$ 电子,H_2 分子中的两个 H 原子各提供一个未配对的电子,形成一条共价(单)键,记为 H — H 或 H : H.又如 Li_2(锂蒸气分子)中的 Li 原子,虽有三个电子,但两个内层电子已配对为$(1s)^2$,形成满壳,未配对的只有一个外层电子$(2s)^1$，因此也只能提供一条共价键.

在分子中，两个电子配对之后，由于 Pauli 原理，就不可能再与另外的电子配对.例如 H_2 分子中的两个电子已经配对（自旋反平行），若有另一个 H 原子接近它，则不能形成 H_3 分子.因为此时另一个 H 原子中的电子必定会与 H_2 分子中已配对的两个电子之一的自旋平行，所以会被排斥开去.这就是共价键饱和性的根源.又如 He 原子，其电子组态$(1s)^2$ 是满壳，两个电子已配对，就不能再与其他原子中的未配对电子去配对，即不能提供共价键.所以在自然界中，He 以单原子（而不以化合物）形式存在.

方向性是指共价键有一定的指向.对于多键分子，各共价键的指向和长度决定了分子的构形.一个原子提供的共价键的方向总是沿价电子的波函数强度（$|\psi|^2$）最大的方向.例如，p 轨道上的价电子的电子云呈哑铃状，共价键的方向是沿着 p 轨道对称轴的方向.

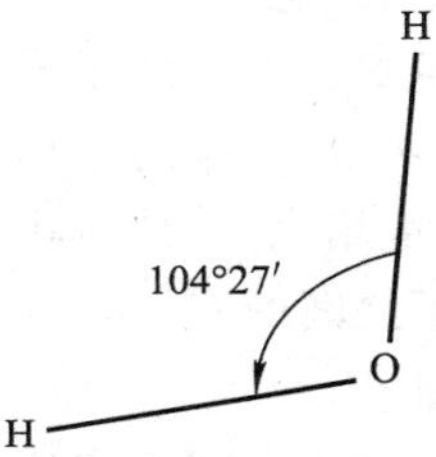

图　10.9

例如 H_2O 分子，O 原子有两个未配对的 p 电子，可以认为一个处于 p_x 轨道，另一个处于 p_y 轨道，而两个 H 原子的电子（处于 $1s$ 轨道，球对称）将沿 x 和 y 方向接近 O 原子，形成两条共价键.按此简单图像，两条共价键之间的夹角应为 90°，但实验测得键角为 104°27′（见图 10.9）.即使考虑到两个 H 原子的电子云的排斥，计算出的键角可以增大约 5°，但仍不足以说明实验结果.类似的情况还出现在 NH_3 气体分子中，它的三条共价键中任意两条之间的夹角为 106°46′，而不是 90°.通常用所谓轨道杂化（hybridization）理论来解释这种矛盾.

下面以 CH_4 分子为例来介绍轨道杂化的概念，并用以说明其分子构形.C 原子的电子组态为$(1s)^2(2s)^2(2p)^2$（在屏蔽 Coulomb 势中，$2p$ 能级略高于 $2s$ 能级），似乎只有两个 $2p$ 电子未配对，只能提供两条共价键.但由于 $2s$ 能级与 $2p$ 能级仍然比较靠近，因此处于 $2s$ 轨道的电子容易激发到 $2p$ 轨道，形成如下四个杂化轨道，这样反而更稳定：

$$\begin{cases}\psi_a=\dfrac{1}{2}(\psi_{2s}+\psi_{2p_x}+\psi_{2p_y}+\psi_{2p_z}),\\[2ex]\psi_b=\dfrac{1}{2}(\psi_{2s}+\psi_{2p_x}-\psi_{2p_y}-\psi_{2p_z}),\\[2ex]\psi_c=\dfrac{1}{2}(\psi_{2s}-\psi_{2p_x}+\psi_{2p_y}-\psi_{2p_z}),\\[2ex]\psi_d=\dfrac{1}{2}(\psi_{2s}-\psi_{2p_x}-\psi_{2p_y}+\psi_{2p_z}),\end{cases}\tag{6}$$

$2s,2p_x,2p_y,2p_z$ 四个单电子态等权重地出现在各杂化轨道上.在这些杂化轨道上，电子云的分布分别指向 Oa,Ob,Oc 与 Od 四个方向（见图 10.10），即一个正四面体的四个顶角的方向,因此沿这四个方向形成四条共价键.容易计算,两条共价键之间的夹角为$\theta=109°28'$,与 CH_4 分子的实验观测结果一致.

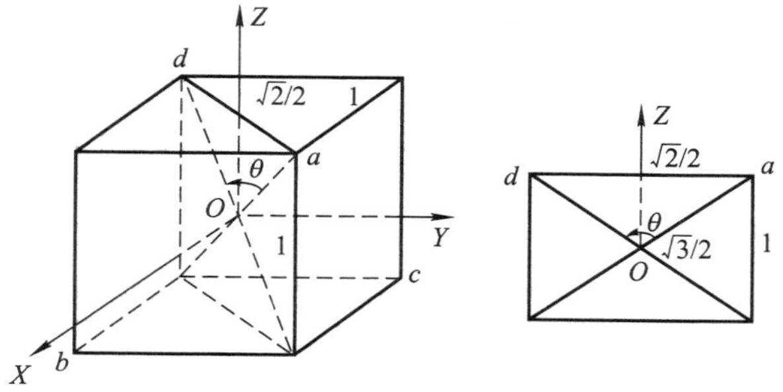

图 10.10

10.6 Fermi 气体模型

自然界中大量碰到自旋为 1/2 的同类粒子组成的多体系.例如,金属中的导电电子组成的多粒子系、重原子中的电子系、原子核中的质子系和中子系、中子星等.Fermi 气体模型把它们看成无相互作用的同类粒子组成的集合.在这里,Pauli 原理起了重要作用.虽然这个模型是很粗糙的,但它对于描述这些体系的某些粗块性质(bulk properties)还是很有用的(所谓粗块性质是指体系的大多数粒子都参与贡献的那些性质).下面以金属中的电子气为例来讨论这个问题.

作为一个粗略的近似,金属中的导电电子可以视为限制在金属体内部自由运动的电子气.为简单起见,考虑边长为 L 的方块金属.按 3.2 节中的计算,电子能级为

$$E=\frac{\hbar^2}{2m}(k_x^2+k_y^2+k_z^2), \tag{1}$$

其中,

$$k_x=\frac{\pi}{L}n_x,\quad k_y=\frac{\pi}{L}n_y,\quad k_z=\frac{\pi}{L}n_z,\quad n_x,n_y,n_z=1,2,3,\cdots.$$

设想以(n_x,n_y,n_z)为坐标的三维空间,每组正整数(n_x,n_y,n_z)对应于该空间第一象限$(n_x,n_y,n_z>0)$中的一个格点,从原点到此点的距离为 n,而 $n^2=n_x^2+n_y^2+n_z^2$.这样,式(1) 可改写成

$$E=E_n=\frac{\pi^2\hbar^2n^2}{2mL^2}, \tag{2}$$

在大量子数的情况下,以原点为球心、半径在$(n,n+dn)$中的球壳在第一象限$(n_x,n_y,n_z>0)$中的体积为

$$\frac{1}{8}4\pi n^2\,\mathrm{d}n=\frac{\pi}{2}n^2\,\mathrm{d}n.$$

平均来说，每单位体积中有一个格点(用一组正整数标记)，考虑到电子自旋，每一个格点对应有两个电子态.因此，在$(n,n+\mathrm{d}n)$范围中的量子态数目，即可容纳的电子数为

$$\mathrm{d}N=\pi n^2\,\mathrm{d}n. \tag{3}$$

以上分析基于如下物理考虑，即金属中自由电子的数目 N 极大，它的变化可近似视为连续的.利用式(2)，可将式(3)表示为

$$\mathrm{d}N=\pi n^2\frac{mL^2}{n\pi^2\hbar^2}\mathrm{d}E=\frac{mL^2}{\pi\hbar^2}n\,\mathrm{d}E$$

$$=\frac{mL^2}{\pi\hbar^2}\sqrt{\frac{2mEL^2}{\pi^2\hbar^2}}\,\mathrm{d}E=\frac{mL^3}{\pi^2\hbar^3}\sqrt{2mE}\,\mathrm{d}E,$$

从而求出电子气的态密度

$$\frac{\mathrm{d}N}{\mathrm{d}E}=\frac{mL^3}{\pi^2\hbar^3}\sqrt{2mE}. \tag{4}$$

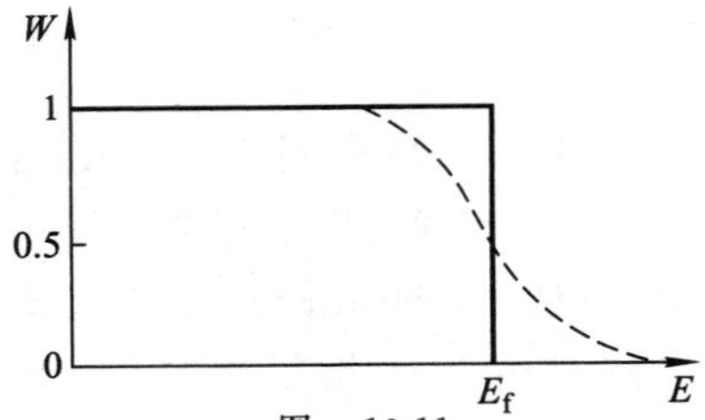

图 10.11

对于电子气的基态，电子从最低能级开始填充，在不违反 Pauli 原理的原则下一直填充到能级 E_f.E_f 称为 Fermi 能量.$E>E_f$ 的能级是空着的，而 $E\leqslant E_f$ 的能级则已被电子占据.这种分布称为完全简并的 Fermi 分布，如图 10.11 中的实线所示.

显然，E_f 与自由电子的数目 N 有关.事实上，按式(4)，

$$N=\frac{mL^3}{\pi^2\hbar^3}\sqrt{2m}\int_0^{E_f}\sqrt{E}\,\mathrm{d}E=\frac{L^3}{3\pi^2\hbar^3}(2mE_f)^{3/2}, \tag{5}$$

令

$$p_f=\sqrt{2mE_f}=\hbar k_f \quad (\text{Fermi 动量}), \tag{6}$$

由式(5)可求出电子气的空间密度 $\rho=N/L^3$ 为

$$\rho=k_f^3/3\pi^2, \tag{7}$$

即

$$k_f=(3\pi^2\rho)^{1/3}=(3\pi^2N/L^3)^{1/3}, \tag{8}$$

式(5)还可改写成

$$E_f=\frac{\hbar^2}{2m}(3\pi^2\rho)^{2/3}=\frac{\hbar^2}{2m}(3\pi^2N/L^3)^{2/3}. \tag{9}$$

所以 Fermi 能量 E_f 与 $\rho^{2/3}$ 成比例.

利用式(4)，易于求出完全简并的 Fermi 气体的电子平均能量为

$$E_{av}=\int E\,\mathrm{d}N\Big/\int\mathrm{d}N=\int_0^{E_f}E\sqrt{E}\,\mathrm{d}E\Big/\int_0^{E_f}\sqrt{E}\,\mathrm{d}E=\frac{3}{5}E_f. \tag{10}$$

例 银块的质量密度为 10.5 g/cm³,银原子的质量为 1.80×10^{-22} g,每个银原子有一个导电电子,所以电子气的空间密度 $\rho=(10.5/1.80)\times10^{22}\ \mathrm{cm}^{-3}=5.83\times10^{22}\ \mathrm{cm}^{-3}$. 将之代入式(9),可求出 $E_f=5.55$ eV. 注意:在常温($T\sim300$ K)下,$kT\approx0.026$ eV(k 为 Boltzmann 常量),所以 $kT\ll E_f$,热运动导致的电子气的能态分布与完全简并的 Fermi 气体差别很小,如图 10.11 中的虚线所示.

电子气压强的估计.设外界对电子气做功 $\mathrm{d}A$,电子气的体积缩小 $\mathrm{d}\Omega$,则电子气的压强 p 定义为

$$\mathrm{d}A=-p\,\mathrm{d}\Omega, \tag{11}$$

此时,电子气的内能增加 $\mathrm{d}U=\mathrm{d}A$,因此

$$p=-\mathrm{d}U/\mathrm{d}\Omega, \tag{12}$$

对于完全简并的 Fermi 气体,有

$$U=NE_{\mathrm{av}}=\frac{3}{5}NE_f. \tag{13}$$

利用式(9)(注意 $\Omega=L^3$),有

$$\mathrm{d}\ln E_f=-\frac{2}{3}\mathrm{d}\ln\Omega,$$

即

$$\frac{\mathrm{d}E_f}{\mathrm{d}\Omega}=-\frac{2}{3}\,\frac{E_f}{\Omega}. \tag{14}$$

因此电子气的压强为

$$p=-\frac{3}{5}N\,\frac{\mathrm{d}E_f}{\mathrm{d}\Omega}=\frac{2}{5}N\,\frac{E_f}{\Omega}=\frac{2}{5}\rho E_f, \tag{15}$$

对于银块,将前面求出的 ρ 和 E_f 代入式(15),可得出 $p\approx20\times10^4$ atm①.

以下介绍电子气的磁化率.在无外磁场的情况下,$T\sim0$ K 的金属中的电子气呈完全简并 Fermi 分布(见图 10.11).当加上外磁场时,部分电子(自旋)将沿反磁场方向顺排.考虑到 Pauli 原理,被拆散的电子只能往 Fermi 面之上跃迁.设有 ν 对电子被拆散,自旋均沿反磁场方向顺排,则电子气的能量将降低 $2\nu\mu B$,其中,μ 是 Bohr 磁子,B 为外磁场的磁感应强度.但被拆散的电子只能依次往 Fermi 面之上的空能级填充,为此需付出一定的能量.设 Fermi 面邻近电子能级的平均间距为 ΔE_0,则

第一对电子(处于 $E=E_f$)被拆散,需付出能量 ΔE_0,

第二对电子(处于 $E=E_f-\Delta E_0$)被拆散,需付出能量 $3\Delta E_0$,

第三对电子(处于 $E=E_f-2\Delta E_0$)被拆散,需付出能量 $5\Delta E_0$,

---

① 1 atm = 101325 Pa.

……

总起来，ν 对电子被拆散后，依次往 Fermi 面之上的空能级填充，共需付出能量

$$[1+3+5+\cdots+(2\nu-1)]\Delta E_0=\nu^2\Delta E_0, \tag{16}$$

所以，由于所加外磁场 B，电子气的能量改变为

$$W=2\nu\mu B-\nu^2\Delta E_0, \tag{17}$$

达到平衡时，$\mathrm{d}W/\mathrm{d}\nu=0$，因此可得

$$\nu=\mu B/\Delta E_0, \tag{18}$$

此时电子气的能量取极值，即

$$W=\mu^2B^2/\Delta E_0, \tag{19}$$

电子气的总磁矩为

$$M=2\nu\mu=\frac{2\mu^2B}{\Delta E_0}, \tag{20}$$

磁化率 χ 定义为 $\chi\equiv\dfrac{M}{\Omega}\Big/B$，利用式(20)，可得

$$\chi\equiv\frac{2\mu^2}{\Omega\Delta E_0}, \tag{21}$$

其中，$\mu=e\hbar/2mc$，而 ΔE_0 可按如下方式估算．按式(9)，有

$$E_{\mathrm{f}}^{3/2}=\frac{3\pi^2\hbar^3N}{(2m)^{3/2}\Omega}, \tag{22}$$

因而式(4)可改写成

$$\frac{\mathrm{d}N}{\mathrm{d}E}=\frac{3N}{2E_{\mathrm{f}}^{3/2}}\sqrt{E}, \tag{23}$$

所以

$$\left.\frac{\mathrm{d}N}{\mathrm{d}E}\right|_{E=E_{\mathrm{f}}}=\frac{3}{2}\frac{N}{E_{\mathrm{f}}},$$

因此(每条能级上有两个电子)

$$\Delta E_0=2\Big/\left.\frac{\mathrm{d}N}{\mathrm{d}E}\right|_{E=E_{\mathrm{f}}}=\frac{4E_{\mathrm{f}}}{3N}. \tag{24}$$

这样，式(21)可表示为(利用式(9))

$$\chi=\frac{e^2}{4\pi mc}\left(\frac{3\rho}{\pi}\right)^{1/3}. \tag{25}$$

习　　题

1. 设非简谐振子的 Hamilton 量表示为 $H=H_0+H'$，其中，

$$H_0=-\frac{\hbar^2}{2\mu}\frac{\mathrm{d}^2}{\mathrm{d}x^2}+\frac{1}{2}\mu\omega^2x^2,$$

$$H'=\beta x^3\quad(\beta\text{ 为实常数}),$$

用微扰论求其能量本征值(准确到二级近似)和本征函数(准确到一级近似).

2. 考虑耦合谐振子,其 Hamilton 量表示为 $H=H_0+H'$,其中,

$$H_0=-\frac{\hbar^2}{2\mu}\left(\frac{\partial^2}{\partial x_1^2}+\frac{\partial^2}{\partial x_2^2}\right)+\frac{1}{2}\mu\omega^2(x_1^2+x_2^2),$$

$$H'=-\lambda x_1x_2\quad(\lambda\text{ 为实常数,刻画耦合强度}).$$

(a) 求出 H_0 的本征值及能级简并度.

(b) 以第一激发态为例,用简并态微扰论计算 H' 对能级的影响(准确到一级近似).

(c) 严格求出 H 的本征值,并与微扰论计算结果比较.

提示:做坐标变换,令 $x_1=\frac{1}{\sqrt{2}}(\xi+\eta)$,$x_2=\frac{1}{\sqrt{2}}(\xi-\eta)$,则 H 可化为两个独立的谐振子,其中,ξ,η 称为简正坐标.

3. 一维无限深势阱$(0<x<a)$中的粒子,受到微扰

$$H'(x)=\begin{cases}2\lambda x/a, & 0<x\leqslant a/2,\\ 2\lambda(1-x/a), & a/2<x<a\end{cases}$$

的作用,求基态能量的微扰论一级修正.

答:$E_1^{(1)}=\left(\frac{1}{2}+\frac{2}{\pi^2}\right)\lambda$.

4. 实际原子核不是一个点电荷,它具有一定的大小,可近似视为半径为 R 的均匀分布球体.它产生的电势为

$$\phi(r)=\begin{cases}\frac{Ze}{R}\left(\frac{3}{2}-\frac{1}{2}\frac{r^2}{R^2}\right), & r\leqslant R,\\ Ze/r, & r>R,\end{cases}$$

其中,Ze 为核电荷.试把非点电荷效应看成微扰,即

$$H'=\begin{cases}-\frac{Ze^2}{R}\left(\frac{3}{2}-\frac{1}{2}\frac{r^2}{R^2}\right)+\frac{Ze^2}{r}, & r\leqslant R,\\ 0, & r>R.\end{cases}$$

计算原子的 1s 能级的微扰论一级修正.

答:$\frac{2}{5}\frac{Z^4e^2R^2}{a^3}$,其中,$a$ 为 Bohr 半径.

5. 设氢原子处于 $n=3$ 能级,求它的 Stark 分裂.

提示:参阅 10.2 节中的例 1.注意:$n=3(l=0,1,2)$ 能级的简并度为 9.考虑到微扰 $H'=e\mathscr{E}z$ 相应的选择定则$(\Delta m=0)$,此九维空间可以分解为 5 个$(m=0,\pm1,\pm2)$不变子空间.

6. 设 $H=H_0+H'$，其中，

$$H_0=\begin{pmatrix} E_1^{(0)} & 0 \\ 0 & E_2^{(0)} \end{pmatrix},\quad H'=\begin{pmatrix} a & b \\ b & a \end{pmatrix}\quad (a,b \text{ 为实数}),$$

用微扰论求能级修正(准确到二级近似)，并与严格解(把 H 矩阵对角化)比较.

7. 对于一维谐振子，取基态试探波函数的形式为 $e^{-\lambda x^2}$，其中，λ 为参数.用变分法求基态能量，并与严格解比较.

8. 对于非简谐振子，$H=-\dfrac{\hbar^2}{2m}\dfrac{d^2}{dx^2}+\lambda x^4$.取试探波函数为

$$\psi_0(x)=\frac{\sqrt{\alpha}}{\pi^{1/4}}e^{-\alpha^2x^2/2}$$

(与谐振子基态波函数的形式相同)，其中，α 为参数.用变分法求基态能量.

答：$\dfrac{3^{4/3}}{4}\left(\dfrac{\hbar^2}{2m}\right)^{2/3}\lambda^{1/3}$.

9. 氢原子基态试探波函数取为 $e^{-\lambda(r/a)^2}$，其中，$a=\hbar^2/\mu e^2$(a 为 Bohr 半径)，λ 为参数.用变分法求基态能量，并与严格解比较.

10. 设在氘核中的质子与中子的相互作用可表示为 $V(r)=-Ae^{-r/a}$($A=32$ MeV，$a=2.2\times10^{-15}$ m).设质子与中子相对运动波函数的形式取为 $e^{-\lambda r/2a}$，其中，λ 为变分参数.用变分法计算氘核的基态能量.

11. 用类似于10.6节中的方法讨论二维 Fermi 气体.

(a) 设电子限制在边长为 L 的方框中.单粒子能级为

$$E(n)=\frac{\pi^2\hbar^2}{2mL^2}n^2,\quad n^2=n_x^2+n_y^2,\quad n_x,n_y=1,2,\cdots,$$

在大量子数($n\gg1$)下，在($n,n+dn$)中的量子态数目(计及自旋态)为 $dN=\pi n\,dn$.计算态密度 dN/dE.

答：$\dfrac{dN}{dE}=\dfrac{mL^2}{\pi\hbar^2}$.与10.6节中的式(4)比较可知，此处的$\dfrac{dN}{dE}$与 E 无关.

(b) 求二维 Fermi 气体的 Fermi 能量 E_f 和能量平均值 E_{av}.

答：$E_f=\dfrac{\pi\hbar^2}{m}\rho$，$\rho=N/L^2$ 是面密度.$E_{av}=\dfrac{1}{2}E_f$.

第 11 章　量 子 跃 迁

11.1　量子态随时间的演化

量子力学中，关于量子态的问题，可分为两类：

(a) 体系的可能状态问题，即力学量的本征态与本征值问题.量子力学的基本假定之一是：力学量的观测值即与力学量相应的算符的本征值.通过求解算符的本征方程可以求出它们.特别重要的是 Hamilton 量(不显含 t)的本征值问题，可通过求解不含时 Schrödinger 方程

$$H\psi = E\psi \tag{1}$$

得出能量本征值 E 和相应的本征态.要特别注意，在大多数情况下，能级有简并，仅根据能量本征值 E 并不能把相应的本征态完全确定下来，而往往需要找出一组守恒量完全集 F(其中包括 H)，并要求 ψ 是它们的共同本征态，从而把简并态完全标记清楚.

(b) 体系状态随时间演化的问题.量子力学的另一个基本假定是：体系状态随时间的演化遵守含时 Schrödinger 方程

$$\mathrm{i}\hbar \frac{\partial}{\partial t}\psi(t) = H\psi(t). \tag{2}$$

由于它是含时间一次导数的方程，当体系的初态 $\psi(0)$ 给定之后，原则上可以从方程(2)求解出以后任意时刻 t 的状态 $\psi(t)$.

11.1.1　Hamilton 量不含时的体系

若体系的 Hamilton 量不显含 $t(\partial H/\partial t = 0)$，则体系的能量为守恒量.此时，$\psi(t)$ 的求解是比较容易的.方程(2)的解在形式上可表示为

$$\psi(t) = U(t)\psi(0) = \mathrm{e}^{-\mathrm{i}Ht/\hbar}\psi(0), \tag{3}$$

其中，$U(t) = \mathrm{e}^{-\mathrm{i}Ht/\hbar}$ 是描述量子态随时间演化的算符.若采取能量表象，把 $\psi(0)$ 表示为

$$\psi(0) = \sum_n a_n \psi_n, \tag{4}$$

$$a_n = (\psi_n, \psi(0)), \tag{5}$$

其中，ψ_n 是包括 H 在内的一组守恒量完全集的共同本征态，即

$$H\psi_n = E_n \psi_n, \tag{6}$$

这里，n 代表一组完备的量子数.将式(4)代入式(3)，利用式(6)，得

$$\psi(t)=\sum_n a_n \mathrm{e}^{-\mathrm{i}E_n t/\hbar}\psi_n. \tag{7}$$

如果

$$\psi(0)=\psi_k, \tag{8}$$

即体系在初始时刻处于能量本征态 ψ_k，相应的能量为 E_k.按式(5)，$a_n=\delta_{nk}$.此时，

$$\psi(t)=\psi_k \mathrm{e}^{-\mathrm{i}E_k t/\hbar}, \tag{9}$$

即体系将保持在原来的能量本征态.这种量子态称为定态.

如果体系在初始时刻并不处于某一个能量本征态，则以后也不处于该能量本征态，而是处于若干能量本征态的叠加，如式(7)所示，其中，$a_n=(\psi_n,\psi(0))$ 由初态 $\psi(0)$ 决定(见式(5)).

例 设一个定域电子处于沿 x 方向的均匀磁场 B 中(不考虑电子的轨道运动)，电子的内禀磁矩与外磁场的作用为

$$H=-\boldsymbol{\mu}_s\cdot\boldsymbol{B}=\frac{eB}{\mu c}s_x=\frac{eB\hbar}{2\mu c}\sigma_x=\hbar\omega_{\mathrm{L}}\sigma_x,\quad \omega_{\mathrm{L}}=\frac{eB}{2\mu c}\quad (\text{Larmor 频率}). \tag{10}$$

设初始时刻电子的自旋态为 s_z 的本征态 $s_z=\hbar/2$，即(采用 s_z 表象)

$$\chi(0)=\begin{pmatrix}1\\0\end{pmatrix}, \tag{11}$$

求 t 时刻电子的自旋态 $\chi(t)$.

解 1

令

$$\chi(t)=\begin{pmatrix}a(t)\\b(t)\end{pmatrix}, \tag{12}$$

按初条件，$a(0)=1$，$b(0)=0$.把式(12)代入 Schrödinger 方程

$$\mathrm{i}\hbar\frac{\mathrm{d}}{\mathrm{d}t}\begin{pmatrix}a\\b\end{pmatrix}=\hbar\omega_{\mathrm{L}}\begin{pmatrix}0&1\\1&0\end{pmatrix}\begin{pmatrix}a\\b\end{pmatrix}, \tag{13}$$

得

$$\dot{a}=-\mathrm{i}\omega_{\mathrm{L}}b,\quad \dot{b}=-\mathrm{i}\omega_{\mathrm{L}}a,$$

将上两式相加、减，得

$$\frac{\mathrm{d}}{\mathrm{d}t}(a+b)=-\mathrm{i}\omega_{\mathrm{L}}(a+b),\quad \frac{\mathrm{d}}{\mathrm{d}t}(a-b)=\mathrm{i}\omega_{\mathrm{L}}(a-b),$$

所以

$$a(t)+b(t)=[a(0)+b(0)]\mathrm{e}^{-\mathrm{i}\omega_{\mathrm{L}}t},\quad a(t)-b(t)=[a(0)-b(0)]\mathrm{e}^{\mathrm{i}\omega_{\mathrm{L}}t}.$$

将上两式相加、减，得

$$a(t)=\cos\omega_{\mathrm{L}}t,\quad b(t)=-\mathrm{i}\sin\omega_{\mathrm{L}}t,$$

即

$$\chi(t)=\begin{pmatrix}\cos\omega_{\mathrm{L}}t\\-\mathrm{i}\sin\omega_{\mathrm{L}}t\end{pmatrix}. \tag{14}$$

解 2

体系的能量本征态，即 σ_x 的本征态，本征值和本征态分别为(见第 8 章中的习题 1)

$$\begin{aligned}&\sigma_x=1,\quad E=E_+=\hbar\omega_{\mathrm{L}},\quad \varphi_+=\frac{1}{\sqrt{2}}\begin{pmatrix}1\\1\end{pmatrix},\\&\sigma_x=-1,\quad E=E_-=-\hbar\omega_{\mathrm{L}},\quad \varphi_-=\frac{1}{\sqrt{2}}\begin{pmatrix}1\\-1\end{pmatrix}.\end{aligned} \tag{15}$$

初始时刻电子的自旋态为 $\chi(0)=\begin{pmatrix}1\\0\end{pmatrix}$，按式(7)和式(5)，$t$ 时刻电子的自旋态为

$$\begin{aligned}\chi(t)&=a_+\mathrm{e}^{-\mathrm{i}\omega_{\mathrm{L}}t}\varphi_++a_-\mathrm{e}^{\mathrm{i}\omega_{\mathrm{L}}t}\varphi_-=\frac{1}{\sqrt{2}}(\mathrm{e}^{-\mathrm{i}\omega_{\mathrm{L}}t}\varphi_++\mathrm{e}^{\mathrm{i}\omega_{\mathrm{L}}t}\varphi_-)\\&=\begin{pmatrix}\cos\omega_{\mathrm{L}}t\\-\mathrm{i}\sin\omega_{\mathrm{L}}t\end{pmatrix}\end{aligned} \tag{16}$$

(其中，a_+ 和 a_- 为未归一化的系数)，与式(14)相同.

练习　如该例，求电子自旋态各分量的平均值随时间的变化.

答：$\bar{s}_x=0$，$\bar{s}_y=-\dfrac{\hbar}{2}\sin2\omega_{\mathrm{L}}t$，$\bar{s}_z=\dfrac{\hbar}{2}\cos2\omega_{\mathrm{L}}t$.

* 11.1.2　Hamilton 量含时的体系，Berry 绝热相

现在来考虑 Hamilton 量 $H(t)$ 含时的体系.此时，能量不是守恒量，体系不存在严格的定态.通常 $H(t)$ 是通过参量 $\boldsymbol{R}(t)$ 而随时间变化的，例如，$\boldsymbol{R}(t)$ 可以是随时间变化的外磁场 $\boldsymbol{B}(t)$ 或外电场 $\boldsymbol{E}(t)$.$\boldsymbol{R}(t)$ 张开一个参数空间.$H(\boldsymbol{R}(t))$ 随参量 $\boldsymbol{R}(t)$(因而随 t)变化.此时，我们仍可讨论 $H(\boldsymbol{R}(t))$ 的本征值和本征态问题(时间 t 作为参量)：

$$\begin{aligned}&H(\boldsymbol{R}(t))\psi_m(\boldsymbol{R}(t))=E_m(\boldsymbol{R}(t))\psi_m(\boldsymbol{R}(t)),\\&(\psi_m(\boldsymbol{R}(t)),\psi_{m'}(\boldsymbol{R}(t)))=\delta_{mm'},\end{aligned} \tag{17}$$

其中，$E_m(\boldsymbol{R}(t))$ 和 $\psi_m(\boldsymbol{R}(t))$ 分别称为瞬时(instantaneous)能量本征值和本征态.

假设体系在初始时刻处于某瞬时能量本征态

$$\psi(0)=\psi_n(\boldsymbol{R}(0)), \tag{18}$$

试求 $\psi(t)$.乍一看来，似乎 $\psi(t)$ 可以表示成(见式(9))

$$\psi(t)=\exp\left[-\frac{\mathrm{i}}{\hbar}\int_0^t E_n(\boldsymbol{R}(t'))\mathrm{d}t'\right]\psi_n(\boldsymbol{R}(t)), \tag{19}$$

但这是错误的[1],因为式(19) 所示的 $\psi(t)$ 并不满足 Schrödinger 方程,即

$$\begin{aligned} \mathrm{i}\hbar \frac{\partial}{\partial t}\psi(t) &= E_n(\boldsymbol{R}(t))\psi(t) + \exp\left[-\frac{\mathrm{i}}{\hbar}\int_0^t E_n(\boldsymbol{R}(t'))\mathrm{d}t'\right]\mathrm{i}\hbar \frac{\partial}{\partial t}\psi_n(\boldsymbol{R}(t)) \\ &= H\psi(t) + \exp\left[-\frac{\mathrm{i}}{\hbar}\int_0^t E_n(\boldsymbol{R}(t'))\mathrm{d}t'\right]\mathrm{i}\hbar \frac{\partial}{\partial t}\psi_n(\boldsymbol{R}(t)) \neq H\psi(t). \end{aligned} \tag{20}$$

原因是式(19) 只考虑了能量本征值 $E_n(\boldsymbol{R}(t))$ 随时间的演化,但并未恰当计及瞬时本征态 $\psi_n(\boldsymbol{R}(t))$ 随时间的演化,以保证解 $\psi(t)$ 满足 Schrödinger 方程.

事实上,$H(t)$ 含时情况下,Schrödinger 方程的一般解仍可表示成

$$\psi(t) = \sum_m C_m(t)\exp\left[-\frac{\mathrm{i}}{\hbar}\int_0^t E_m(\boldsymbol{R}(t'))\mathrm{d}t'\right]\psi_m(\boldsymbol{R}(t)), \tag{21}$$

但式(21) 中的系数 $C_m(t)$ 依赖于 t,即

$$C_m(t) = (\psi_m(\boldsymbol{R}(t)),\psi(t))\exp\left[\frac{\mathrm{i}}{\hbar}\int_0^t E_m(\boldsymbol{R}(t'))\mathrm{d}t'\right], \tag{22}$$

而

$$C_m(0) = (\psi_m(\boldsymbol{R}(0)),\psi(0)). \tag{23}$$

设 $\psi(0) = \psi_n(\boldsymbol{R}(0))$,则 $C_m(0) = \delta_{mn}$.但这并不能保证 $C_m(t) \propto \delta_{mn}$.但若假设 $R(t)$ 随时间变化极为缓慢,即绝热(adiabatic) 近似[2],则

$$C_m(t) \propto \delta_{mn}. \tag{24}$$

但即使在这种近似下(体系状态保持在初始时刻的瞬时本征态 $\psi_n(\boldsymbol{R}(t))$),

$$C_m(t) \neq \delta_{mn}, \tag{25}$$

因为这样给出的解(即式(19)) 并不满足 Schrödinger 方程(见式(20)).正确的绝热近似解(保证概率守恒) 应为

$$\psi(t) = a_n(t)\exp\left[-\frac{\mathrm{i}}{\hbar}\int_0^t E_n(\boldsymbol{R}(t'))\mathrm{d}t'\right]\psi_n(\boldsymbol{R}(t)), \tag{26}$$

其中,

$$|a_n(t)|^2 = 1.$$

因此,可以令

$$a_n(t) = \mathrm{e}^{\mathrm{i}\beta_n(t)} \quad (\beta_n(t)\ \text{为实函数}), \tag{27}$$

将式(26) 代入 Schrödinger 方程,并对 t 积分,得

$$\beta_n(t) = \mathrm{i}\int_0^t \mathrm{d}t'\left(\psi_n(\boldsymbol{R}(t')),\frac{\partial}{\partial t'}\psi_n(\boldsymbol{R}(t'))\right), \tag{28}$$

此即 Berry[3] 绝热相(adiabatic phase). 对于式(26) 中的相因子 $\mathrm{e}^{\mathrm{i}\alpha_n(t)}$,有

---

① J. Y. Zeng, Y. A. Lei, *Phys. Rev. A*, 1995, 51: 4415.

② 参阅 Messiah 撰写的 Quantum Mechanics, Vol. Ⅱ 的 739—742 和 744—758 页;Schiff 撰写的 Quantum Mechanics(第三版) 的 289—291 和 440 页.

③ M. V. Berry, *Proc. Roy. Soc. A*, 1984, 392: 45.

$$\alpha_n(t) = -\frac{1}{\hbar}\int_0^t \mathrm{d}t' E_n(\boldsymbol{R}(t')), \tag{29}$$

习惯上称其为动力学相(dynamical phase),而 $\beta_n(t)$ 又被称为几何相(geometric phase).但从上述论证可以看出,Berry 绝热相的出现来自量子态随时间的演化必须满足 Schrödinger 动力学方程.因此,从根本上来讲,无论 $\alpha_n(t)$ 或 $\beta_n(t)$,其根源都是动力学的要求.当然,正如 Berry 所做的那样,式(28) 可以化为参数空间的积分,即

$$\beta_n(t) = \mathrm{i}\int_{\boldsymbol{R}(0)}^{\boldsymbol{R}(t)} \mathrm{d}\boldsymbol{R} \cdot \left(\psi_n(\boldsymbol{R}), \frac{\partial}{\partial \boldsymbol{R}}\psi_n(\boldsymbol{R})\right). \tag{30}$$

设 $\boldsymbol{R}(t)$ 做周期变化,即 $\boldsymbol{R}(\tau) = \boldsymbol{R}(0)$, $H(\boldsymbol{R}(\tau)) = H(\boldsymbol{R}(0))$,其中,$\tau$ 为周期,则式(30) 中的 $\beta_n(\tau)$ 是参数空间中沿闭曲线 C 的积分,即

$$\beta_n(\tau) = \mathrm{i}\int_{\boldsymbol{R}(0)}^{\boldsymbol{R}(\tau)} \mathrm{d}\boldsymbol{R} \cdot \boldsymbol{A}_n(\boldsymbol{R}) = \oint_C \mathrm{d}\boldsymbol{R} \cdot \boldsymbol{A}_n(\boldsymbol{R}), \tag{31}$$

其中,

$$\boldsymbol{A}_n(\boldsymbol{R}) = \mathrm{i}\left(\psi_n(\boldsymbol{R}), \frac{\partial}{\partial \boldsymbol{R}}\psi_n(\boldsymbol{R})\right).$$

不难证明,$\boldsymbol{A}_n(\boldsymbol{R})$ 为实函数①,所以 $\beta_n(\tau)$ 为实函数,可记为 $\beta_n(C)$.利用 Stokes 定理,式(31) 可改记为

$$\beta_n(C) = \iint_S \left[\frac{\partial}{\partial \boldsymbol{R}} \times \boldsymbol{A}_n(\boldsymbol{R})\right] \cdot \mathrm{d}\boldsymbol{S} = \iint_S \boldsymbol{B}_n(\boldsymbol{R}) \cdot \mathrm{d}\boldsymbol{S}, \tag{32}$$

其中,$\boldsymbol{A}_n(\boldsymbol{R})$ 可看成参数 $\boldsymbol{R}$ 空间中的"矢势",$\boldsymbol{B}_n(\boldsymbol{R}) = \dfrac{\partial}{\partial \boldsymbol{R}} \times \boldsymbol{A}_n(\boldsymbol{R})$ 可看成参数 $\boldsymbol{R}$ 空间中的"磁场强度",而 $\beta_n(C)$ 可看成通过 S 曲面(以闭曲线 C 为边界)的"磁通量".

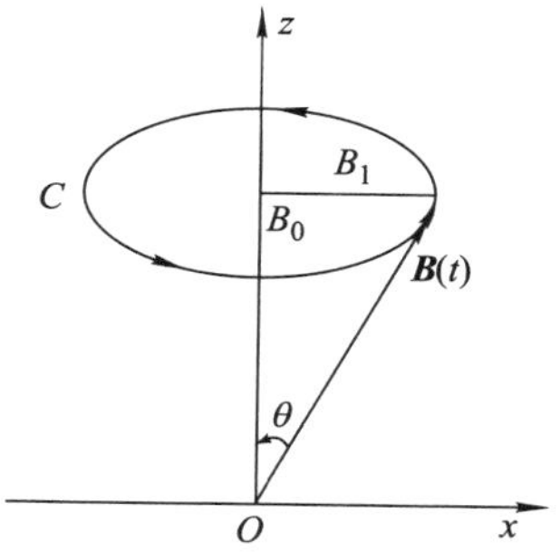

图 11.1

例 磁共振.

考虑自旋为 $\hbar/2$ 的粒子,具有内禀磁矩 μ,在旋转磁场 $\boldsymbol{B}(t)(B_1\cos 2\omega_0 t, B_1 \sin 2\omega_0 t, B_0)$ 中运动,其中,$\omega_0 = \mu B_0/\hbar$(见图 11.1).其 Hamilton 量(用 Pauli 表象)表示为

$$H(t) = -\boldsymbol{\mu} \cdot \boldsymbol{B}(t) \quad (\boldsymbol{\mu} = \mu\boldsymbol{\sigma})$$

---

① 利用$(\psi_n(\boldsymbol{R}), \psi_n(\boldsymbol{R})) = 1$,可得

$$\left(\frac{\partial}{\partial \boldsymbol{R}}\psi_n(\boldsymbol{R}), \psi_n(\boldsymbol{R})\right) + \left(\psi_n(\boldsymbol{R}), \frac{\partial}{\partial \boldsymbol{R}}\psi_n(\boldsymbol{R})\right) = 0,$$

所以

$$\left(\frac{\partial}{\partial \boldsymbol{R}}\psi_n(\boldsymbol{R}), \psi_n(\boldsymbol{R})\right) = -\left(\psi_n(\boldsymbol{R}), \frac{\partial}{\partial \boldsymbol{R}}\psi_n(\boldsymbol{R})\right) = -\left(\frac{\partial}{\partial \boldsymbol{R}}\psi_n(\boldsymbol{R}), \psi_n(\boldsymbol{R})\right)^*,$$

即 $\boldsymbol{A}_n^*(\boldsymbol{R}) = \boldsymbol{A}_n(\boldsymbol{R})$.

$$= \begin{pmatrix} -\mu B_0 & -\mu B_1 e^{-i2\omega_0 t} \\ -\mu B_1 e^{i2\omega_0 t} & \mu B_0 \end{pmatrix}. \tag{33}$$

显然，$H(t)$ 做周期变化，即 $H(\tau)=H(0)$，其中，$\tau=\pi/\omega_0$.

按二能级体系的能量本征方程的求解(见 10.2 节中的例 2)，相当于 $E_1=-\mu B_0$，$E_2=\mu B_0$，$|W_{12}|=\mu B_1$，$e^{i\gamma}=-e^{-i2\omega_0 t}$，可求出 $H(t)$ 的本征值和瞬时本征态：

$$E=E_{\pm}=\pm\mu\sqrt{B_0^2+B_1^2}, \tag{34}$$

$$\chi_-(t)=\begin{pmatrix} \cos\frac{\theta}{2} \\ \sin\frac{\theta}{2}e^{-i2\omega_0 t} \end{pmatrix},\quad \chi_+(t)=\begin{pmatrix} \sin\frac{\theta}{2} \\ -\cos\frac{\theta}{2}e^{-i2\omega_0 t} \end{pmatrix}, \tag{35}$$

其中，$\tan\theta=B_1/B_0=\omega_1/\omega_0$，$\omega_1=\mu B_1/\hbar$.显然，$\chi_{\pm}(\tau)=\chi_{\pm}(0)$(经历一个周期后，瞬时本征态还原).

设初态 $\chi(0)=\chi_-(0)$，则在绝热近似下，$\chi(t)$ 可表示成

$$\chi(t)=a_-(t)\exp\left(-\frac{i}{\hbar}\int_0^t dt' E_-\right)\chi_-(t),\qquad |a_-(t)|^2=1, \tag{36}$$

其中，$a_-(t)=e^{i\beta_-(t)}$，利用式(28)，$\beta_-(t)=i\int_0^t dt'\left(\chi_-(t'),\frac{\partial}{\partial t'}\chi_-(t')\right)$ 和式(35)，可以求出

$$\beta_-(t)=2\omega_0 t\sin^2(\theta/2),$$

经历一个周期后(利用 $\omega_0\tau=\pi$)，

$$\beta(\tau)=2\pi\sin^2(\theta/2)=\pi(1-\cos\theta)=\Omega(C)/2,$$

这里，$\Omega(C)=2\pi(1-\cos\theta)$ 是旋转磁场 $\boldsymbol{B}(t)$ 在参数空间中旋转一圈后所构成的闭曲线 C 所张开的立体角.

11.2　量子跃迁概率，含时微扰论

在实际问题中，人们更感兴趣的往往不是泛泛地讨论量子态随时间的演化，而是想知道在某种外界作用下体系在定态之间的跃迁概率①.

设无外界作用时，体系的 Hamilton 量(不显含 t)表示为 H_0.包括 H_0 在内的一组力学量完全集 F 的共同本征态记为 ψ_n(n 代表一组完备的量子数).设体系在初始时刻处于

$$\psi(0)=\psi_k, \tag{1}$$

① 量子跃迁是 Bohr 在早期量子论中提出的一个极重要的概念，并根据对应原理的精神探讨过跃迁概率和光谱线强度的问题.但早期量子论未能给出系统解决量子跃迁概率的办法.

当加上外界作用 $H'(t)$ 之后，

$$H = H_0 + H'(t), \tag{2}$$

并非力学量完全集 F 中的所有力学量都能保持为守恒量，因而体系不能保持在原来的本征态，而将变成 F 的各本征态的叠加，即

$$\psi(t) = \sum_n C_{nk}(t) e^{-iE_n t/\hbar} \psi_n. \tag{3}$$

按波函数的统计诠释，在时刻 t 去测量力学量 F，得到 F_n 值的概率为

$$P_{nk}(t) = |C_{nk}(t)|^2, \tag{4}$$

经测量之后，体系从初态 ψ_k 跃迁到末态 ψ_n.跃迁概率为 $P_{nk}(t)$，而单位时间内的跃迁概率，即跃迁速率(transition rate) 为

$$w_{nk} = \frac{d}{dt} P_{nk}(t) = \frac{d}{dt} |C_{nk}(t)|^2. \tag{5}$$

于是问题归结为在给定的初条件(1)，即

$$C_{nk}(0) = \delta_{nk} \tag{6}$$

下如何去求解 $C_{nk}(t)$.

应当指出，通常人们感兴趣的跃迁当然是指末态不同于初态的情况.但应注意，由于能级往往有简并，因此量子跃迁并不意味着末态能量一定与初态能量不同.弹性散射就是一个例子.在弹性散射过程中，粒子从初态(动量为 $\boldsymbol{p}_i$ 的本征态) 跃迁到末态(动量为 $\boldsymbol{p}_f$ 的本征态)，状态改变了(动量方向)，但能量并未改变($|\boldsymbol{p}_f| = |\boldsymbol{p}_i|$).

量子态随时间的演化遵守 Schrödinger 方程

$$i\hbar \frac{\partial}{\partial t} \psi(t) = (H_0 + H') \psi(t), \tag{7}$$

将式(3) 代入方程(7)，得①

$$i\hbar \sum_n \dot{C}_{nk} e^{-iE_n t/\hbar} \psi_n = \sum_n C_{nk} e^{-iE_n t/\hbar} H' \psi_n. \tag{8}$$

将方程(8) 两边乘 $\psi_{k'}^*$，并积分，利用本征函数的正交归一性，得

$$i\hbar \dot{C}_{k'k} = \sum_n e^{i\omega_{k'k} t} \langle k' | H' | n \rangle C_{nk}, \tag{9}$$

其中，

$$\omega_{k'k} = (E_{k'} - E_k)/\hbar. \tag{10}$$

方程(9) 与方程(7) 等价，只是表象不同而已.求解方程(9) 时，要用到初条件(6).

当然，对于一般的 $H'(t)$，问题求解是困难的.但如 H' 很微弱(从经典力学来讲，$H' \ll H_0$)，$|C_{nk}(t)|^2$ 将随时间很缓慢地变化，体系仍有很大的概率停留在原来的状

① 方程(9) 右边只出现 H' 而不出现 H_0，是因为在式(3) 中我们把展开系数写成 $C_{nk}(t)e^{-iE_n t/\hbar}$，因子 $e^{-iE_n t/\hbar}$ 已经把 H_0 导致的态的演化反映进去了，因此 $C_{nk}(t)$ 的变化只能来自 H'，此即相互作用表象.

态，即 $|C_{nk}(t)|^2 \ll 1(n \neq k)$.在此情况下，可以用微扰逐级近似的方法，即含时微扰论来求解.

零级近似，即忽略 H' 的影响.按方程(9)，$\dot{C}_{k'k}^{(0)}(t)=0$，即 $C_{k'k}^{(0)}=$ 常数(不依赖于 t).所以 $C_{k'k}^{(0)}(t)=C_{k'k}^{(0)}(0)=C_{k'k}(0)$.再利用初条件(6)，得

$$C_{k'k}^{(0)}(t)=\delta_{k'k}. \tag{11}$$

一级近似.按微扰论精神，在方程(9)右边，令 $C_{nk}(t)\approx C_{nk}^{(0)}(t)=\delta_{nk}$，由此得出一级近似解

$$\mathrm{i}\hbar\dot{C}_{k'k}^{(1)}=\mathrm{e}^{\mathrm{i}\omega_{k'k}t}H'_{k'k}, \tag{12}$$

对式(12)积分，得

$$C_{k'k}^{(1)}(t)=\frac{1}{\mathrm{i}\hbar}\int_0^t \mathrm{e}^{\mathrm{i}\omega_{k'k}t}H'_{k'k}\,\mathrm{d}t. \tag{13}$$

因此，在准确到微扰论一级近似下，

$$C_{k'k}(t)=C_{k'k}^{(0)}(t)+C_{k'k}^{(1)}(t)=\delta_{k'k}+\frac{1}{\mathrm{i}\hbar}\int_0^t \mathrm{e}^{\mathrm{i}\omega_{k'k}t}H'_{k'k}\,\mathrm{d}t. \tag{14}$$

当 $k'\neq k$(末态不同于初态)时，

$$C_{k'k}(t)=\frac{1}{\mathrm{i}\hbar}\int_0^t \mathrm{e}^{\mathrm{i}\omega_{k'k}t}H'_{k'k}\,\mathrm{d}t,$$

而

$$P_{k'k}(t)=\frac{1}{\hbar^2}\left|\int_0^t H'_{k'k}\mathrm{e}^{\mathrm{i}\omega_{k'k}t}\,\mathrm{d}t\right|^2, \tag{15}$$

此即微扰论一级近似下的跃迁概率公式.此公式成立的条件是

$$|P_{k'k}(t)|\ll 1 \quad (\text{当 } k'\neq k \text{ 时}), \tag{16}$$

即跃迁概率很小，体系有很大概率仍停留在初态.因为，如不然，在求一级近似解时，就不能把 $C_{nk}(t)$ 近似代之为 δ_{nk}.

由式(15)可以看出，跃迁概率与初态 k、末态 k'，以及微扰 H' 的性质都有关.特别是，如果 H' 具有某种对称性，使 $H'_{k'k}=0$，则 $P_{k'k}=0$，即在微扰论一级近似下，不能从初态 k 跃迁到末态 k'，或者说从初态 k 到末态 k' 的跃迁是禁戒的[①]，即相应有某种**选择定则**.

利用 H' 的 Hermite 性，即 $H'_{k'k}=H'^{*}_{kk'}$，可以看出，在一级近似下，从 k 态到 k' 态的跃迁概率 $P_{k'k}$ 等于从 k' 态到 k 态的跃迁概率($k'\neq k$).但应注意，由于能级一般有简并，而且简并度不尽相同，因此不能一般地讲：从能级 E_k 到能级 $E_{k'}$ 的跃迁概率等于

① 当然，在微扰论高级近似下，从初态 k 到末态 k' 的跃迁(通过适当的中间态)也是可能的.但这种情况下的跃迁概率在很大程度上会被削弱.如在一级近似下跃迁概率不为零，则一般可不必去计算高级近似的贡献.

从能级$E_{k'}$到能级E_k的跃迁概率.如要计算跃迁到能级$E_{k'}$的跃迁概率，则需要把跃迁到能级$E_{k'}$的诸简并态的跃迁概率都考虑进去.如果体系的初态(由于能级E_k有简并)未完全确定，则从诸简并态出发的各跃迁概率都要逐个计算，然后求平均(假设各简并态出现的概率相同).简单说来，应对初始能级的诸简并态求平均，对终止能级的诸简并态求和.例如，一般中心力场中粒子能级E_{nl}的简并度为$2l+1$(磁量子数$m=l, l-1, \cdots, -l$)，所以从能级E_{nl}到能级$E_{n'l'}$的跃迁概率为

$$P_{nl\to n'l'}=\frac{1}{2l+1}\sum_{mm'}P_{n'l'm'\to nlm}, \tag{17}$$

其中，$P_{n'l'm'\to nlm}$是从nlm态到$n'l'm'$态的跃迁概率.

例 1 考虑一维谐振子，荷电q.设其初始时刻($t\to-\infty$)处于基态$|0\rangle$.设微扰

$$H'=-q\mathscr{E}x\,\mathrm{e}^{-t^2/\tau^2}, \tag{18}$$

其中，$\mathscr{E}$为外电场强度，τ为参数.当$t\to+\infty$时，测得该谐振子处于激发态$|n\rangle$的振幅为

$$C_{n0}^{(1)}(+\infty)=\frac{1}{\mathrm{i}\hbar}\int_{-\infty}^{+\infty}(-q\mathscr{E})\langle n|x|0\rangle\mathrm{e}^{-t^2/\tau^2+\mathrm{i}\omega_{n0}t},$$

$$\omega_{n0}=(E_n-E_0)/\hbar=n\omega.$$

利用

$$\langle n|x|0\rangle=\sqrt{\frac{\hbar}{2\mu\omega}}\delta_{n1},$$

可知在微扰论一级近似下，从基态只能跃迁到第一激发态.容易算出

$$C_{10}^{(1)}(+\infty)=\frac{-q\mathscr{E}}{\mathrm{i}\hbar}\sqrt{\frac{\hbar}{2\mu\omega}}\int_{-\infty}^{+\infty}\mathrm{e}^{-t^2/\tau^2+\mathrm{i}\omega t}\,\mathrm{d}t=\mathrm{i}q\mathscr{E}\sqrt{\frac{1}{2\mu\hbar\omega}}\sqrt{\pi}\,\tau\,\mathrm{e}^{-\omega^2\tau^2/4},$$

所以

$$P_{10}(+\infty)=\frac{q^2\mathscr{E}^2}{2\mu\hbar\omega}\pi\tau^2\mathrm{e}^{-\omega^2\tau^2/2}, \tag{19}$$

该谐振子仍停留在基态的概率为$1-P_{10}(+\infty)$.可以看出，如$\tau\to+\infty$，即微扰无限缓慢地加进来，则$P_{10}(+\infty)=0$.粒子将保持在基态，即不发生跃迁.

例 2 突发微扰(sudden perturbation).

设体系受到如下的一个突发(但有限的)微扰的作用：

$$H'(t)=\begin{cases}H', & |t|\leqslant\varepsilon/2,\\ 0, & |t|>\varepsilon/2,\end{cases}\quad \varepsilon\to0^+, \tag{20}$$

即一个常微扰H'在一个很短的时间$(-\varepsilon/2, +\varepsilon/2)$中突发地起作用.按 Schrödinger 方程，有

$$\psi(+\varepsilon/2)-\psi(-\varepsilon/2)=\frac{1}{\mathrm{i}\hbar}\int_{-\varepsilon/2}^{+\varepsilon/2}H'(t)\psi(t)\,\mathrm{d}t\xrightarrow{\varepsilon\to0^+}0, \tag{21}$$

即突发(瞬时但有限大)微扰并不改变体系的状态,即 ψ(末态)$=\psi$(初态).这里所谓的瞬时($\varepsilon\to 0^+$)作用,是指 ε 远小于体系的特征时间.

例如,考虑 β^- 衰变,原子核$(Z,N)\xrightarrow{\beta^-}(Z+1,N-1)$的过程中,释放出一个电子(速度 $v\sim c$),过程持续时间 $T\sim a/Zc$,其中,a 为 Bohr 半径.与原子中处于 1s 轨道的电子运动的特征时间[①] $\tau\sim(a/Z)/Z\alpha c$($\alpha\approx 1/137$)相比,$T\ll\tau$(设 $Z\ll 1/\alpha\approx 137$).在此短暂过程中,β^- 衰变前原子中一个 K 壳电子(处于 1s 轨道的电子)的状态是来不及改变的,即维持在原来的状态.但由于原子核荷电已经改变,原来的状态并不能维持为新原子的能量本征态.特别是,不能维持为新原子的 1s 态.试问:该电子有多大概率处于新原子的 1s 态?设 K 壳电子的波函数表示为

$$\psi_{100}(Z,r)=\left(\frac{Z^3}{\pi a^3}\right)^{1/2}\mathrm{e}^{-Zr/a}, \tag{22}$$

按波函数的统计诠释,测得此 K 壳电子处于新原子的 1s 态的概率为

$$\begin{aligned}P_{100}&=|\langle\psi_{100}(Z+1)\mid\psi_{100}(Z)\rangle|^2\\&=\frac{Z^3(Z+1)^3}{\pi^2a^6}(4\pi)^2\left|\int_0^\infty \mathrm{e}^{-(2Z+1)r/a}r^2\mathrm{d}r\right|^2\\&=\left(1+\frac{1}{Z}\right)^3\left(1+\frac{1}{2Z}\right)^{-6}\approx 1-\frac{3}{4Z^2},\end{aligned} \tag{23}$$

其中,$1\ll Z\ll 137$.例如,$Z=10$,$P_{100}\approx 0.9932$.

练习　氢原子处于基态,受到脉冲电场

$$\mathscr{E}(t)=\mathscr{E}_0\delta(t) \tag{24}$$

作用,其中,$\mathscr{E}_0$ 为常数.试用微扰论一级近似计算电子跃迁到各激发态的概率,以及仍停留在基态的概率[②].

11.3　量子跃迁理论与不含时微扰论的关系

用不含时微扰论来处理实际问题时,有两种情况:

(a) 纯粹是求能量本征值问题的一种技巧,即人为地把 H 分成两部分,即 $H=H_0+H'$,其中,H_0 的本征值问题已有解或较容易解出,然后逐级把 H' 的影响考虑进去,以求得 H 的更为精确的解.例如,粒子在势场 $V(x)$ 的极小点(势能谷)附近的振动(x_0 为极小点,$V'(x_0)=0$),$V(x)$ 可表示为

---

① 按类氢原子估算,电子动能的平均值为 $E=\dfrac{\mu e^4Z^2}{2\hbar^2}$(对于 1$s$ 轨道,$n=1$).设电子的速度为 v,则 $\dfrac{1}{2}\mu v^2\sim\mu e^4Z^2/2\hbar^2$,所以 $v\sim Ze^2/\hbar=Z\alpha c$($\alpha=e^2/\hbar c\approx 1/137$ 为精细结构常数).

② 参阅钱伯初、曾谨言撰写的《量子力学习题精选与剖析》(第二版)上册的 409 页.

$$V(x)=V(x_0)+\frac{1}{2!}V''(x_0)(x-x_0)^2+\frac{1}{3!}V'''(x_0)(x-x_0)^3+\cdots, \tag{1}$$

对于小振动，保留$(x-x_0)^2$ 项就是好的近似.此时，粒子做简谐振动.但对于振幅较大（能量较高）的振动，则需要考虑非简谐项$(x-x_0)^3$…… 我们不妨把它们视为微扰，用定态微扰论来处理.

(b) 真正加上了某种外界微扰. 例如，Stark 效应、Zeeman 效应等.在此过程中，H' 实际上是随时间 t 变化的.但人们通常仍用不含时微扰论来处理该问题，理由如下.

设

$$H'(t)=H'e^{t/\tau}\quad(-\infty<t\leqslant 0), \tag{2}$$

其中，参数τ 表征微扰加进来的快慢程度.$\tau\to\infty$ 表示微扰无限缓慢地加进来.$H'(t)$ 的变化如图 11.2 所示.

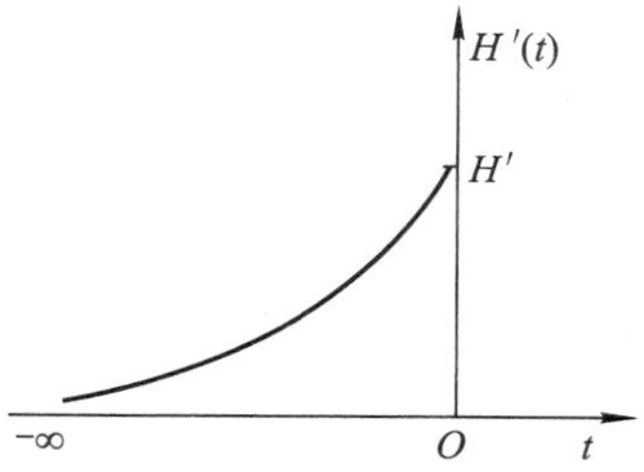

图 11.2

设$t\to-\infty$时刻体系处于H_0的非简并态$|k\rangle$（$\sim$能量E_k），按微扰论一级近似，$t=0$ 时刻体系跃迁到$|k'\rangle$态（$k'\neq k$）的振幅为

$$C_{k'k}^{(1)}(0)=-\frac{i}{\hbar}\int_{-\infty}^{0}dt\langle k'\mid H'\mid k\rangle\exp\left(\frac{t}{\tau}+i\omega_{k'k}t\right)$$

$$=-\frac{i}{\hbar}\frac{\langle k'\mid H'\mid k\rangle}{i\omega_{k'k}+1/\tau}\xrightarrow{\tau\to\infty}\frac{\langle k'\mid H'\mid k\rangle}{E_k-E_{k'}}, \tag{3}$$

再考虑到初条件$C_{k'k}^{(0)}(-\infty)=\delta_{k'k}$，可以求出准确到一级近似下的波函数

$$|\psi(0)\rangle=|k\rangle+\sum_{k'}{}'\frac{\langle k'\mid H'\mid k\rangle}{E_k-E_{k'}}|k'\rangle, \tag{4}$$

式(4) 右边第一项是H_0的非简并本征态$|k\rangle$，第二项正是微扰H'带来的修正（一级近似）.式(4) 正是定态微扰论中$H=H_0+H'$的一个本征态（微扰论一级近似），与10.1 节中的式(14b) 相同.以上所述即绝热地引进微扰的概念."参数$\tau\to\infty$"是指τ比所处理体系的特征时间长得多.例如，正常Zeeman效应和Stark效应，外场加进来的过程所经历的时间比原子的特征时间（$\sim 1/\omega_{k'k}\sim 10^{-15}$ s）长得多，所以可以用定态微扰论来处理.

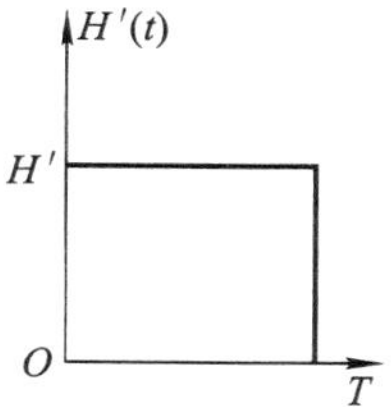

图 11.3

下面考虑另一种情况，即常微扰只在一定时间间隔中起作用.设（见图 11.3）

$$H'(t)=H'(\theta(t)-\theta(t-T)), \tag{5}$$

其中，$\theta(t)$ 为阶梯函数，定义为

$$\theta(t)=\begin{cases}0, & t<0,\\ 1, & t\geqslant 0.\end{cases} \tag{6}$$

按 11.2节中的式(13)，在时刻t，微扰$H'(t)$ 导致体系从k态到k'态的跃迁振幅（一级近似）为

$$C_{k'k}^{(1)}(t)=\frac{1}{\mathrm{i}\hbar}\int_{-\infty}^{t}H'_{k'k}(t')\mathrm{e}^{\mathrm{i}\omega_{k'k}t'}\mathrm{d}t',\tag{7}$$

对式(7) 分部积分，得

$$C_{k'k}^{(1)}(t)=-\frac{H'_{k'k}(t)\mathrm{e}^{\mathrm{i}\omega_{k'k}t}}{\hbar\omega_{k'k}}+\int_{-\infty}^{t}\frac{\partial H'_{k'k}}{\partial t'}\frac{\mathrm{e}^{\mathrm{i}\omega_{k'k}t'}}{\hbar\omega_{k'k}}\mathrm{d}t'.\tag{8}$$

当 $t>T$ 时，式(8) 右边第一项为零，第二项化为

$$\int_{-\infty}^{t}\mathrm{d}t'H'_{k'k}[\delta(t')-\delta(t'-T)]\frac{\mathrm{e}^{\mathrm{i}\omega_{k'k}t'}}{\hbar\omega_{k'k}}=\frac{H'_{k'k}}{\hbar\omega_{k'k}}(1-\mathrm{e}^{\mathrm{i}\omega_{k'k}T}),\tag{9}$$

因此跃迁概率($k'\neq k$) 为

$$P_{k'k}(t)=\frac{|H'_{k'k}|^2}{\hbar^2\omega_{k'k}^2}|1-\mathrm{e}^{\mathrm{i}\omega_{k'k}T}|^2=\frac{|H'_{k'k}|^2}{\hbar^2}\frac{\sin^2(\omega_{k'k}T/2)}{(\omega_{k'k}/2)^2}.\tag{10}$$

$\dfrac{\sin^2(\omega_{k'k}T/2)}{(\omega_{k'k}/2)^2}$ 随 $\omega_{k'k}$ 变化的曲线见图 11.4.

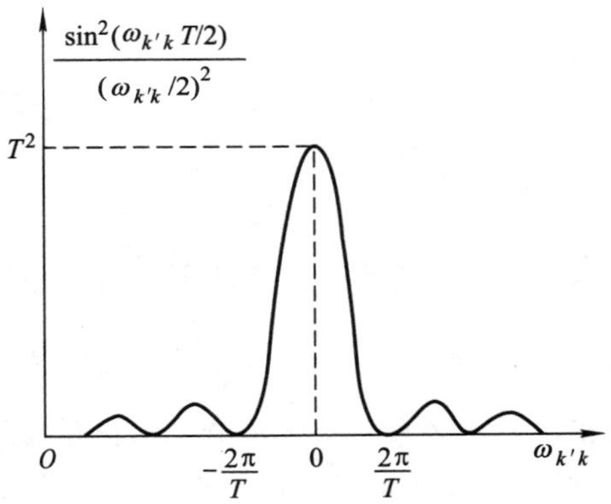

图　11.4

当微扰作用的时间间隔 T 足够长($\omega_{k'k}T\gg1$) 时，$P_{k'k}(t)(t\geqslant T)$ 只在 $\omega_{k'k}\sim0$ 的一个窄范围中不为零.利用(见数学附录 A2 中的式(6))

$$\lim_{\alpha\to\infty}\frac{\sin^2\alpha x}{x^2}=\pi\alpha\delta(x),$$

即

$$\lim_{T\to\infty}\frac{\sin^2(\omega_{k'k}T/2)}{(\omega_{k'k}/2)^2}=\pi T\delta(\omega_{k'k}/2)=2\pi T\delta(\omega_{k'k}),$$

因此，当 $\omega_{k'k}T\gg1$，$t\geqslant T$ 时，

$$P_{k'k}(t)=\frac{2\pi}{\hbar^2}|H'_{k'k}|^2\delta(\omega_{k'k})T,\tag{11}$$

而单位时间的跃迁概率(即跃迁速率，表征跃迁快慢) 为

$$w_{k'k} = P_{k'k}/T = \frac{2\pi}{\hbar^2} \mid H'_{k'k} \mid^2 \delta(\omega_{k'k}) = \frac{2\pi}{\hbar} \mid H'_{k'k} \mid^2 \delta(E_{k'} - E_k). \tag{12}$$

式(12) 表明，若常微扰只在一段时间$(0,T)$中起作用，只要作用延续的时间 T 足够长(远大于体系的特征时间)，则跃迁速率与时间无关，而且只有当末态能量$E_{k'} \sim E_k$(初态能量) 的情况下，才有可观的跃迁发生.$\delta(E_{k'} - E_k)$ 是常微扰作用下体系能量守恒的反映.

初学者可能对式(12) 中出现的δ 函数感到困扰，因为微扰论一级近似成立的条件是计算所得出的跃迁速率很小.所以δ 函数带来的表观的∞是否损害了该理论的可信度? 在实际问题中，由于这种或那种物理情况，δ 函数总会被积分掉，而微扰论一级近似的适用性，取决于δ 函数下的面积.事实上，δ 函数出现的式(12)，只有在$E_{k'}$连续变化的情况下才有意义. 设$\rho(E_{k'})$表示体系(H_0)的末态的态密度，即在$(E_{k'}, E_{k'} + \mathrm{d}E_{k'})$范围中的末态数为$\rho(E_{k'})\mathrm{d}E_{k'}$.因此，从初态$k$到$E_{k'} \sim E_k$附近一系列可能末态的跃迁速率之和为

$$w = \int \mathrm{d}E_{k'}\rho(E_{k'}) w_{k'k} = \frac{2\pi}{\hbar}\rho(E_k) \mid H'_{k'k} \mid^2. \tag{13}$$

此公式的应用范围很广，人们习惯称之为Fermi 黄金规则(golden rule).以下以弹性散射为例，讲述它的应用.

在 3.3 节中我们讲述过一维散射问题.对于一维入射粒子，碰到势垒后只有两种走向，即反射或透射.我们定义过反射系数 R 和透射系数 $T(R + T = 1)$:

$$\begin{cases} R = j_r/j_i, \\ T = j_t/j_i, \end{cases} \tag{14}$$

其中，j_i，j_r，j_t 分别表示入射、反射和透射粒子流密度.对于三维粒子，其沿确定方向入射，动量为$\boldsymbol{p}$(沿 z 方向)，在受到靶子的作用$V(\boldsymbol{r})$(视为微扰 H') 后，可以沿不同方向出射，相应的概率(或流密度) 也与出射方向有关，表现为出射粒子有一个角分布.设出射粒子动量为$\boldsymbol{p}'$，与入射粒子动量$\boldsymbol{p}$之间的夹角为θ.对于弹性散射，$|\boldsymbol{p}'| = |\boldsymbol{p}|$.采用平面波近似，入射波表示为 $\mathrm{e}^{\mathrm{i}\boldsymbol{p}\cdot\boldsymbol{r}/\hbar}/L^{3/2}$($L^3$ 是为方便而引进的归一化的大体积，我们感兴趣的观测结果显然与 L^3 无关，计算表明，在计算的最后结果中，L^3 会自动消去).入射粒子流密度为

$$j_i = p/mL^3 = v/L^3, \tag{15}$$

末态(出射波) 表示为 $\mathrm{e}^{\mathrm{i}\boldsymbol{p}'\cdot\boldsymbol{r}/\hbar}/L^{3/2}$.这样，

$$H'_{k'k} = \frac{1}{L^3}\int \mathrm{d}^3 r V(\boldsymbol{r}) \mathrm{e}^{\mathrm{i}(\boldsymbol{p}-\boldsymbol{p}')\cdot\boldsymbol{r}/\hbar}. \tag{16}$$

令

$$\hbar \boldsymbol{q} = \boldsymbol{p}' - \boldsymbol{p} \tag{17}$$

表示动量转移(momentum transfer),则

$$H'_{k'k}=V(\boldsymbol{q})/L^3, \tag{18}$$

其中,

$$V(\boldsymbol{q})=\int \mathrm{d}^3 r V(\boldsymbol{r})\mathrm{e}^{-\mathrm{i}\boldsymbol{q}\cdot\boldsymbol{r}} \tag{19}$$

是 $V(\boldsymbol{r})$ 的 Fourier 变换.

设沿 θ 角方向的立体角 $\mathrm{d}\Omega$ 中出射粒子的(末)态密度为 ρ,按 4.4.3 小节中的分析,

$$\rho\,\mathrm{d}E=L^3 p^2\mathrm{d}p\,\mathrm{d}\Omega/(2\pi\hbar)^3, \tag{20}$$

可以证明

$$\mathrm{d}E=v\,\mathrm{d}p, \tag{21}$$

其中,v 是粒子速度(式(21)对于非相对论或相对论情况都成立).因此

$$\rho=\frac{L^3 p^2\mathrm{d}\Omega}{v(2\pi\hbar)^3}. \tag{22}$$

将式(22)、式(18)代入式(13),得到沿 θ 角方向的立体角 $\mathrm{d}\Omega$ 中出射粒子的跃迁速率为

$$\mathrm{d}w=\frac{2\pi}{\hbar}\frac{L^3 p^2\mathrm{d}\Omega}{v(2\pi\hbar)^3}\left|\frac{1}{L^3}V(\boldsymbol{q})\right|^2. \tag{23}$$

按截面的物理意义(见 12.1 节),

$$\mathrm{d}w=j_{\mathrm{i}}\sigma(\theta)\mathrm{d}\Omega, \tag{24}$$

将式(15)代入式(23)、式(24),得出

$$\sigma(\theta)=\frac{p^2}{4\pi^2\hbar^4 v^2}\,|V(\boldsymbol{q})|^2. \tag{25}$$

对于非相对论粒子,$p=mv$,因而

$$\sigma(\theta)=\frac{m^2}{4\pi^2\hbar^4}\,|V(\boldsymbol{q})|^2=\frac{m^2}{4\pi^2\hbar^4}\left|\int\mathrm{d}^3 r\,\mathrm{e}^{-\mathrm{i}\boldsymbol{q}\cdot\boldsymbol{r}}V(\boldsymbol{r})\right|^2. \tag{26}$$

11.4 能量-时间测不准关系

在 2.1 节中已经提出,由于微观粒子具有波动性,因此对于粒子的概念应有所修改.把经典粒子概念全盘搬到量子力学中来,显然是不恰当的.使用经典粒子概念来描述微观粒子必定会受到一定的限制.这个限制集中表现在 Heisenberg 的测不准关系中.下面我们来讨论与此有关,但含义不尽相同的能量测不准关系.先讨论几个例子.

例 1 设粒子的初态为 $\psi(\boldsymbol{r},0)\approx\psi_1(\boldsymbol{r})+\psi_2(\boldsymbol{r})$,其中,$\psi_1$ 和 ψ_2 是粒子的两个本征态,相应的能量本征值为 E_1 和 E_2,则

$$\psi(\boldsymbol{r},t)=\psi_1(\boldsymbol{r})\mathrm{e}^{-\mathrm{i}E_1 t/\hbar}+\psi_2(\boldsymbol{r})\mathrm{e}^{-\mathrm{i}E_2 t/\hbar}, \tag{1}$$

$\psi(\boldsymbol{r},t)$ 是一个非定态.在此态下,各力学量的概率分布要随时间变化.例如,粒子在空

间中的概率密度为

$$\rho(\boldsymbol{r},t)=|\psi(\boldsymbol{r},t)|^2=|\psi_1(\boldsymbol{r})|^2+|\psi_2(\boldsymbol{r})|^2+(\psi_1^*\psi_2 e^{i\omega t}+\psi_1\psi_2^* e^{-i\omega t}),\quad(2)$$

其中,

$$\omega=(E_2-E_1)/\hbar=\Delta E/\hbar,$$

这里,ΔE 可视为测量体系能量时出现的不确定度.由上可见,$\rho(\boldsymbol{r},t)$ 随时间呈周期变化,周期 $T=2\pi/\omega=h/\Delta E$.动量和其他力学量的概率分布也有同样的变化周期.这个周期 T 是表征体系性质变化快慢的特征时间,记为 $\Delta t=T$.按以上分析,它与体系的能量不确定度 ΔE 有如下关系:

$$\Delta t\cdot\Delta E\sim h.\quad(3)$$

对于一个定态,能量是完全确定的,即 $\Delta E=0$.定态的特点是所有(不显含 t)力学量的概率分布都不随时间变化,即变化周期 $T\to\infty$,或者说特征时间 $\Delta t\to\infty$.这并不违反式(3).

例 2 设自由粒子的状态用一个波包来描述(见图 11.5),波包宽度 $\sim\Delta x$,群速为 v,相应于经典粒子的运动速度.波包掠过空间某点所需时间 $\Delta t\sim\Delta x/v$.此波包所描述的粒子的动量不确定度为 $\Delta p\sim\hbar/\Delta x$,因此其能量不确定度 $\Delta E\approx\dfrac{\partial E}{\partial p}\Delta p=v\Delta p$.所以

$$\Delta t\cdot\Delta E\sim\frac{\Delta x}{v}\cdot v\Delta p=\Delta x\cdot\Delta p\sim\hbar.\quad(4)$$

例 3 设原子处于激发态(见图 11.6),它可以通过自发辐射(见 11.5 节)而衰变到基态(稳定态),寿命为 τ.这是一个非定态,其能量不确定度 ΔE 称为能级宽度 Γ.实验上可通过测量自发辐射光子的能量来测出激发态的能量.由于寿命的限制,自发辐射光子相应的辐射波列的长度 $\Delta x\sim c\tau$,因此光子的动量不确定度 $\Delta p\sim\hbar/\Delta x\sim\hbar/c\tau$,能量($E=cp$)不确定度 $\Delta E=c\Delta p\sim\hbar/\tau$.由于观测到的光子能量有这样一个不确定度,由之得出的激发态能量也有一个不确定度,即宽度 Γ,而

$$\Gamma\tau\sim\hbar.\quad(5)$$

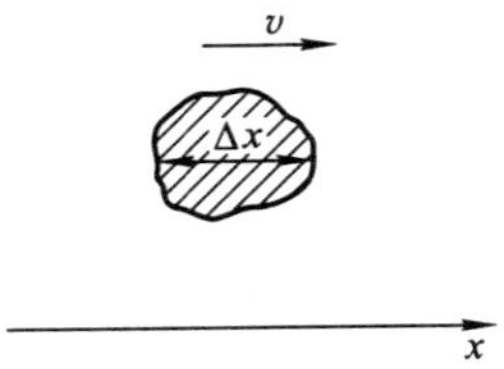

图 11.5

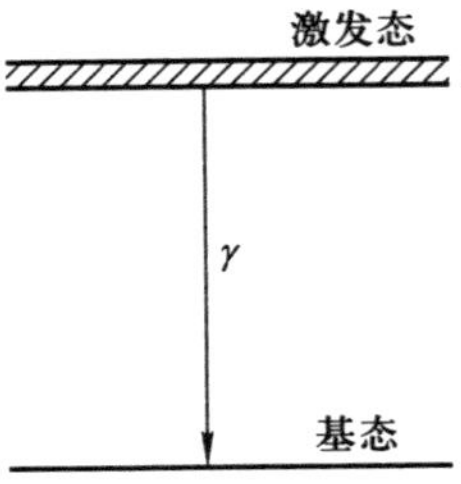

图 11.6

下面对能量 - 时间测不准关系给一个较普遍的描述.设体系的 Hamilton 量为 H，A 为另一个力学量(不显含 t).按 4.3.1 小节中给出的测不准关系

$$\Delta E \cdot \Delta A \geqslant \frac{1}{2} \mid \overline{[A, H]} \mid, \tag{6}$$

其中,

$$\Delta E = \left[\overline{(H - \overline{H})^2}\right]^{1/2}, \quad \Delta A = \left[\overline{(A - \overline{A})^2}\right]^{1/2}$$

分别表示在给定状态下能量和力学量 A 的不确定度.利用 5.1 节中的式(3),即

$$\frac{\mathrm{d}}{\mathrm{d}t}\overline{A} = \overline{[A, H]}/\mathrm{i}\hbar, \tag{7}$$

式(6) 可表示为

$$\Delta E \cdot \Delta A \geqslant \frac{\hbar}{2}\left|\frac{\mathrm{d}}{\mathrm{d}t}\overline{A}\right|$$

或

$$\Delta E \cdot \frac{\Delta A}{\left|\frac{\mathrm{d}}{\mathrm{d}t}\overline{A}\right|} \geqslant \hbar/2. \tag{8}$$

令

$$\tau_A = \Delta A \Big/ \left|\frac{\mathrm{d}}{\mathrm{d}t}\overline{A}\right|, \tag{9}$$

则得

$$\Delta E \cdot \tau_A \geqslant \hbar/2, \tag{10}$$

这里,τ_A 是 $\overline{A}$ 改变 ΔA 所需的时间间隔,表征 $\overline{A}$ 变化快慢的周期.在给定状态下,每个力学量 A 都有相应的 τ_A.在这些 τ_A 中,最小的一个记为 τ,它当然也满足式(10),即

$$\Delta E \cdot \tau \geqslant \hbar/2, \tag{11}$$

或写成

$$\Delta E \cdot \Delta t \geqslant \hbar/2, \tag{12}$$

此即所谓的能量 - 时间测不准关系.其中,ΔE 表示状态能量的不确定度,而 Δt 为该状态的特征时间,可理解为状态性质有明显改变所需要的时间间隔,或者变化周期.式(12) 表明,Δt 与 ΔE 不能都任意小下去,而要受到一定的制约.此即能量 - 时间测不准关系的物理含义.

关于能量的测不准关系,往往容易被初学者误解.应该提到,在非相对论情况下,时间 t 只是一个参量,而不是属于某一特定体系的力学量.因此,既不能套用坐标 - 动量测不准关系的普遍论证方法(见4.3.1 小节),而且它们的物理含义也不尽相同.在测不准关系 $\Delta x \cdot \Delta p_x \geqslant \hbar/2$ 中,Δx 与 Δp_x 都是对于同一时刻而言.因此,如果把 x 或 p_x 之一换为 t,试问:“同一时刻”的 Δt 表示何意？这是很难理解的.此外,如要套用 4.3.1

小节中测不准关系的论证方法，就必须计算$[H,t]$，但与 H 不同，t 并非该体系的力学量.有人令 $H=\mathrm{i}\hbar\frac{\partial}{\partial t}$，于是得出

$$[H,t]=\left[\mathrm{i}\hbar\frac{\partial}{\partial t},t\right]=\mathrm{i}\hbar,$$

但此做法是不妥当的.应该强调，H 是表征体系随时间演化特性的力学量，例如，由它可以判定哪些力学量是守恒量.例如，中心力场 $V(r)$ 中的粒子，其 Hamilton 量为

$$H=p^2/2m+V(r),$$

由于 H 的各向同性，才有角动量 $\boldsymbol{l}=\boldsymbol{r}\times\boldsymbol{p}$ 守恒，即

$$[\boldsymbol{l},H]=0.$$

如我们随便地令 $H=\mathrm{i}\hbar\frac{\partial}{\partial t}$，则不管是不是中心力场，均可得出

$$[\boldsymbol{l},H]=\left[\boldsymbol{l},\mathrm{i}\hbar\frac{\partial}{\partial t}\right]=0,$$

即 $\boldsymbol{l}$ 都是守恒量，这显然是不妥当的.以上做法系来自对 Schrödinger 方程的不正确理解.事实上，Schrödinger 方程

$$\mathrm{i}\hbar\frac{\partial}{\partial t}\psi(t)=H\psi(t)$$

只是表明，在自然界中真正能实现的 $\psi(t)$ 的演化，必须满足上述方程.它绝不表明，对于任意函数 $\psi(t)$，上述方程都成立.因此，随便令 $H=\mathrm{i}\hbar\frac{\partial}{\partial t}$，往往会引起误解.

11.5　光的吸收与辐射的半经典处理

关于原子结构的知识，主要来自对光（辐射场）与原子的相互作用的研究.在光的照射下，原子可能吸收光而从较低能级跃迁到较高能级，或者从较高能级跃迁到较低能级并放出光. 这两个现象分别称为光的吸收（absorption）和受激辐射（induced radiation）.实验上还观察到，如果原子本来处于较高能级，那么即使没有外界光的照射，也可能跃迁到某些较低能级而放出光，这个现象称为自发辐射（spontaneous radiation）.如图 11.7 所示.

对原子吸收或放出的光进行光谱分析，可获得关于原子能级及其有关性质的知识.光谱分析中有两个重要的观测量 —— 谱线频率（或波数）与谱线相对强度，前者取决于初态和末态的能量差 ΔE（$\nu=\Delta E/h$，频率条件），后者则与跃迁速率成比例.光的吸收与辐射现象，涉及光子的产生和湮没，其严格处理需要用量子电动力学，即需要把电磁场量子化（光子即电磁场量子）.但对于光的吸收和受激辐射现象，可以在非相对论量子力学中采用半经典方法来处理，即把光子产生和湮没的问题转化为在电磁场的

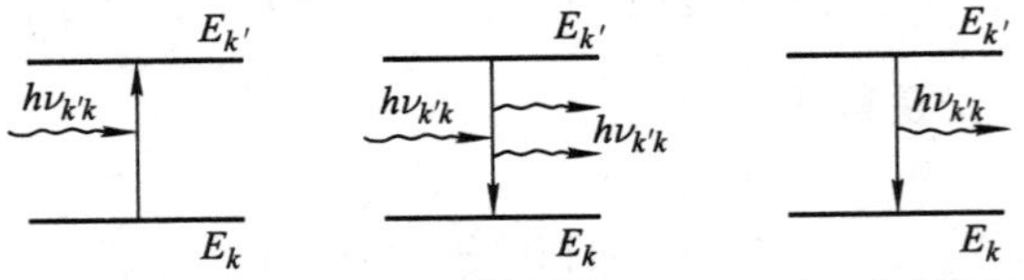

(a) 吸收　(b) 受激辐射　(c) 自发辐射

图 11.7

作用下原子在不同能级之间跃迁的问题.在这里,原子已作为一个量子力学体系来对待,但辐射场仍然用一个连续变化的经典电磁场来描述,并未进行量子化,即把光辐射场当作一个与时间有关的外界微扰,用微扰论来近似计算原子的跃迁速率.但对于处理自发辐射,这个办法就无能为力了.有趣的是,在量子力学和量子电动力学建立之前,Einstein(1917) 基于热力学和统计物理学中平衡概念的考虑,回避了光子的产生和湮没,巧妙地说明了原子的自发辐射现象.

11.5.1 光的吸收与受激辐射

为简单起见,先假设入射光为平面单色光,其电磁场强度为

$$\begin{cases} \boldsymbol{E} = \boldsymbol{E}_0 \cos(\omega t - \boldsymbol{k} \cdot \boldsymbol{r}), \\ \boldsymbol{B} = \boldsymbol{k} \times \boldsymbol{E} / |\boldsymbol{k}|, \end{cases} \tag{1}$$

其中,$\boldsymbol{k}$ 为波矢,其方向即光传播方向,ω 为角频率.在原子中,电子的速度 $v \ll c$(c 为光速),磁场对电子的作用远小于电场的作用,即

$$\left| \frac{e}{c} \boldsymbol{v} \times \boldsymbol{B} \right| / |e\boldsymbol{E}| \sim \frac{v}{c} \ll 1,$$

因此只需要考虑电场对电子的作用.此外,对于可见光,波长 $\lambda \sim (4000 - 7000) \times 10^{-10}$ m $\gg a$(a 为 Bohr 半径).在原子大小范围中,$\boldsymbol{k} \cdot \boldsymbol{r} \sim a/\lambda \ll 1$,因为电场变化极微小,可以看成均匀电场,所以

$$\boldsymbol{E} = \boldsymbol{E}_0 \cos\omega t, \tag{2}$$

它相应的电势为

$$\phi = \boldsymbol{E} \cdot \boldsymbol{r} + \text{常数}, \tag{3}$$

常数项对跃迁无贡献,不妨略去.因此入射的可见光对原子中电子的作用可表示为

$$H' = e\phi = -\boldsymbol{D} \cdot \boldsymbol{E}_0 \cos\omega t = W \cos\omega t, \tag{4}$$

其中,

$$W = -\boldsymbol{D} \cdot \boldsymbol{E}_0, \quad \boldsymbol{D} = -e\boldsymbol{r}\text{(电偶极矩)}.$$

将 H' 代入跃迁振幅的微扰论一级近似公式(见 11.2 节中的式(13))

$$C_{k'k}^{(1)}(t) = \frac{1}{\mathrm{i}\hbar} \int_0^t \mathrm{e}^{\mathrm{i}\omega_{k'k} t} H'_{k'k} \, \mathrm{d}t = \frac{W_{k'k}}{2\mathrm{i}\hbar} \int_0^t \mathrm{e}^{\mathrm{i}\omega_{k'k} t} (\mathrm{e}^{\mathrm{i}\omega t} + \mathrm{e}^{-\mathrm{i}\omega t}) \, \mathrm{d}t$$

$$= -\frac{W_{k'k}}{2\hbar}\left[\frac{e^{i(\omega_{k'k}+\omega)t}-1}{\omega_{k'k}+\omega}+\frac{e^{i(\omega_{k'k}-\omega)t}-1}{\omega_{k'k}-\omega}\right]. \tag{5}$$

对于可见光,ω 很大(例如,$\lambda \sim 5000\times10^{-10}$ m 的光,$\omega \sim 4\times10^{15}\,\mathrm{s}^{-1}$).对于原子的光跃迁,$|\omega_{k'k}|$ 也很大.式(5) 中的两项,只有当 $\omega \sim |\omega_{k'k}|$ 时,才有显著的贡献.为确切起见,下面讨论原子吸收光的跃迁,即 $E_{k'} > E_k$,此时,只有当入射光 $\omega \sim \omega_{k'k} = (E_{k'} - E_k)/\hbar$ 的情况下,才会引起 $E_k \to E_{k'}$ 的跃迁.此时,

$$C_{k'k}^{(1)}(t) = -\frac{W_{k'k}}{2\hbar}\frac{e^{i(\omega_{k'k}-\omega)t}-1}{\omega_{k'k}-\omega}, \tag{6}$$

因此,从 k 态 $\to k'$ 态($k' \neq k$) 的跃迁概率为

$$P_{k'k}(t) = |C_{k'k}^{(1)}(t)|^2 = \frac{|W_{k'k}|^2}{4\hbar^2}\frac{\sin^2[(\omega_{k'k}-\omega)t/2]}{[(\omega_{k'k}-\omega)/2]^2}. \tag{7}$$

当时间 t 充分长以后,只有 $\omega \sim \omega_{k'k}$ 的入射光才对 k 态 $\to k'$ 态的跃迁有明显贡献(共振吸收).此时(利用数学附录 A2 中的式(6)),

$$P_{k'k}(t) = \frac{\pi t}{4\hbar^2}|W_{k'k}|^2\delta[(\omega_{k'k}-\omega)/2], \tag{8}$$

而跃迁速率为

$$\begin{aligned} w_{k'k} &= \frac{\mathrm{d}}{\mathrm{d}t}P_{k'k} = \frac{\pi}{2\hbar^2}|W_{k'k}|^2\delta(\omega_{k'k}-\omega) \\ &= \frac{\pi}{2\hbar^2}|\boldsymbol{D}_{k'k}\cdot\boldsymbol{E}_0|^2\delta(\omega_{k'k}-\omega) \\ &= \frac{\pi}{2\hbar^2}|\boldsymbol{D}_{k'k}|^2E_0^2\cos^2\theta\,\delta(\omega_{k'k}-\omega), \end{aligned} \tag{9}$$

其中,θ 是 $\boldsymbol{D}_{k'k}$ 与 $\boldsymbol{E}_0$ 之间的夹角.若入射光为非偏振光,光偏振($\boldsymbol{E}_0$) 的方向是完全无规的,则可以把 $\cos^2\theta$ 换为它对空间各方向的平均值,即

$$\overline{\cos^2\theta} = \frac{1}{4\pi}\int \mathrm{d}\Omega\cos^2\theta = \frac{1}{4\pi}\int_0^{2\pi}\mathrm{d}\varphi\int_0^{\pi}\sin\theta\cos^2\theta\,\mathrm{d}\theta = 1/3,$$

所以

$$w_{k'k} = \frac{\pi}{6\hbar^2}|\boldsymbol{D}_{k'k}|^2E_0^2\delta(\omega_{k'k}-\omega), \tag{10}$$

这里,E_0 是角频率为 ω 的单色光的电场强度值.以上讨论的是理想的单色光.自然界中不存在严格的单色光(只不过有的光的单色性较好,例如激光).对于这种自然光引起的跃迁,要对式(10) 中各种频率成分的贡献求和.令 $\rho(\omega)$ 表示角频率为 ω 的单色光的能量密度.利用

$$\begin{aligned} \rho(\omega) &= \frac{1}{8\pi}\overline{E^2+B^2} \quad \left(\text{对时间求平均,周期 } T = \frac{2\pi}{\omega}\right) \\ &= \frac{1}{4\pi}\overline{E^2} = \frac{E_0^2(\omega)}{4\pi}\frac{1}{T}\int_0^T \mathrm{d}t\cos^2\omega t = \frac{1}{8\pi}E_0^2(\omega), \end{aligned} \tag{11}$$

可将式(10) 中的 E_0^2 换为$\int d\omega\, 8\pi\rho(\omega)$，因此可得出非偏振光引起的跃迁速率为

$$w_{k'k}=\frac{4\pi^2}{3\hbar^2}\,|\,\boldsymbol{D}_{k'k}\,|^2\rho(\omega_{k'k})=\frac{4\pi^2e^2}{3\hbar^2}\,|\,\boldsymbol{r}_{k'k}\,|^2\rho(\omega_{k'k}). \tag{12}$$

可以看出，跃迁快慢与入射光中角频率为 $\omega_{k'k}$ 的单色光的能量密度 $\rho(\omega_{k'k})$ 成比例.若入射光中没有这种频率成分，则不能引起 E_k 和 $E_{k'}$ 两能级之间的跃迁.跃迁速率还与 $|\,\boldsymbol{r}_{k'k}\,|^2$ 成比例，这就涉及初态与末态的性质.设

$$\begin{aligned}&\text{原子初态：}\quad |\,k\rangle=|\,nlm\rangle,\quad \text{宇称 } \Pi=(-1)^l,\\ &\text{原子末态：}\quad |\,k'\rangle=|\,n'l'm'\rangle,\quad \text{宇称 } \Pi'=(-1)^{l'}.\end{aligned} \tag{13}$$

考虑到 $\boldsymbol{r}$ 为奇宇称算符，只有当宇称 $\Pi'=-\Pi$ 时，$\boldsymbol{r}_{k'k}$ 才可能不为零.由此得出，电偶极辐射的宇称选择定则：

$$\text{宇称，}\qquad \text{改变.} \tag{14}$$

其次，考虑角动量的选择定则.利用(见数学附录 A4.3)

$$\begin{cases}x=r\sin\theta\cos\varphi=\dfrac{r}{2}\sin\theta(\mathrm{e}^{\mathrm{i}\varphi}+\mathrm{e}^{-\mathrm{i}\varphi}),\\ y=r\sin\theta\sin\varphi=\dfrac{r}{2\mathrm{i}}\sin\theta(\mathrm{e}^{\mathrm{i}\varphi}-\mathrm{e}^{-\mathrm{i}\varphi}),\\ z=r\cos\theta,\end{cases}$$

$$\cos\theta\,\mathrm{Y}_{lm}=\sqrt{\frac{(l+1)^2-m^2}{(2l+1)(2l+3)}}\,\mathrm{Y}_{l+1,m}+\sqrt{\frac{l^2-m^2}{(2l-1)(2l+1)}}\,\mathrm{Y}_{l-1,m},$$

$$\begin{aligned}\mathrm{e}^{\pm\mathrm{i}\varphi}\sin\theta\,\mathrm{Y}_{lm}=&\pm\sqrt{\frac{(l\pm m+1)(l\pm m+2)}{(2l+1)(2l+3)}}\,\mathrm{Y}_{l+1,m\pm1}\\ &+\sqrt{\frac{(l\mp m)(l\mp m+1)}{(2l-1)(2l+1)}}\,\mathrm{Y}_{l-1,m\pm1},\end{aligned}$$

再根据球谐函数的正交性，可以看出，只有当

$$l'=l\pm1,\quad m'=m,m\pm1$$

时，$\boldsymbol{r}_{k'k}$ 才可能不为零.此即电偶极辐射的角动量选择定则：

$$\Delta l=l'-l=\pm1,\quad \Delta m=m'-m=0,\pm1. \tag{15}$$

以上未考虑电子自旋.计及电子自旋及自旋 - 轨道耦合作用后，电子状态用好量子数 $nljm_j$ 来描述.可以证明①，电偶极辐射的选择定则为

$$\begin{aligned}&\text{宇称，}\quad \text{改变，}\\ &\Delta l=\pm1,\\ &\Delta j=0,\pm1,\qquad \Delta m_j=0,\pm1.\end{aligned} \tag{16}$$

---

① 参阅钱伯初、曾谨言撰写的《量子力学习题精选与剖析》(第二版) 上册的 420 页.

11.5.2 自发辐射的 Einstein 理论

前已提及,原子的自发辐射现象在非相对论量子力学理论框架内是无法解释的.因为按量子力学一般原理,若无外界作用,则原子的 Hamilton 量是守恒量,如果初始时刻原子处于某定态(Hamilton 量的本征态),则原子将保持在该定态,不会跃迁到较低能级.

Einstein(1917) 曾经提出一个很巧妙的半经典理论来说明原子的自发辐射现象.他借助物体与辐射场达到平衡时的热力学关系,指出自发辐射现象必然存在,并建立起自发辐射与吸收和受激辐射之间的关系.

按前面的讨论,在能量密度为 $\rho(\omega)$ 的光的照射下,原子从 k 态 $\to k'$ 态的跃迁速率可表示为(设 $E_{k'} > E_k$)

$$w_{k'k} = B_{k'k}\rho(\omega_{k'k}), \tag{17}$$

其中,

$$B_{k'k} = \frac{4\pi^2 e^2}{3\hbar^2} \mid \boldsymbol{r}_{k'k} \mid^2 \tag{18}$$

称为吸收系数.与此类似,对于从 k' 态 $\to k$ 态的受激辐射,跃迁速率也可表示为

$$w_{kk'} = B_{kk'}\rho(\omega_{kk'}), \tag{19}$$

其中,

$$B_{kk'} = \frac{4\pi^2 e^2}{3\hbar^2} \mid \boldsymbol{r}_{kk'} \mid^2 \tag{20}$$

称为受激辐射系数.由于 $\boldsymbol{r}$ 为 Hermite 算符,因此

$$B_{kk'} = B_{k'k}, \tag{21}$$

即受激辐射系数等于吸收系数.它们都与入射光的强度无关.

设处于平衡态下的体系的绝对温度为 T,n_k 和 $n_{k'}$ 分别为处于能级 E_k 和 $E_{k'}$ 上的原子数目.按 Boltzmann 分布律

$$n_k / n_{k'} = \mathrm{e}^{(E_{k'} - E_k)/kT} = \mathrm{e}^{\hbar\omega_{k'k}/kT}, \tag{22}$$

其中,k 为 Boltzmann 常量,显然,对于 $E_{k'} \neq E_k$,$n_{k'} \neq n_k$(正常情况下,$n_{k'} < n_k$),因此

$$n_k B_{k'k}\rho(\omega_{k'k}) \neq n_{k'} B_{kk'}\rho(\omega_{k'k}), \tag{23}$$

所以,若只有受激辐射,则无法与吸收过程达到平衡.出自平衡的要求,必须引进自发辐射,即在式(23) 右边再加上一项,使体系能达到平衡,即

$$n_k B_{k'k}\rho(\omega_{k'k}) = n_{k'}[B_{kk'}\rho(\omega_{k'k}) + A_{kk'}], \tag{24}$$

其中,$A_{kk'}$ 称为自发辐射系数.它表示在没有外界光的照射下,单位时间内原子从 k' 态 $\to k$ 态 的跃迁概率($E_{k'} > E_k$).式(24) 左边是单位时间内从 k 态 $\to k'$ 态跃迁的原子数目(通过吸收),右边则是单位时间内从 k' 态 $\to k$ 态跃迁的原子数目(通过受激辐

射与自发辐射).

利用式(21)、式(22) 与式(24),可得

$$\rho(\omega_{k'k})=\frac{A_{kk'}}{B_{kk'}}\frac{1}{n_k/n_{k'}-1}=\frac{A_{kk'}}{B_{kk'}}\frac{1}{\mathrm{e}^{\hbar\omega_{k'k}/kT}-1}\xrightarrow{T\to\infty}\frac{A_{kk'}}{B_{kk'}}\frac{kT}{\hbar\omega_{k'k}}. \tag{25}$$

在温度极高的情况下,有大量原子处于激发能级,物体可以吸收和发射各种频率的辐射,接近于完全黑体.此时($kT\gg\hbar\omega_{k'k}$),可以用 Rayleigh-Jeans 公式来描述与黑体达到平衡的辐射场的能量密度分布,即

$$\rho(\omega)=\frac{\omega^2}{\pi^2c^3}kT. \tag{26}$$

比较式(25) 与式(26),得

$$\frac{A_{kk'}}{B_{kk'}}=\frac{\hbar\omega_{k'k}^3}{\pi^2c^3}, \tag{27}$$

再利用式(20),就求出了自发辐射系数:

$$A_{kk'}=\frac{4e^2\omega_{k'k}^3}{3\hbar c^3}\mid \boldsymbol{r}_{kk'}\mid^2, \tag{28}$$

自发辐射的选择定则与受激辐射和吸收完全相同.

习　题

1. 荷电 q 的离子在平衡位置附近做微小振动(简谐振动),受到光照射而发生跃迁.设照射光的能量密度为 $\rho(\omega)$,波长较长.(a) 求跃迁选择定则;(b) 设离子原来处于基态,求其每秒钟时间内跃迁到第一激发态的概率.

2. 考虑一个二能级体系,其 Hamilton 量 H_0 表示为(能量表象)

$$H_0=\begin{pmatrix}E_1 & 0\\ 0 & E_2\end{pmatrix},\quad E_1<E_2,$$

设初始时刻体系处于基态,后来受到如下微扰 H' 的作用:

$$H'=\begin{pmatrix}\alpha & \gamma\\ \gamma & \beta\end{pmatrix},$$

求 t 时刻体系处于激发态的概率.

3. 自旋为1/2的粒子,磁矩为 μ,处于沿 z 方向的常磁场 B_0 中,初始时刻粒子自旋向下($\sigma_z=-1$).后来加上沿 x 方向的常磁场 B_1($B_1\ll B_0$).求 t 时刻测得粒子自旋向上的概率(提示:磁矩算符 $\boldsymbol{\mu}=\mu\boldsymbol{\sigma}$,其与外磁场的作用为 $H'=-\boldsymbol{\mu}\cdot\boldsymbol{B}=-\mu(B_1\sigma_x+B_0\sigma_z)$).

第 12 章　散　　射

散射实验在近代物理学的发展中起了特别重要的作用.原子和分子物理、原子核物理,以及粒子物理的建立和发展,都离不开散射实验及其理论分析.著名的 Rutherford 的 α 粒子对原子的散射实验(大角度偏转),肯定了原子有一个核,即原子核,从此揭开了人类研究原子结构的新领域.20 世纪 50 年代后,高能电子散射在研究原子核及其电荷分布方面取得了重要成果.散射实验还提供了粒子相互作用的丰富知识.粒子束在介质中的穿透和吸收,都与散射现象密切相关.

12.1　散射现象的一般描述

散射态是一种非束缚态,涉及体系的能谱的连续区部分.人们对束缚态理论的兴趣在于研究体系的分立的能量本征值和本征态,以及它们之间的量子跃迁.在实验上则主要是通过光谱分析(谱线的波数、强度、选择定则等)来获取有关信息.在散射问题中,人们感兴趣的不是能量本征值(能量可连续变化),而是散射粒子的角分布、角关联、极化等.由于散射实验的观测都是在离靶子很远的地方($r \gg \lambda$,λ 是粒子的波长)进行的,因此角分布等观测量依赖于波函数在 $r \to \infty$ 处的渐近行为,它与入射粒子的能量、相互作用等有关,是散射理论最关心的问题.

12.1.1　散射的经典力学描述,截面

从经典力学来看,在散射过程中,每个入射粒子都以一个确定的碰撞参数(impact parameter)b 和方位角(azimuth angle)φ_0 射向靶子(见图 12.1).由于靶子的作用,入射粒子的轨道发生偏转,沿某方向(θ,φ)出射.然而在散射实验中,人们并不对每个粒子的轨道有兴趣,而是研究入射粒子束经过散射后沿不同方向出射的分布.设一束粒子以稳定的入射粒子流密度 j_i(单位时间穿过单位截面的粒子数)入射.由于靶粒子的作用,设在单位时间内有 $\mathrm{d}n$ 个粒子沿(θ,φ)方向的立体角 $\mathrm{d}\Omega$ 中出射.显然,$\mathrm{d}n \propto j_i \mathrm{d}\Omega$.令 $\mathrm{d}n = \sigma(\theta,\varphi) j_i \mathrm{d}\Omega$,即

$$\sigma(\theta,\varphi) = \frac{1}{j_i}\frac{\mathrm{d}n}{\mathrm{d}\Omega}, \tag{1}$$

其中,$\sigma(\theta,\varphi)$ 的量纲是面积,称为散射截面,它与(θ,φ) 方向有关.若把沿各方向出射的粒子都计算在内,即

$$\sigma_t = \int \mathrm{d}\Omega \sigma(\theta,\varphi) = \int_0^{2\pi} \mathrm{d}\varphi \int_0^{\pi} \mathrm{d}\theta \sin\theta \sigma(\theta,\varphi), \tag{2}$$

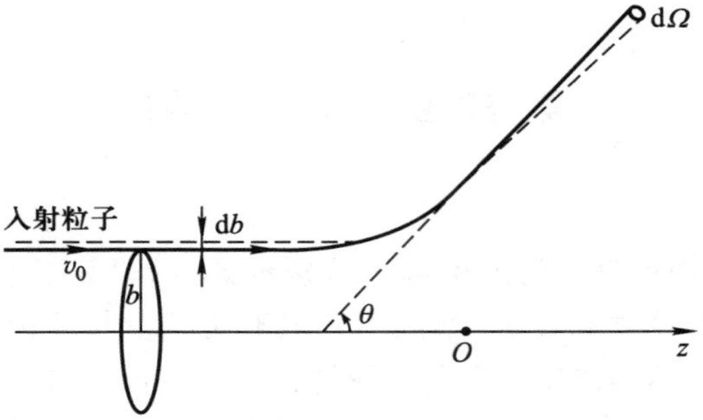

图　12.1

其中，σ_t 称为总截面.显然，对于一个半径为 a 的球体靶子，$\sigma_t=\pi a^2$.

考虑一束粒子沿 x 方向流经某种介质，人们会发现粒子流密度 $j(x)$ 会逐渐减弱(见图 12.2).这是由于入射粒子逐渐被吸收导致的.从微观上讲，这是由于入射粒子不断受到介质中的原子(或离子)的散射而偏离入射方向所导致的.设介质的单位体积中有 n_0 个散射中心，在单位横截面积内的入射粒子束经历 $\mathrm{d}x$ 距离后，碰到的散射中心的数目为 $n_0\mathrm{d}x$.每个散射中心将使 $j(x)\sigma_t$ 个粒子偏离入射方向.因此，在经历 $\mathrm{d}x$ 这段距离后，偏离入射方向而散射的粒子数为 $j(x)\sigma_t n_0\mathrm{d}x$，因此

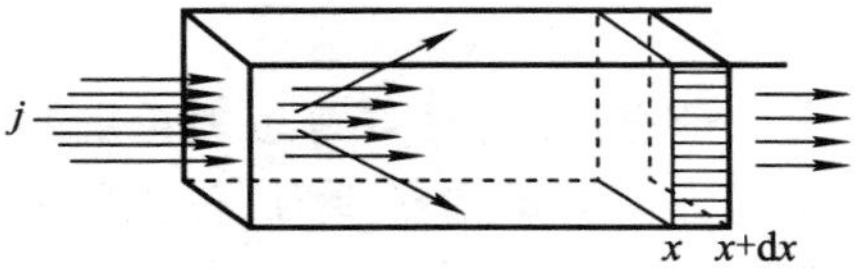

图　12.2

$$\mathrm{d}j=-j(x)\sigma_t n_0\mathrm{d}x, \tag{3}$$

解之可得

$$j(x)=j(0)\mathrm{e}^{-\sigma_t n_0 x}=j(0)\mathrm{e}^{-\lambda x}, \tag{4}$$

其中，$\lambda=n_0\sigma_t$ 为吸收系数，它正比于 σ_t 和 n_0.

12.1.2　散射的量子力学描述，散射振幅

为简单起见，以下假设在碰撞过程中入射粒子与靶粒子的内部状态不改变(内部激发自由度冻结)，即发生弹性散射.在弹性散射过程中，只有相对运动状态发生改变.设入射粒子与靶粒子的相互作用用定域势 $V(\boldsymbol{r})$ 描述，其中，$\boldsymbol{r}$ 是它们的相对坐标.这样的两体问题总可以化为单体问题(见 6.1.3 小节).我们还假定 $V(\boldsymbol{r})$ 具有有限的力程 a，即在 $|\boldsymbol{r}|>a$ 区域，$V(\boldsymbol{r})=0$，粒子是自由的.

在散射实验中，有一个入射粒子源.它提供一束稳定的接近单色的入射粒子束，从远处射向靶子(散射中心).当然，实际的入射粒子束都是具有一定宽度($\sim d$)的长度约为 l 的波包.从宏观装置来看，d 和 l 都是小的.但它们与入射粒子的波长 λ 和相互作用力程 a 相比，往往是很大的，即 $d,l\gg\lambda,a$.在此情况下，入射粒子束可以近似用一个

平面波来描述(取入射方向为 z 方向),即

$$\psi_i = e^{ikz}, \tag{5}$$

它是动量的本征态($p_z = \hbar k, p_x = p_y = 0$).入射粒子的能量为 $E = \hbar^2 k^2/2\mu$,入射粒子流密度为 $j_i = \hbar k/\mu$.由于靶子的作用,入射粒子的动量并非守恒量,因此有一定的概率改变方向,即出现散射波(见图 12.3).

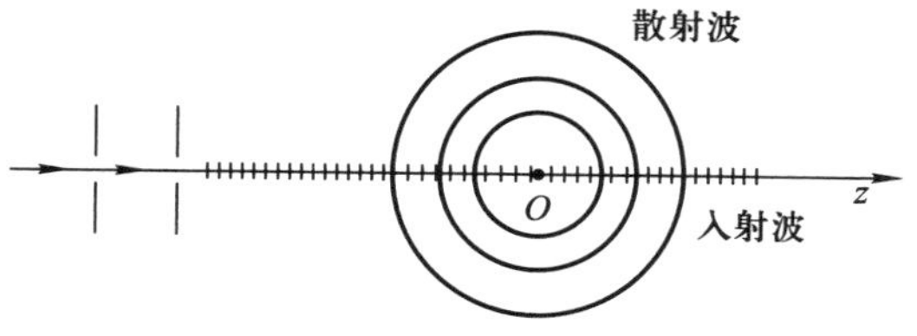

图 12.3

设相互作用为一个中心势 $V(r)$,则角动量守恒.可以论证,当 $r \to \infty$ 时,散射波为往外出射的球面波 $f(\theta)e^{ikr}/r$,其中,$f(\theta)$ 的量纲是长度,称为散射振幅,它随 θ 变化.概括说来,在中心势 $V(r)$ 的作用下,波函数在 $r \to \infty$ 处的渐近行为是

$$\psi \to e^{ikz} + f(\theta)\frac{e^{ikr}}{r}, \tag{6}$$

式(6)右边第一项为入射波,第二项为散射波.与散射波相应的散射粒子流密度(径向)为

$$j_s = \frac{i\hbar}{2\mu}\left\{f(\theta)\frac{e^{ikr}}{r}\frac{\partial}{\partial r}\left[f^*(\theta)\frac{e^{-ikr}}{r}\right] - \text{c.c.}\right\} = \frac{\hbar k}{\mu}|f(\theta)|^2/r^2, \tag{7}$$

因此,单位时间内在 θ 角方向的立体角 $d\Omega$ 中的出射粒子数为

$$dn = j_s r^2 d\Omega = \frac{\hbar k}{\mu}|f(\theta)|^2 d\Omega, \tag{8}$$

所以

$$\sigma(\theta) = \frac{1}{j_i}\frac{dn}{d\Omega} = |f(\theta)|^2, \tag{9}$$

这就是散射截面(或称为微分截面、角分布)$\sigma(\theta)$ 与散射振幅 $f(\theta)$ 的关系.而总截面为

$$\sigma_t = 2\pi\int_0^\pi |f(\theta)|^2 \sin\theta \, d\theta, \tag{10}$$

其中,$\sigma(\theta)$ 和 σ_t 可在实验中观测.在理论上,$f(\theta)$ 由求解 Schrödinger 方程

$$\left[-\frac{\hbar^2}{2\mu}\nabla^2 + V(r)\right]\psi = E\psi, \tag{11}$$

并要求当 $r \to \infty$ 时 ψ 的渐近行为如式(6)所示而定出.

还应提到,上述理论分析中还做了下列一些近似考虑:(a) 实际的散射实验中,靶

子含有许多散射中心(原子、原子核,或其他粒子).但各散射中心之间的距离可认为很大,因而从不同的散射中心出来的散射波的干涉效应被忽略了.(b) 实验上往往把靶子做得很薄,使入射粒子束中绝大部分粒子不受影响(无碰撞) 地通过靶子,只有很少一部分粒子经受一次散射后即出射(不经受多次散射).(c) 截面是一个统计概念.为得到较好的统计性,往往要求入射束流强度较大,使单位时间内记录下来的散射粒子数较大,但又要求入射束流不可过分强,以保证入射束的各粒子之间的相互作用可不必考虑.

12.2 分波法

本节将给出在中心力场作用下粒子散射截面的一个普遍计算方法 —— 分波法.从原则上讲,分波法是一个严格的处理方法.但在实际应用时,不可能把一切分波都考虑在内,而只能根据具体情况,考虑一些重要的分波,因而这仍然是一种近似处理.对于低能散射,由于需要考虑的分波较少,因此分波法是很方便且有效的近似方法.

12.2.1 守恒量的分析

与处理有简并的能量本征值问题相似,守恒量的充分利用对于处理散射问题是至关重要的.对于中心力场 $V(r)$ 中的无自旋粒子,轨道角动量 $\boldsymbol{l}$ 是守恒量.在处理能量本征值问题时,常选择的能量本征态是 $(H, \boldsymbol{l}^2, l_z)$ 的共同本征态.在散射问题中,入射粒子通常用平面波来描述.取入射方向为 z 方向,则入射波表示为

$$\psi_{\mathrm{i}} = \mathrm{e}^{\mathrm{i}kz}, \tag{1}$$

它是动量和能量的共同本征态,相应的本征值为

$$p_x = p_y = 0, \quad p_z = \hbar k, \quad E = \hbar^2 k^2 / 2\mu, \tag{2}$$

但动量并非守恒量,因

$$[\boldsymbol{p}, H] = [\boldsymbol{p}, V(r)] \neq 0. \tag{3}$$

但我们注意到,ψ_{i} 还是守恒量 l_z 的本征态(本征值为零,注意$[p_z, l_z] = 0$),尽管它不是守恒量 $\boldsymbol{l}^2$ 的本征态,而是 $\boldsymbol{l}^2$ 的各本征态的叠加(注意$[\boldsymbol{p}, \boldsymbol{l}^2] \neq 0$).这表现在 $\mathrm{e}^{\mathrm{i}kz}$ 的如下展开式中(见数学附录 A4 中的式(33)):

$$\begin{aligned}
\mathrm{e}^{\mathrm{i}kz} = \mathrm{e}^{\mathrm{i}kr\cos\theta} &= \sum_{l=0}^{\infty} (2l+1) \mathrm{i}^l \mathrm{j}_l(kr) \mathrm{P}_l(\cos\theta) \\
&= \sum_{l=0}^{\infty} \sqrt{4\pi(2l+1)}\, \mathrm{i}^l \mathrm{j}_l(kr) \mathrm{Y}_{l0}(\theta) \\
&\xrightarrow{r \to \infty} \sum_{l=0}^{\infty} \sqrt{4\pi(2l+1)}\, \mathrm{i}^l \frac{1}{2\mathrm{i}kr} [\mathrm{e}^{\mathrm{i}(kr - l\pi/2)} - \mathrm{e}^{-\mathrm{i}(kr - l\pi/2)}] \mathrm{Y}_{l0}(\theta),
\end{aligned} \tag{4}$$

实际上,这就是动量本征态 $\mathrm{e}^{\mathrm{i}kz}$ 按能量和角动量$(H, \boldsymbol{l}^2, l_z)$ 的共同本征态的展开式,只

不过因为 e^{ikz} 同时还是能量($E=\hbar^2k^2/2\mu$)和 l_z($l_z=0$,即磁量子数 $m=0$)的本征态,所以展开式(4)中只对 $\boldsymbol{l}^2$ 的本征态(即角量子数 l)求和(保持 k 和 $m=0$ 不变).

在散射问题中,入射波按守恒量的本征态展开是一个很重要的概念,是分波法的精髓.这样展开后的分波,在散射过程中可以一个一个地分开来处理,从而使问题简化.

12.2.2 分波散射振幅和相移

由于能量和 l_z 为守恒量,入射粒子在中心力场的作用下,波函数的一般表示式为

$$\psi=\sum_{l=0}^{\infty}R_l(kr)Y_{l0}(\theta), \tag{5}$$

将之代入 Schrödinger 方程

$$\left[-\frac{\hbar^2}{2\mu}\nabla^2+V(r)\right]\psi=E\psi, \tag{6}$$

可得出径向方程

$$\left[\frac{1}{r}\frac{d^2}{dr^2}r+k^2-\frac{l(l+1)}{r^2}-U(r)\right]R_l=0,\quad U(r)=\frac{2\mu}{\hbar^2}V(r). \tag{7}$$

可以看出,不同分波已经分离,且各自满足一定的径向方程,方程(7)即 l 分波满足的方程.下面讨论 R_l 应满足的边条件.考虑到

$$\text{入射波 } e^{ikz}\xrightarrow[r\to\infty]{\text{经散射后}}\psi=e^{ikz}+f(\theta)\frac{e^{ikr}}{r}, \tag{8}$$

与展开式(4)类似,$f(\theta)$ 也可展开成各分波的散射振幅之和,即

$$f(\theta)=\sum_l f_l(\theta), \tag{9}$$

其中,$f_l(\theta)$ 为来自入射波中的 l 分波的散射振幅(见式(4)),即

$$\underset{\text{(入射波中的 } l \text{ 分波)}}{\sqrt{4\pi(2l+1)}\,i^l j_l(kr)Y_{l0}(\theta)}\xrightarrow{\text{散射后}}\underset{\text{(散射波中的 } l \text{ 分波)}}{f_l(\theta)\frac{e^{ikr}}{r}}. \tag{10}$$

入射波中的 l 分波散射后,会产生外行波(outgoing wave),所以 $R_l(kr)$ 应表示为①

$$R_l(kr)\sim\sqrt{4\pi(2l+1)}\,i^l\Big[\underset{\text{(入射波)}}{j_l(kr)}+\underset{\text{(散射外行波)}}{\frac{a_l}{2}h_l(kr)}\Big]$$

$$\xrightarrow{r\to\infty}\sqrt{4\pi(2l+1)}\,i^l\left[(1+a_l)e^{i(kr-l\pi/2)}-e^{-i(kr-l\pi/2)}\right]/2ikr, \tag{11}$$

其中,外行波的振幅 a_l 待定(显然,若 $V(r)=0$,则 $a_l=0$,表示无散射波).对于弹性散

---

① $j_l(kr)\xrightarrow{r\to\infty}\frac{1}{kr}\sin(kr-l\pi/2)$,$h_l(kr)\xrightarrow{r\to\infty}\frac{1}{ikr}e^{i(kr-l\pi/2)}$.

射，各分波的振幅不会改变，即只有相位改变(反映概率守恒)，所以

$$|1+a_l|=1. \tag{12}$$

为了方便，可以令

$$1+a_l=e^{2i\delta_l} \quad (\delta_l\ 为实数), \tag{13}$$

即 $a_l=e^{2i\delta_l}-1=2ie^{i\delta_l}\sin\delta_l$，于是式(11) 可表示为

$$R_l(kr)\xrightarrow{r\to\infty}\sqrt{4\pi(2l+1)}\,i^l e^{i\delta_l}\sin(kr-l\pi/2+\delta_l), \tag{14}$$

这就是求解 l 分波的径向方程(7) 时 R_l 所应满足的边条件.解出后，可定出 l 分波的相移 δ_l.一般说来，δ_l 与能量 E 有关，即 $\delta_l(E)$.

以下讨论如何用 δ_l 来表达散射振幅 $f_l(\theta)$.l 分波的散射波为(见式(11))

$$\begin{aligned}&\sqrt{4\pi(2l+1)}\,i^l\frac{a_l}{2}h_l(kr)Y_{l0}(\theta)\\&\xrightarrow{r\to\infty}\sqrt{4\pi(2l+1)}\,i^l\frac{a_l}{2ikr}e^{i(kr-l\pi/2)}Y_{l0}(\theta)\\&=\sqrt{4\pi(2l+1)}\frac{e^{i\delta_l}\sin\delta_l}{kr}e^{ikr}Y_{l0}(\theta)\\&=\frac{2l+1}{k}e^{i\delta_l}\sin\delta_l P_l(\cos\theta)\frac{e^{ikr}}{r},\end{aligned} \tag{15}$$

与式(10) 相比，得

$$f_l(\theta)=\frac{2l+1}{k}e^{i\delta_l}\sin\delta_l P_l(\cos\theta). \tag{16}$$

这样，

$$\begin{aligned}f(\theta)&=\sum_{l=0}^{\infty}f_l(\theta)=\frac{1}{k}\sum_{l=0}^{\infty}(2l+1)e^{i\delta_l}\sin\delta_l P_l(\cos\theta)\\&=\frac{1}{2ik}\sum_{l=0}^{\infty}(2l+1)(e^{2i\delta_l}-1)P_l(\cos\theta),\end{aligned} \tag{17}$$

微分截面表示为

$$\begin{aligned}\sigma(\theta)&=|f(\theta)|^2=\frac{1}{k^2}\left|\sum_{l=0}^{\infty}(2l+1)e^{i\delta_l}\sin\delta_l P_l(\cos\theta)\right|^2\\&=\frac{4\pi}{k^2}\left|\sum_{l=0}^{\infty}\sqrt{2l+1}\,e^{i\delta_l}\sin\delta_l Y_{l0}(\theta)\right|^2,\end{aligned} \tag{18}$$

再利用球谐函数的正交归一性，可求出总截面

$$\sigma_t=\int d\Omega\,|f(\theta)|^2=\frac{4\pi}{k^2}\sum_{l=0}^{\infty}(2l+1)\sin^2\delta_l, \tag{19}$$

式(17)、式(18) 和式(19) 即散射振幅、微分截面和总截面用各分波的相移 δ_l 来表达的普遍公式.

把相移 $\delta_l(l=0,1,2,\cdots)$ 作为参数，用式(18) 去拟合观测得出的角分布曲线

$\sigma(\theta)$（用最小二乘法），即相移分析.这样得出的相移是研究相互作用的不可缺少的资料.在理论上，若相互作用 $V(r)$ 已给出，则可求解 l 分波的径向方程(7)，并要求 R_l 满足边条件(14)，从而计算出 δ_l.

讨论：

1. 相移 δ_l 的正负号

由于 $V(r)$ 的存在，l 分波的径向波函数的渐近行为改变如下：

$$\sin(kr - l\pi/2) \to \sin(kr - l\pi/2 + \delta_l),$$

即产生一个相移 δ_l.显然，若 $V(r)=0$，则 $\delta_l=0$.若 $V(r)>0$（斥力），则粒子将被往外推，即径向波函数往外推移，这相当于 $\delta_l<0$.反之，若 $V(r)<0$（引力），则 $\delta_l>0$.概括起来，即

$$\delta_l = \begin{cases} + & (\text{引力}), \\ - & (\text{斥力}). \end{cases} \tag{20}$$

2. 要考虑多少分波？

一般说来，l 愈大的分波所描述的粒子，离开散射中心的平均距离就愈大，因而受到作用力的影响就愈小，即 $|\delta_l|$ 愈小.我们可以用半经典的图像来大致估计一下需要考虑多少分波.如图 12.4 所示，设相互作用的力程为 a，入射粒子的速度为 v，碰撞参数为 b，因此角动量 $\sim l\hbar \sim \mu v b$.对于能受到作用力影响的粒子，$b<a$，即 $l_{\max}\hbar < \mu v a$，所以

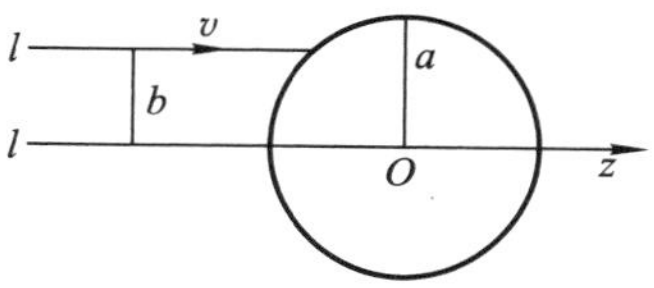

图 12.4

$$l_{\max} < \frac{\mu v a}{\hbar} = \frac{a}{\lambda\!\!\!^{-}}, \tag{21}$$

其中，$\lambda\!\!\!^{-}$ 是入射粒子的 de Broglie 波长.对于核子，

$$\lambda\!\!\!^{-} = \frac{\hbar}{p} = \frac{\hbar}{\sqrt{2\mu E}} \approx \frac{4.5}{\sqrt{E}} \times 10^{-15}\ \text{m}, \tag{22}$$

其中，E 用 MeV 为单位.核子相互作用的力程 $a \sim 10^{-15}\,\text{m}$，因此，当 $E \sim 20\,\text{MeV}$ 时，只需考虑 $l=0$ 和 1 的分波（即 s 波和 p 波）就可以了.能量愈高，$\lambda\!\!\!^{-}$ 愈短，要考虑的分波就愈多.对于很低能量的情况，只需考虑 s 波（$l=0$）即可，此时，σ 与 θ 无关，角分布是球对称的（各向同性）.

3. 光学定理

按式(17)，

$$\text{Im} f(\theta) = \frac{1}{k}\sum_{l=0}^{\infty}(2l+1)\sin^2\delta_l \, \text{P}_l(\cos\theta),$$

利用 $\text{P}_l(1)=1$，得

$$\text{Im} f(0) = \frac{1}{k}\sum_{l=0}^{\infty}(2l+1)\sin^2\delta_l,$$

与式(19) 比较,得

$$\sigma_t = \frac{4\pi}{k}\mathrm{Im}f(0), \tag{23}$$

此即光学定理(optical theorem).它给出向前散射振幅 $f(0)$ 与总截面的关系.此定理还可以更普遍地证明,包括有非弹性散射的情况,此定理仍成立.

例 考虑低能粒子对球方势阱

$$V(r) = \begin{cases} -V_0, & r \leqslant a \quad (V_0 > 0), \\ 0, & r > a \end{cases} \tag{24}$$

的散射,只考虑 s 波.令径向波函数 $R_0(r) = u(r)/r$,则径向方程(7) 化为

$$\frac{\mathrm{d}^2}{\mathrm{d}r^2}u + k_1^2 u = 0 \quad (r \leqslant a), \tag{25}$$

其中,

$$k_1^2 = k^2 + k_0^2, \quad k^2 = 2\mu E/\hbar^2, \quad k_0^2 = 2\mu V_0/\hbar^2,$$

要求解满足(见 6.1.2 小节)

$$u(0) = 0, \tag{26}$$

不难看出,解应表示为

$$u(r) = \sin k_1 r. \tag{27}$$

在 $r > a$ 区域中,

$$\frac{\mathrm{d}^2}{\mathrm{d}r^2}u + k^2 u = 0,$$

解可表示为

$$u(r) = A\sin(kr + \delta_0). \tag{28}$$

利用 $r = a$ 处波函数及其微分连续(或$(\ln u)'$ 连续) 条件,可得

$$\frac{1}{k}\tan(ka + \delta_0) = \frac{1}{k_1}\tan k_1 a, \tag{29}$$

即

$$\frac{1}{k}\,\frac{\tan ka + \tan\delta_0}{1 - \tan ka\tan\delta_0} = \frac{1}{k_1}\tan k_1 a,$$

解之得

$$\begin{aligned}
\tan\delta_0 &= \frac{k\tan k_1 a - k_1\tan ka}{k_1 + k\tan ka\tan k_1 a} \\
&\approx \frac{ka\left(\dfrac{\tan k_1 a}{k_1 a} - 1\right)}{1 + \dfrac{k^2 a^2}{k_1 a}\tan k_1 a} \quad (\text{利用了 } ka \ll 1, \tan ka \approx ka) \\
&\approx ka\left(\frac{\tan k_0 a}{k_0 a} - 1\right) \quad (\text{利用了 } k \ll k_1 \approx k_0),
\end{aligned} \tag{30}$$

因此总截面

$$\sigma_t = \frac{4\pi}{k^2}\sin^2\delta_0 = \frac{4\pi}{k^2}\tan^2\delta_0 \approx 4\pi a^2\left(\frac{\tan k_0 a}{k_0 a} - 1\right)^2. \tag{31}$$

如球方势阱换为球方势垒

$$V(r) = \begin{cases} V_0, & r \leqslant a \quad (V_0 > 0), \\ 0, & r > a, \end{cases} \tag{32}$$

则只需把式(30)中的 $k_0 \to \mathrm{i}\kappa_0$，其中,$\kappa_0 = \sqrt{2\mu V_0}/\hbar$.利用 $\tan \mathrm{i}\kappa_0 = \mathrm{i}\,\mathrm{th}\kappa_0$,注意 $k \ll \kappa_0$,则式(30)化为

$$\tan\delta_0 \approx ka\left(\frac{\mathrm{th}\kappa_0 a}{\kappa_0 a} - 1\right), \tag{33}$$

而式(31)化为

$$\sigma_t = 4\pi a^2\left(\frac{\mathrm{th}\kappa_0 a}{\kappa_0 a} - 1\right)^2. \tag{34}$$

对于刚球,$V_0 \to \infty$,$\kappa_0 \to \infty$,则

$$\sigma_t = 4\pi a^2, \tag{35}$$

这正好是刚球的表面积.在物理上可如下理解:在低能极限下($k \to 0$,波长$\to \infty$),入射波可以发生衍射,s 波是各向同性的,因此刚球表面各处都对散射有同等的贡献.

12.3 Lippman-Schwinger 方程,Born 近似

12.3.1 Lippman-Schwinger 方程

在 12.1 节中已提到,动量为 $\hbar\boldsymbol{k}$($E = \hbar^2 k^2/2\mu$)的入射粒子对势场 $V(\boldsymbol{r})$ 的散射,可归结为求解 Schrödinger 方程

$$(\nabla^2 + k^2)\psi(\boldsymbol{r}) = \frac{2\mu}{\hbar^2}V(\boldsymbol{r})\psi(\boldsymbol{r}), \tag{1}$$

$\psi(\boldsymbol{r})$ 满足如下边条件:

$$\psi(\boldsymbol{r}) \xrightarrow{r\to\infty} \mathrm{e}^{\mathrm{i}\boldsymbol{k}\cdot\boldsymbol{r}} + f(\theta,\varphi)\frac{\mathrm{e}^{\mathrm{i}kr}}{r}. \tag{2}$$

定义 Green 函数 $G(\boldsymbol{r},\boldsymbol{r}')$,它满足

$$(\nabla^2 + k^2)G(\boldsymbol{r},\boldsymbol{r}') = \delta(\boldsymbol{r} - \boldsymbol{r}'), \tag{3}$$

容易证明

$$\psi(\boldsymbol{r}) = \frac{2\mu}{\hbar^2}\int \mathrm{d}^3 r' G(\boldsymbol{r},\boldsymbol{r}')V(\boldsymbol{r}')\psi(\boldsymbol{r}') \tag{4}$$

是满足方程(1)的一个解,因为利用方程(3),有

$$(\nabla^2 + k^2)\psi(\boldsymbol{r}) = \frac{2\mu}{\hbar^2}\int d^3 r'(\nabla^2 + k^2)G(\boldsymbol{r},\boldsymbol{r}')V(\boldsymbol{r}')\psi(\boldsymbol{r}') = \frac{2\mu}{\hbar^2}V(\boldsymbol{r})\psi(\boldsymbol{r}),$$

则方程(1)的解可表示为

$$\psi(\boldsymbol{r}) = \psi^{(0)}(\boldsymbol{r}) + \frac{2\mu}{\hbar^2}\int d^3 r' G(\boldsymbol{r},\boldsymbol{r}')V(\boldsymbol{r}')\psi(\boldsymbol{r}'), \tag{5}$$

其中,$\psi^{(0)}(\boldsymbol{r})$是满足齐次方程的任意一个解,即

$$(\nabla^2 + k^2)\psi^{(0)}(\boldsymbol{r}) = 0, \tag{6}$$

这种不确定性可由入射波的边条件来定.对于力程为有限的势场,如假设入射波$\psi_{\mathrm{i}}(\boldsymbol{r}) = e^{i\boldsymbol{k}\cdot\boldsymbol{r}}$(入射粒子具有动量$\hbar\boldsymbol{k}$),$\psi^{(0)}$可取为$\psi_{\mathrm{i}}$,则散射问题可归结为求解如下积分方程:

$$\psi(\boldsymbol{r}) = e^{i\boldsymbol{k}\cdot\boldsymbol{r}} + \frac{2\mu}{\hbar^2}\int d^3 r' G(\boldsymbol{r},\boldsymbol{r}')V(\boldsymbol{r}')\psi(\boldsymbol{r}') = \psi_{\mathrm{i}}(\boldsymbol{r}) + \psi_{\mathrm{sc}}(\boldsymbol{r}), \tag{7}$$

方程(7)即Lippman-Schwinger方程,它是一个积分方程.为确定方程(7)中的Green函数,要利用散射波的边条件

$$\psi_{\mathrm{sc}}(\boldsymbol{r}) = \frac{2\mu}{\hbar^2}\int d^3 r' G(\boldsymbol{r},\boldsymbol{r}')V(\boldsymbol{r}')\psi(\boldsymbol{r}') \xrightarrow{r\to\infty} f(\theta,\varphi)\frac{e^{ikr}}{r}. \tag{8}$$

下面来求解Green函数.根据方程(3)的空间平移不变性,$G(\boldsymbol{r},\boldsymbol{r}')$应表示为$G(\boldsymbol{r}-\boldsymbol{r}')$的形式,对其做Fourier变换:

$$G(\boldsymbol{r}-\boldsymbol{r}') = \int d^3 q\, e^{i\boldsymbol{q}\cdot(\boldsymbol{r}-\boldsymbol{r}')}\widetilde{G}(\boldsymbol{q}), \tag{9}$$

将之代入方程(3),利用$\nabla^2 e^{i\boldsymbol{q}\cdot(\boldsymbol{r}-\boldsymbol{r}')} = -q^2 e^{i\boldsymbol{q}\cdot(\boldsymbol{r}-\boldsymbol{r}')}$,以及

$$\delta(\boldsymbol{r}-\boldsymbol{r}') = \frac{1}{(2\pi)^3}\int d^3 q\, e^{i\boldsymbol{q}\cdot(\boldsymbol{r}-\boldsymbol{r}')},$$

可得

$$(-q^2 + k^2)\widetilde{G}(\boldsymbol{q}) = \frac{1}{(2\pi)^3},$$

即

$$\widetilde{G}(\boldsymbol{q}) = -\frac{1}{(2\pi)^3}\frac{1}{q^2 - k^2}. \tag{10}$$

因此

$$G(\boldsymbol{r}-\boldsymbol{r}') = -\frac{1}{(2\pi)^3}\int d^3 q\, \frac{1}{q^2 - k^2}e^{i\boldsymbol{q}(\boldsymbol{r}-\boldsymbol{r}')}, \tag{11}$$

令$\boldsymbol{R} = \boldsymbol{r} - \boldsymbol{r}'$,则

$$\begin{aligned} G(\boldsymbol{R}) &= -\frac{1}{(2\pi)^3}\int d^3 q\, \frac{e^{i\boldsymbol{q}\cdot\boldsymbol{R}}}{q^2 - k^2} \\ &= -\frac{1}{(2\pi)^3}\int_0^\infty q^2 dq \int_0^\pi \sin\theta\, d\theta \int_0^{2\pi} d\varphi\, \frac{e^{iqR\cos\theta}}{q^2 - k^2} \end{aligned}$$

$$= -\frac{1}{(2\pi)^2}\frac{1}{\mathrm{i}R}\int_{-\infty}^{+\infty}\mathrm{d}q\,\frac{q\,\mathrm{e}^{\mathrm{i}qR}}{q^2-k^2}, \tag{12}$$

其中,$q=\pm k$ 是被积函数的一级极点,可以用残数(residue)定理计算出积分.积分值与积分回路(contour)的选取有关,这相当于选取不同的散射波边条件.物理上感兴趣的是要求给出往外出射波.这就要求 q 空间的回路选取如图 12.5 所示.这样,可求得

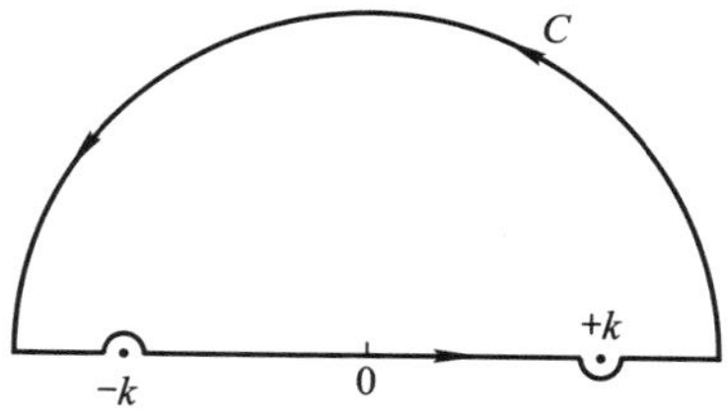

图 12.5

$$G(\boldsymbol{R}) = -\frac{1}{4\pi R}\mathrm{e}^{\mathrm{i}kR},$$

即

$$G(\boldsymbol{r}-\boldsymbol{r}') = -\frac{\mathrm{e}^{\mathrm{i}k|\boldsymbol{r}-\boldsymbol{r}'|}}{4\pi\,|\boldsymbol{r}-\boldsymbol{r}'|}, \tag{13}$$

将之代入方程(7),得

$$\psi(\boldsymbol{r}) = \mathrm{e}^{\mathrm{i}\boldsymbol{k}\cdot\boldsymbol{r}} - \frac{\mu}{2\pi\hbar^2}\int\mathrm{d}^3r'\,\frac{\mathrm{e}^{\mathrm{i}k|\boldsymbol{r}-\boldsymbol{r}'|}}{|\boldsymbol{r}-\boldsymbol{r}'|}V(\boldsymbol{r}')\psi(\boldsymbol{r}'), \tag{14}$$

此即方程(1)的解,并满足边条件(2).由于积分号内含有待求的未知函数 $\psi(\boldsymbol{r}')$,方程(14)是一个积分方程,具体求解时,往往只能采取逐级近似法.

12.3.2 Born 近似

若把入射粒子与靶子的相互作用 V 看成微扰,则作为一级近似解,方程(14)右边的微扰项中的 $\psi(\boldsymbol{r}')$ 可以用零级近似解 $\mathrm{e}^{\mathrm{i}\boldsymbol{k}\cdot\boldsymbol{r}'}$ 代替,即

$$\psi(\boldsymbol{r}) = \mathrm{e}^{\mathrm{i}\boldsymbol{k}\cdot\boldsymbol{r}} - \frac{\mu}{2\pi\hbar^2}\int\mathrm{d}^3r'\,\frac{\mathrm{e}^{\mathrm{i}k|\boldsymbol{r}-\boldsymbol{r}'|}}{|\boldsymbol{r}-\boldsymbol{r}'|}V(\boldsymbol{r}')\mathrm{e}^{\mathrm{i}\boldsymbol{k}\cdot\boldsymbol{r}'}, \tag{15}$$

此即势散射问题的 Born 一级近似解.

下面将根据式(15)在 $r\to\infty$ 处的渐近行为,与式(2)比较,以求出散射振幅的一级近似解.假设 $V(\boldsymbol{r}')$ 具有有限力程,则式(15)中的积分实际上只局限于空间中的一个有限区域.因此,当 $r\to\infty$ 时,

$$|\boldsymbol{r}-\boldsymbol{r}'| = (r^2-2\boldsymbol{r}\cdot\boldsymbol{r}'+r'^2)^{1/2} \approx r(1-\boldsymbol{r}\cdot\boldsymbol{r}'/r^2).$$

式(15)的被积函数中的分母 $|\boldsymbol{r}-\boldsymbol{r}'|$ 是一个光滑的缓变化函数,当 $r\to\infty$ 时,可以用 r 代替.但分子是随 $\boldsymbol{r}'$ 迅速振荡的函数,所以

$$\mathrm{e}^{\mathrm{i}k|\boldsymbol{r}-\boldsymbol{r}'|} \approx \mathrm{e}^{\mathrm{i}kr(1-\boldsymbol{r}\cdot\boldsymbol{r}'/r^2)} = \mathrm{e}^{\mathrm{i}kr-\mathrm{i}\boldsymbol{k}_{\mathrm{f}}\cdot\boldsymbol{r}'}, \tag{16}$$

其中,$\boldsymbol{k}_{\mathrm{f}}=k\boldsymbol{r}/r$,$\hbar\boldsymbol{k}_{\mathrm{f}}$ 是出射粒子的动量.对于弹性散射,$|\boldsymbol{k}_{\mathrm{f}}|=|\boldsymbol{k}|=k$.这样,由式(15)与式(16)可以得出

$$\psi_{\mathrm{sc}}(\boldsymbol{r}) \xrightarrow{r\to\infty} -\frac{\mu\,\mathrm{e}^{\mathrm{i}kr}}{2\pi\hbar^2 r}\int\mathrm{d}^3r'\,\mathrm{e}^{-\mathrm{i}(\boldsymbol{k}_{\mathrm{f}}-\boldsymbol{k})\cdot\boldsymbol{r}'}V(\boldsymbol{r}'), \tag{17}$$

将之与式(2)比较,得

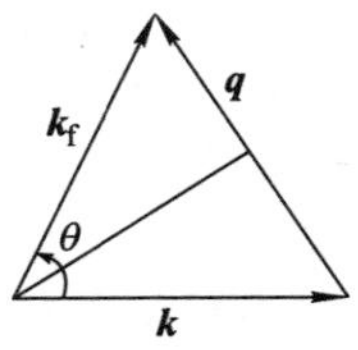

图 12.6

$$f(\theta,\varphi)=-\frac{\mu}{2\pi\hbar^2}\int \mathrm{d}^3 r' \mathrm{e}^{-\mathrm{i}\boldsymbol{q}\cdot\boldsymbol{r}'}V(\boldsymbol{r}'),\tag{18}$$

其中,

$$\boldsymbol{q}=\boldsymbol{k}_{\mathrm{f}}-\boldsymbol{k},\tag{19}$$

$\hbar\boldsymbol{q}$ 是散射过程中粒子的动量转移(见图 12.6). 可以看出,$q=2k\sin\theta/2$,其中,θ 是散射角.

由式(18) 可以看出,除一个常数因子外,散射振幅 f 即相互作用 $V(\boldsymbol{r})$ 的 Fourier 变换.若 V 为中心势,则 f 与 φ 角无关.此时,计算式(18) 的积分,可选择 $\boldsymbol{q}$ 方向为 z' 方向,采用球坐标系,可得出

$$f(\theta)=-\frac{2\mu}{\hbar^2 q}\int_0^\infty r'V(r')\sin qr'\mathrm{d}r',\quad q=2k\sin\theta/2,\tag{20}$$

而散射截面为

$$\sigma(\theta)=|f(\theta)|^2=\frac{4\mu^2}{\hbar^4 q^2}\left|\int_0^\infty r'V(r')\sin qr'\mathrm{d}r'\right|^2.\tag{21}$$

可以看出,q 愈大,$\sigma(\theta)$ 愈小,而且对于高速入射粒子(k 很大),$\sigma(\theta)$ 主要集中在小角度范围内.

关于 Born 近似适用的范围,可参阅曾谨言撰写的《量子力学》(第二版) 卷 Ⅰ 的 11.4.2 小节.一般说来,Born 近似较适用于高能粒子散射,而分波法较适用于低能粒子散射,因为此时只需考虑 l 较小的那些分波.可以证明,如果 Born 近似在低能区适用,则在高能区也适用,但反之不一定成立.

12.4 全同粒子的散射

全同粒子的碰撞,由于波函数的交换对称性,将出现一些很有趣的特征.这完全是一种量子效应.为了比较,先讨论无自旋的不同粒子的碰撞,然后讨论无自旋的两个全同粒子的碰撞,最后讨论自旋为 $\hbar/2$ 的全同粒子的碰撞.

1. α 粒子与氧原子核的碰撞

α 粒子($^4_2$He) 与氧原子核($^{16}_8$O) 的基态自旋都是 0.考虑 α-O 碰撞.

图 12.7 是质心系中的图像.D_1 与 D_2 是两个探测器.图 12.7(a) 表示在 θ 方向 D_1 测得一个 α 粒子,而在 $\pi-\theta$ 方向 D_2 测得一个氧原子核.图 12.7(b) 则正好是 α 粒子与氧原子核交换了一下.设在 θ 方向测得 α 粒子的散射振幅为 $f(\theta)$,微分截面为 $|f(\theta)|^2$. 按图 12.7(b),氧原子核在 θ 方向的散射振幅与 α 粒子在 $\pi-\theta$ 方向的散射振幅 $f(\pi-\theta)$ 相同,微分截面为 $|f(\pi-\theta)|^2$.因此,在 θ 方向测得粒子(不论是 α 粒子,还是氧原子核) 的微分截面为

$$\sigma(\theta)=|f(\theta)|^2+|f(\pi-\theta)|^2.\tag{1}$$

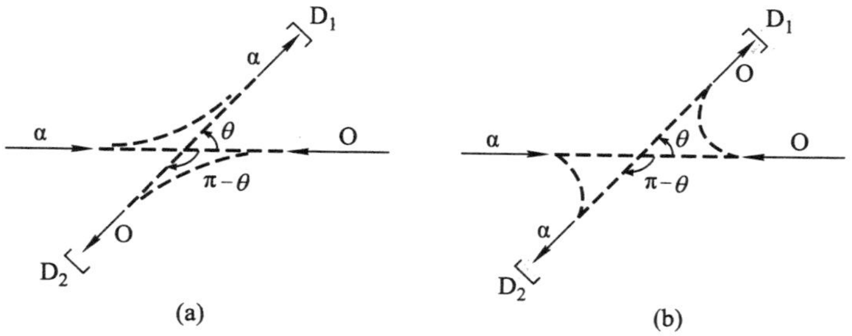

图 12.7

2. α-α 碰撞

对于两个 α 粒子的碰撞，考虑到波函数的交换对称性，在质心系中，入射波表示为

$$\psi_{\mathrm{i}}=\mathrm{e}^{\mathrm{i}kz}+\mathrm{e}^{-\mathrm{i}kz}, \tag{2}$$

其中，$z=z_1-z_2$ 是两个 α 粒子相对坐标的 z 分量.经散射后，$\psi_{\mathrm{i}}\to\psi_{\mathrm{i}}+\psi_{\mathrm{sc}}$，散射波 ψ_{sc} 对于两个 α 粒子的交换也应是对称的.当两个 α 粒子交换时，$\boldsymbol{r}_1\leftrightarrow\boldsymbol{r}_2$，相当于 $\boldsymbol{r}\to-\boldsymbol{r}$，即 $r\to r,\theta\to\pi-\theta$.因此

$$\psi_{\mathrm{sc}}\xrightarrow{r\to\infty}[f(\theta)+f(\pi-\theta)]\frac{\mathrm{e}^{\mathrm{i}kr}}{r}, \tag{3}$$

即散射振幅为 $f(\theta)+f(\pi-\theta)$.因此微分截面为

$$\begin{aligned}\sigma(\theta)&=|f(\theta)+f(\pi-\theta)|^2\\&=|f(\theta)|^2+|f(\pi-\theta)|^2+f^*(\theta)f(\pi-\theta)+f(\theta)f^*(\pi-\theta),\end{aligned} \tag{4}$$

式(4)右边最后两项是干涉项，是全同粒子波函数的交换对称性带来的.由于干涉项的存在，全同粒子散射的角分布有如下特点：在质心系中全同粒子的散射截面对于 $\theta=\pi/2$ 角总是对称的，因为

$$\begin{aligned}\sigma(\pi/2-\gamma)&=|f(\pi/2-\gamma)+f(\pi/2+\gamma)|^2\\&=\sigma(\pi/2+\gamma).\end{aligned} \tag{5}$$

3. e-e 碰撞

电子具有自旋 $\hbar/2$.对于两个电子交换，波函数应反对称.两个电子组成的体系，自旋态可以是单态($S=0$)或三重态($S=1$).前者相应的空间波函数对于交换空间坐标是对称的，因此散射振幅为 $f(\theta)+f(\pi-\theta)$.对于后者，散射振幅则为 $f(\theta)-f(\pi-\theta)$.所以微分截面为

$$\begin{cases}\sigma_0(\theta)=|f(\theta)+f(\pi-\theta)|^2, & \text{对于 } S=0 \text{ 态},\\ \sigma_1(\theta)=|f(\theta)-f(\pi-\theta)|^2, & \text{对于 } S=1 \text{ 态}.\end{cases} \tag{6}$$

设入射电子束与靶电子均未极化，即自旋取向是无规分布.统计说来，有 1/4 的概率处于单态($S=0$)，3/4 的概率处于三重态($S=1$).因此微分截面为

$$\begin{aligned}\sigma(\theta)&=\frac{1}{4}\sigma_0(\theta)+\frac{3}{4}\sigma_1(\theta)\\&=\frac{1}{4}\mid f(\theta)+f(\pi-\theta)\mid^2+\frac{3}{4}\mid f(\theta)-f(\pi-\theta)\mid^2\\&=\mid f(\theta)\mid^2+\mid f(\pi-\theta)\mid^2-\frac{1}{2}[f^*(\theta)f(\pi-\theta)+f(\theta)f^*(\pi-\theta)],\quad(7)\end{aligned}$$

式(7)右边最后两项是干涉项.可以看出,它既不同于不同粒子的散射截面(见式(1)),也不同于无自旋的两个全同粒子的散射截面(见式(4)).但同样可以证明,在质心系中散射截面对于 $\theta=\pi/2$ 角也是对称的.

习 题

1. 对于低能粒子散射,设只考虑 s 波和 p 波,写出散射截面的一般形式.

答:$\sigma(\theta)/\lambda\!\!\!^{-2}=A_0+A_1\cos\theta+A_2\cos^2\theta$,$A_0=\sin^2\delta_0$,$A_1=6\sin\delta_0\sin\delta_1\cos(\delta_0-\delta_1)$,$A_2=9\sin^2\delta_1$.

2. 用 Born 近似法计算如下势散射的微分截面:

(a) $V(r)=\begin{cases}-V_0, & r\leqslant a\quad(V_0>0),\\0, & r>a.\end{cases}$

答:$\sigma(\theta)=\dfrac{4\mu^2V_0^2}{\hbar^4q^6}(\sin qa-qa\cos qa)^2$,其中,$q=2k\sin\theta/2$.

(b) $V(r)=V_0\mathrm{e}^{-\alpha r^2}$.

答:$\sigma(\theta)=\dfrac{\pi\mu^2V_0^2}{4\alpha^3\hbar^4}\mathrm{e}^{-q^2/2\alpha}$.

(c) $V(r)=\kappa\mathrm{e}^{-\alpha r}/r$.

答:$\sigma(\theta)=\dfrac{4\mu^2\kappa^2}{\hbar^4}(\alpha^2+q^2)^{-2}$.

(d) $V(r)=\gamma\delta(r)$.

答:$\sigma(\theta)=\mu^2\gamma^2/4\pi^2\hbar^4$,各向同性.

3. 计算低能粒子的散射截面(只考虑 s 波).设粒子自旋为1/2,相互作用为

$$V(r)=\begin{cases}V_0\boldsymbol{\sigma}_1\cdot\boldsymbol{\sigma}_2, & r\leqslant a,\\0, & r>a,\end{cases}$$

其中,$V_0>0$.入射粒子和靶粒子均未极化.

提示:计及粒子的全同性,对于 s 态($l=0$,空间波函数对称),两个粒子的自旋之和必为 $S=0$(单态).所以

$$V(r)=\begin{cases}-3V_0, & r\leqslant a,\\0, & r>a.\end{cases}$$

数 学 附 录

A1 波 包

A1.1 波包的 Fourier 分析

具有一定波长 λ 的平面波可表示为

$$\psi_k(x) = e^{ikx}, \quad k = 2\pi/\lambda(\text{波数}), \tag{1}$$

其波幅(或强度)在空间各点都相同.严格的平面波是不存在的.实际问题中碰到的都是波包,它们的强度只在空间有限区域中不为零.波包可以看成各种波数(波长)的平面波的叠加:

$$\psi(x) = \frac{1}{\sqrt{2\pi}}\int_{-\infty}^{+\infty} \varphi(k) e^{ikx} dk, \tag{2}$$

此即 $\psi(x)$ 的 Fourier 展开,$\varphi(k)$ 称为 $\psi(x)$ 的 Fourier 变换,由式(2)之逆可得

$$\varphi(k) = \frac{1}{\sqrt{2\pi}}\int_{-\infty}^{+\infty} \psi(x) e^{-ikx} dx, \tag{3}$$

$\varphi(k)$ 表示波包 $\psi(x)$ 中所含波数为 k 的平面波的波幅,$|\varphi(k)|^2$ 则表示此分波的成分(强度).例如,Gauss 波包

$$\psi(x) = e^{-\alpha^2 x^2/2} \tag{4}$$

的 Fourier 变换为

$$\varphi(k) = \frac{1}{\sqrt{2\pi}}\int_{-\infty}^{+\infty} e^{-\frac{1}{2}\alpha^2 x^2 - ikx} dx = \frac{1}{\alpha} e^{-k^2/2\alpha^2}, \tag{5}$$

$|\psi(x)|^2$ 和 $|\varphi(k)|^2$ 的形状如图 A.1 所示.可以看出,$|\psi(x)|^2$ 主要集中在 $|x| < \alpha^{-1}$ 区域中,即 $\Delta x \sim \alpha^{-1}$,而 $|\varphi(k)|^2$ 主要集中在 $|k| < \alpha$ 区域中,即 $\Delta k \sim \alpha$.所以

$$\Delta x \cdot \Delta k \sim 1, \tag{6}$$

此关系式不限于 Gauss 波包,对于任何波包都适用.

与上类似,对于时间的函数 $f(t)$,也可做 Fourier 展开:

$$f(t) = \frac{1}{\sqrt{2\pi}}\int_{-\infty}^{+\infty} g(\omega) e^{i\omega t} d\omega, \tag{7}$$

$$g(\omega) = \frac{1}{\sqrt{2\pi}}\int_{-\infty}^{+\infty} f(t) e^{-i\omega t} dt, \tag{8}$$

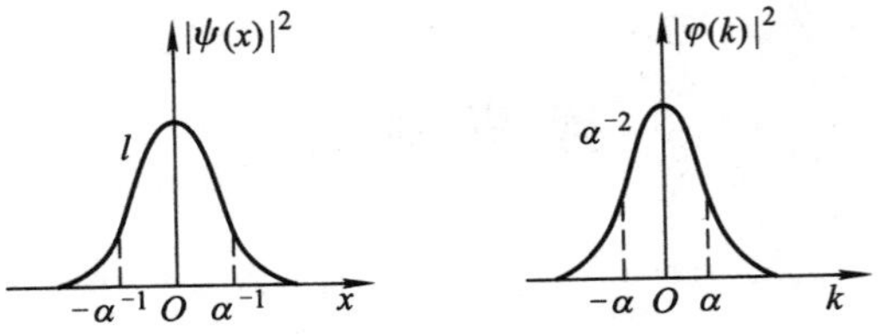

图 A.1

其中，ω 为角频率($\omega=2\pi\nu$，ν 为频率). $|f(t)|^2$ 的宽度 Δt 与 $|g(\omega)|^2$ 的宽度 $\Delta\omega$ 之间满足

$$\Delta t \cdot \Delta\omega \sim 1. \tag{9}$$

A1.2 波包的运动和扩散，相速与群速

对于平面单色波

$$\psi_k(x,t)=\mathrm{e}^{\mathrm{i}(kx-\omega t)}, \tag{10}$$

等相面是一个运动的平面，由如下方程给出：

$$kx-\omega t=常数, \tag{11}$$

其移动速度即相速 u，由式(11)可看出

$$u=\omega/k. \tag{12}$$

现在考虑波包

$$\psi(x,t)=\frac{1}{\sqrt{2\pi}}\int_{-\infty}^{+\infty}\varphi(k)\mathrm{e}^{\mathrm{i}(kx-\omega t)}\mathrm{d}k, \tag{13}$$

其中，$\omega(k)$ 是波数(波长)的函数.对于真空中的电磁波，

$$\omega=2\pi\nu=2\pi c/\lambda=c\,|k|. \tag{14}$$

对于色散介质中的电磁波，

$$\omega=2\pi c/\lambda n(\lambda), \tag{15}$$

其中，$n(\lambda)$ 为色散介质的折射率.对于 de Broglie 波(非相对论粒子)，

$$\omega=\hbar k^2/2m. \tag{16}$$

先考虑真空中的电磁波

$$\psi(x,t)=\frac{1}{\sqrt{2\pi}}\int_{-\infty}^{+\infty}\varphi(k)\mathrm{e}^{\mathrm{i}k(x-ct)}\mathrm{d}k, \tag{17}$$

在 $t=0$ 时刻，波包中心在 $x=0$ 处.在 t 时刻，波包中心移到 $x_c=ct$ 处.波包中心的运动速度为 c，即群速，它与相速相同.波包中心虽然在运动，但波包形状不变.

现在考虑色散介质中的电磁波

$$\psi(x,t)=\frac{1}{\sqrt{2\pi}}\int_{-\infty}^{+\infty}\varphi(k)\mathrm{e}^{\mathrm{i}[kx-\omega(k)t]}\mathrm{d}k, \tag{18}$$

波包中心在相位 $\theta = kx - \omega(k)t$ 取极值处(在该点的邻域,不同波数的分波相干叠加的结果是加强最厉害,而不是相消).此极点位置由 $\partial\theta/\partial k = 0$ 决定,即

$$x - \frac{d\omega}{dk}t = 0, \tag{19}$$

所以波包中心位于 $x_c = \frac{d\omega}{dk}t$ 处,它运动的速度即群速

$$v_g = \frac{dx_c}{dt} = \frac{d\omega}{dk}. \tag{20}$$

下面研究波包形状的变化,这依赖于 $\omega(k)$ 的函数关系.设 $\varphi(k)$ 是一个颇窄的波包,波数集中在 k_0 附近的一个小范围中.在 $k \sim k_0$ 附近对 $\omega(k)$ 做 Taylor 展开:

$$\begin{aligned}\omega(k) &= \omega(k_0) + \left(\frac{d\omega}{dk}\right)_{k_0}(k-k_0) + \frac{1}{2}\left(\frac{d^2\omega}{dk^2}\right)_{k_0}(k-k_0)^2 + \cdots \\ &\approx \omega(k_0) + v_g(k-k_0) + \frac{1}{2}\beta(k-k_0)^2,\end{aligned} \tag{21}$$

其中,$\beta = (d^2\omega/dk^2)_{k_0}$.将式(21) 代入式(18),近似得

$$\begin{aligned}\psi(x,t) &= \frac{e^{-i\omega_0 t}}{\sqrt{2\pi}}\int_{-\infty}^{+\infty} dk\varphi(k)\exp\left\{i\left[kx - v_g(k-k_0)t - \frac{1}{2}\beta(k-k_0)^2 t\right]\right\} \\ &= e^{i(k_0 x - \omega_0 t)}\int_{-\infty}^{+\infty} d\xi\varphi(\xi + k_0)\exp\left\{i\left[\xi(x - v_g t) - \frac{1}{2}\beta\xi^2 t\right]\right\},\end{aligned} \tag{22}$$

其中,$\xi = k - k_0$.对于 Gauss 波包,$\varphi(k) = e^{-k^2/2\alpha^2}$,$k_0 = 0$,则得

$$\begin{aligned}\psi(x,t) &= \frac{e^{-i\omega_0 t}}{\sqrt{2\pi}}\int_{-\infty}^{+\infty} dk\exp\left[ik(x - v_g t) - \frac{k^2}{2}(i\beta t - 1/\alpha^2)\right] \\ &= e^{-i\omega_0 t}\frac{\alpha}{\sqrt{1 + i\beta\alpha^2 t}}\exp\left[-\frac{(x - v_g t)^2\alpha^2}{2(1 + i\beta\alpha^2 t)}\right].\end{aligned} \tag{23}$$

强度分布为

$$|\psi(x,t)|^2 = \frac{\alpha^2}{\sqrt{1 + \beta^2\alpha^4 t^2}}\exp\left[-\frac{\alpha^2(x - v_g t)^2}{1 + \beta^2\alpha^4 t^2}\right], \tag{24}$$

波包宽度为

$$\Delta x \approx \frac{1}{\alpha}\sqrt{1 + \beta^2\alpha^4 t^2}. \tag{25}$$

令 $t = 0$ 时刻的波包宽度为 $\Delta x_0 = \alpha^{-1}$,则

$$\Delta x(t) = \Delta x_0\sqrt{1 + \beta^2 t^2/(\Delta x_0)^4}. \tag{26}$$

如 $\beta \neq 0$,则当 $t \to \infty$ 时,$\Delta x \to \infty$,波包将无限扩散开去,弥散到全空间.β 愈大,Δx_0 愈小的波包,扩散得愈快.

A2 δ 函 数

A2.1 δ 函数的定义

$$\delta(x)=\begin{cases}\infty, & x=0,\\ 0, & x\neq 0,\end{cases} \tag{1}$$

且

$$\int_{-\varepsilon}^{+\varepsilon}\delta(x)\mathrm{d}x=\int_{-\infty}^{+\infty}\delta(x)\mathrm{d}x=1,\quad \varepsilon>0,$$

在数学性质上，δ 函数是很奇异的.没有一个平常的函数具有此奇异性.严格说来，它不是传统数学中的函数，它只是一种分布.在物理上，它是一种理想的点模型.如果在数学上不过分追求严格，则 δ 函数可以当作某种非奇异函数的极限来处理.

例

$$\lim_{\sigma\to 0}\frac{1}{\sqrt{\pi}\,\sigma}\mathrm{e}^{-x^2/\sigma}=\lim_{\alpha\to\infty}\sqrt{\frac{\alpha}{\pi}}\,\mathrm{e}^{-\alpha x^2}=\delta(x), \tag{2}$$

$$\lim_{\alpha\to\infty}\sqrt{\frac{\alpha}{\pi}}\,\mathrm{e}^{\mathrm{i}\pi/4}\mathrm{e}^{-\mathrm{i}\alpha x^2}=\delta(x), \tag{3}$$

$$\lim_{\alpha\to\infty}\frac{\sin\alpha x}{\pi x}=\delta(x), \tag{4}$$

$$\lim_{\alpha\to\infty}\frac{1}{2\pi}\int_{-\alpha}^{+\alpha}\mathrm{e}^{\mathrm{i}kx}\,\mathrm{d}k=\frac{1}{2\pi}\int_{-\infty}^{+\infty}\mathrm{e}^{\mathrm{i}kx}\,\mathrm{d}k=\delta(x), \tag{5}$$

$$\lim_{\alpha\to\infty}\frac{\sin^2\alpha x}{\pi\alpha x^2}=\delta(x), \tag{6}$$

$$\lim_{\varepsilon\to 0}\frac{1}{2\varepsilon}\mathrm{e}^{-|x|/\varepsilon}=\delta(x), \tag{7}$$

$$\lim_{\varepsilon\to 0}\frac{\varepsilon}{x^2+\varepsilon^2}=\pi\delta(x). \tag{8}$$

δ 函数还可用阶梯函数的微分来表示.设

$$\theta(x)=\begin{cases}1, & x\geqslant 0,\\ 0, & x<0,\end{cases} \tag{9}$$

则

$$\theta'(x)=\delta(x). \tag{10}$$

δ 函数还常有如下定义：设 $f(x)$ 是任意连续函数，则

$$\int_{-\infty}^{+\infty}f(x)\delta(x)\mathrm{d}x=f(0). \tag{11}$$

A2.2 δ 函数的一些简单性质

(a) $\delta(ax)=\frac{1}{|a|}\delta(x)$; (12)

(b) $\delta(-x)=\delta(x)$; (13)

(c) $\int_{-\infty}^{+\infty} f(x)\delta(x-a)\mathrm{d}x=f(a)$; (14)

(d) $\int_{-\infty}^{+\infty}\delta(x-a)\delta(x-b)\mathrm{d}x=\delta(a-b)$; (15)

(e) $x\delta(x)=0$. (16)

设方程 $\varphi(x)=0$ 只有单根,分别记为 $x_i(i=1,2,3,\cdots)$,即 $\varphi(x_i)=0$,但 $\varphi'(x_i)\neq 0$,则

$$\delta[\varphi(x)]=\sum_i \frac{\delta(x-x_i)}{|\varphi'(x_i)|}=\sum_i \frac{\delta(x-x_i)}{|\varphi'(x)|}. \tag{17}$$

特例

$$\delta[(x-a)(x-b)]=\frac{1}{|a-b|}[\delta(x-a)+\delta(x-b)], \quad a\neq b, \tag{18}$$

$$\delta(x^2-a^2)=\frac{1}{2|a|}[\delta(x-a)+\delta(x+a)]=\frac{1}{2|x|}[\delta(x-a)+\delta(x+a)], \tag{19}$$

$$2|x|\delta(x^2-a^2)=\delta(x-a)+\delta(x+a), \tag{20}$$

$$|x|\delta(x^2)=\delta(x). \tag{21}$$

涉及 δ 函数的"微分"的积分.设 $f(x)$ 的微分连续(或分段连续),则

$$\int_{-\infty}^{+\infty}\left[\frac{\partial}{\partial x'}\delta(x'-x)\right]\cdot f(x')\mathrm{d}x'=-f'(x). \tag{22}$$

类似地,如 $\frac{\mathrm{d}^n}{\mathrm{d}x^n}f(x)$ 连续,则

$$\int_{-\infty}^{+\infty}\left[\frac{\partial^n}{\partial x'^n}\delta(x'-x)\right]\cdot f(x')\mathrm{d}x'=(-1)^n\frac{\mathrm{d}^n}{\mathrm{d}x^n}f(x). \tag{23}$$

δ 函数可以用任何一组正交归一完备函数组 $\psi_n(x)$ 构成,即

$$\delta(x-x')=\sum_n \psi_n^*(x')\psi_n(x). \tag{24}$$

例

$$\delta(\varphi-\varphi')=\frac{1}{2\pi}\sum_{m=-\infty}^{+\infty}\mathrm{e}^{-\mathrm{i}m(\varphi-\varphi')}, \tag{25}$$

$$\delta(\xi-\xi')=\sum_{l=0}^{\infty}\frac{2l+1}{2}\mathrm{P}_l(\xi')\mathrm{P}_l(\xi), \tag{26}$$

或

$$\delta(\cos\theta - \cos\theta') = \sum_{l=0}^{\infty} \frac{2l+1}{2} \mathrm{P}_l(\cos\theta')\mathrm{P}_l(\cos\theta).$$

令 $\theta'=0$，利用 $\mathrm{P}_l(1)=1$，得

$$2\delta(\cos\theta - 1) = \sum_{l=0}^{\infty} (2l+1)\mathrm{P}_l(\cos\theta), \tag{27}$$

$$\delta(x-x') = \sum_{n=0}^{\infty} \frac{1}{\sqrt{\pi}\,2^n \cdot n!} \mathrm{e}^{-\frac{1}{2}(x^2+x'^2)} \mathrm{H}_n(x')\mathrm{H}_n(x), \tag{28}$$

其中，$\mathrm{H}_n(x)$ 是 Hermite 多项式.

A3 Hermite 多项式

Hermite 方程为

$$u'' - 2zu' + (\lambda - 1)u = 0, \tag{1}$$

除无穷远点外，该方程无奇点.采用级数解法，在 $|z|<\infty$ 范围中，令

$$u(z) = \sum_{k=0}^{\infty} c_k z^k, \tag{2}$$

将之代入方程(1)，比较同幂次项的系数，可得出 c_k 的递推关系：

$$c_{k+2} = \frac{2k-(\lambda-1)}{(k+2)(k+1)} c_k, \quad k=0,1,2,\cdots. \tag{3}$$

因此 $c_2, c_4, \cdots$ 都可用 c_0 来表示，$c_3, c_5, \cdots$ 都可用 c_1 来表示.把 c_0 与 c_1 作为两个任意常数，可求得方程(1) 的两个线性无关解：

$$\begin{aligned} u_1(z) &= c_0 + c_2 z^2 + c_4 z^4 + \cdots, \\ u_2(z) &= c_1 z + c_3 z^3 + c_5 z^5 + \cdots, \end{aligned} \tag{4}$$

当 z 取有限值时，它们都收敛.下面讨论解在 $z\to\infty$ 时的渐近行为.由式(3) 可知，当 $k\to\infty$ 时，$c_{k+2}/c_k \sim 2/k$.对于 $k=2m$（k 为偶数），$c_{2m+2}/c_{2m} \sim 1/m$.它与 e^{z^2} 的 Taylor 展开

$$\mathrm{e}^{z^2} = \sum_{m=0}^{\infty} \frac{z^{2m}}{m!}$$

的相邻项的系数之比相同.因此，

$$\text{当 } |z|\to\infty \text{ 时，}\quad u_1(z) \sim \mathrm{e}^{z^2}. \tag{5}$$

类似可证明

$$\text{当 } |z|\to\infty \text{ 时，}\quad u_2(z) \sim z\mathrm{e}^{z^2}. \tag{6}$$

将这样的无穷级数解代入谐振子的波函数（见 3.5 节中的式(9)）$\psi = \mathrm{e}^{-\xi^2/2}u(\xi)$，发现其不满足无穷远处的边条件（波函数是发散的）.为了得到物理上可接受的解，必须要求

u_1 和 u_2 两个无穷级数解中至少有一个中断为多项式.

由式(3) 可看出，当

$$\lambda - 1 = 2n \quad (n = 0, 1, 2, \cdots) \tag{7}$$

时，无穷级数将中断为一个多项式($c_{n+2} = c_{n+4} = c_{n+6} = \cdots = 0$).当 n 为偶数时，u_1 中断为多项式(u_2 仍为无穷级数).当 n 为奇数时，u_2 中断为多项式(u_1 仍为无穷级数).但无论 n 为奇数还是偶数，只要式(7) 成立，我们就找到了一个多项式解(另一个解为无穷级数).习惯上规定多项式的最高幂次项的系数为 $c_n = 2^n$.利用式(3)，可依次求出各幂次项的系数，得

$$\begin{aligned} \mathrm{H}_n(z) = &(2z)^n - n(n-1)(2z)^{n-2} + \cdots \\ &+ (-1)^{\left[\frac{n}{2}\right]} \frac{n!}{\left[\frac{n}{2}\right]!}(2z)^{n-2\left[\frac{n}{2}\right]}, \end{aligned} \tag{8}$$

其中，

$$\left[\frac{n}{2}\right] = \begin{cases} n/2, & n \text{ 为偶数}, \\ (n-1)/2, & n \text{ 为奇数}, \end{cases}$$

式(8) 即 Hermite 多项式.

可以证明，Hermite 多项式的生成函数为①

$$\mathrm{e}^{-s^2+2zs} = \sum_{n=0}^{\infty} \frac{\mathrm{H}_n(z)}{n!} s^n, \tag{9}$$

由此可以证明 Hermite 多项式的正交性公式

$$\int_{-\infty}^{+\infty} \mathrm{H}_m(z) \mathrm{H}_n(z) \mathrm{e}^{-z^2} \mathrm{d}z = \sqrt{\pi}\, 2^n n!\ \delta_{mn}, \tag{10}$$

以及递推关系

$$\mathrm{H}_{n+1}(z) - 2z\mathrm{H}_n(z) + 2n\mathrm{H}_{n-1}(z) = 0, \tag{11}$$

$$\mathrm{H}_n'(z) = 2n\mathrm{H}_{n-1}(z). \tag{12}$$

A4 Legendre 多项式与球谐函数

采用球坐标，轨道角动量($\boldsymbol{l}^2, l_z$) 的共同本征函数的 θ 部分 $\Theta(\theta)$ 满足微分方程(见 4.3.2 小节中的式(15))

$$\begin{gathered} \frac{1}{\sin\theta} \frac{\mathrm{d}}{\mathrm{d}\theta}\left(\sin\theta \frac{\mathrm{d}}{\mathrm{d}\theta}\Theta\right) + \left(\lambda - \frac{m^2}{\sin^2\theta}\right)\Theta = 0, \\ 0 \leqslant \theta \leqslant \pi, \quad m = 0, \pm 1, \pm 2, \cdots. \end{gathered} \tag{1}$$

令

① 参阅王竹溪、郭敦仁撰写的《特殊函数概论》的 6.13 节.

$$x=\cos\theta,\quad |x|\leqslant 1,\quad \Theta(\theta)=y(x), \tag{2}$$

则方程(1) 可化为连带(associated) Legendre 方程：

$$\frac{\mathrm{d}}{\mathrm{d}x}\left[(1-x^2)\frac{\mathrm{d}y}{\mathrm{d}x}\right]+\left(\lambda-\frac{m^2}{1-x^2}\right)y=0,$$
$$|x|\leqslant 1,\quad m=0,\pm 1,\pm 2,\cdots, \tag{3}$$

其中，$x=\pm 1$ 为方程(3) 的正则奇点.当 $m=0$ 时，方程(3) 可化为 Legendre 方程

$$(1-x^2)\frac{\mathrm{d}^2}{\mathrm{d}x^2}y-2x\frac{\mathrm{d}y}{\mathrm{d}x}+\lambda y=0. \tag{4}$$

A4.1 Legendre 多项式

下面采用级数解法求解 Legendre 方程(4).令

$$y=\sum_{k=0}^{\infty}c_k x^k, \tag{5}$$

将之代入方程(4)，比较同幂次项的系数，可得出 c_k 的递推关系：

$$c_{k+2}=\frac{k(k+1)-\lambda}{(k+1)(k+2)}c_k,\quad k=0,1,2,\cdots. \tag{6}$$

因此 $c_2,c_4,\cdots$ 均可用 c_0 表示出来，$c_3,c_5,\cdots$ 均可用 c_1 表示出来.c_0 与 c_1 是两个任意常数.这样，方程(4) 的两个线性无关解可表示为

$$\begin{aligned}y_1(x)&=c_0+c_2x^2+c_4x^4+\cdots,\\ y_2(x)&=c_1x+c_3x^3+c_5x^5+\cdots.\end{aligned} \tag{7}$$

下面讨论此无穷级数解在奇点($x=\pm 1$) 邻域的行为.由式(6) 可看出，当 $k\to\infty$ 时，$c_{k+2}/c_k\sim k/(k+2)\sim 1-2/k$.对于 $k=2m$(k 为偶数)，$c_{k+2}/c_k\sim 1-1/m$.这与 $\ln(1+x)+\ln(1-x)=\ln(1-x^2)$ 的 Taylor 展开的相邻项的系数之比相同.因此，当 $|x|\to 1$ 时，$y_1(x)\to\infty$.同理，$y_2(x)\to\infty$.这种解不满足有界条件.为了得到物理上可接受的解，必须要求无穷级数解中断为多项式.从式(6) 可看出，当

$$\lambda=l(l+1),\quad l=0,1,2,\cdots \tag{8}$$

时，$c_{l+2},c_{l+4},\cdots$ 都为 0，y_1 和 y_2 中有一个将中断为 l 次多项式.当 l 为偶数时，y_1 中断为多项式(y_2 仍为无穷级数).当 l 为奇数时，y_2 中断为多项式(y_1 仍为无穷级数).多项式解在 $|x|\leqslant 1$ 区域中显然是有界的.总之，当条件(8) 满足时，方程(4) 存在一个多项式解(在 $|x|\leqslant 1$ 区域中有界).通常规定多项式的最高幂次项 x^l 的系数为

$$c_l=(2l)!/2^l(l!)^2, \tag{9}$$

利用式(6) 和式(8)，可依次求出较低幂次项的系数，得出的多项式称为 Legendre 多项式 $\mathrm{P}_l(x)$：

$$\mathrm{P}_l(x)=\sum_{k=0}^{[l/2]}\frac{(2l-2k)!}{2^l k!(l-k)!(l-2k)!}x^{l-2k}, \tag{10}$$

最低的几个 Legendre 多项式为

$$P_0(x)=1,\quad P_1(x)=x,\quad P_2(x)=\frac{1}{2}(3x^2-1).$$

显然，

$$P_l(-x)=(-1)^l P_l(x). \tag{11}$$

用二项式定理及直接微分，可证明

$$P_l(x)=\frac{1}{2^l l!}\frac{\mathrm{d}^l}{\mathrm{d}x^l}(x^2-1)^l \quad (\text{Rodrigues}). \tag{12}$$

Legendre 多项式的生成函数为

$$(1-2xt+t^2)^{-1/2}=\sum_{l=0}^{\infty}P_l(x)t^l, \tag{13}$$

式(13) 左边规定：$t=0$ 时根式等于 1.

利用生成函数(13) 可证明 $P_l(x)$ 的正交性公式

$$\int_{-1}^{+1}P_l(x)P_{l'}(x)\mathrm{d}x=\frac{2}{2l+1}\delta_{ll'}, \tag{14}$$

以及递推关系

$$\begin{cases}(l+1)P_{l+1}-(2l+1)xP_l+lP_{l-1}=0,\\ xP'_l-P'_{l-1}=lP_l,\\ P'_{l+1}=xP'_l+(l+1)P_l,\\ P'_{l+1}-P'_{l-1}=(2l+1)P_l,\\ (x^2-1)P'_l=xlP_l-lP_{l-1},\\ (2l+1)(x^2-1)P'_l=l(l+1)(P_{l+1}-P_{l-1}).\end{cases} \tag{15}$$

A4.2 连带 Legendre 多项式

先讨论连带 Legendre 方程(3) 在奇点 $x=1$ 邻域的行为.令 $z=1-x$，则方程(3) 化为

$$\frac{\mathrm{d}^2y}{\mathrm{d}z^2}+\frac{2(1-z)}{z(2-z)}\frac{\mathrm{d}y}{\mathrm{d}z}+\left[\frac{\lambda}{z(2-z)}-\frac{m^2}{z^2(2-z)^2}\right]y=0. \tag{16}$$

在 $z\sim 0(x\sim 1)$ 邻域，方程(16) 可化为

$$\frac{\mathrm{d}^2y}{\mathrm{d}z^2}+\frac{1}{z}\frac{\mathrm{d}y}{\mathrm{d}z}-\frac{m^2}{4z^2}y=0. \tag{17}$$

将 $y=z^s$ 代入方程(17)，得

$$s(s-1)+s-m^2/4=0, \tag{18}$$

解之，得 $s=\pm|m|/2$.但在 $z\sim 0(x\sim 1)$ 邻域，$y\sim z^{-|m|/2}$ 不满足物理上的要求.因此在 $z\sim 0(x\sim 1)$ 邻域，有 $y\sim z^{|m|/2}=(1-x)^{|m|/2}$.

类似可讨论 $x=-1$ 邻域的行为，得 $y\sim(1+x)^{|m|/2}$. 因此，可以令方程(3) 的解表示为

$$y(x)=(1+x)^{|m|/2}(1-x)^{|m|/2}v(x)=(1-x^2)^{|m|/2}v(x), \tag{19}$$

将之代入方程(3)，得

$$(1-x^2)v''-2(|m|+1)xv'+[\lambda-|m|(|m|+1)]v=0. \tag{20}$$

将方程(20) 对 x 取微分，得

$$(1-x^2)v'''-2(|m|+2)xv''+[\lambda-(|m|+1)(|m|+2)]v'=0, \tag{21}$$

方程(21) 和方程(20) 的区别只不过是 $|m|\to|m|+1, v\to v'$. 考虑到 $m=0$ 时，方程(20) 即 Legendre 方程(4)，因此方程(20) 的解可以用方程(4) 的解对 x 求导 $|m|$ 次得出. 当条件(8) 满足时，方程(4) 有一个物理上可接受的解，即 $\mathrm{P}_l(x)$. 因此 $v(x)$ 可表示为

$$v(x)=\frac{\mathrm{d}^{|m|}}{\mathrm{d}x^{|m|}}\mathrm{P}_l(x), \tag{22}$$

这样就找到了连带 Legendre 方程(3) 的物理上可接受的解，即连带 Legendre 多项式

$$\mathrm{P}_l^{|m|}(x)=(1-x^2)^{|m|/2}\frac{\mathrm{d}^{|m|}}{\mathrm{d}x^{|m|}}\mathrm{P}_l(x). \tag{23}$$

对于 $m\geqslant 0$，

$$\mathrm{P}_l^m(x)=(1-x^2)^{m/2}\frac{\mathrm{d}^m}{\mathrm{d}x^m}\mathrm{P}_l(x), \tag{24}$$

将 Rodrigues 公式(12) 代入式(24)，得

$$\mathrm{P}_l^m(x)=\frac{1}{2^l l!}(1-x^2)^{m/2}\frac{\mathrm{d}^{l+m}}{\mathrm{d}x^{l+m}}(x^2-1)^l, \tag{25}$$

式(25) 对于 m 取负值($|m|\leqslant l$) 时也有意义. 可以证明

$$\mathrm{P}_l^{-m}(x)=(-1)^m\frac{(l-m)!}{(l+m)!}\mathrm{P}_l^m(x), \tag{26}$$

无论 m 是正是负，式(26) 都成立.

从连带 Legendre 方程(3) 可以证明 P_l^m 的正交性公式

$$\int_{-1}^{+1}\mathrm{P}_l^m(x)\mathrm{P}_{l'}^m(x)\mathrm{d}x=\frac{(l+m)!}{(l-m)!}\frac{2}{2l+1}\delta_{ll'}. \tag{27}$$

A4.3 球谐函数

定义

$$\mathrm{Y}_{lm}(\theta,\varphi)=(-1)^m\sqrt{\frac{(2l+1)(l-m)!}{4\pi(l+m)!}}\mathrm{P}_l^m(\cos\theta)\mathrm{e}^{\mathrm{i}m\varphi},$$
$$l=0,1,2,\cdots,\quad m=l,l-1,\cdots,-l, \tag{28}$$

称其为球谐函数，它是($\boldsymbol{l}^2, l_z$) 的共同本征函数，满足

$$\begin{cases} \boldsymbol{l}^2 Y_{lm} = l(l+1)\hbar^2 Y_{lm}, \\ l_z Y_{lm} = m\hbar Y_{lm}. \end{cases} \tag{29}$$

可以证明

$$Y_{lm}^* = (-1)^m Y_{l-m}, \tag{30}$$

$$\int_0^{2\pi} d\varphi \int_0^{\pi} \sin\theta d\theta Y_{lm}^*(\theta,\varphi) Y_{l'm'}(\theta,\varphi) = \delta_{ll'}\delta_{mm'}. \tag{31}$$

最简单的几个球谐函数如表 A.1 所示.

表 A.1

lm	$Y_{lm}(\theta,\varphi)$	$r^l Y_{lm}(\theta,\varphi)$
00	$1/\sqrt{4\pi}$	$1/\sqrt{4\pi}$
10	$\sqrt{3/4\pi}\cos\theta$	$\sqrt{3/4\pi}\, z$
1 ± 1	$\mp\sqrt{3/8\pi}\sin\theta e^{\pm i\varphi}$	$\mp\sqrt{3/8\pi}(x\pm iy)$
20	$\sqrt{5/16\pi}(3\cos^2\theta-1)$	$\sqrt{5/16\pi}(2z^2-x^2-y^2)$
2 ± 1	$\mp\sqrt{15/8\pi}\cos\theta\sin\theta e^{\pm i\varphi}$	$\mp\sqrt{15/8\pi}(x\pm iy)z$
2 ± 2	$\frac{1}{2}\sqrt{15/8\pi}\sin^2\theta e^{\pm 2i\varphi}$	$\frac{1}{2}\sqrt{15/8\pi}(x\pm iy)^2$

下列公式对于计算电偶极算符 $\boldsymbol{D} = -e\boldsymbol{r}$ 的矩阵元是有用的：

$$\begin{cases} \dfrac{z}{r} Y_{lm} = \cos\theta Y_{lm} = a_{lm} Y_{l+1,m} + a_{l-1,m} Y_{l-1,m}, \\ \dfrac{x+iy}{r} Y_{lm} = e^{i\varphi}\sin\theta Y_{lm} = b_{l-1,-(m+1)} Y_{l-1,m+1} - b_{lm} Y_{l+1,m+1}, \\ \dfrac{x-iy}{r} Y_{lm} = e^{-i\varphi}\sin\theta Y_{lm} = -b_{l-1,m-1} Y_{l-1,m-1} + b_{l-m} Y_{l+1,m-1}, \end{cases} \tag{32}$$

其中，

$$a_{lm} = \sqrt{\frac{(l+1)^2-m^2}{(2l+1)(2l+3)}},$$

$$b_{lm} = \sqrt{\frac{(l+m+1)(l+m+2)}{(2l+1)(2l+3)}}.$$

A4.4 几个有用的展开式

(a) $$e^{ikz}=e^{ikr\cos\theta}=\sum_{l=0}^{\infty}(2l+1)i^l j_l(kr)P_l(\cos\theta)$$

$$=\sum_{l=0}^{\infty}\sqrt{4\pi(2l+1)}\,i^l j_l(kr)Y_{l0}(\theta),\tag{33}$$

其中，

$$Y_{l0}(\theta)=\sqrt{\frac{2l+1}{4\pi}}P_l(\cos\theta).\tag{34}$$

(b) $$\frac{1}{|\boldsymbol{r}_1-\boldsymbol{r}_2|}=\begin{cases}\dfrac{1}{r_2}\displaystyle\sum_{l=0}^{\infty}\left(\frac{r_1}{r_2}\right)^l P_l(\cos\theta), & r_1\leqslant r_2,\\ \dfrac{1}{r_1}\displaystyle\sum_{l=0}^{\infty}\left(\frac{r_2}{r_1}\right)^l P_l(\cos\theta), & r_2<r_1,\end{cases}\tag{35}$$

其中，θ 是 $\boldsymbol{r}_1$ 与 $\boldsymbol{r}_2$ 之间的夹角.

(c) $$P_l(\cos\theta)=\frac{4\pi}{2l+1}\sum_{m=-l}^{+l}Y_{lm}^*(\theta_1,\varphi_1)Y_{lm}(\theta_2,\varphi_2),\tag{36}$$

其中，θ 是 $\boldsymbol{r}_1$ 指向(θ_1,φ_1)与 $\boldsymbol{r}_2$ 指向(θ_2,φ_2)之间的夹角.若 $\boldsymbol{r}_1$ 与 $\boldsymbol{r}_2$ 指向相同，则 $\theta=0$，利用 $P_l(1)=1$，得

$$\sum_{m=-l}^{+l}Y_{lm}^*(\theta,\varphi)Y_{lm}(\theta,\varphi)=\frac{2l+1}{4\pi},\tag{37}$$

此即球谐函数相加定理.

A5 合流超几何函数

合流超几何方程的形式为

$$z\frac{d^2}{dz^2}y+(\gamma-z)\frac{d}{dz}y-\alpha y=0,\tag{1}$$

其中，α,γ 为两个参数.$z=0$ 是方程(1)的正则奇点，$z=\infty$ 是其非正则奇点.先讨论方程(1)的解在其正则奇点 $z=0$ 邻域的行为.在 $z\sim0$ 邻域，方程(1)可近似表示为

$$\frac{d^2}{dz^2}y+\frac{\gamma}{z}\frac{dy}{dz}-\frac{\alpha}{z}y=0.\tag{2}$$

将 $y=z^s$ 代入方程(2)，可得出指标 s 满足的方程

$$s(s-1)+\gamma s=0,\tag{3}$$

解之，得两个根：$s_1=0$，$s_2=1-\gamma$.按微分方程理论，当两个根之差 $s_2-s_1=1-\gamma\neq$ 整数时，用级数解法求出的(与 s_1 和 s_2 相应的)两个解是线性独立的.

先讨论与 $s_1=0$ 根相应的级数解，即

$$y=\sum_{k=0}^{\infty}c_kz^k,\tag{4}$$

将之代入方程(1)，要求方程左边各幂次项的系数为零，得出

$$c_k=\frac{\alpha+k-1}{(\gamma+k-1)k}c_{k-1}.\tag{5}$$

由此得出

$$c_k=\frac{\alpha(\alpha+1)\cdots(\alpha+k-1)}{\gamma(\gamma+1)\cdots(\gamma+k-1)}\frac{1}{k!}c_0,\tag{6}$$

即所有系数均可用 c_0 表示出来. c_0 为任意常数. 取 $c_0=1$，得出级数解，记为 $\mathrm{F}(\alpha,\gamma,z)$：

$$\mathrm{F}(\alpha,\gamma,z)=1+\frac{\alpha}{\gamma}z+\frac{\alpha(\alpha+1)}{\gamma(\gamma+1)}\frac{z^2}{2!}+\cdots=\sum_{k=0}^{\infty}\frac{(\alpha)_k}{(\gamma)_k}\frac{z^k}{k!},\tag{7}$$

其中，

$$(\alpha)_k\equiv\alpha(\alpha+1)\cdots(\alpha+k-1),$$
$$(\gamma)_k\equiv\gamma(\gamma+1)\cdots(\gamma+k-1).$$

此级数解只有当参数 $\gamma\neq0$ 或负整数时才有意义①. 由式(7)定义的函数称为合流超几何函数.

按式(6)，当 $k\to\infty$ 时，$c_k/c_{k-1}\sim1/k$，这与 e^z 的幂级数展开的相邻项的系数之比相同，因此

$$\lim_{z\to\infty}\mathrm{F}(\alpha,\gamma,z)=\mathrm{e}^z.\tag{8}$$

当 $1-\gamma\neq$ 整数(即 $\gamma\neq$ 整数)时，方程(1)的另一个线性独立级数解(与 $s_2=1-\gamma$ 根相应)可表示为

$$y=z^{1-\gamma}u,\tag{9}$$

将之代入方程(1)，得

$$z\frac{\mathrm{d}^2}{\mathrm{d}z^2}u+(2-\gamma-z)\frac{\mathrm{d}}{\mathrm{d}z}u-(\alpha-\gamma+1)u=0.\tag{10}$$

方程(10)与方程(1)形式相同，只是参数不同. 方程(10)的一个解可表示为 $\mathrm{F}(\alpha-\gamma+1,2-\gamma,z)$，因而方程(1)的另一个线性独立解可表示为 $z^{1-\gamma}\mathrm{F}(\alpha-\gamma+1,2-\gamma,z)$，此解只有当 $2-\gamma\neq0$ 或负整数时才有意义.

关于参数 α 和 γ 为其他情况下的解的详细讨论可参阅王竹溪、郭敦仁撰写的《特殊函数概论》的第六章.

---

① 在氢原子(Coulomb 场)的径向方程中，$\gamma=2(l+2)\geqslant2$，在三维各向同性谐振子的径向方程中，$\gamma=l+3/2\neq$ 整数，均符合此条件.

A6 Bessel 函数

A6.1 Bessel 函数

Bessel 方程的形式如下：

$$\frac{d^2}{dz^2}y+\frac{1}{z}\frac{d}{dz}y+\left(1-\frac{\nu^2}{z^2}\right)y=0, \tag{1}$$

其中，参数 ν 可取复数.该方程的一个解是

$$J_\nu(z)=\sum_{k=0}^{\infty}\frac{(-1)^k}{k!\ \Gamma(\nu+k+1)}\left(\frac{z}{2}\right)^{2k+\nu}, \qquad |\arg z|<\pi. \tag{2}$$

可以证明，Wronski 行列式

$$\begin{vmatrix} J_\nu & J_{-\nu} \\ J'_\nu & J'_{-\nu} \end{vmatrix}=-\frac{2\sin\nu\pi}{\pi z}, \tag{3}$$

当 $\nu\neq n$（n 为整数）时，它不为 0，因而 J_ν 与 $J_{-\nu}$ 是线性独立的.但是当 $\nu=n$ 时，Wronski 行列式为 0，J_n 与 J_{-n} 是不独立的.事实上，$J_{-n}(z)=(-1)^nJ_n(z)$，J_n 与 J_{-n} 实际上是同一个解.因此方程(1) 的两个线性独立解常选为 J_ν 和 N_ν，N_ν 为

$$N_\nu=\frac{\cos\nu\pi J_\nu(z)-J_{-\nu}(z)}{\sin\nu\pi}, \tag{4}$$

J_ν 和 N_ν 分别称为 Bessel 函数和 Neumann 函数.利用式(3) 容易证明

$$\begin{vmatrix} J_\nu & N_\nu \\ J'_\nu & N'_\nu \end{vmatrix}=\frac{2}{\pi z}, \tag{5}$$

无论 ν 是不是整数，J_ν 与 N_ν 都是线性独立的.

为了适应不同问题中的边条件，常常还需引进另外一组线性独立解，即第一类和第二类 Hankel 函数：

$$\begin{cases} H_\nu^{(1)}(z)=J_\nu(z)+iN_\nu(z), \\ H_\nu^{(2)}(z)=J_\nu(z)-iN_\nu(z), \end{cases} \tag{6}$$

可以证明

$$\begin{vmatrix} H_\nu^{(1)} & H_\nu^{(2)} \\ H_\nu^{(1)\prime} & H_\nu^{(2)\prime} \end{vmatrix}=-\frac{4i}{\pi z}, \tag{7}$$

即 $H_\nu^{(1)}$ 与 $H_\nu^{(2)}$ 是线性独立的.

当 $|z|\to\infty$ 时，

$$\begin{cases} \mathrm{J}_\nu(z) \sim \sqrt{\dfrac{2}{\pi z}}\cos\left[z-\left(\nu+\dfrac{1}{2}\right)\dfrac{\pi}{2}\right], \\ \mathrm{N}_\nu(z) \sim \sqrt{\dfrac{2}{\pi z}}\sin\left[z-\left(\nu+\dfrac{1}{2}\right)\dfrac{\pi}{2}\right], \\ \mathrm{H}_\nu^{(1)}(z) \sim \sqrt{\dfrac{2}{\pi z}}\exp\left\{\mathrm{i}\left[z-\left(\nu+\dfrac{1}{2}\right)\dfrac{\pi}{2}\right]\right\}, \\ \mathrm{H}_\nu^{(2)}(z) \sim \sqrt{\dfrac{2}{\pi z}}\exp\left\{-\mathrm{i}\left[z-\left(\nu+\dfrac{1}{2}\right)\dfrac{\pi}{2}\right]\right\}. \end{cases} \tag{8}$$

整数阶 Bessel 函数为

$$\mathrm{J}_n(z)=\sum_{k=0}^{\infty}\frac{(-1)^k}{k!\ (n+k)!}\left(\frac{z}{2}\right)^{2k+n}, \quad n=0,1,2,\cdots, \tag{9}$$

其中，$z=0$ 点为 $\mathrm{J}_n(z)$ 的常点，但为 $\mathrm{N}_n(z)$ 的奇点.当 $z\sim 0$ 时，

$$\mathrm{J}_0(0)=1, \quad \mathrm{J}_n(0)=0, \quad n\geqslant 1,$$

$$\begin{aligned} &\mathrm{N}_0(z)\sim\frac{2}{\pi}\ln\frac{z}{2}, \quad \mathrm{N}_n(z)\sim-\frac{(n-1)!}{\pi}\left(\frac{z}{2}\right)^{-n}, \quad n\geqslant 1, \\ &\mathrm{H}_0^{(1)}(z)\sim\mathrm{i}\,\frac{\pi}{2}\ln\frac{z}{2}, \quad \mathrm{H}_n^{(1)}(z)\sim-\mathrm{i}\,\frac{(n-1)!}{\pi}\left(\frac{z}{2}\right)^{-n}, \quad n\geqslant 1, \\ &\mathrm{H}_0^{(2)}(z)\sim-\mathrm{i}\,\frac{\pi}{2}\ln\frac{z}{2}, \quad \mathrm{H}_n^{(2)}(z)\sim\mathrm{i}\,\frac{(n-1)!}{\pi}\left(\frac{z}{2}\right)^{-n}, \quad n\geqslant 1. \end{aligned} \tag{10}$$

A6.2 球 Bessel 函数

球 Bessel 方程为

$$\frac{\mathrm{d}^2}{\mathrm{d}x^2}y+\frac{2}{x}\frac{\mathrm{d}}{\mathrm{d}x}y+\left[1-\frac{l(l+1)}{x^2}\right]y=0, \quad l=0,1,2,\cdots, \tag{11}$$

令

$$y=\frac{1}{\sqrt{x}}v(x), \tag{12}$$

则

$$\frac{\mathrm{d}^2}{\mathrm{d}x^2}v+\frac{1}{x}\frac{\mathrm{d}v}{\mathrm{d}x}+\left[1-\frac{(l+1/2)^2}{x^2}\right]v=0, \tag{13}$$

这正是半奇数 $l+\dfrac{1}{2}$ 阶 Bessel 方程.其解可表示为初等函数.方程(11) 的一组线性独立解常选为球 Bessel 函数和球 Neumann 函数：

$$\begin{cases} \mathrm{j}_l(x)=\sqrt{\dfrac{\pi}{2x}}\mathrm{J}_{l+1/2}(x), \\ \mathrm{n}_l(x)=(-1)^{l+1}\sqrt{\dfrac{\pi}{2x}}\mathrm{J}_{-l-1/2}(x)=(-1)^{l+1}\mathrm{j}_{-l-1}(x), \end{cases} \tag{14}$$

或者它们的线性叠加，即球 Hankel 函数：

$$\begin{cases} h_l(x)=j_l(x)+in_l(x), \\ h_l^*(x)=j_l(x)-in_l(x). \end{cases} \tag{15}$$

$j_l(x)$，$n_l(x)$ 与 $h_l(x)$ 可分别用初等函数表示为

$$\begin{cases} j_l(x)=(-1)^l x^l\left(\dfrac{1}{x}\dfrac{d}{dx}\right)^l \dfrac{\sin x}{x}, \\ n_l(x)=(-1)^{l+1} x^l\left(\dfrac{1}{x}\dfrac{d}{dx}\right)^l \dfrac{\cos x}{x}, \\ h_l(x)=-i(-1)^l\left(\dfrac{1}{x}\dfrac{d}{dx}\right)^l \dfrac{e^{ix}}{x}. \end{cases} \tag{16}$$

最简单的几个 $j_l(x)$，$n_l(x)$ 与 $h_l(x)$ 是

$$\begin{cases} j_0(x)=\dfrac{\sin x}{x}, & j_1(x)=\dfrac{\sin x}{x^2}-\dfrac{\cos x}{x}, \\ n_0(x)=-\dfrac{\cos x}{x}, & n_1(x)=-\dfrac{\cos x}{x^2}-\dfrac{\sin x}{x}, \\ h_0(x)=-\dfrac{i}{x}e^{ix}, & h_1(x)=-\left(\dfrac{1}{x}+\dfrac{i}{x^2}\right)e^{ix}. \end{cases} \tag{17}$$

$x \to 0$ 时的渐近行为是

$$\begin{cases} j_l(x) \sim \dfrac{x^l}{(2l+1)!!}, \\ n_l(x) \sim -\dfrac{(2l-1)!!}{x^{l+1}}, \\ h_l(x) \sim -i\dfrac{(2l-1)!!}{x^{l+1}}. \end{cases} \tag{18}$$

$x \to \infty$ 时的渐近行为是

$$\begin{cases} j_l(x) \sim \dfrac{1}{x}\sin\left(x-\dfrac{l\pi}{2}\right), \\ n_l(x) \sim -\dfrac{1}{x}\cos\left(x-\dfrac{l\pi}{2}\right), \\ h_l(x) \sim \dfrac{-i}{x}e^{i(x-l\pi/2)}. \end{cases} \tag{19}$$

常用物理常数简表[①]

	国际单位制	Gauss 单位制
Planck 常量	$h = 6.6260755(40) \times 10^{-34}$ J·s $\hbar = h/2\pi = 1.05457266(63) \times 10^{-34}$ J·s $= 6.5821220(20) \times 10^{-22}$ MeV·s	$h = 6.626 \times 10^{-27}$ erg·s $\hbar = 1.055 \times 10^{-27}$ erg·s $= 6.582 \times 10^{-22}$ MeV·s
真空中的光速	$c = 2.99792458 \times 10^{8}$ m·s^{-1}	$c = 2.998 \times 10^{10}$ cm·s^{-1}
电子电荷	$e = 1.60217733(49) \times 10^{-19}$ C	$e = 4.803 \times 10^{-10}$ esu
原子质量单位	$u = \frac{1}{12}$(^{12}C 原子质量) $= 1.6605402(10) \times 10^{-27}$ kg $= 931.49432(28)$ MeV/c^2	$u = 1.6605 \times 10^{-24}$ g
真空电容率 真空磁导率	$\left.\begin{matrix}\varepsilon_0\\ \mu_0\end{matrix}\right\} \varepsilon_0\mu_0 = 1/c^2$ $\varepsilon_0 = 8.854187817\cdots \times 10^{-12}$ F·m^{-1} $\mu_0 = 4\pi \times 10^{-7}$ N·A^{-2}	$\varepsilon_0 = 1$ $\mu_0 = 1$
精细结构常数	$\alpha = e^2/4\pi\varepsilon_0\hbar c = 1/137.0359895(61)$	$\alpha = e^2/\hbar c = 1/137$
电子质量	$m_e = 9.1093897(54) \times 10^{-31}$ kg $= 0.51099906(15)$ MeV/c^2	$m_e = 9.109 \times 10^{-28}$ g $= 0.511$ MeV/c^2
Bohr 半径	$a = 4\pi\varepsilon_0\hbar^2/m_e e^2$ $= 0.529177249(24) \times 10^{-10}$ m	$a = \hbar^2/m_e e^2 = 0.529 \times 10^{-8}$ cm
电子 Compton 波长	$\lambda\!\!\!^{-}_e = \hbar/m_e c = 3.86159323(35) \times 10^{-13}$ m	$\lambda\!\!\!^{-}_e = \hbar/m_e c = 3.862 \times 10^{-11}$ cm
电子经典半径	$r_e = e^2/4\pi\varepsilon_0 m_e c^2$ $= 2.81794092(38) \times 10^{-15}$ m	$r_e = e^2/m_e c^2 = 2.818 \times 10^{-13}$ cm
Rydberg 能量	$hcR_\infty = m_e e^4/(4\pi\varepsilon_0)^2 2\hbar^2$ $= m_e c^2\alpha^2/2$ $= 13.6056981(40)$ eV	$hcR_\infty = m_e e^4/2\hbar$ $= 13.61$ eV
Bohr 磁子	$\mu_B = e\hbar/2m_e = 5.78838263(52)$ $\times 10^{-11}$ MeV·T^{-1}	$\mu_B = e\hbar/2m_e c = 9.273 \times 10^{-21}$ erg/Gs
质子质量	$m_p = 1.6726231(10) \times 10^{-27}$ kg $= 938.27231(28)$ MeV/c^2 $= 1.007276470(12)$ u $= 1836.152701(37)\ m_e$	$m_p = 1.6726 \times 10^{-24}$ g $= 938.272$ MeV/c^2 $= 1836.15\ m_e$
中子质量	$m_n = 939.56563(28)$ MeV/c^2 $m_n - m_p = 1.293318(9)$ MeV/c^2	$m_n = 939.566$ MeV/c^2 $m_n - m_p = 1.293$ MeV/c^2
Boltzmann 常量	$k = 1.380658(12) \times 10^{-23}$ J·K^{-1} $= 8.617385(73) \times 10^{-5}$ eV·K^{-1}	$k = 1.3807 \times 10^{-16}$ erg·K^{-1} $= 8.6174 \times 10^{-5}$ eV·K^{-1}
Avogadro 常数	$N_A = 6.0221367(36) \times 10^{23}$ mol^{-1}	$N_A = 6.022 \times 10^{-23}$ mol^{-1}

① 选自 Particle Data Group，*Phys. Lett. B*，1988，204：1.

换算关系：$1\ \text{Å} = 10^{-10}\ \text{m} = 10^{-8}\ \text{cm}$,

$1\ \text{fm} = 10^{-15}\ \text{m} = 10^{-13}\ \text{cm}$,

$1\ \text{b(barn)} = 10^{-28}\ \text{m}^2 = 10^{-24}\ \text{cm}^2$,

$1\ \text{eV} = 1.60217733(49) \times 10^{-19}\ \text{J} = 1.602 \times 10^{-12}\ \text{erg}$,

$0\ ^\circ\text{C} = 273.15\ \text{K}$,

$1\ \text{Gs} = 10^{-4}\ \text{T}$.

量子力学参考书[①]

[1] BAYM G. Lectures on Quantum Mechanics. Benjamin, 1973.

[2] BOHM D. Quantum Theory. Constable and Company Ltd, 1954.

[3] COHEN-TANNOUDJI C, DIU B, LALOË F. Quantum Mechanics: Vol. Ⅰ, Ⅱ. John Wiley & Sons, 1977.

[4] DAS A, MELISSINOS A C. Quantum Mechanics: A Modern Introduction. Gordon and Breach Science Publishers, 1986.

[5] DIRAC P A M. The Principles of Quantum Mechanics. 4th ed. Oxford University Press, 1958.

[6] FEYNMAN R P, LEIGHTON R B, SANDS M. The Feynman Lectures on Physics: Vol. Ⅲ. Addison-Wesley Publishing Company, 1965.

[7] LANDAU L D, LIFSHITZ E M. Quantum Mechanics: Non-relativistic Theory. 3rd ed. Pergamon Press Ltd, 1977.

[8] MERZBACHER E. QUANTUM Mechanics. 2nd ed. John Wiley & Sons, 1970.

[9] MESSIAH A. Quantum Mechanics: Vol. Ⅰ, Ⅱ. North-Holland, 1961.

[10] SCHIFF L I. Quantum Mechanics. 3rd ed. McGraw-Hill, 1968.

[11] SHANKAR R. Principles of Quantum Mechanics. Plenum Press, 1980.

[12] WICHMANN E H. Quantum Physics: Berkeley Physics Course: Vol. 4. McGraw-Hill, 1971.

[13] 曾谨言. 量子力学:卷Ⅰ,Ⅱ. 2nd ed. 北京:科学出版社,1997.

[14] 曾谨言,钱伯初. 量子力学专题分析:上. 北京:高等教育出版社,1990.
曾谨言. 量子力学专题分析:下. 北京:高等教育出版社,1999.

[15] 周世勋. 量子力学. 上海:上海科学技术出版社,1961.

① 英文书以作者姓氏字母为序.

量子力学习题参考书

[1] CONSTANTINESCU F, MAGYARI E. Problems in Quantum Mechanics. Pergamon Press, 1976.

[2] FLÜGGE S. Practical Quantum Mechanics: Vol. Ⅰ, Ⅱ. Springer-Verlag, 1971.

[3] KOGAN V I, Galitskiy V M. Problems in Quantum Mechanics, Printice-Hall, 1963.

[4] TER HAAR D. Problems in Quantum Mechanics. 3rd ed. Academic Press, 1975.

[5] 钱伯初,曾谨言. 量子力学习题精选与剖析:上册,下册. 2 版. 北京:科学出版社, 1999.

重排后记

本书第一版在 1992 年出版后，受到广大读者欢迎，先后发行约 10000 册.1998 年，为迎接北京大学百年校庆和即将到来的 21 世纪，曾谨言先生出版了本书的第二版.第二版自出版以来，累计印刷 19 次，共 79000 册，为中国的量子力学教育做出了杰出贡献，培育了一代又一代物理等相关学科的学子.

由于当时是铅排版，加之印刷次数很多，有些字迹不清、图案模糊，因此北京大学出版社决定按新式流行开本，采用新的排版印刷技术，对本书第二版进行重排出版.

在重排过程中，对原版书中的一些瑕疵予以校订，并按照新的标准统一了格式体例，使之以全新的形式、面貌呈现在大家面前，以更好地服务广大师生，并以此告慰曾谨言先生.

北京大学出版社

2024 年 5 月 20 日